中国石油炼油化工技术丛书

合成树脂技术

主　编　胡　杰

副主编　义建军　陈商涛　祖凤华

石油工业出版社

内 容 提 要

本书重点介绍了聚乙烯、聚丙烯和 ABS 树脂等主要合成树脂国内外的最新技术进展和市场应用情况，总结了中国石油重组改制以来，特别是"十二五"和"十三五"期间，在合成树脂领域取得的重要科技创新成果和成功经验。

本书可供合成树脂领域从事生产、销售和技术服务的科技工作者和管理人员参考和阅读。

图书在版编目（CIP）数据

合成树脂技术 / 胡杰主编 . —北京：石油工业出版社，2022.3

（中国石油炼油化工技术丛书）

ISBN 978-7-5183-4971-5

Ⅰ . ①合… Ⅱ . ①胡… Ⅲ . ①合成树脂-生产工艺

Ⅳ . ①TQ320.6

中国版本图书馆 CIP 数据核字（2021）第 247198 号

出版发行：石油工业出版社
（北京安定门外安华里 2 区 1 号 100011）
网 址：www. petropub. com
编辑部：（010）64523546 图书营销中心：（010）64523633
经 销：全国新华书店
印 刷：北京中石油彩色印刷有限责任公司

2022 年 3 月第 1 版 2022 年 6 月第 2 次印刷
787×1092 毫米 开本：1/16 印张：19.75
字数：500 千字

定价：190.00 元

《合成树脂技术》
编 写 组

主　　编：胡　杰
副 主 编：义建军　陈商涛　祖凤华
编写人员：（按姓氏笔画排序）

马　丽　王　帆　王　华　王　莉　王　健　王　雄
王　霞　王文燕　王立娟　王永年　王红秋　王卓妮
王春娇　王科峰　王俊荣　韦德帅　邓守军　石行波
卢晓英　吕书军　朱百春　任　鹤　刘　芸　刘小燕
刘显圣　齐　峰　安彦杰　许　蔷　许惠芳　孙　刚
孙　阁　孙　鑫　孙建敏　孙彬彬　苏占国　杜　斌
杨　通　杨　琦　杨世元　杨国兴　杨家靖　李　丽
李　兵　李　瑞　李　稳　李广全　李业成　李传明
李红明　李朋朋　李荣波　李新乐　吴　建　吴　颖
何书艳　辛世煊　宋寿亮　宋振彪　宋倩倩　宋赛楠
张　庆　张　瑞　张　鹏　张　蔚　张凤波　张红星
张丽洋　张明革　张明强　张建纲　陆书来　陈兴锋
陈得文　陈跟平　罗　鹏　金俊杰　周　逸　周志宇
孟子逸　赵东波　赵金德　赵家琳　赵雪悠　赵增辉
荔栓红　段宏义　侯雨璇　侯昊飞　姜艳峰　洪柳婷
祝文亲　秦　鹏　耿占杰　栗文波　徐人威　高玉李
高玉林　高宇新　高克京　涂晓燕　黄安平　黄荣福
曹景良　龚毅斌　盛　力　崔　月　康文倩　葛腾杰
喻　昊　程鹏飞　谢　昕　雷珺宇　窦彤彤　熊华伟
魏　钦　魏　斌　魏福庆

主审专家：胡友良　陈为民

丛书序

创新是引领发展的第一动力，抓创新就是抓发展，谋创新就是谋未来。当今世界正经历百年未有之大变局，科技创新是其中一个关键变量，新一轮科技革命和产业变革正在重构全球创新版图、重塑全球经济结构。党的十八大以来，以习近平同志为核心的党中央坚持创新在我国现代化建设全局中的核心地位，把科技自立自强作为国家发展的战略支撑，面向世界科技前沿、面向经济主战场、面向国家重大需求、面向人民生命健康，深入实施创新驱动发展战略，不断完善国家创新体系，加快建设科技强国，开辟了坚持走中国特色自主创新道路的新境界。

加快能源领域科技创新，推动实现高水平自立自强，是建设科技强国、保障国家能源安全的必然要求。作为国有重要骨干企业和跨国能源公司，中国石油深入贯彻落实习近平总书记关于科技创新的重要论述和党中央、国务院决策部署，始终坚持事业发展科技先行，紧紧围绕建设世界一流综合性国际能源公司和国际知名创新型企业目标，坚定实施创新战略，组织开展了一批国家和公司重大科技项目，着力攻克重大关键核心技术，全力以赴突破短板技术和装备，加快形成长板技术新优势，推进前瞻性、颠覆性技术发展，健全科技创新体系，取得了一系列标志性成果和突破性进展，开创了能源领域科技自立自强的新局面，以高水平科技创新支撑引领了中国石油高质量发展。"十二五"和"十三五"期间，中国石油累计研发形成44项重大核心配套技术和49个重大装备、软件及产品，获国家级科技奖励43项，其中国家科技进步奖一等奖8项、二等奖28项，国家技术发明奖二等奖7项，获授权专利突破4万件，为高质量发展和世界一流综合性国际能源公司建设提供了强有力支撑。

炼油化工技术是能源科技创新的重要组成部分，是推动能源转型和新能源创新发展的关键领域。中国石油十分重视炼油化工科技创新发展，坚持立足主营业务发展需要，不断加大核心技术研发攻关力度，炼油化工领域自主创新能力持续提升，整体技术水平保持国内先进。自主开发的国Ⅴ/国Ⅵ标准汽柴油生产技术，有力支撑国家油品质量升级任务圆满完成；千万吨级炼油、百万吨级乙烯、百万吨级PTA、"45/80"大型氮肥等成套技术实现工业化；自主百万吨级乙烷制乙烯成套技术成功应用于长庆、塔里木两个国家级示范工程项目；"复兴号"高铁齿轮箱油、超高压变压器油、医用及车用等高附加值聚烯烃、ABS树脂、丁腈及溶聚丁苯等高性能合成橡胶、PETG共聚酯等特色优势产品开发应用取得新突破，有力支撑引领了中国石油炼油化工业务转型升级和高质量发展。为了更好地总结过往、谋划未来，我们组织编写了《中国石油炼油化工技术丛书》（以下简称《丛书》），对1998年重组改制以来炼油化工领域创新成果进行了系统梳理和集中呈现。

《丛书》的编纂出版，填补了中国石油炼油化工技术专著系列丛书的空白，集中展示了中国石油炼油化工领域不同时期研发的关键技术与重要产品，真实记录了中国石油炼油化工技术从模仿创新跟跑起步到自主创新并跑发展的不平凡历程，充分体现了中国石油炼油化工科技工作者勇于创新、百折不挠、顽强拼搏的精神面貌。该《丛书》为中国石油炼油化工技术有形化提供了重要载体，对于广大科技工作者了解炼油化工领域技术发展现状、进展和趋势，熟悉把握行业技术发展特点和重点发展方向等具有重要参考价值，对于加强炼油化工技术知识开放共享和成果宣传推广、推动炼油化工行业科技创新和高质量发展将发挥重要作用。

《丛书》的编纂出版，是一项极具开拓性和创新性的出版工程，集聚了多方智慧和艰苦努力。该丛书编纂历经三年时间，参加编写的单位覆盖了中国石油炼油化工领域主要研究、设计和生产单位，以及有关石油院校等。在编写过程中，参加单位和编写人员坚持战略思维和全球视野，密切配合、团结协作、群策群力，对历年形成的创新成果和管理经验进行了系统总结、凝练集成和再学习再思考，对未来技术发展方向与重点进行了深入研究分析，展现了严谨求实的科学态度、求真创新的学术精神和高度负责的扎实作风。

值此《丛书》出版之际，向所有参加《丛书》编写的院士专家、技术人员、管理人员和出版工作者致以崇高的敬意！衷心希望广大科技工作者能够从该《丛书》中汲取科技知识和宝贵经验，切实肩负起历史赋予的重任，勇作新时代科技创新的排头兵，为推动我国炼油化工行业科技进步、竞争力提升和转型升级高质量发展作出积极贡献。

站在"两个一百年"奋斗目标的历史交汇点，中国石油将全面贯彻习近平新时代中国特色社会主义思想，紧紧围绕建设基业长青的世界一流企业和实现碳达峰、碳中和目标的绿色发展路径，坚持党对科技工作的领导，坚持创新第一战略，坚持"四个面向"，坚持支撑当前、引领未来，持续推进高水平科技自立自强，加快建设国家战略科技力量和能源与化工创新高地，打造能源与化工领域原创技术策源地和现代油气产业链"链长"，为我国建成世界科技强国和能源强国贡献智慧和力量。

2022 年 3 月

丛书前言

中国石油天然气集团有限公司（以下简称中国石油）是国有重要骨干企业和全球主要的油气生产商与供应商之一，是集国内外油气勘探开发和新能源、炼化销售和新材料、支持和服务、资本和金融等业务于一体的综合性国际能源公司，在国内油气勘探开发中居主导地位，在全球35个国家和地区开展油气投资业务。2021年，中国石油在《财富》杂志全球500强排名中位居第四。2021年，在世界50家大石油公司综合排名中位居第三。

炼油化工业务作为中国石油重要主营业务之一，是增加价值、提升品牌、提高竞争力的关键环节。自1998年重组改制以来，炼油化工科技创新工作认真贯彻落实科教兴国战略和创新驱动发展战略，紧密围绕建设世界一流综合性国际能源公司和国际知名创新型企业目标，立足主营业务战略发展需要，建成了以"研发组织、科技攻关、条件平台、科技保障"为核心的科技创新体系，紧密围绕清洁油品质量升级、劣质重油加工、大型炼油、大型乙烯、大型氮肥、大型PTA、炼油化工催化剂、高附加值合成树脂、高性能合成橡胶、炼油化工特色产品、安全环保与节能降耗等重要技术领域，以国家科技项目为龙头，以重大科技专项为核心，以重大技术现场试验为抓手，突出新技术推广应用，突出超前技术储备，大力加强科技攻关，关键核心技术研发应用取得重要突破，超前技术储备研究取得重大进展，形成一批具有国际竞争力的科技创新成果，推广应用成效显著。中国石油炼油化工业务领域有效专利总量突破4500件，其中发明专利3100余件；获得国家及省部级科技奖励超过400项，其中获得国家科技进步奖一等奖2项、二等奖25项，国家技术发明奖二等奖1项。中国石油炼油化工科技自主创新能力和技术实力实现跨越式发展，整体技术水平和核心竞争力得到大幅度提升，为炼油化工主营业务高质量发展提供了有力技术支撑。

为系统总结和分享宣传中国石油在炼油化工领域研究开发取得的系列科技创新成果，在中国石油具有优势和特色的技术领域打造形成可传承、传播和共享的技术专著体系，中国石油科技管理部和石油工业出版社于 2019 年 1 月启动《中国石油炼油化工技术丛书》（以下简称《丛书》）的组织编写工作。

《丛书》的编写出版是一项系统的科技创新成果出版工程。《丛书》编写历经三年时间，重点组织完成五个方面工作：一是组织召开《丛书》编写研讨会，研究确定 11 个分册框架，为《丛书》编写做好顶层设计；二是成立《丛书》编委会，研究确定各分册牵头单位及编写负责人，为《丛书》编写提供组织保障；三是研究确定各分册编写重点，形成编写大纲，为《丛书》编写奠定坚实基础；四是建立科学有效的工作流程与方法，制定《〈丛书〉编写体例实施细则》《〈丛书〉编写要点》《专家审稿指导意见》《保密审查确认单》和《定稿确认单》等，提高编写效率；五是成立专家组，采用线上线下多种方式组织召开多轮次专家审稿会，推动《丛书》编写进度，保证《丛书》编写质量。

《丛书》对中国石油炼油化工科技创新发展具有重要意义。《丛书》具有以下特点：一是开拓性，《丛书》是中国石油组织出版的首套炼油化工领域自主创新技术系列专著丛书，填补了中国石油炼油化工领域技术专著丛书的空白。二是创新性，《丛书》是对中国石油重组改制以来在炼油化工领域取得具有自主知识产权技术创新成果和宝贵经验的系统深入总结，是中国石油炼油化工科技管理水平和自主创新能力的全方位展示。三是标志性，《丛书》以中国石油具有优势和特色的重要科技创新成果为主要内容，成果具有标志性。四是实用性，《丛书》中的大部分技术属于成熟、先进、适用、可靠，已实现或具备大规模推广应用的条件，对工业应用和技术迭代具有重要参考价值。

《丛书》是展示中国石油炼油化工技术水平的重要平台。《丛书》主要包括《清洁油品技术》《劣质重油加工技术》《炼油系列催化剂技术》《大型炼油技术》《炼油特色产品技术》《大型乙烯成套技术》《大型芳烃技术》《大型氮肥技术》《合成树脂技术》《合成橡胶技术》《安全环保与节能减排技术》等 11 个分册。

《清洁油品技术》：由中国石油石油化工研究院牵头，主编何盛宝。主要包括催化裂化汽油加氢、高辛烷值清洁汽油调和组分、清洁柴油及航煤、加氢裂化生产高附加值油品和化工原料、生物航煤及船用燃料油技术等。

《劣质重油加工技术》：由中国石油石油化工研究院牵头，主编高雄厚。

主要包括劣质重油分子组成结构表征与认识、劣质重油热加工技术、劣质重油溶剂脱沥青技术、劣质重油催化裂化技术、劣质重油加氢技术、劣质重油沥青生产技术、劣质重油改质与加工方案等。

《炼油系列催化剂技术》：由中国石油石油化工研究院牵头，主编马安。主要包括炼油催化剂催化材料、催化裂化催化剂、汽油加氢催化剂、煤油及柴油加氢催化剂、蜡油加氢催化剂、渣油加氢催化剂、连续重整催化剂、硫黄回收及尾气处理催化剂以及炼油催化剂生产技术等。

《大型炼油技术》：由中石油华东设计院有限公司牵头，主编谢崇亮。主要包括常减压蒸馏、催化裂化、延迟焦化、渣油加氢、加氢裂化、柴油加氢、连续重整、汽油加氢、催化轻汽油醚化以及总流程优化和炼厂气综合利用等炼油工艺及工程化技术等。

《炼油特色产品技术》：由中国石油润滑油公司牵头，主编杨俊杰。主要包括石油沥青、道路沥青、防水沥青、橡胶油白油、电器绝缘油、车船用润滑油、工业润滑油、石蜡等炼油特色产品技术。

《大型乙烯成套技术》：由中国寰球工程有限公司牵头，主编张来勇。主要包括乙烯工艺技术、乙烯配套技术、乙烯关键装备和工程技术、乙烯配套催化剂技术、乙烯生产运行技术、技术经济型分析及乙烯技术展望等。

《大型芳烃技术》：由中国昆仑工程有限公司牵头，主编劳国瑞。介绍中国石油芳烃技术的最新进展和未来发展趋势展望等，主要包括芳烃生成、芳烃转化、芳烃分离、芳烃衍生物以及芳烃基聚合材料技术等。

《大型氮肥技术》：由中国寰球工程有限公司牵头，主编张来勇。主要包括国内外氮肥技术现状和发展趋势、以天然气为原料的合成氨工艺技术和工程技术、合成氨关键设备、合成氨催化剂、尿素生产工艺技术、尿素工艺流程模拟与应用、材料与防腐、氮肥装置生产管理、氮肥装置经济性分析等。

《合成树脂技术》：由中国石油石油化工研究院牵头，主编胡杰。主要包括合成树脂行业发展现状及趋势、聚乙烯催化剂技术、聚丙烯催化剂技术、茂金属催化剂技术、聚乙烯新产品开发、聚丙烯新产品开发、聚烯烃表征技术与标准化、ABS树脂新产品开发及生产优化技术、合成树脂技术及新产品展望等。

《合成橡胶技术》：由中国石油石油化工研究院牵头，主编龚光碧。主要包括丁苯橡胶、丁二烯橡胶、丁腈橡胶、乙丙橡胶、丁基橡胶、异戊橡胶、苯乙烯热塑性弹性体等合成技术，还包括橡胶粉末化技术、合成橡胶加工与应用技术及合成橡胶标准等。

《安全环保与节能减排技术》：由中国石油集团安全环保技术研究院有限公司牵头，主编闫伦江。主要包括设备腐蚀监检测与工艺防腐、动设备状态监测与评估、油品储运雷电静电防护，炼化企业污水处理与回用、VOCs 排放控制及回收、固体废物处理与资源化、场地污染调查与修复，炼化能量系统优化及能源管控、能效对标、节水评价技术等。

《丛书》是中国石油炼油化工科技工作者的辛勤劳动和智慧的结晶。在三年的时间里，共组织中国石油石油化工研究院、寰球工程公司、大庆石化、吉林石化、辽阳石化、独山子石化、兰州石化等 30 余家科研院所、设计单位、生产企业以及中国石油大学（北京）、中国石油大学（华东）等高校的近千名科技骨干参加编写工作，由 20 多位资深专家组成专家组对书稿进行审查把关，先后召开研讨会、审稿会 50 余次。在此，对所有参加这项工作的院士、专家、科研设计、生产技术、科技管理及出版工作者表示衷心感谢。

掩卷沉思，感慨难已。本套《丛书》是中国石油重组改制 20 多年来炼油化工科技成果的一次系列化、有形化、集成化呈现，客观、真实地反映了中国石油炼油化工科技发展的最新成果和技术水平。真切地希望《丛书》能为我国炼油化工科技创新人才培养、科技创新能力与水平提高、科技创新实力与竞争力增强和炼油化工行业高质量发展发挥积极作用。限于时间、人力和能力等方面原因，疏漏之处在所难免，希望广大读者多提宝贵意见。

前言

中国石油是我国第二大合成树脂生产企业，产品主要涉及聚乙烯、聚丙烯、ABS 树脂、聚苯乙烯和 SAN 树脂。2020 年，中国石油合成树脂产量为 $1028.7 \times 10^4 t$，约占我国合成树脂总产量的 10%。同年，中国石油聚乙烯装置总产能为 $508.7 \times 10^4 t/a$，聚丙烯总产能为 $446.5 \times 10^4 t/a$，聚烯烃产能约占全国总产能的 17%。

本书是《中国石油炼油化工技术丛书》分册之一，重点介绍了聚乙烯、聚丙烯和 ABS 树脂等主要合成树脂国内外的最新技术进展和市场应用情况，总结了中国石油重组改制以来，特别是"十二五"和"十三五"期间，通过重大科技专项、重大现场试验和重点科技攻关等项目形式，在合成树脂领域取得的重要科技创新成果和成功经验。本书涵盖了合成树脂行业发展现状及趋势、聚乙烯催化剂技术、聚丙烯催化剂技术、茂金属催化剂技术、聚乙烯新产品开发、聚丙烯新产品开发、聚烯烃表征技术与标准化、ABS 树脂新产品开发及生产优化技术、合成树脂技术及新产品展望等内容。

在本书编写过程中，坚持理论与实践并重的原则，既注重理论的阐述与分析，又总结了中国石油的技术创新经验，主要形成以下特色技术：（1）具有自主知识产权的系列聚烯烃主催化剂技术，形成了以聚丙烯催化剂 PSP-01 为代表的 10 余种自主聚烯烃催化剂技术；（2）高性能聚烯烃新产品开发系列技术，形成了聚乙烯管材料、瓶盖料、超高分子量聚乙烯、聚丙烯医用料、低气味车用料、高熔指聚丙烯纤维料、高流动薄壁注塑聚丙烯等新产品开发特色技术；（3）具有自主知识产权的 ABS 树脂成套技术。

本书共九章。第一章由中国石油石油化工研究院（以下简称石化院）王红秋等负责编写；第二章由石化院高宇新等负责编写；第三章由石化院王科峰等负责编写；第四章由石化院辛世煊等负责编写；第五章由石化院张瑞等负责编写；第六章由石化院李广全等负责编写；第七章由石化院卢晓英等负责编写；第八章由中国石油吉林石化分公司陆书来等负责编写；第九章由石化院荔栓红等负责编写。胡杰、义建军、陈商涛和祖凤华从书籍目录框架、内容编排等方面提出了设计方案，并负责前言和相关章节的撰写，对全文内容进行了多次详细的校订，提出了修订建议。

本书由石化院牵头，参与单位有吉林石化、抚顺石化、辽阳石化、兰州石化、独山子石化、大庆石化、大连石化、大庆炼化、广西石化、四川石化等中国石油地区公司，集合了由学术带头人、知名专家和有学术影响的科研技术人员组成的编写团队，编写人员达100余人，专家审稿约20人次。

在本书编写过程中，主审专家胡友良教授对本书的谋篇布局、章节设置和技术把关，倾注了大量的心血和辛勤的汗水，在此，谨向他表示最诚挚的谢意！中国石油系统内外的审稿专家为书稿的框架设计、内容编写、修改及完善提出了许多宝贵的建设性意见和建议。在此，谨向对丛书定位、布局和编写提出宝贵意见的任敦泾、薛援、周华堂、刘晨光、王硕、胡长禄等专家表示衷心的感谢！谨向对全书内容进行认真审查的陈为民、杜建荣、李胜山、段伟、王德会等专家表示诚挚的谢意！中国石油科技管理部副总经理杜吉洲、集团公司高级专家于建宁，石油工业出版社相关领导和编辑给予了大力支持和帮助，在此表示诚挚的感谢！

本书内容涉及面广、时间跨度大，由于编者水平有限，不免有疏漏和不当之处，欢迎读者批评指正。

目录

第一章 绪 论

根据 ASTM D883-65T 的定义，合成树脂是分子量未加限定，但往往是高分子量的固体、半固体或假(准)固体的有机物质，受应力时有流动倾向，常具有软化或熔融范围并在破裂时呈贝壳状。合成树脂种类繁多，除聚乙烯(PE)、聚丙烯(PP)、丙烯腈-丁二烯-苯乙烯三元共聚物(ABS)、聚苯乙烯(PS)和聚氯乙烯(PVC)五大通用合成树脂外，还包括热塑性弹性体，聚氨酯(PU)、聚碳酸酯(PC)等各种工程塑料。

1907 年，贝克兰和他的助手首次制出了真正的合成可塑性材料——Bakelite，即人们熟知的酚醛树脂。经过 100 多年的发展，合成树脂性能不断提高，已经成为生产、生活及国防建设的基础材料，在农业、建筑、汽车、食品、医疗、电气和电子等多个领域中占据重要地位。在建筑领域，合成树脂广泛用于门窗、管道、地板、保温隔热材料、墙体饰面材料、零件、接头、黏结剂等。随着汽车轻质化、抗冲击要求的不断提升，合成树脂以其独特的性能在汽车上得到广泛应用。同时，合成树脂是家电领域中用量增长最快的材料，目前其使用量已经成为仅次于钢材的第二大类材料。在食品包装领域，食品包装保鲜、保味受到越来越多的重视。在医药领域，合成树脂主要用于药剂包装、医疗材料、医疗仪器等方面[1]。此外，合成树脂在运输、电子、日用品等其他领域中也占据较大比重。

我国合成树脂产业始于 20 世纪 50 年代[2]。1953 年开始对聚氯乙烯的合成进行相关研究，1958 年国内首套装置在锦西化工厂(锦西石化前身)建成投产。几十年来，随着经济和技术的不断发展，我国合成树脂产业实现了跨越式发展，2020 年产量达到 $10355×10^4$ t 左右，居世界第一，近 10 年来年均增长率达到 9.2%。

中国石油是我国第二大合成树脂生产企业，产品主要涉及聚乙烯、聚丙烯、ABS 树脂、聚苯乙烯和苯乙烯-丙烯腈共聚物(SAN 树脂)五大类，前三种产品产能占比达 97% 以上，因此，本书着重介绍中国石油在聚乙烯、聚丙烯和 ABS 树脂领域取得的重要科技创新成果和成功经验。2020 年，中国石油合成树脂产量为 $1028.7×10^4$ t，约占我国合成树脂总产量的 10%，经过近年来的持续高质量发展，在聚烯烃催化剂及新产品开发、ABS 树脂新产品开发及工艺技术优化、聚烯烃表征技术与标准化、平台建设等方面都取得了重大突破。目前，已建立各类聚烯烃系统表征方法，并制定了多项企业标准；投资建设完成与管材相关的测试硬件平台和聚烯烃产品开发应用关键技术平台；初步建立了注塑成型工艺模拟平台等，建成大庆、兰州和辽阳 3 个中试平台。"十三五"期间，中国石油形成了以 PSP-01、PGP-01、PMP-01、PMP-02、PC-1、PGE-101、PGE-201、PSE-100、PSE-200、PSE-CX 等为代表的自主聚烯烃催化剂系列技术；截至 2020 年底，中国石油合成树脂形成了 2240H 电缆绝缘料，TUB121N3000 系列管材料，RP260、RPE02M 医用聚丙烯专用料，SP179 保险杠专用料，EP533N、EP408N、EP508N 等低气味内饰料，ABS 电镀 EP-161 和高流动 HF-681 专用料等数十个拳头产品。

第一节 国内外合成树脂市场及技术现状

一、国内外合成树脂市场现状

1. 聚乙烯

截至 2020 年底，世界聚乙烯总产能为 $12860.6×10^4$ t/a，其中低密度聚乙烯（LDPE）产能为 $2692.2×10^4$ t/a，约占世界聚乙烯总产能的 20.9%；高密度聚乙烯（HDPE）产能为 $5577.7×10^4$ t/a，约占世界总产能的 43.4%；线型低密度聚乙烯（LLDPE）产能为 $4590.7×10^4$ t/a，约占世界总产能的 35.7%。从产能分布来看，主要集中在东北亚、北美、中东和西欧 4 个地区，分别占世界总产能的 27%、22%、17.7% 和 10.9%。2020 年，世界聚乙烯的需求约为 $10705×10^4$ t，主要消费地区为东北亚、北美和西欧，分别占世界总需求量的 37.4%、15% 和 11.2%。

世界前十大聚乙烯生产商以美国、中国、中东等国家和地区的企业为主，合计产能为 $6012.2×10^4$ t/a，约占世界聚乙烯总产能的 46.8%（表 1-1）。其中，埃克森美孚公司位居世界之首，为 $1062.3×10^4$ t/a，占总产能的 8.3%。陶氏化学公司居世界第二，为 $980.5×10^4$ t/a，占总产能的 7.6%。

表 1-1 2020 年世界前十大聚乙烯生产商

公司名称	产能，10^4 t/a	公司名称	产能，10^4 t/a
埃克森美孚	1062.3	沙特阿美	563.6
陶氏化学	980.5	中国石油	508.7
中国石化	749.7	伊朗国家石油	388.1
利安德巴塞尔	595.5	英力士	334.7
阿布扎比国家石油	592.2	台塑集团	236.9

聚乙烯下游消费包括薄膜与片材、注塑、吹塑、管材、纤维、电线电缆、挤出涂层、滚塑等领域。其中，以生产薄膜与片材为主，2020 年世界消费量为 $5703.7×10^4$ t，约占总消费量的 53.3%。就单种产品而言，又因各自性质的差异，下游应用领域有所不同。

低密度聚乙烯下游消费领域中，消费占比最大的是薄膜与片材，2020 年消费量为 $1597.8×10^4$ t，占世界低密度聚乙烯总消费量的比例达到 68.6%；其次是挤出涂层和注塑，分别占世界总消费量的 10.7% 和 6.9% 左右；此外，低密度聚乙烯还用于生产电线电缆、管材、吹塑产品和滚塑产品，分别占总消费量的 3.3%、1.9%、1.3% 和 0.1%。高密度聚乙烯下游消费领域中，以生产薄膜与片材、吹塑、注塑和管材制品为主，2020 年各消费领域消费量分别为 $1337.4×10^4$ t、$1191.2×10^4$ t、$971.9×10^4$ t 和 $705.8×10^4$ t，占世界总消费量的比例分别为 28.3%、25.2%、20.5% 和 14.9%；此外，高密度聚乙烯还用于生产纤维、电线电缆、滚塑制品等。线型低密度聚乙烯主要用于生产薄膜与片材，2020 年消费量为 $2768.5×10^4$ t，占世界总消费量的比例达到 80.7%；其次是生产注塑产品，约占世界总消费量 7%；此外，还用于生产滚塑产品、电线电缆、管材等。2020 年，世界低密度聚乙烯、高密度聚乙烯和线型低密度聚乙烯消费结构如图 1-1 所示。

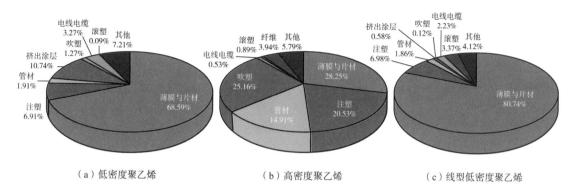

（a）低密度聚乙烯　　　　　（b）高密度聚乙烯　　　　　（c）线型低密度聚乙烯

图 1-1　2020 年世界低密度聚乙烯、高密度聚乙烯和线型低密度聚乙烯消费结构

数据来源：IHS Markit

截至 2020 年底，我国聚乙烯产能 $2569.6×10^4$ t/a，其中低密度聚乙烯产能为 $441.5×10^4$ t/a，占总产能的 17.2%；高密度聚乙烯产能为 $1019×10^4$ t/a，占总产能的 39.6%；线型低密度聚乙烯产能为 $1109.1×10^4$ t/a，占总产能的 43.2%。近 5 年来，随着产能的增加，聚乙烯产量也快速增长，但开工率略有回落，2020 年产量为 $2125.6×10^4$ t，同比增长 14.9%；开工率为 82.7%，同比降低约 3 个百分点。其中，高密度聚乙烯、线型低密度聚乙烯产量分别为 $949.4×10^4$ t 和 $852.8×10^4$ t，分别同比增长 18% 和 16.8%，受线型低密度聚乙烯在薄膜领域应用的冲击，2020 年低密度聚乙烯产量仅增加 $8.1×10^4$ t，为 $323.4×10^4$ t（图 1-2）。近年来，随着我国经济发展，聚乙烯消费量持续增加，特别是 2018 年开始实施禁止废塑料进口政策之后，聚乙烯消费量显著提高，2020 年达到 $3913.1×10^4$ t，同比增长 11.9%。从单产品种类来看，以高密度聚乙烯消费量最大，2020 年消费量为 $1824.4×10^4$ t，占总消费量的 46.6%，同比增长 16.7%；其次是线型低密度聚乙烯，占总消费量的 37.1%，同比增长 12.6%；低密度聚乙烯消费量最小，为 $637.2×10^4$ t，同比增长 0.6%（图 1-3）[3]。

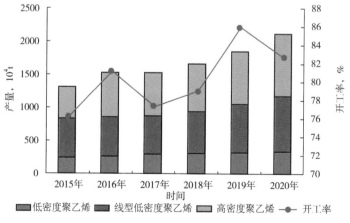

图 1-2　2015—2020 年我国聚乙烯产量及开工率

数据来源：中国石油和化学工业联合会

3

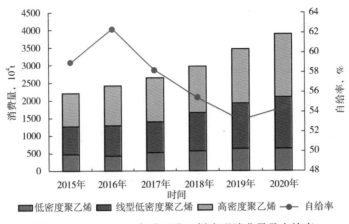

图 1-3　2015—2020 年我国聚乙烯表观消费量及自给率

数据来源：中国石油和化学工业联合会

我国聚乙烯生产商以中国石化、中国石油为主，分别占总产能的 43.2%、29.3%。近年随着煤（甲醇）制聚烯烃企业和民营炼化企业的不断投产，市场参与主体进一步多元化。

我国聚乙烯下游消费以薄膜与片材为主，2020 年为 2139.5×10^4 t，约占总消费量的 54.7%；其次是注塑、管材和吹塑，2020 年消费量分别占总消费量的 16.3%、9.4% 和 7.8%。就单种产品而言，又因各自性质的差异，下游应用领域有所不同[3-4]。

低密度聚乙烯主要应用于生产薄膜与片材，2020 年消费量为 462.3×10^4 t，同比增长 2.8%，占低密度聚乙烯总消费量的 72.5%；第二大消费领域是注塑，占总消费量的 9.5%；挤出涂层领域位居第三，2020 年消费量同比增长 2.3%，至 52.3×10^4 t，占总消费量的 8.2%；用于生产电线电缆和管材的低密度聚乙烯消费量分别占总消费量的 3.9%、3.4%。2020 年，高密度聚乙烯下游需求各领域占比变化不大，仍以薄膜与片材、注塑、管材和吹塑 4 个领域为主，其消费量分别占总消费量的 27.9%、23.2%、17.4% 和 16.7%。线型低密度聚乙烯具有更高的拉伸强度、抗穿透性、抗撕裂性和伸长率，主要用于制作薄膜与片材，消费量占总消费量的 80.4%；其次用于生产注塑、电线电缆、管材和滚塑，2020 年消费量分别占总消费量的 10.7%、3.1%、1.9% 和 1.9%。2020 年，我国低密度聚乙烯、高密度聚乙烯和线型低密度聚乙烯消费结构如图 1-4 所示。

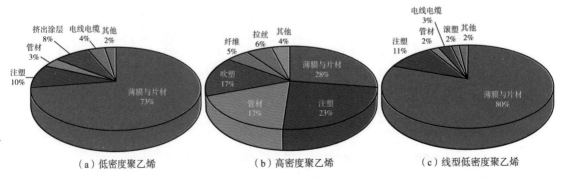

图 1-4　2020 年我国低密度聚乙烯、高密度聚乙烯和线型低密度聚乙烯消费结构

2. 聚丙烯

2020 年，世界聚丙烯产能持续保持增长，总产能为 9193.8×10⁴t/a 左右，同比上涨 8.5%，产能主要集中在亚洲、西欧和中东，分别占世界产能的 53.7%、10.5% 和 10.3%。2020 年，世界聚丙烯消费量约为 7848.7×10⁴t，主要消费地区有亚洲、西欧和北美，其中亚洲占世界总消费量的 55.1%。

世界聚丙烯生产企业相对分散。2020 年，世界最大的聚丙烯生产商是中国石化，产能为 830.8×10⁴t/a，占世界总产能的 9%；其次是利安德巴塞尔公司，产能为 572.8×10⁴t/a，占世界总产能的 6.2%；中国石油居第三位，产能为 446.5×10⁴t/a，占世界总产能的 4.9%。排名前十位的聚丙烯生产企业产能共计 3694×10⁴t/a，约占世界总产能的 40.2%，见表 1-2。

表 1-2 2020 年世界主要聚丙烯生产企业情况

序号	公司名称	产能，10⁴t/a
1	中国石化	830.8
2	利安德巴塞尔公司	572.8
3	中国石油	446.5
4	沙特阿美公司	305.2
5	阿布扎比国家石油公司	298.1
6	印度信实公司	288.5
7	道达尔公司	275
8	埃克森美孚公司	256.8
9	台塑集团	240.3
10	英力士公司	180
总计		3694

数据来源：中国石油和化学工业联合会。

在世界聚丙烯消费结构中，注塑一直占据首位，特别是近年来随着行业发展及聚丙烯对 ABS 等材料的替代，更加促进了注塑领域对聚丙烯的需求增长。2020 年，世界聚丙烯消费比例居前三位的分别是注塑、薄膜与片材及拉丝，所占比例分别为 33.1%、25.5% 和 20.9%，如图 1-5 所示。

过去 5 年来，国内聚丙烯产能扩张速度有所放缓，但仍处于较高水平，年均增长率达到 9.6%。截至 2020 年底，中国聚丙烯产能合计约 3383.4×10⁴t/a，产量约 2607.5×10⁴t，产量年均增长率达到 7.2%，

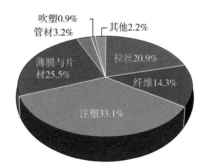

图 1-5 2020 年世界聚丙烯消费结构
数据来源：IHS Markit

而且未来几年也将保持快速增长趋势。受包装、汽车和家电行业的拉动以及近年来人们对医用制品、日化用品和婴儿奶瓶需求的逐步攀升，过去 5 年中国聚丙烯表观消费量年均增

长率达到 6.5%，2020 年聚丙烯表观消费量达 2895.2×10⁴t。随着产能和产量的快速增长，自给率不断提高，从 2015 年的 87.1% 增长到 2020 年的 90.1%，净进口量为 287.7×10⁴t（表 1-3）。

表 1-3　2015—2020 年中国聚丙烯供需平衡情况

项目	2015 年	2020 年	2015—2020 年年均增长率,%
产能, 10⁴t/a	2144	3383.4	9.6
产量, 10⁴t	1844.5	2607.5	7.2
表观消费量, 10⁴t	2118.6	2895.2	6.5
自给率,%	87.1	90.1	0.7

截至 2020 年底，中国聚丙烯生产企业 100 余家。其中非传统化工，包括甲醇制烯烃（MTO）、甲醇制丙烯（MTP）、丙烷脱氢（PDH）聚丙烯产能已达 1363.2×10⁴t/a 左右，占总产能的 40.3%，市场渐呈多元化竞争态势。

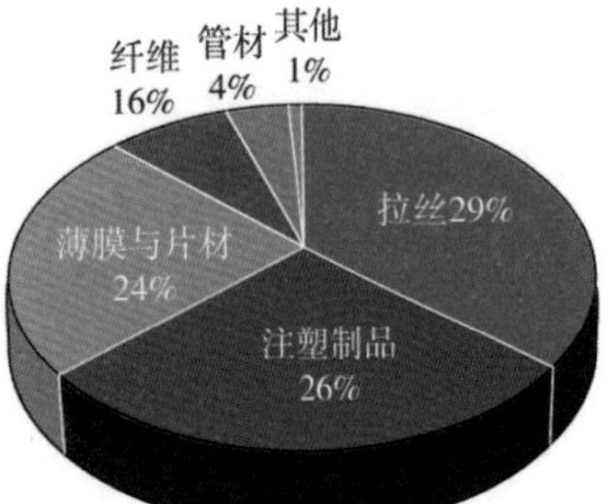

图 1-6　2020 年中国聚丙烯消费结构

中国聚丙烯产品主要用于生产编织制品、薄膜制品、注塑制品、纺织制品等，广泛应用于包装、电子与家用电器、汽车、纤维、建筑管材等领域。2020 年，中国聚丙烯消费以拉丝和注塑制品为主，占比分别为 29% 和 26%，薄膜与片材约占 24%，纤维约占 16%，管材占比约 4%，消费结构如图 1-6 所示。

3. ABS 树脂

2020 年，世界 ABS 树脂总产能为 1193×10⁴t/a，总产量 930×10⁴t，总消费量约 856×10⁴t，总体处于供大于求状态。2016—2020 年，世界 ABS 树脂产能年均增长率为 2.1%，装置开工率在 80% 以下。世界 ABS 树脂产能主要集中在亚洲，占世界总产能的 80.3%，其次是美洲和欧洲，产能占比分别为 10.3% 和 9.4%。

2020 年，产能排名前 10 的 ABS 树脂企业，产能合计占世界总产能的 76.8%，世界 ABS 生产格局呈现规模化、集约化发展趋势。

世界最大的 ABS 树脂生产商是中国台湾奇美实业股份有限公司，总产能为 210×10⁴t/a，包括台南装置 135×10⁴t/a、镇江装置 75×10⁴t/a；第二位是 LG 化学，总产能为 195×10⁴t/a，包括韩国装置 90×10⁴t/a、中国宁波 75×10⁴t/a、中国惠州 30×10⁴t/a；位列第三的是苯领公司，装置分布在 9 个国家，总产能为 135×10⁴t/a。

中国是世界 ABS 树脂生产消费中心。2020 年中国 ABS 总产能为 411.5×10⁴t/a[1]，产量 412.3×10⁴t，表观消费量 608×10⁴t，进口量 201.2×10⁴t，自给率 67.8%。2016—2020 年，中国 ABS 树脂产能增速放缓，年均增长率 3.0%，产能增量 43.7×10⁴t/a（表 1-4）。未来 5 年，中国将迎来 ABS 产业又一个爆发期，预计新增产能超过 600×10⁴t/a。

---

[1] 不包括中国台湾省、香港特别行政区和澳门特别行政区的数据，余同。

表 1-4　2016—2020 年中国 ABS 树脂供需平衡情况

时间	产能，10^4 t/a	产量，10^4 t	需求量，10^4 t	进口量，10^4 t	出口量，10^4 t	自给率，%
2016 年	367.8	338.3	499.6	164.1	2.8	67.72
2017 年	397.3	359.4	534.7	178.8	3.5	67.22
2018 年	393.5	365.3	571.9	211.4	4.8	63.88
2019 年	411.5	392.7	593.2	204.3	3.8	66.18
2020 年	411.5	412.3	608.5	201.2	4.95	67.76

2020 年，中国 ABS 树脂生产企业 12 家，产能 411.5×10^4 t/a，前 5 家产能合计占总产能的 74.1%，装置向大型化、规模化方向发展。由于近几年中国 ABS 树脂市场需求旺盛，宁波 LG、吉林石化等多家 ABS 树脂生产企业处于高负荷生产状态，山东海江、张家港盛禧奥、广西科元三家企业由于投产时间短，装置开工率相对较低。

ABS 树脂主要应用在家电、电子电器、汽车交通、轻工产品、办公用品、建筑行业等领域。各地区 ABS 树脂消费结构不同，欧洲市场侧重于汽车领域，美洲市场侧重于汽车和建筑领域，亚洲市场侧重于家电和电子产品[5]。2020 年，世界 ABS 树脂消费结构如图 1-7 所示，消费比例中占前三位的分别是家电及办公用品、电子电器和汽车部件，所占比例分别为 40.20%、23.60% 和 13.20%。

中国是世界制造中心，家用电器、电子产品、轻工领域一直是 ABS 树脂消费的主体。2020 年，中国 ABS 树脂消费结构（图 1-8）中，家用电器占比 60%，办公设备占比 9%，交通工具占比 10%，轻工业领域占比 11%，建材及其他占比 10%。

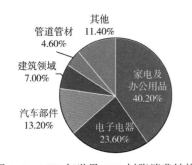

图 1-7　2020 年世界 ABS 树脂消费结构

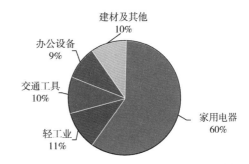

图 1-8　2020 年中国大陆 ABS 树脂消费结构

二、国内外合成树脂技术现状

1. 聚乙烯

聚乙烯生产工艺按聚合压力大小分为低压法和高压法，其中低压法又分为气相法工艺、淤浆法工艺和溶液法工艺。气相法的代表工艺有 Univation 公司的 Unipol 流化床工艺、英力士公司的 Innovene G 流化床工艺和巴塞尔公司的 Spherilene 双流化床工艺等；淤浆法的代表工艺有 Chevron Phillips 公司的环管淤浆工艺、英力士公司的 Innovene S 环管淤浆工艺、巴塞尔公司的 Hostalen 釜式淤浆工艺、三井化学公司的 CX 釜式淤浆工艺等；溶液法的代表工艺有陶氏化学公司的 Dowlex 工艺、Nova 公司的 Sclairtech 工艺等。低压法聚乙烯组合式工艺有北欧化工公司的 BorStar 环管淤浆—流化床组合工艺和巴塞尔公司近期开发的气相流化床—多区循环反应器组合工艺(Hyperzone)。高压法聚乙烯的代表工艺有巴塞尔公司的 Lupotech 高压釜式法工艺、埃克森美孚公司的高压管式法及釜式法工艺等。

气相法聚乙烯采用立式气相流化床，反应压力比较低，通常为 2.4MPa，反应温度为 80~110℃。可使用齐格勒-纳塔(Z-N)催化剂、铬系催化剂和茂金属催化剂生产宽范围的聚乙烯产品，无须脱除催化剂步骤。投资和操作费用较低，对环境污染较小，特别受煤化工和定位大宗产品的企业青睐，单线生产能力可达 $60×10^4$t/a。铬系宽分布产品和茂金属产品是其特色产品。通过双流化床反应器串联，如 Spherilene 工艺，可以生产双峰分布的聚乙烯特色树脂，如二元、三元和四元共聚物。

溶液法工艺的特点是催化剂无须负载，可以使用纯的有机金属化合物，大幅减少了产品中无机组分的含量(载体催化剂有效成分一般小于 10%)；溶液法反应停留时间短，聚合反应速率快，产品切换时间短；采用溶剂，反应稳定，反应器不结垢；装置开停工易于操作；转化率高，乙烯单程转化率可达 95% 以上；可生产全范围产品(分子量分布从窄至宽分布)及极低密度聚乙烯；可与高级 α-烯烃共聚。气相法、淤浆法工艺无法生产密度低于 0.90g/cm^3 的产品，主要容易引起粘釜、挂壁等问题，而溶液法工艺不存在这个问题。溶液法工艺可以通过吸附、脱蜡等步骤进一步提高产品的纯净度，减少挥发性组分的含量，显著降低产品的气味等级。

淤浆法聚乙烯工艺通过后期的脱蜡工艺可以降低产品中易挥发性组分的含量，从而降低产品的挥发性有机物(VOC)含量和气味等级，在与饮用水、饮料、食品等接触的包装材料方面具有广泛的用途。

高压法聚乙烯工艺使用氧气或纯净的过氧化物作为引发剂，其优势是产品中杂质含量极低，产品特别适合应用于电缆料等行业。另外，聚合物反应中原位生成的长链支化结构可以提供良好的加工性能和力学性能。但是在生产高压聚乙烯产品的过程中，长支链的含量和分布不可控，制约了产品的定制化开发和进一步的应用。

除了巴塞尔公司的 Spherilene 双流化床工艺和陶氏化学公司的 Dowlex 工艺以外，上述主流聚乙烯工艺我国均有引进。目前，现有聚合工艺的种类基本能满足聚乙烯各类材料的开发。大宗通用料倾向于使用气相法工艺，高等级管材一般选用淤浆法工艺，高附加值弹性体选用溶液法工艺。通过将淤浆法工艺与气相法工艺相结合，如 Borstar 工艺，将多个环管淤浆反应器串联后接气相反应器，可以生产其他工艺无法生产的高附加值牌号。未来聚合工艺的发展主要取决于产品的定位，如组合工艺生产的特殊产品的经济性。随着市场对高品质聚乙烯产品的需求越来越广，聚乙烯生产工艺也在不断发展和进步中，但我国针对引进工艺的消化吸收和再升级方面的工作一直比较滞后。

2. 聚丙烯

聚丙烯生产工艺按聚合类型可分为溶液法、浆液法、液相本体法、气相法、液相本体和气相组合法。随着催化剂技术的进步和大型设备制造能力的提高，国内装置大多采用液相本体法、气相法或两者的组合法。目前，世界上主要的聚丙烯生产工艺和专利主要集中在以下几个专利商：原巴塞尔公司(最早的 Himent 公司，现在的利安德巴塞尔公司)的 Spheripol 和

Spherizone 工艺，Grace 公司(原陶氏化学公司)的 Unipol 工艺，英力士公司(原 BP-Amoco 公司)的 Innovene 工艺，ABB 公司的 NTH 公司(原巴斯夫公司)转让的 Novolen 工艺，北欧化工公司的 Borstar 工艺，三井化学公司的 Hypol 工艺和日本 JPP 公司的 Horizone 工艺等。

Lyondell-Basell 公司的 Spheripol 工艺采用一组或两组串联的环管反应器生产聚丙烯均聚物和无规共聚物，再串联一个或两个气相反应器生产抗冲共聚物。工艺过程包括催化剂制备、预聚合及液相本体聚合、气相聚合、聚合物脱气及单体回收、挤压造粒等工序。能提供全范围的产品，包括均聚物、无规共聚物、抗冲共聚物、三元共聚物(乙烯-丙烯-丁烯共聚物)，其均聚物产品的熔融指数(简称熔指)范围为 0.1~2000g/10min，工业化产品的熔指达到 1860g/10min，(特殊的不造粒产品)。抗冲共聚产品乙烯含量可高达 25%(40%橡胶相)，并已具有达到 40%乙烯含量(60%橡胶相)的能力。

Spherizone 气相工艺采用多区循环反应器，可以在同一台反应器内生产双峰产品，生产的聚合物粒子具有很好的均匀性，其产品综合性能优于 Spheripol 等工艺。Spherizone 工艺反应器的两个区氢气加入量比例可达 1:100，而 Spheripol 等工艺两个环管氢气加入量比例差异可达 1:10，这样 Spherizone 工艺就能生产更宽分子量分布的产品，可提高产品加工性能，适宜生产专用管材、高线速度的双向拉伸聚丙烯(BOPP)薄膜和注塑产品。

Unipol 气相工艺采用气相流化床反应器系统，只用两台串联的反应器系统就能够灵活地生产全范围聚丙烯产品。商业化均聚物产品的熔指为 0.5~45g/10min。工艺过程包括原料精制、催化剂进料、聚合反应、聚合物脱气和尾气回收、造粒及产品储存、包装等工序。采用先进的气相流化床技术和高效催化剂，可以简化流程。该工艺流程短、设备少，简化的流程形成一个比较稳定而灵活的系统，可以在较大操作范围内调节操作条件而使产品的性能保持均一。

Innovene 气相法聚丙烯工艺，即原 Amoco 或 BP-Amoco 气相法聚丙烯工艺，采用接近活塞流式的卧式反应器，并带一个特殊设计的水平搅拌器，也是当今最先进的聚丙烯技术之一。该工艺采用独特的接近活塞流的卧式搅拌床反应器，物料在反应器的流动接近活塞流，只用两台反应器就可以生产高性能的抗冲共聚物。采用高效载体催化剂，能控制无规聚丙烯的生成，产品有很高的等规度。聚合产品具有粒度分布窄、粉料流动性好、灰分含量低、色泽好等特点。产品的物理性质匹配较好，可以生产黏滞性和抗冲强度在高水平上平衡的产品。

Novolen 气相法聚丙烯工艺由巴斯夫公司开发成功，采用立式搅拌床反应器。曾被认为是最适于小规模多品种聚丙烯产品生产的工艺，通过催化剂及工艺改进，单线生产能力大幅提高至 $36×10^4 t/a$。能用抗冲共聚反应器生产均聚产品(与第一均聚反应器串联)，可以使均聚物的生产能力提高 30%。无规共聚物也可以用串联反应器生产。可生产全范围聚丙烯产品，包括超高抗冲共聚物。

Borstar 工艺采用双反应器(即环管反应器串联气相反应器)生产均聚物和无规共聚物，再串联一台或两台气相反应器生产抗冲共聚物。环管反应器在超临界条件下操作，加入的氢气浓度几乎没有限制，可以直接在反应器中生产高熔指和(或)高共聚单体含量产品。可生产熔指超过 1000g/10min 的纤维级产品和乙烯含量 6%的无规共聚物，能够生产单峰和双峰产品。工艺特点是产品具有更高的结晶度和等规指数，共聚单体在无规共聚物中分布非常均匀，产品具有非常好的热封性和光学性能；模块化设计，能够生产全范围的产品，同时具有生产更高性能新产品的能力。

经过几十年的发展，国内在聚丙烯工艺技术方面取得了长足的进步，如中国石化在引进消化吸收 Spheriol 工艺的基础上开发了中国石化第一、第二代环管技术，并基于自主研发的非对称外给电子体技术，开发了第三代环管工艺；北京华福自主研发的 SPG/ZHG 丙烯聚合技术等在国内外多家企业实现了推广应用；中国石油也在进行液相本体法聚丙烯工艺及产品工艺技术包等成套技术的开发。但由于国内的聚烯烃工艺基础研究能力相对薄弱，国产聚丙烯工艺相对于国外先进主流工艺仍有一定差距，国内主要生产工艺装置仍以引进为主。

3. ABS 树脂

目前，世界 ABS 树脂生产工艺主要有乳液接枝—本体 SAN 掺混工艺和连续本体法 ABS 树脂生产工艺两种。其中，乳液接枝—本体 SAN 掺混工艺应用最广泛且最具发展前景，特点是生产灵活性高，便于操作，易于大规模生产，生产工艺流程如图 1-9 所示；同时，该法产品种类丰富，光泽度高，市场应用广泛，覆盖了挤出、阻燃、耐热、电镀、注塑等各个领域。经过多年累积和发展，逐步形成以日本 TPC、韩国锦湖、中国台湾奇美实业、美国 GE、中国石油等 ABS 树脂生产厂家为代表的各具特色的工艺技术。

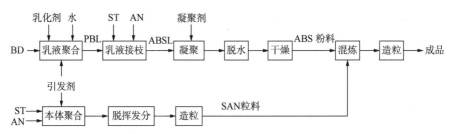

图 1-9　乳液接枝—本体 SAN 掺混法 ABS 树脂生产工艺流程[6]

BD—丁二烯；ST—苯乙烯；AN—丙烯腈；PBL—聚丁二烯胶乳；ABSL—ABS 接枝胶乳

连续本体法具有流程简单、环保和投资省的优势，是近年来发展较快的一种工艺技术，由日本东丽公司在 20 世纪 80 年代中期首先实现工业化生产，主要技术持有者包括美国陶氏化学公司、日本三井化学公司、德国朗盛公司和中国台湾奇美实业公司等。由于目前工艺上的局限性，其产品性能和应用范围还有待进一步改进，这也是世界各大 ABS 树脂生产厂家的研究开发方向之一。连续本体法主要包括溶胶、预聚合、聚合脱挥发分和造粒等过程，其工艺流程如图 1-10 所示。

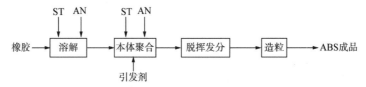

图 1-10　连续本体法 ABS 树脂生产工艺流程[6]

第二节 中国石油合成树脂技术现状

一、聚乙烯

1. 装置产能及产品结构

截至 2019 年底,中国石油共有 23 套聚乙烯装置,总产能为 $508×10^4t/a$,其中低密度聚乙烯产能为 $46.5×10^4t/a$,约占总产能的 9.1%;线型低密度聚乙烯产能为 $289.2×10^4t/a$,约占总产能的 56.9%;高密度聚乙烯产能为 $173×10^4t/a$,占总产能的 34%。装置主要位于东北、西北和西南地区,其中以东北地区最多,约占总产能的 52.2%;其次是西北地区,占总产能的 36.0%,如图 1-11 所示。

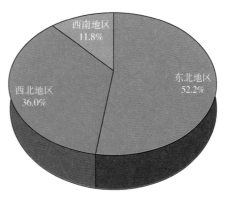

图 1-11 中国石油聚乙烯产能区域分布图

中国石油聚乙烯产品中以高密度聚乙烯占比最高,2019 年为 54.8%;其次是线型低密度聚乙烯,占比为 36%;低密度聚乙烯占比最低,为 9.2%。在专用料方面,2019 年中国石油聚乙烯专用料比例为 45.5%,同比提升 9.6 个百分点,其中高端专用料为 3.3%。

2. 研发现状及自有技术情况

经过近 20 年的持续攻关,中国石油聚乙烯的核心技术、产品质量和高端产品数量得到大幅提升,在烯烃聚合催化剂、新产品及聚合工艺开发等方面均取得了重要突破。

在催化剂方面,世界上已经成熟工业应用的聚乙烯催化剂主要有 Z-N 催化剂、铬系催化剂和茂金属催化剂三大类。Z-N 催化剂在聚烯烃工业应用上占绝对优势,而且一直在不断发展和完善;铬系催化剂在高密度聚乙烯生产上已得到广泛应用;茂金属催化剂和非茂金属催化剂也处在快速发展之中。近年来,中国石油针对不同工艺成功开发了赫斯特工艺聚乙烯催化剂 PSE-100/200/CX1、铬系双峰聚乙烯催化剂 PCE-01、三井化学工艺聚乙烯催化剂 PSE-CX-1、气相聚乙烯浆液催化剂 PGE-101/201 等聚烯烃催化剂,新产品开发拥有自主技术利器。目前,PGE-101/201、PSE-100/200/CX1 和 PCE-01 已实现工业应用。此外,在茂金属聚乙烯催化剂方面,中国石油自主研发的 PME-18 已完成长周期中试评价,具备工业应用试验条件,未来将在兰州石化 $6×10^4t/a$ 装置进行工业应用试验;高抗冲茂金属聚乙烯催化剂、超低磨损聚乙烯催化剂也相继完成了中试试验;针对目前世界上发展最快的双峰聚乙烯技术,中国石油也已经利用准-C_2 对称性结构茂金属催化剂制备出宽峰的聚乙烯产品。

在新产品开发方面,中国石油近年来取得了较大进展,聚乙烯在管材、中空、薄膜等领域已经形成一定优势产品,管材领域已经开发了 15 个聚乙烯管材专用料牌号,应用领域覆盖了承压给水输送、地暖、热力管网等多个领域,其中用于给水领域的 PE100 级管材专用料牌号 9 个、冷热水输送用耐热聚乙烯牌号 5 个、集输油用耐温聚乙烯管材专用料 1 个。

产品包括吉林石化 GC100S、抚顺石化 FHMCRP100N、四川石化 CRP100N、独山子石化 TUB121 N3000 等 PE100 管材料，以及大庆石化的 DQDN3711 I 型和中试产品 DQDN3712 II 型 PE-RT 耐热管材料等。薄膜料领域经过十几年的研究，已成功开发出电子保护膜专用料、茂金属聚乙烯薄膜专用料、线型低密度聚乙烯薄膜专用料、双向拉伸聚乙烯薄膜专用料等多类产品，主要包括大庆石化 HPR18H10AX、HPR18H35DX 和独山子石化 EZP2010HA 等茂金属薄膜料，以及大庆石化 DFDA-7042、抚顺石化 DFDC-7050、大庆/吉林石化 7047 等线型低密度聚乙烯薄膜料。此外，还有大庆石化和兰州石化 5000S 纤维料、兰州石化 2240H 和 CL2120P 电缆料、兰州石化 2420H 的电子保护膜专用料、DGDB6097 储水罐专用料，以及大庆石化 DMDB4506 IBC 桶（吨装方桶或中型散装货物集装箱）专用料、DMDA6045 汽车油箱专用料。与其他树脂专用料相比，电子级中空容器聚乙烯专用料开发难度相对较大，中国石油开发了生产电子级中空容器专用料的专用催化剂 PLE-01，并产出合格产品 FHM8255A。

在智能化方面，中国石油自 2016 年开始智能化技术的研究，经过 5 年的发展，完成了面向聚合物微观结构的聚合机理模型构建，开发出聚乙烯生产智能交互学习与在线反演应用技术，优化后的工艺操作参数，用于批次生产得到的聚合物指标与目标值误差控制在 8% 以内；开发出在线工艺参数优化与数据采集模块，将开发形成的机理模型嵌入具有交互功能的控制系统中，并与石化院 50kg/h 气相法全密度聚乙烯中试装置的分散控制系统（DCS）对接，搭建了气相聚乙烯智能控制平台，实现了机理模型与产品的微观结构定量关联与精准调控。

在生产工艺方面，建成了 50kg/h 气相聚乙烯中试聚合装置，在气液固三相气相流化床聚乙烯工艺提升技术、淤浆法三釜多峰聚乙烯工艺、环管淤浆聚乙烯工艺等开发方面取得了一定进展，预计将于 2025 年左右开发出上述 3 种生产工艺的成套技术。

二、聚丙烯

1. 装置产能及产品结构

截至 2019 年底，中国石油拥有聚丙烯生产企业 17 家，共 27 套装置，产能共计 418×10⁴t/a，主要位于东北和西北地区，其中东北地区产能占中国石油总产能的 41.4%，如图 1-12 所示。中国石油所有聚丙烯装置中，独山子石化 2009 年建设的 55×10⁴t/a 聚丙烯装置产能最大，采用英力士公司的 Innovene 工艺。

中国石油聚丙烯产品中均聚产品占比最高，2019 年占比为 69.2%；其次是抗冲共聚产品，占比为 16%；无规共聚产品占中国石油聚丙烯产品比例为 11.5%。专用料方面，截至 2019 年，中国石油聚丙烯专用料比例为 45.1%，同比提升 10.8%，其中高端专用料为 5.2%。

2. 研发现状及自有技术情况

经过近 20 年的持续攻关，中国石油的聚丙烯技术有了量的提升和质的突破，催化剂研制、新产品开发及工艺开发均取得重要成果。

催化剂技术方面，目前工业上广泛应用的聚

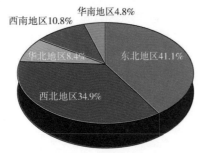

图 1-12 中国石油聚丙烯装置分布情况

丙烯催化剂有 Z-N 催化剂和茂金属聚丙烯催化剂。Z-N 催化剂的主催化剂主要包括氯化镁载体、内给电子体和钛活性中心三部分，中国石油自主研发的 PSP-01 催化剂是国内具有代表性的 Z-N 催化剂之一，除此之外，近年来中国石油成功开发了气相法聚丙烯催化剂 PC-1、PGP-01 等一系列具有自主知识产权的聚丙烯催化剂，并成功完成工业试生产，形成了 Z30S 系列、H39S 系列、HPP1850 系列、HPP1860 系列、T36FD 为代表的知名牌号产品。茂金属催化剂方面，"十三五"期间，中国石油自主开发了国内首个工业应用的间规茂金属聚丙烯催化剂 PMP-01 和超高熔体指数茂金属催化剂 PMP-02。茂金属聚丙烯催化剂 PMP-01 在哈尔滨石化和岳阳石化完成工业应用试验，开发了 MPP6002、MPP6006、MPP6011 和 PP6017 等茂金属聚丙烯产品，可用于医用 3D 打印材料和高透明流延膜。医用 3D 打印材料的成功开发，标志着中国石油在医用高端聚烯烃材料领域取得了重大突破。此外，中国石油以自主研发的准 $-C_2$ 对称性结构茂金属催化剂 MPP-S01 和 MPP-S02 为基础，开发了窄分布超高分子量茂金属聚丙烯专用树脂，并成功完成中试。

新产品开发方面，"十三五"期间，中国石油聚烯烃新产品开发取得重大进展，成功开发出 65 个牌号 180×10^4 t 聚烯烃新产品，优化了装置产品结构，逐步提升了中国石油产品的市场竞争力。其中，在聚丙烯医用料、低气味车用料、高熔指聚丙烯纤维料和高流动薄壁注塑料等聚丙烯产品开发方面取得了显著成效。在医用料方面，中国石油建立了国内唯一的医用聚烯烃洁净化生产基地，实现输液瓶、输液袋、安瓿瓶、注射器专用料工业化生产，建成聚烯烃洁净化生产技术平台，在四川科伦药业、山东辰欣药业等 20 多家企业得到应用。通过洁净化技术生产的医用聚丙烯 RP260、RPE02M 等产品，性能与进口产品相当，整体达到国际先进水平，其中"超纯净化"聚烯烃生产技术达到国际领先水平，2019 年 RP260 产品市场占有率达 40% 以上。在车用料方面，近年来受汽车轻量化影响，高冲击车用共聚聚丙烯产品熔融指数向高熔指方向发展，中国石油也形成了系列产品生产技术，其中高抗冲产品 SP179 已成为国内王牌产品。除此之外，中国石油在高流动高刚系列车用料上也开发出了 EP533N、EP408N、EP508N 和 EP100N 系列产品，部分已完成工业试生产。在管材料方面，中国石油的无规共聚聚丙烯（PPR）管材系列产品在市场中已经形成较高知名度，截至 2019 年底，已占国内 30% 以上的市场份额；近年来，还成功生产出管材专用料 PPB4228 等产品，并将高模量聚丙烯结构壁管材专用料 H2483 关键技术开发列为重点攻关项目。另外，中国石油在聚丙烯膜料、纤维料薄壁注塑产品的研究开发方面也做了大量工作，开发了 HT07FC 流延膜专用料，EPB08F 三元热封专用料，LHF40P-2 低气味高熔指纤维专用料，以及 H9018、H9018H、H9068 系列高流动薄壁注塑专用料等大量聚丙烯新产品。

目前，中国石油开发聚丙烯环管反应器国产化技术，建成了 75kg/h 液相本体和气相流化床聚丙烯中试聚合装置，并基于自主研发的催化剂，在液相本体法聚丙烯工艺开发方面取得了一定进展，预计将于 2025 年左右形成生产工艺的成套技术。

三、ABS 树脂

1. 装置产能及产品结构

中国石油 ABS 树脂的研究开发起步于 20 世纪 60 年代，经过 50 余年的不断发展，已成为 ABS 树脂行业的重要生产商及科研主力军，已经拥有具有自主知识产权、国际先进、国内领先的 ABS 树脂成套技术。目前，中国石油旗下有吉林石化和大庆石化两家 ABS 树脂生产企业，总产能达到 $70×10^4$ t/a。

中国石油吉林石化广东揭阳 $60×10^4$ t/a ABS 树脂项目已经动工建设，计划 2022 年建成投产。同时，正在规划建设吉林石化 $60×10^4$ t/a、大庆石化 $20×10^4$ t/a 两套 ABS 树脂新装置。随着 3 个 ABS 树脂新项目建成投产，中国石油 ABS 树脂产品市场占有率和竞争力将进一步提升。

中国石油引进 ABS 树脂生产技术以及自主开发 ABS 树脂新产品技术，拥有通用级、高抗冲级、阻燃级、高流动级、挤出级、电镀级、耐热级、高光泽级等 ABS 产品的生产能力。

2020 年，吉林石化和大庆石化 ABS 树脂市场占有率分别为 10.7% 和 2.0%。其中，吉林石化 GE-150 单牌号市场占有率最大，达到 3.3%；其次是 0215A，市场占有率为 3.1%；0215H 位列第三，市场占有率为 2.7%。

2. 研发现状及自有技术情况

1）大庆石化

大庆石化拥有多项 ABS 树脂自主研发技术——小粒径丁二烯胶乳合成技术、化学附聚技术、6h 接枝技术、低温凝聚技术、氮气循环干燥技术等先进的成熟技术，可以生产通用级、板材级、高流动级、超高抗冲级等特色 ABS 树脂生产技术。

大庆石化已形成乳液接枝—本体 SAN 掺混法 ABS 树脂生产自主知识产权的专有成套技术，该工艺具有 10 项特色技术：包括高胶 ABS 粉料合成、本体 SAN 聚合和"三废"处理三大技术系列；具有小粒径丁二烯胶乳聚合、化学附聚、高胶 ABS 接枝、低温凝聚、氮气循环干燥、SAN 单釜聚合、两级脱挥发分、涡凹气浮污水处理技术。目前，该套工艺技术整体已达到国内领先水平。

大庆石化具有多项技术发明专利[7]，包括小粒径聚丁二烯（PB）聚合、化学附聚、高胶 ABS 接枝聚合、接枝胶乳凝聚、ABS 粉料干燥；拥有两项实用新型专利，包括接枝釜式反应器和化学附聚进料系统。

2）吉林石化

吉林石化拥有多项 ABS 树脂自主研发新技术，主要包括小粒径丁二烯胶乳制备、丁二烯胶乳附聚剂及附聚技术[8]、双峰分布 ABS 树脂合成技术[9-10]、新型聚合体系接枝聚合技术、复合凝聚技术、产品高温抗氧化技术等多项先进工艺技术。

吉林石化拥有自主知识产权的 ABS 树脂成套技术，拥有四大系列 14 项特色技术。该技术以高分子附聚法 600nm 超大粒径聚丁二烯胶乳（PBL）制备技术和双峰 ABS 合成技术为核心创新技术，以湿粉料氮气循环干燥技术、SAN 树脂改良本体聚合技术、混炼水下切粒技术等一系列先进工艺技术为基础，以双峰分布 ABS 树脂产品为主导产品，以 $20×10^4$ t/a ABS 树脂成套技术工艺软件包为成果体现，工艺指标先进，技术成熟可靠，产品质量优异，工艺技术整体已达到国内领先、国际先进水平。

经过 20 多年的积累，吉林石化建立了专业化 ABS 树脂研发平台，培养了 ABS 树脂研发技术人才，为吉林石化 ABS 树脂产业由弱到强的发展过程提供坚强的技术支撑。

参 考 文 献

［1］何显东，李文涛. 高分子材料在医药中的应用［J］. 包装工程，2001(6)：1-3, 7.

［2］张哲. 我国合成树脂市场状况及发展战略研究［D］. 北京：对外经济贸易大学，2003.

［3］宋倩倩，慕彦君，侯雨璇，等. 中美两国石油化工产业实力对比分析［J］. 化工进展，2020, 39(5)：1607-1619.

［4］王红秋. 重重挑战下，如何提升我国聚乙烯产业竞争力？［J］. 中国化工信息，2020(7)：23-27.

［5］黄金霞，朱海林，陈兴郁，等. 2018 年国内外 ABS 树脂生产技术与市场［J］. 化学工业，2019(4)：33-41.

［6］陆书来，罗丽宏，孟庆丰，等. ABS 树脂现状分析及其发展对策［J］. 弹性体，2003, 13(6)：66-70.

［7］中国石油天然气股份有限公司. 一种小粒径聚丁二烯胶乳的制备方法：200410080805［P］. 2006-04-19.

［8］中国石油天然气股份有限公司. 聚丁二烯胶乳的制备方法：021312036［P］. 2004-03-17.

［9］Li Gongsheng, Lu Shulai, Pang Jianxun, et al. Preparation, microstructure and properties of ABS resin with bimodal distribution of rubber particles［J］. Materials Letters, 2012, 66 (32)：219-221.

［10］中国石油天然气股份有限公司. 一种 ABS 树脂的双峰乳液接枝制备方法：201010134724［P］. 2011-09-28.

第二章　聚乙烯催化剂技术

催化剂是聚烯烃技术的核心，是聚烯烃产业高速发展的动力。聚烯烃的高性能化主要取决于催化剂的性能，其对聚合物的微观结构和宏观性能具有重要影响。随着全球高品质聚烯烃产品需求的不断增长，催化剂同样需要不断改进和提高，催化剂的专用化和高端化已成为趋势[1-3]。Univation、Basell、Phillips和英力士等世界上主要的聚乙烯专利商都针对各自的工艺特点开发出了适合自己工艺的、特色鲜明的聚乙烯催化剂技术。

目前，工业应用的聚乙烯催化剂按照活性中心的种类不同可以分为钛系、铬系和茂金属催化剂三大类，其中钛系、铬系催化剂诞生于20世纪50年代，茂金属催化剂诞生于80年代，目前这三类催化剂已经形成共同发展的格局。钛系催化剂就是一类以三氯化钛/四氯化钛为活性中心的聚乙烯催化剂，通常也被称为Z-N催化剂。钛系催化剂产品的分子量分布❶相对较窄（3~5），使用钛系催化剂生产宽分子量分布的产品时，应采用串联工艺，在聚合过程中通常加入三乙基铝为助催化剂，以氢气为分子量调节剂，以丙烯、1-丁烯、1-己烯等 α -烯烃为共聚单体进行密度调节[4-8]。钛系催化剂与茂金属催化剂和铬系催化剂相比，对原料的水、氧含量要求较低。铬系催化剂是一类以氧化铬、铬盐或铬酸酯为活性中心的聚乙烯催化剂，根据活性中心的种类不同又可分为无机铬、有机铬两类催化剂。铬系催化剂产品的分子量分布相对较宽，无机铬催化剂产品分子量分布8~15，有机铬系催化剂产品分子量分布15~25。由于铬系催化剂的活性中心相对容易还原，助催化剂会导致活性中心的过度还原，因此聚合过程中不加入助催化剂，单靠乙烯将六价铬还原至有活性的二价或三价，诱导期较长。助催化剂在聚合过程中不仅起到还原活性中心的作用，同时起到除去原料中的水、氧作用。由于铬系催化剂聚合过程中不加助催化剂，因此要求原料水、氧含量极低，一般原料中的水、氧含量应小于 $1mL/m^3$ 。茂金属催化剂就是一类以双环戊二烯锆/钛为活性中心的聚乙烯催化剂，以甲基铝氧烷为助催化剂（MAO）。茂金属催化剂与钛系、铬系催化剂相比，最大的区别在于活性中心的分布，茂金属催化剂的每个活性中心具有几近相同的聚合行为，因此也被称为单活性中心催化剂，其分子量分布很窄（2~3）。茂金属催化剂制备的聚乙烯分子中的共聚单体分布均匀，与相同密度的钛系催化剂产品相比，其具有更低的熔点和结晶度，薄膜的落镖冲击破损质量非常高，透明性好，非常适合用于生产薄膜专用料。

我国聚烯烃催化剂研发起步较晚，催化剂制备的关键核心技术长期被国外公司垄断和保护，加之催化剂的开发周期长，导致催化剂的更新换代速度和国际一流水平有明显的差距[1-3]。

中国石油在聚乙烯催化剂方面开展攻关，到2020年底，已开发出PSE等7个牌号催化剂。新催化剂助力企业开发出全新产品，并降低了聚乙烯生产中的催化剂成本，稳定了产

---

❶分子量分布是重均分子量与数均分子量的比值。

品质量，提升了产品性能；同时，也扩大了产品的市场占有率，创造了新的经济效益。新催化剂在国内外推广应用有较好前景。

第一节 淤浆聚乙烯催化剂 PSE

聚乙烯生产工艺分为气相法工艺、淤浆法工艺、溶液法工艺和高压聚乙烯工艺。近年来，我国大量引进了淤浆法聚乙烯生产装置，产能增长迅速。淤浆法工艺的特点是生产的聚合物悬浮于稀释剂中，生产过程中压力和温度较低，在生产管材、中空容器和薄膜方面具有独特的优势，成为聚乙烯高附加值专用料开发的主要工艺[4-11]。

催化剂是开发高附加值聚乙烯产品的核心技术，决定着聚乙烯生产的发展方向、技术水平以及产品的性能。淤浆聚乙烯工艺要求催化剂颗粒形态好、粒径分布均匀，并且具有良好的共聚性能和氢调敏感性。开发高附加值聚乙烯专用料的关键在于淤浆工艺聚乙烯催化剂的开发。中国石油自2007年起开始高性能淤浆工艺聚乙烯催化剂的研究与开发，在中国石油重大科技专项、重大工业化试验项目等支持下，成功开发了淤浆工艺聚乙烯催化剂 PSE。

一、PSE 催化剂小试技术开发

催化剂研发过程如下：

（1）针对催化剂的颗粒形态差、细粉含量高的技术难题，研发了催化剂形态修复技术。形态修复技术的使用改善了催化剂的粒径分布与颗粒形态（图2-1），实现了催化剂粒径的窄分布（图2-2），减少了催化剂和聚合物中的细粉含量。

（2）针对现有催化剂共聚性能与氢调敏感性不足等问题，研发了第三组分调变技术，提高了催化剂的共聚性能和氢调敏感性，有助于改善聚合物力学性能，有力支撑了高性能产品的开发。

（3）为解决低聚物含量高导致管路堵塞的生产难题，研发了多级析出控制技术，大幅降低了低聚物含量。

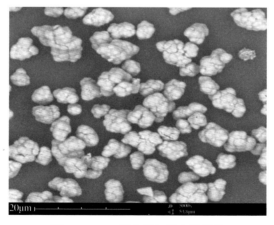

图 2-1　PSE 催化剂扫描电镜照片

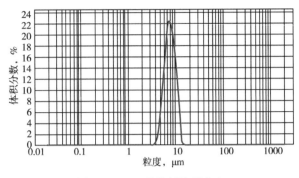

图 2-2 PSE 催化剂粒径分布

PSE 催化剂是中国石油开发的具有完全自主知识产权的聚乙烯催化剂，适用于聚乙烯淤浆工艺生产高性能聚乙烯管材、薄膜、注塑等专用料。该催化剂具有优异的颗粒形态，活性释放平稳，具有工艺适应性强、反应平稳易于控制等特点；催化剂粒径分布窄，聚合物的细粉与低聚物含量低，可以减少生产双峰聚乙烯树脂时细粉与低聚物引起的管道堵塞，提高装置长周期运行能力；共聚合性能优良，共聚单体的高插入率可以提高聚合物中"系带分子"的含量，改善材料的耐慢速裂纹增长等长期性能。

目前，PSE 催化剂已经形成了系列化，开发了 3 个牌号催化剂，PSE-100 催化剂适用于 Hostalen 工艺，PSE-200 催化剂和 PSE-201 催化剂适用于 CX 工艺，其中 PSE-201 催化剂为氯化聚乙烯专用催化剂，PSE 催化剂的性能指标见表 2-1。

表 2-1　PSE 催化剂的性能指标

指标	PSE-100 （Hostalen 工艺）	PSE-200 （CX 工艺）	PSE-201 （CX 工艺，氯化聚乙烯）
钛含量，%	5.3~6.3	5.5~6.5	5.5~6.5
镁含量，%	14.9~17.7	14.0~18.0	14.0~18.0
平均粒径，μm	7.5~8.8	6.0~8.0	5.0~6.0
活性，kg(聚乙烯)/g(催化剂)	≥22	≥25	≥25
堆密度，g/mL	≥0.35	≥0.35	≥0.38

聚合条件：氢气分压/乙烯分压=0.28/0.45，总压 0.73MPa；聚合温度80℃；$n(Al)/n(Ti)$（物质的量比）=150；聚合时间 2h。

二、PSE 催化剂的工业化应用技术开发

2018 年，PSE-100 催化剂在中国石油吉林石化 30×10^4t/a 高密度聚乙烯装置完成了工业试验。试验期间装置运行平稳可控，产品性能优异。与进口催化剂相比，PSE 催化剂的共聚单体用量大幅降低（图 2-3），低聚物含量降低 23%。产品具有良好的物理性能和力学性能，管材短期静液压强度、耐快速裂纹扩展和耐慢速裂纹增长性能合格，达到 PE100 指标要求。

2018—2019 年，PSE-200 催化剂在大庆石化 24×10^4t/a 淤浆聚乙烯工艺装置完成了工业试验，催化剂表现出良好的共聚性能，聚合物粒度分布窄（图 2-4），细粉和较大颗粒含量低。产品质量达到优等品级别，聚合物熔体强度高，单丝直径均匀、表面光滑、光泽度好，具有良好的线密度和拉伸强度。

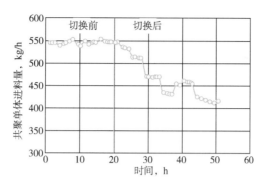

图 2-3 PSE 催化剂切换前后共聚单体进料量的变化

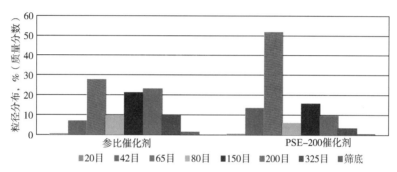

图 2-4 聚合物粒径分布对比

该技术应用以来，累计生产聚乙烯树脂近 5610t，取得了较好的经济效益和社会效益。

与同类型催化剂相比，PSE 催化剂颗粒形态优异，粒径分布更均一，具有较高的催化活性，聚合物细粉含量更少；同类进口催化剂市场售价在 400 万元/t 左右，PSE 催化剂成本较低，售价可比进口催化剂低 50%，具有较强的市场竞争力（表 2-2、表 2-3）。

表 2-2　PSE-100 催化剂与进口催化剂指标对比

指标	PSE-100 催化剂	对比剂
催化剂活性，kg(聚乙烯)/g(催化剂)	22.8	15.3
聚合物堆密度，g/cm³	0.36	0.37
聚合物细粉量，%(质量分数)	0.2	0.8
催化剂价格，万元/t	200	400

表 2-3　工业化产品 GC100S 的性能对比

指标	PSE-100 催化剂产品	对比产品
熔融指数(5kg)，g/10min	0.22	0.23
密度，g/cm³	0.950	0.950
断裂伸长率，%	770	690
甲基支化度，CH₃/100C	0.32	0.22
共聚单体含量，%(摩尔分数)	0.54	0.43

近年来，国内聚烯烃产能和需求量不断增加，成为全球聚烯烃消费增长最快的地区。2020年，国内新投产11套聚乙烯装置，合计新增产能420×10⁴t/a，新增产能中淤浆工艺的占比达40%以上。淤浆工艺产能的大幅增长，将带动催化剂需求的快速增加。PSE催化剂性能与进口催化剂相当，而成本大幅低于进口催化剂，具有较强的竞争力，应用前景广阔。以该催化剂替代进口催化剂后，每吨产品的催化剂成本可降低80~150元，经济效益十分显著。同时，由于PSE催化剂聚合时产生的细粉含量低、低聚物含量少，可延长装置长周期运行能力，减少装置停车检修次数，降低生产运行成本。利用催化剂共聚性能优异的特点，生产管材等高附加值产品具有良好的力学性能，可提升产品质量，增强产品的市场竞争力。未来几年，PSE催化剂将在吉林石化、大庆石化、抚顺石化、四川石化、兰州石化等公司的淤浆工艺装置进行推广应用。

第二节　淤浆聚乙烯催化剂 PSE-CX

淤浆聚乙烯催化剂 PSE-CX，是由石化院自主研发的新型高效 Z-N 催化剂，该催化剂利用微乳化技术与载体表面修饰技术相结合，突破了催化剂粒子形态结构控制及活性中心调控等关键技术，具有活性高、氢调敏感性好、共聚性能好、低聚物含量低、聚合物细粉少等特点，有利于装置的长周期运行。催化剂适用于淤浆法聚乙烯生产装置，可生产拉丝料、中空注塑料、管材料、氯化聚乙烯专用料等高密度聚乙烯产品。

淤浆聚合工艺反应压力较低，操作条件易于控制，产品性能好，是我国高密度聚乙烯主要的生产技术。用于淤浆工艺聚乙烯生产技术的进口催化剂有巴塞尔公司的THB、Z501和Z509，以及日本三井化学公司的PZ、RZ系列。国内用于淤浆工艺聚乙烯生产技术的催化剂有上海立得催化剂有限公司的SLC-i和SLC-B催化剂、北京奥达催化剂有限公司的BCE和BCL催化剂、营口向阳催化剂有限公司研发的XY-H催化剂、山东淄博新塑化工有限公司生产的TH-4催化剂。

淤浆工艺高密度聚乙烯装置生产管材、氯化聚乙烯等高附加值牌号产品的专用型催化剂技术含量高、价格昂贵，可达170万元/t以上，主要依赖进口。开发高性能聚乙烯催化剂，实现技术自主化，是我国聚乙烯产业最迫切的任务，有助于企业降本增效、提高聚乙烯产品的市场竞争力。

一、淤浆工艺催化剂 PSE-CX 小试技术开发

2008年，中国石油石化院进行了淤浆工艺聚乙烯催化剂小试技术开发，在氯化镁析出体系中加入双功能的给电子体化合物来调控催化剂颗粒形态和活性中心性能。双功能给电子体化合物具有两个作用：一是表面活性剂的作用，使氯化镁析出体系形成两相乳化体系，降低了两相体系的界面张力，从而使催化剂的颗粒形态更加规则(图2-5)，粒度分布更加集中，降低了极小粒子的含量(表2-4)；二是给电子体的作用，调节催化剂的催化活性和共聚性能(图2-6、图2-7)。核心技术具有自主知识产权，申请中国专利10项，认定中国石油技术秘密1件，制定企业标准1项。

图 2-5 PSE-CX1 催化剂扫描电镜照片

表 2-4 PSE-CX1 催化剂粒度分布

催化剂	d_{10}[①], μm	d_{50}[②], μm	d_{90}[③], μm
PSE-CX1	2.512	8.066	21.839
参比剂	1.399	6.590	14.540

① 一个样品的累计粒度分布百分数达到10%时所对应的粒径。它的物理意义是粒径小于它的颗粒占10%。

② 一个样品的累计粒度分布百分数达到50%时所对应的粒径。它的物理意义是粒径大于它的颗粒占50%，小于它的颗粒也占50%，d_{50} 也称为中位径或中值粒径。d_{50} 常用来表示粉体的平均粒度。

③ 一个样品的累计粒度分布百分数达到90%时所对应的粒径。它的物理意义是粒径小于它的颗粒占90%。

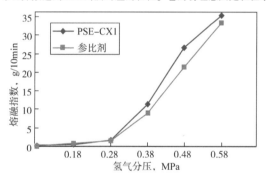

图 2-6 PSE-CX1 催化剂氢调性能

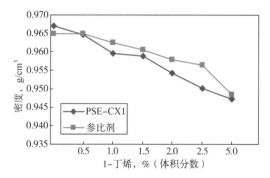

图 2-7 PSE-CX1 催化剂共聚性能

二、PSE-CX 催化剂工业化应用技术开发

2012 年，PSE-CX 催化剂完成了中试放大制备工艺研究，放大制备工艺稳定性较好，放大效应可控，批量生产了催化剂产品；催化剂在大庆石化的淤浆法高密度聚乙烯装置实现了工业应用，生产了中空专用料 5300B 优级品 2746t，创造了良好的经济效益。催化剂活性达到 27.4kg(聚乙烯)/g(催化剂)，聚合物堆密度达 0.38g/cm³，细粉含量为 3.2%，低聚物含量为 12.0g/L，有效降低了聚合物细粉含量和低聚物含量。

2016 年，PSE-CX 催化剂完成了工业化生产工艺研究，在制备技术及反应器设计上取得了重大创新。同年，催化剂在大庆石化的高密度聚乙烯生产装置完成了工业应用试验，生产拉丝专用料 5000S 及氯化聚乙烯专用料 QL505P 产品共计 5396t。催化剂活性高达 30kg(聚乙烯)/g(催化剂)，聚合物堆密度大于 0.36g/cm³，细粉含量低于 1%，低聚物含量低于 5g/L，进一步提高了催化剂的综合性能。

与同类型催化剂相比，PSE-CX1 催化剂形态更好，粒径分布更窄，催化活性较高，聚合物细粉含量和低聚物含量较低；专用催化剂市场售价在 170 万元/t 以上，PSE-CX1 催化剂的生产成本有所降低，市场售价预计可降低 30%，具有较强的市场竞争力(表 2-5)。

随着国内淤浆法聚乙烯产能的不断扩大，淤浆聚乙烯催化剂的需求量将大幅增加。与同类型催化剂相比，PSE-CX 催化剂形态好，孔结构合理，粒径分布窄，机械强度高，催化活性释放更加平稳，有效降低了聚合物细粉含量和低聚物含量，有利于装置的长周期运行，该项技术处于国内先进水平(表 2-6)。该催化剂不仅可在中国石油兰州石化、吉林石化、四川石化等淤浆聚乙烯生产装置推广应用，还可用于中国石化等同类装置。

表 2-5 PSE-CX1 催化剂与同类型催化剂指标对比

指标	PSE-CX1 催化剂	对比剂
催化剂活性，kg(聚乙烯)/g(催化剂)	30.8	29.6
聚合物堆密度，g/cm³	0.38	0.37
聚合物细粉量，%(质量分数)	0.5	0.6
低聚物含量，g/L	4.1	4.5
催化剂价格，万元/t	120	170

表 2-6 工业化产品 QL505P 的性能对比

指标	PSE-CX1 催化剂产品	对比产品
熔融指数(5kg)，g/10min	0.54	0.48
密度，g/cm³	0.952	0.950
堆密度，g/cm³	0.38	0.37
低聚物含量，g/L	4.1	4.5
细粉含量(≤63μm)，%(质量分数)	0.5	0.6
熔点，℃	134	134

第三节 淤浆聚乙烯催化剂 PLE-01

PLE-01 催化剂属于钛系 Z-N 催化剂，适用于乙烯聚合淤浆法工艺，比如三井化学公司的 CX 工艺和巴塞尔公司的 Hostalen 工艺，尤其适用于分子量分布呈双峰形的高密度聚乙烯专用料，目前在 Hostalen 工艺上开发了钛系催化剂聚乙烯大中空专用料 FHM8255A，该专用料与目前的铬系催化剂生产的大中空容器专用料相比，耐跌落性能和码垛性能表现突出，获得了市场好评。

PLE-01 催化剂在研发之初就确立了大胆自主创新，聚合性能超越现有同类催化剂的目标，在催化剂研发的小试、中试和放大制备阶段，进行了大量的原始创新，解决了一系列放大生产的问题，同时还有一些意外发现，从而使 PLE-01 催化剂的性能非常突出。

一、PLE-01 催化剂的小试技术研发

淤浆法乙烯聚合催化剂研发的重点和难点是如何控制催化剂的颗粒形态和粒度大小。目前，适用于淤浆法乙烯聚合工艺的催化剂基本上采用溶液法制备。首先将催化剂组分溶解在乙醇等极性溶剂中，然后在温度低于-10℃条件下通过滴加沉淀剂，将催化剂组分以颗粒的形式从溶液中沉淀出来，从而得到最终的催化剂。在近年来开发的改进技术中，基本上集中在调整溶解用的极性溶剂体系、改变沉淀剂种类以及增加一些提高颗粒成型能力的功能助剂等，其结果是制备催化剂的过程越来越复杂，中间的控制环节越来越多，不但造成催化剂的制备成本提高，而且使催化剂的制备周期延长，催化剂的颗粒形态、粒度大小及其分布并不十分理想。为制备颗粒形态良好的催化剂，北欧化工公司在催化剂制备方面进行了大胆创新，采用一种乳液法制备催化剂的技术，该技术首先将催化剂组分在体系中形成乳液液滴，然后采取快速固化的方式制备催化剂颗粒。该方法的实现要具备两个关键点：一是需要合适的表面活性剂以形成乳液液滴；二是需要乳液液滴的固化反应迅速完成。由于制备催化剂组分性质的限制，常用的表面活性剂不能满足要求，北欧化工公司选择一种全氟代辛烷作为表面活性剂，全氟代辛烷价格很高，市场供应量很少，不适用于大批量使用。另外，快速的固化反应需要特殊的设备来完成，增加了生产的难度。

受北欧化工公司乳液法制备催化剂技术的启发，中国石油对淤浆法乙烯聚合催化剂制备方法进行了全面跟踪研究，并进行了长时间的创新探索，最终形成了具有自主知识产权的 PLE-01 催化剂制备技术，该技术可以对催化剂粒径在很大范围内调整，而且粒径分布宽度 SPAN 值就低于 1.0，表明粒径分布很窄，如图 2-8 所示。

二、PLE-01 催化剂的中试技术研发

在小试制备的基础上，使用 10L 反应釜进行了催化剂的中试制备，单釜次催化剂的制备量控制在 200g 左右。中试制备的 PLE-01 催化剂物性指标及其性能考评结果见表 2-7。

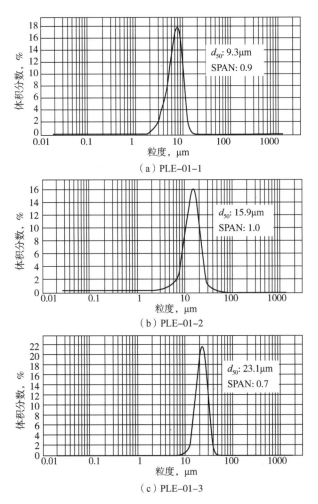

图 2-8　PLE-01 催化剂的粒径调控范围

表 2-7　PLE-01 催化剂中试制备的重现性和稳定性试验

催化剂	平均粒径(d_{50}) μm	SPAN 值	活性 kg(聚乙烯)/g(催化剂)	堆密度 g/mL	熔融指数 g/10min
小试	15.2	1.2	18	0.38	2.4
中试-1	12.3	1.2	24	0.40	2.2
中试-2	13.5	1.1	23	0.39	2.4
中试-3	15.9	1.0	24	0.40	2.3
中试-4	14.1	1.0	22	0.39	2.5
中试-5	14.8	0.9	25	0.40	2.2

聚合条件：淤浆法评价方法，温度 80℃，乙烯分压 0.45MPa，氢气分压 0.28MPa，时间 2h。

　　由表 2-7 可知，依据催化剂小试制备的技术方案，中试放大的 PLE-01 催化剂平均粒径和粒径分布宽度 SPAN 值与小试制备的催化剂接近，聚合活性比小试催化剂提高，这是由于催化剂放大后，催化剂的活性中心分布更为均匀，制备过程中的反应速率控制比较平稳，工艺条件的控制更为精细，从而优化了催化剂的性能，使乙烯聚合的活性得到提高。

除聚合活性外，催化剂制备树脂的堆密度和熔融指数没有明显变化，说明中试放大的催化剂的颗粒形态和氢调性能仍然重现了小试催化剂的水平。另外，从表2-7中还可以发现，中试催化剂的不同批次之间的催化性能比较接近，说明催化剂制备技术的稳定性较好。

三、PLE-01 催化剂的生产技术研发

在 PLE-01 催化剂生产过程中，监控了催化剂的组分含量和粒度的变化情况，发现搅拌速度、升温速度等因素会影响催化剂的组分含量和粒度变化，随后根据现场情况进行了调整，使最终生产的催化剂达到了预期要求，表2-8为连续生产的 3 批次催化剂的催化性能考评情况。

表 2-8 PLE-01 催化剂的性能指标

批次	镁含量 %（质量分数）	钛含量 %（质量分数）	活性 kg（聚乙烯）/g（催化剂）	堆密度 g/mL	熔融指数 g/10min
生产-1	14.2	5.6	25	0.41	1.3
生产-2	14.1	5.7	24	0.42	1.2
生产-3	14.5	5.5	25	0.41	1.4
中试	17.2	5.3	20	0.35	1.0

聚合条件：2L 不锈钢聚合釜，温度80℃，氢气分压 0.28MPa，乙烯分压 0.45MPa，时间2h。

从表2-8中可以看出，生产的 3 批次催化剂的催化性能数据接近，PLE-01 催化剂的制备重复性较好，说明先前确定的催化剂的制备工艺技术成熟合理。另外，生产的催化剂的聚合性能与中试放大催化剂的性能也接近，说明生产装置制备的催化剂很好地重现了中试催化剂的水平，此次催化剂生产制备试验达到了预期目标。

PLE-01 催化剂具有很强的性能调变能力，不但可以对催化剂的粒径进行大范围调整（9~23μm），而且可以对催化剂的聚合性能进行设计，这就使 PLE-01 催化剂具备应用于各种淤浆法聚合工艺的能力，其中包括三井化学公司的 CX 工艺、巴塞尔公司的 Hostalen 工艺和英力士公司的 Innovene S 工艺等。

PLE-01 催化剂活性组分为钛元素，属于钛系 Z-N 催化剂，目前 PLE-01 催化剂主要专注于在 Hostalen 工艺上进行钛系催化剂系列中空容器专用料的开发。该系列专用料开发的成功，将改变国内中空容器聚乙烯专用料只能用铬系催化剂生产的现状。结合 PLE-01 催化剂不同于铬系催化剂的性能特点，将会赋予中空容器专用料新的性能特点，大幅度提高中空容器专用料的质量层次，并扩展中空容器专用料的应用范围，比如在电子化学品、食品和医药包装方面的应用。另外，PLE-01 催化剂还在开发 PE100-RC 级管材专用料、超强聚乙烯薄膜专用料和氯化聚乙烯专用料等高端聚乙烯产品方面具有潜在的应用前景，可以显著提高中国石油在生产高性能树脂方面的技术实力，同时也可以丰富中国石油相关企业的产品结构，有助于提高企业的经济效益。

四、工业化试验

2021 年，PLE-01 催化剂首次在抚顺石化 $35×10^4$t/a 高密度聚乙烯生产装置上进行了工业应用试验。此次催化剂工业试验的目的是：（1）验证催化剂聚合工艺流程的适用性；

(2)生产钛系催化剂大中空容器聚乙烯专用料FHM8255A。试验结果表明，PLE-01催化剂表现出良好的工艺适用性。催化剂的加料顺畅，活性释放过程平稳，粉料干燥过程良好，挤压造粒顺利。聚合活性达到了43000g(聚乙烯)/g(催化剂)以上，是目前生产装置活性最高的催化剂(表2-9)。生产的大中空容器聚乙烯专用料各项质量指标达到预定值(表2-10)，实现了自主催化剂工业试验和高端产品开发双丰收。此项技术填补了国内空白，为中国石油高密度聚乙烯的高端化产品开发打开了通道。

表2-9 PLE-01催化剂与国外同类催化剂指标对比

指标	PLE-01催化剂	对比剂
催化剂活性，kg(聚乙烯)/g(催化剂)	≥4.0	≥2.0
粉料堆密度，g/cm³	0.45	0.45
细粉含量，%(质量分数)	≤10	≤10
钛含量，%(质量分数)	4.5~5.5	6.0~7.0
平均粒径(d_{50})，μm	8~12	13~17

表2-10 PLE-01催化剂工业化产品的性能对比

指标	FHM8255A	对比产品
熔融指数，g/10min	2.5	2.2
密度，g/cm³	0.9487	0.9550
拉伸屈服应力，MPa	25.9	25.7
弯曲模量，MPa	1290	960
冲击强度，kJ/m²	89	68

从表2-9和表2-10中可以看出，PLE-01催化剂的活性明显高于进口催化剂，其他性能指标与进口催化剂相当。催化剂生产的大中空容器聚乙烯专用料的力学性能指标明显高于进口产品。

第四节 气相聚乙烯催化剂PGE-101

气相聚乙烯浆液型PGE-101催化剂是由中国石油石化院自主研发的高效钛系催化剂。该催化剂加入准确、稳定，配制方便灵活，具有高活性、高产品堆密度、粒度分布均一、细粉含量少，以及共聚、氢调性能好等特点，用于Unipol气相聚乙烯工艺线型低密度聚乙烯、线型低密度聚乙烯/高密度聚乙烯装置生产全密度聚乙烯树脂。

给电子体是指富含电子的化合物，即路易斯碱，一般指含氧、氮、磷、硅等一些有机化合物。给电子体的作用随其化学组成与结构不同而不同。内给电子体主要是对载钛量与钛的分布有重要影响，同时影响氯化镁的微晶结构和形态。

该技术在研发过程中创新性地引入了一种具有靶向作用的双官能团给电子体化合物，这种给电子体化合物作为催化剂的一种组分，起到了催化剂载体表面修饰剂的作用，有效地解决了催化剂活性中心在载体表面分布不均匀的问题。另外，该给电子体参与镁/钛活性中心的配位，使载体氯化镁产生了更多的配位不饱和缺陷，有效地提高了钛的配位能力，从而提高了催化剂的活性。通过多功能给电子体的使用，解决了传统气相聚乙烯 Unipol 工艺用钛系催化剂活性与产品堆密度相互制约、矛盾的难题。表 2-11 为淤浆聚合小试评价结果。图 2-9 是 PGE-101 催化剂扫描电镜照片。

表 2-11　淤浆聚合小试评价结果

催化剂	活性，g(聚乙烯)/g(催化剂)	堆密度，g/cm³	细粉含量(>200 目)，%
PGE-101	11360	0.35	0.88
进口剂	10320	0.34	0.91

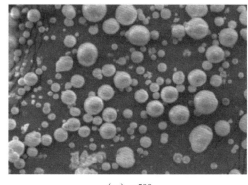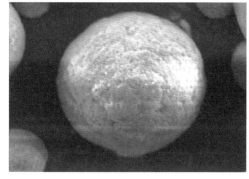

（a）×500　　　　　　　　　　　　　（b）×3500

图 2-9　PGE-101 催化剂扫描电镜照片

喷雾干燥工艺是 PGE-101 催化剂生产工艺中最重要的一部分，直接决定催化剂的颗粒形态及粒度分布，对催化剂活性也是重要的影响因素之一。喷雾干燥工艺条件主要包括旋转雾化器转速、干燥室进风温度、干燥室出风温度及循环气量等。

（1）旋转雾化器转速与颗粒尺寸成反比。雾化器转速太低，产品颗粒较大，且容易破碎；雾化器转速太高，颗粒太小，且容易粘壁破碎，得到的最终产品都较小。

（2）干燥室的进风温度取决于产品的干燥特性。如果温度过高使蒸发速率过大，从而使液滴膨胀、破碎或分裂，同时也会形成中空的颗粒形态。

（3）雾滴的干燥过程是热量和质量同时发生的传递过程。雾滴和干燥介质（氮气）接触时，热量是以对流的方式由氮气传递给雾滴，被蒸发的溶剂通过围绕每个雾滴的边界层输送到空气中。雾滴中的溶剂含量很高，蒸发时吸取其周围氮气的热量较多，氮气的温度会较低，随着不断的蒸发，雾滴中的溶剂含量迅速降低，蒸发时所需热量也随之减少，氮气的温度会升高。因此，在其他条件不变的情况下，喷雾干燥室的出风温度越高，说明与氮气换热的雾滴的溶剂含量越少，湿含量就越低。但是被过度干燥时，存在着热老化的问题，从而降低了催化剂的活性。因此，出风温度在满足产品湿含量和产能的前提下，尽量降低出风温度。

（4）提高循环气量，增加雾滴与热氮之间的接触速度，就会提高混合程度，从而提高传热和传质速率。如果循环气量过高，液滴会发生变形，导致破碎和分裂。

（5）母液中固含量控制。母液中固含量过低，催化剂颗粒较小，达不到设计的催化剂颗粒尺寸，同时催化剂产品中湿含量会过高，会直接导致催化剂活性低。但是固含量过高时，在蒸发能力不变的情况下，随着固含量的升高，喷雾出来的液滴中的溶剂蒸发后，形成的固体中湿含量太低，容易生成密度较低的产品。当固含量达到一个临界点时，甚至导致颗粒破碎，致使颗粒尺寸减小。

通过对喷雾干燥条件的研究，掌握各种影响因素对催化剂形态与粒度分布及催化活性的影响规律，并确定最佳生产工艺。

截至 2020 年底，我国运行的气相聚乙烯生产装置总产能为 $828.4×10^4 t/a$，中国石油产能为 $272.4×10^4 t/a$，国内浆液催化剂需求量为 $400~500t/a$，中国石油浆液催化剂需求量为 $100~150t$。到 2021 年，线型低密度聚乙烯总产能为 $1133.4×10^4 t/a$，需催化剂约 $700t/a$ 以上。预计到 2025 年，随着聚乙烯产能的逐步增加，催化剂需求量达 $1000t$ 以上，应用前景广阔。

PGE-101 催化剂率先在中国石油大庆石化、兰州石化、吉林石化、独山子石化、四川石化、抚顺石化等 Unipol 工艺气相全密度聚乙烯装置进行推广应用。在中国石油内部全面推广应用成功后，可以推广到国内外其他同类装置上。

PGE-101 催化剂综合性能与进口剂相当（表2-12），产品可达到进口剂标准（表2-13），且催化剂价格具有绝对优势。

表 2-12 PGE-101 催化剂与国外同类催化剂指标对比

指标	PGE-101 催化剂	对比剂
催化剂活性，万倍	1.6~3.0	1.6~3.0
堆密度，g/mL	≥0.32	≥0.32
平均粒度，μm	20~25	20~25
市价，万元	90	100

表 2-13 使用 PGE-101 催化剂与国外进口剂生产同一产品的性能对比

指标		PGE-101 催化剂产品	对比产品
色粒，个		≤10	≤10
熔融指数，g/10min		1.7~2.3	1.7~2.3
密度，g/cm³		0.918~0.923	0.918~0.923
拉伸屈服应力，MPa		≥8.5	≥8.5
断裂标称应变，%		≥400	≥400
雾度，g/cm³		实测	实测
鱼眼，个/1520cm²	0.8mm	≤6	≤6
	0.4mm	≤15	≤15
落镖冲击破损质量，g		≥55	≥55

第五节 气相聚乙烯催化剂 PCE-01

气相聚乙烯催化剂 PCE-01，是由石化院自主研发的具有双峰结构的新型有机铬系催化剂。该催化剂利用硅胶作为载体，有机铬源及其他金属组分作为活性中心进行负载制备，催化剂呈类球形结构，具有活性高、共聚性能优异、聚合物分子量分布宽并呈双峰结构等特点，催化剂适用于 Unipol 气相聚乙烯工艺装置，可用于生产高强度、耐压、耐热的高附加值聚乙烯产品。

　　铬系催化剂是乙烯聚合催化剂的一个重要品种。从最初在硅胶（SiO_2）或硅胶-氧化铝（SiO_2-Al_2O_3）上负载氧化铬，到采用钛、氟等有机化合物进行改性，铬系催化剂的研究与工业应用不断地进步发展。Phillips 公司于 1951 年发现了乙烯聚合用 CrO_3/SiO_2 催化剂，Univation 公司在 Phillips 公司基础上，开发了系列铬催化剂，主要包括：（1）S 系列催化剂，该催化剂可生产低熔融指数、宽分子量分布的高密度聚乙烯树脂，主要用于吹塑、挤塑制品；（2）F 系列催化剂，具有共聚性能好、分子量分布宽等优点。当今世界 40% 以上的高密度聚乙烯产品是采用铬系催化剂生产，已经形成与 Z-N 催化剂、茂金属催化剂等多种催化剂共同发展的格局。

　　目前，铬系催化剂生产的聚乙烯产品分子量分布仍为单峰分布，共聚单体在低分子量部分插入量相对较大，高分子量部分插入较少，仅适合生产通用聚乙烯产品。为此，中国石油石化院历经 8 年的自主技术攻关，成功开发出双峰形铬系催化剂 PCE-01（催化剂扫描电镜结构如图 2-10 所示，粒径分布如图 2-11 所示）。通过引入第二种金属单体，有效改善了活性中心缺电子性，成功攻克了双金属活性中心在单一载体上协同负载以及活性同步释放的技术难题，提高了催化剂的共聚性能。系统研究了铬系催化剂催化乙烯/α-烯烃共聚聚合机理，通过催化剂预还原工艺优化研究，提高共聚单体在聚合物高分子量部分插入率，改善聚合物长支链与晶区之间的缠结能力，在保障聚合物产品良好加工性能的同时，提高了产品的力学性能。

（a）×500

（b）×100

图 2-10　PCE-01 催化剂扫描电镜照片

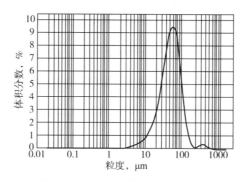

图 2-11　PCE-01 催化剂粒径分布

2019 年，PCE-01 催化剂在中国石油大庆石化全密度聚乙烯装置开展了首次工业应用，催化剂试验过程中，装置各项参数包括反应器温度、床重及床层密度无明显波动，静电波动几乎为零，没有出现结片、堵塞催化剂注入管等异常现象，满足装置生产要求，体现了催化剂良好的装置适应性。与现有的铬系催化剂相比，PCE-01 催化剂活性、共聚性能均得到了有效提高（表 2-14）。累计生产高性能聚乙烯管材产品 1500t，产品质量控制稳定，产品的各项性能指标见表 2-15。

表 2-14　PCE-01 催化剂与国外同类催化剂指标对比

指标	PCE-01 催化剂	对比剂
铬含量，%	0.18~0.24	0.18~0.24
催化剂活性，g(聚乙烯)/g(催化剂)	≥4500	≥4000
堆密度，g/cm³	≥0.27	≥0.25
细粉含量(>200 目)，%	≤0.2	≤0.3

表 2-15　PCE-01 催化剂工业化产品的性能测试结果

测试项目	产品 1	产品 2	对比产品
熔融指数(21.6kg)，g/10min	10.0	13.0	9.7
密度，g/cm³	0.945	0.946	0.946
拉伸屈服应力，MPa	23.5	24.3	20.5
拉伸断裂标称应变，%	455	399	350
弯曲强度，MPa	19.8	19.9	17.7
简支梁缺口冲击强度(23℃)，kJ/m²	32.7	34.1	30.0

与进口催化剂相比，双峰聚乙烯铬系催化剂 PCE-01 表现出更为良好的催化活性，生产的产品具有更为优异的力学性能。

铬系催化剂 PCE-01 的成功开发，实现了中国石油铬系催化剂生产技术从无到有的技术突破，拥有了具有自主知识产权的铬系催化剂，打破了国外铬系催化剂生产技术的长期垄断。针对 Unipol 聚乙烯工艺，中国石油石化院将持续进行 PCE-01 催化剂的质量提升，形成系列化催化剂产品，为催化剂的推广应用打下坚实的基础。PCE-01 催化剂性能好，可生产高强度薄膜、耐压耐热管材等高附加值聚乙烯产品，具有极为可观的经济效益，可有效地改善中国石油 Unipol 工艺的产品结构，提升市场竞争力。

第六节　超高分子量聚乙烯催化剂

一、超高分子量聚乙烯催化剂 CH-1

超高分子量聚乙烯催化剂 CH-1，是中国石油自主研发的超高分子量聚乙烯专用催化剂。该催化剂利用乙氧基镁为载体负载而成，催化剂呈类球形分布，具有粒径分布窄、活性释放稳定、分子量分布窄等特点，适用于三井化学公司 CX 工艺、Hostalen 工艺，制备超高分子量聚乙烯产品。

超高分子量聚乙烯聚合目前仅在淤浆聚合和气相聚合工艺中实现。淤浆工艺主要包括釜式搅拌工艺及环管工艺，其中釜式搅拌工艺主要包括 Hostalen 工艺和 CX 工艺，60% 以上的超高分子量聚乙烯采用 Hostalen 连续釜式搅拌工艺生产。环管工艺主要有 Phillips 公司的单环管工艺和英力士公司的 Innovene S 双环管工艺。在超高分子量聚乙烯淤浆聚合过程中，反应热控制是产品性能控制的关键，通过调节乙烯单体浓度和催化剂加入量可有效调控聚合反应速率。另外，助催化剂的加入量也对聚合物分子量存在较大的影响[9-11]。气相工艺在超高分子量聚乙烯工业生产中，由于撤热和堵塞等技术问题，应用较少。

Z-N 催化剂由于具有制备工艺相对简单、对聚合反应系统杂质敏感度较低等优点，是目前超高分子量聚乙烯工业生产中应用最多的催化剂体系。

中国石油石化院自 2009 年开展超高分子量聚乙烯研发工作以来，开发了超高分子量聚乙烯专用催化剂 CH-1，在载体制备、催化剂负载及超高分子量聚乙烯产品开发方面获得了多项专利授权。在小试催化剂制备基础上解决了催化剂放大制备过程中传质、传热等问题，制备了粒径在 $10\mu m$ 左右、窄粒径分布小于 1.5 的中试规模催化剂。聚合评价结果显示，催化剂活性释放平稳，聚合物分子量 $(200\sim500)\times10^4$ 可控，堆密度大于 $0.35g/cm^3$。

利用自主开发的催化剂完成了多次中试聚合评价试验，开发了 PZUH2600 和 PZUH3500 两个牌号的中试产品，CH-1 催化剂性能见表 2-16。产品在甘肃、山东等多家企业完成了耐压管材、型材及抗冲管材的加工应用研究，加工后制品经甘肃省质量监督检验中心等部门检测，满足相关标准要求。同时利用 X 射线衍射、傅里叶变换红外光谱、热重分析、扫描电镜分析等手段对中试产品进行微观结构分析，通过同类产品对比，总体性能达到同类市售产品水平(表 2-17)。

表 2-16　CH-1 催化剂性能

项目	钛含量,%	酯含量,%	催化剂活性, kg(聚乙烯)/g(催化剂)
商业催化剂	4.52	10.15	>40
CH-1	4.69	10.87	>40

表 2-17　CH-1 催化剂开发的超高分子量聚乙烯性能

项目	PZUH2600	PZUH3500	对比产品
分子量	$\geq220\times10^4$	$\geq300\times10^4$	$(250\pm50)\times10^4$
拉伸强度, MPa	≥25	≥22	≥20
断裂伸长率,%	≥350	≥350	≥200
吸水率,%	≤0.01	≤0.01	≤0.01
密度, g/cm³	0.93~0.94	0.93~0.94	0.93~0.94
堆密度, g/cm³	≥0.40	≥0.38	≥0.35

二、超高分子量聚乙烯催化剂 LHPEC-3

超高分子量聚乙烯(UHMWPE)是一种分子量在 150×10^4 以上的无支链的线型结构聚乙

烯。催化剂是制备超高分子量聚乙烯的核心，使用的催化剂不同，一定程度上决定了超高分子量聚乙烯的基本性能。

中国石油辽阳石化经过长期的生产实践，综合考虑催化剂特性，成功开发出了超高分子量聚乙烯专用催化剂 LHPEC-3。其主要特点是通过调整搅拌速度和反应温度等工艺参数，有效控制催化剂粒径和粒径分布，减少细粉和粗颗粒的生成量，提高产品堆密度。并通过引入特定的内给电子体，使其通过载体媒介向活性钛发生电荷转移，提高催化剂的活性和立体定向能力，从而增强了催化剂活性位上聚合物的生长能力。该催化剂活性适中，释放平稳，工艺控制稳定，粒度可调，利于乙烯聚合链增长，适合制备超高分子量聚乙烯。

辽阳石化从 2008 年开始进行超高分子量聚乙烯的研发工作，同步开展了超高分子量聚乙烯专用催化剂的配方及工艺优化研究。在总结前期研究的基础上，经过无数次的催化剂小试制备、聚合评价、性能测试、数据整理、分析总结、参数调整，最终确定了超高分子量聚乙烯专用催化剂的配方，形成了最佳的制备工艺条件。并在辽阳石化催化剂中试装置进行了放大制备研究，考察了催化剂中试制备过程中原料、反应条件、公用工程条件对催化剂及聚合性能的影响，并掌握了最佳的中试生产工艺技术。催化剂中试产品进行了表面形貌、粒径及粒径分布、孔体积、孔径及比表面积等性能表征，结果表明，专用催化剂中试产品指标符合预期。表 2-18 为 LHPEC-3 催化剂性能指标，图 2-12 为 LHPEC-3 催化剂扫描电镜照片。

表 2-18　LHPEC-3 催化剂性能指标

催化剂	活性，kg(聚乙烯)/g(催化剂)	载钛量，%	中试产品堆密度，g/cm³
LHPEC-3	25~40	5~7	0.35~0.40

图 2-12　LHPEC-3 催化剂扫描电镜照片

2016 年，利用自主开发的专用催化剂在辽阳石化聚乙烯装置进行了超高分子量聚乙烯产品的工业化试生产，重点考察了专用催化剂的工业化应用情况和工艺稳定性以及工艺参数调整对分子量的影响。实现了开车一次成功，生产过程稳定可控，开发出了 PZUH2600 和 PZUH3500 两个牌号产品，将工业化试生产产品分别在山东、辽宁、吉林等地进行了管材和板材的加工应用试验，加工过程稳定，加工制品各项指标满足客户需求，得到厂家的认可。截至 2020 年底，已实现针对不同产品特点进行定制化生产，产品分子量 $(150~500) \times 10^4$ 精准稳定控制，形成适应不同应用领域的系列化、高端化超高分子量聚乙烯专用料（表 2-19），实现了专用料由普通管材挤出级、板材级和高耐磨管材、板材级到高模高强纤维级全面覆盖。

表 2-19　LHPEC-3 催化剂开发的超高分子量聚乙烯性能

项目	PZUH2600	对比产品	PZUH3500	对比产品	PZUH4500	对比产品
分子量	$(250\pm50)\times10^4$	250×10^4	$(350\pm50)\times10^4$	350×10^4	$(450\pm50)\times10^4$	450×10^4
堆密度，g/cm^3	≥0.40	0.40	≥0.40	0.40	≥0.40	0.40
定伸应力，MPa	0.10~0.45	0.25	0.20~0.50	0.3	0.35~0.55	0.35
简支梁双缺口冲击强度，kJ/m^2	≥70	80	≥60	80	≥40	80
拉伸断裂应力，MPa	≥22	30	≥25	30	≥25	30
拉伸断裂应变，%	≥280	350	≥280	350	≥250	350
负荷变形温度，℃	≥50	80	≥50	80	≥50	80

　　国内目前超高分子量聚乙烯原材料结构性短缺，供需矛盾突出，高端超高分子量聚乙烯原材料大量依赖进口。发达国家对高端超高分子量聚乙烯制备技术进行严格的技术封锁。自主超高分子量聚乙烯专用催化剂的持续开发和产业化，不仅可以进一步提高中国石油在专用供给催化剂研发方面的技术实力，增强中国石油特种聚烯烃产品的市场竞争力，而且对于我国国防建设、军事和高端民用供给等领域也有不同寻常的战略意义。

参 考 文 献

[1] Sudhakar P, Krishna R S, Shashikant S. Synthesis of ultrahigh molecular weight polyethylene using traditional heterogeneous Ziegler-Natta catalyst systems [J]. Industrial & Engineering Chemistry Research, 2009(48)：4866-4871.

[2] Robert L J, Mahmoud Z A. Catalysts for UHMWPE[J]. Macromolecular Symposia, 2009, 283-284(1)：88-95.

[3]《上海石化》编辑部. 日开发茂金属路线开发超高分子量聚乙烯 [J]. 上海石化, 2003, 28(2)：35.

[4] 王红秋. 世界聚乙烯技术的最新进展[J]. 中外能源, 2008, 13(5)：83-86.

[5] 张师军, 乔金樑. 聚乙烯树脂及其应用[M]. 北京：化学工业出版社, 2011：43-51.

[6] 刘显圣, 吕崇福, 孙颖, 等. 聚乙烯催化剂研究进展[J]. 精细石油化工进展, 2013, 14(6)：44-48.

[7] Li Hongming, Wang Jing, He Lei, et al. Study on hydrogen sensitivity of Ziegler-Natta catalysts with novel cycloalkoxy silane compounds as external electron donor[J]. Polymers, 2016, 8(12)：433-443.

[8] 李红明. 双峰分子量分布聚乙烯的研发进展[J]. 高分子通报, 2012(4)：1-10.

[9] 李红明, 张明革, 义建军, 等. 氢气在烯烃聚合中的作用及催化剂的氢调敏感性研究进展[J]. 石油化工, 2017, 46(6)：817-822.

[10] 宁英男, 范娟娟, 毛国梁, 等. 釜式淤浆法生产高密度聚乙烯工艺及催化剂研究进展[J]. 化工进展, 2010, 29(2)：250-254.

[11] 宁英男, 丁万友, 殷喜丰, 等. Unipol 工艺聚乙烯 Ziegler-Natta 催化剂研究及应用进展[J]. 化工进展, 2010, 29(4)：649-653.

第三章　聚丙烯催化剂技术

聚丙烯催化剂是聚丙烯生产技术的核心，决定着生产的先进水平和聚丙烯产品的性能及品种。目前，工业上广泛应用的聚丙烯催化剂是 Z-N 催化剂。Z-N 催化剂是 20 世纪 50 年代首先由德国化学家齐格勒发明的，采用 Ti-Al 催化体系，用于乙烯聚合，之后意大利化学家纳塔将该催化剂扩展到其他烯烃的聚合，并在聚合反应机理研究的基础上进一步扩展了齐格勒催化剂。Z-N 催化剂自问世以来，经过各国共同开发研究，经历了由第一代至第五代的发展（表 3-1）[1]，催化性能不断提高，推动了聚烯烃工业的发展。

表 3-1　聚丙烯 Z-N 催化剂的发展

Z-N 催化剂	催化剂组成	催化剂活性，kg（聚丙烯）/g（催化剂）	等规度，%	工艺特点
第一代	$TiCl_3-1/3AlCl_3-AlEt_2Cl$	3~5	>80	脱灰，脱无规物
第二代	$TiCl_3-R_2OTiCl_3-AlEt_2Cl$	12~20	>90	脱灰，免脱无规物
第三代	$MgCl_2-TiCl_4-Ph(COOBu)_2-$ $AlEt_3-Ph_2(MeO)_2Si$	>20	>95	免脱灰，免脱无规物
第四代	球形催化剂	>40	98	免造粒
第五代	二醚类催化剂	>60	98	免加外给电子体

目前，工业上广泛使用的 Z-N 催化剂的主催化剂主要包括氯化镁载体、内给电子体和钛活性中心三部分，配合助催化剂[三乙基铝（TEAL）]、外给电子体使用，组成高效聚丙烯催化剂[2]。

催化剂制备的主要步骤就是将四氯化钛和内给电子体负载到氯化镁载体上。高效球形聚丙烯催化剂的制备过程中载体的使用大大提高了催化剂的性能。通过控制催化剂载体的物理和化学性质可达到控制催化体系的聚合行为和产物的结构、形态的目的。不同种类的载体对催化剂的活性和立体定向性等性能有很大的影响。在高效聚丙烯催化剂制备工艺中，控制催化剂载体的构造是关键。一般用作负载型 Z-N 催化剂的载体需要满足以下条件：表观形态好，其中包括形状、颗粒大小及分布，能通过控制载体的颗粒来控制催化剂的形态，进而达到控制聚合物形态的要求；具有多孔结构和高比表面积；有负载活性组分的活性基团；具有适当的机械强度。

内给电子体能显著改善催化剂的性能，有利于实际应用和工业化生产。其主要表现在：改变催化剂的活性；影响聚丙烯的等规度和结晶度；控制聚合物的分子量、分子量分布以及聚合物其他性能。

外给电子体作为一种立体调节剂，须与内给电子体配合使用，才能达到提高聚合物等规度的目的。其作用可简述为：可选择性毒化无规活性中心，从而提高催化剂的定向能力和聚合物的等规度。虽然使催化剂的活性中心总数减少，降低了催化剂的活性，但由于在主催化剂制备时加入了内给电子体，从而使主催化剂的活性得到了补偿，因此外给电子体既是非等规活性基团的失活剂，又是产生等规基团的促进剂。也就是说，外给电子体使立体选择性的活性中心稳定，避免活性中心的过度还原，使产物的等规度不随聚合时间降低。

世界大型聚烯烃生产商，如巴塞尔、北欧化工、德国巴斯夫、美国陶氏化学、日本三井油化、韩国三星和 LG 等公司都不断开发新型聚丙烯催化剂提升聚丙烯生产技术水平[3]。

国内聚丙烯催化剂技术的研究与开发起步于 20 世纪 70 年代，目前具代表性的是营口向阳科化催化剂有限责任公司生产的 CS 系列催化剂、中国石化催化剂分公司生产的 N 型和 DQ 型催化剂、中国石油研发的 PSP-01 催化剂[4]。近年来，一些小型私营企业也纷纷进入聚丙烯催化剂市场。

第一节　本体聚丙烯催化剂 PSP-01

邻苯二甲酸酯类化合物是目前大规模应用的内给电子体，综合性能优良。但由于邻苯二甲酸酯类化合物（塑化剂）对人体健康，尤其是对儿童性发育的严重危害，欧盟等纷纷制定了禁用标准。因此，设计合成非塑化剂型给电子体以及高性能催化剂，开发不含塑化剂的高品质聚丙烯产品，具有显著的社会效益和经济效益。针对这一现状，自 2005 年以来，中国石油集中攻关、重点突破，经过大量的理论设计和实验探索，首创了系列磺酰基类化合物给电子体[5-6]，发明了载体制造新技术，发明了梯级控温、多级结晶和高效载钛的催化剂专用制备工艺，创造性地开发出高效的磺酰基类聚丙烯催化剂，突破了现有技术中塑化剂对聚丙烯产品使用性能的限制。

中国石油石化院有效利用分子模拟技术，计算给电子体与活性中心作用的电子效应和空间效应，合成并筛选了 500 余种新结构给电子体。首次设计合成出具有优异给电子作用的两种新结构磺酰基化合物，美国《化学文摘》新结构物质登记号分别为 CAS. NO 1092576-41-4 和 CAS. NO 1092576-42-5，创新了制备与纯化方法，实现了放大生产。以磺酰基化合物为给电子体的聚丙烯催化剂，活性比塑化剂类的高 60% 以上，聚丙烯等规度仍保持在 98% 以上。表 3-2 为用新结构给电子体与邻苯二甲酸酯类给电子体制备的催化剂性能对比。

表 3-2　新结构给电子体与邻苯二甲酸酯类给电子体性能对比

项目	钛含量 %	聚合活性 10^6g(聚丙烯)/[g(钛)·h]	等规指数 %	重均分子量	分子量分布
磺酰基给电子体	2.32	0.86	98.3	214000	8.7
邻苯二甲酸二异丁酯(DIBP)	2.68	0.49	97.5	239000	5.3
邻苯二甲酸二正丁酯(DNBP)	2.75	0.52	98.2	247000	5.9
对比效果	—	优于	相当	相当	优于

石化院还发明了以磺酰基化合物为给电子体的高性能聚丙烯催化剂合成方法。首次设计制造了同时适于大粒径催化剂载体制备的高速内循环式定转子旋转床装置，采用无泵内

循环过程，优选择形构件，优化控制参数，制备出大粒径、窄分布、低细粉含量的催化剂载体。载体平均粒径达到 68μm 时，粒径分布宽度 SPAN 值仍然小于 1.0，10μm 以下颗粒细粉含量降至原来的 5% 以下。发明了以磺酰基化合物为给电子体的催化剂合成方法，实施了梯级控温、多级结晶和高效载钛等创新技术，聚丙烯催化剂性能得到全面提升。同比国外塑化剂型聚丙烯催化剂，活性提高 60% 以上，聚丙烯等规度提高到 98.5%；125μm 以下聚丙烯细粉含量降至原来的 2% 以下；催化剂氢气敏感性和共聚性能显著提高。

石化院通过大量聚合评价试验，建立了聚合工艺参数与产品性能的关联，形成了整套聚丙烯生产技术方案；开发出均聚、无规共聚和抗冲共聚 3 个系列的 14 种聚丙烯产品，主要指标均达到或优于国内外同类优级产品；产品广泛应用于全国各地的制品加工企业，均未检出邻苯二甲酸酯类化合物，制品完全满足中国食品包装用聚丙烯树脂卫生标准。

PSP-01 催化剂综合性能优异[7-8]，每克钛活性高于对比催化剂 60% 以上，等规选择性更高，聚丙烯堆密度相当。催化剂呈规则的球形（图 3-1），粒度分布窄。聚合物细粉含量显著降低，125μm 以下细粉含量小于 0.2%。PSP-01 催化剂长周期运行稳定，牌号切换顺畅。生产过程中反应器温度等各项工艺控制参数波动小，产品质量稳定。在不同牌号间切换时，操作过程平稳。如图 3-2 所示，装置运行 180h 过程中，从熔融指数为 25g/10min 的聚丙烯产品 Z30S 切换到熔融指数为 30g/10min 的 Z30S-2，再到熔融指数为 35g/10min 的 Z30S-3，再切换到熔融指数为 3g/10min 左右的 T38FE，过程平稳可控，易于操作。

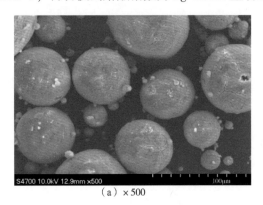

（a）×500　　　　　　　　　　　　（b）×1000

图 3-1　球形载体扫描电镜照片

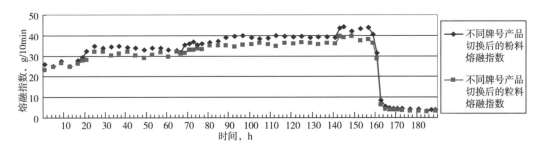

图 3-2　PSP-01 催化剂工业试验产品切换曲线

2011 年 7 月 25 日 16：00 至 8 月 2 日 12：00，Z30S 切换到 Z30S-2、Z30S-3，再切换到 T38FE

PSP-01 催化剂氢气敏感性优异，尤其在较高氢气浓度下，PSP-01 催化剂生产的聚丙烯熔融指数比参比催化剂高 50% 左右，更易于开发氢调法高流动性聚丙烯产品。高流动性聚丙烯可以提高加工企业的生产效率，使用该催化剂，可以不用降解剂，直接生产氢调法高熔指聚丙烯产品，这是聚丙烯高性能化的重要方向。

PSP-01 催化剂具有优良的共聚合性能，有利于开发高橡胶相含量、高韧性产品。与对比催化剂相比，在相同乙烯进料量情况下，橡胶相含量增加 20%~30%。橡胶相含量是影响聚丙烯产品抗冲击强度的重要因素，一般来讲，橡胶相含量越高，抗冲击强度越高。此外，抗冲击强度还和聚丙烯基体中橡胶相分散状态有关。橡胶相分散得越均匀，大小在 $0.5 \sim 1.5 \mu m$ 之间的越多，越有利于提高基体的抗冲击强度。

PSP-01 催化剂给电子体引入杂原子，使得催化剂抗杂质能力增强。工业应用中的助催化剂(烷基铝)主要用于消除反应体系中的杂质和活化催化剂。在 PSP-01 催化剂工业应用中，在活性不低于对比催化剂前提下，消耗的烷基铝量降低 10% 左右。活性提高和助催化剂用量降低，有利于降低聚丙烯产品中的灰分，提高聚丙烯产品的加工性能。PSP-01 催化剂开发的双向拉伸聚丙烯薄膜专用料 T38FE 中灰分含量低于 0.02%，低于普遍的市场产品的 0.03%。

PSP-01 催化剂技术已获授权国际发明专利 12 项，中国发明专利 31 项，实用新型专利 2 项，技术秘密 13 件，发布国家标准 2 项。"高效聚丙烯催化剂 PSP-01 技术开发与工业应用"荣获 2012 年度中国石油天然气集团公司技术发明奖一等奖。"一种烯烃聚合催化剂及其制备方法和应用(200710118854.X)"荣获 2012 年度中国专利优秀奖。

2012 年 5 月 31 日，中国石油科技管理部组织专家对"高效球形聚丙烯催化剂 PSP-01 技术"成果进行了鉴定。鉴定委员会听取了技术报告、用户报告和查新报告。经过认真讨论，鉴定委员会一致认为，"磺酰基类内给电子体制备工艺与纯化技术以及球形载体内循环式定转子旋转床制备工艺均达到国际领先水平，高效球形聚丙烯催化剂 PSP-01 制备及其应用技术达到国际先进水平"。

PSP-01 催化剂在 75kg/h 双环管—气相反应釜的连续中试装置进行大量聚合评价试验。该工艺是典型的 Spheripol 工艺，覆盖了我国聚丙烯工艺 45% 的产能。研究了聚合条件、氢气用量、共聚单体等对聚合过程和产品的影响，开发了 15 种聚丙烯产品。在同类工艺 $9 \times 10^4 t/a$ 和 $20 \times 10^4 t/a$ 工业装置上应用，开发了均聚、无规共聚和抗冲共聚三大系列 10 种产品。开发的聚丙烯产品在全国各地广泛应用于纤维、注塑、薄膜和片材等领域，性能优良，深受用户好评。

开发了纤维专用料系列产品 3 个。其中，新牌号 Z30S-2 熔融指数在 30g/10min 左右，应用于丙纶短纤维生产，熔体流动性能好，纺丝温度低，纤维分散性好，成网均匀，无并丝、断丝和飘丝现象，单丝强度高，拉伸性能好，加工稳定。所制成的丙纶短纤维直径均匀，力学强度高，产品全部达到优极品标准，可用于电缆包装布、卫生巾、尿不湿无纺布及汽车内饰等。Z30S-2 具有更低灰分，更高熔融指数下保持高等规度，保持良好的拉伸强度。相比较而言，使用其他催化剂氢调法生产的产品 S900 适合慢速纺，成品丝束较粗，手感较硬。

开发了注塑产品 2 个。快速薄壁注塑专用料新牌号 HPP1850 熔融指数在 55g/10min 左右，高于同类进口产品 HI828 的 40~50g/10min，弯曲模量相当。应用于薄壁透明餐盒生产，表现出良好的熔体流动性、较高的结晶能力和充脱模能力。可有效缩短成型周期，降低加工温度、注射压力和能耗。HPP1850 的透明性、熔体流动性及刚韧平衡性等方面优于市场同类产品。相同工艺条件下，开发的抗冲聚丙烯 EPS30R，在弯曲模量增加的同时，悬臂梁冲击强度（Ⅴ型）达到 34kJ/m²，远高于参比催化剂生产的 24kJ/m²。抗冲共聚聚丙烯 EPS30R 应用于蓄电池外壳生产。该产品加工参数及制品成型稳定，制品表面光滑无色点，抗冲击强度较好，制品质量达到出厂质量标准。EPS30R 应用于托盘生产，与其他厂家同类产品相比，流动性能、着色性及可加工性能更好，产品加工参数及制品成型稳定。制品表面光滑无黑点，抗冲击强度较好，制品全部达到优级品标准。EPS30R 应用于板材生产，与其他厂家同类产品相比，刚性更好、韧性更强，且刚性和韧性搭配更为合理，着色性及可加工性能更好，产品加工参数及制品成型稳定。制品厚度均匀，尺寸稳定性好，抗冲击强度高，制品全部达到优级品标准。

开发薄膜系列产品 4 个。具有更低灰分，透明度高，成膜性好，适合高速生产线及超薄薄膜生产。其中，新牌号 T36FD 应用于双向拉伸聚丙烯薄膜（BOPP）生产，膜厚 23μm，幅宽 8700mm，加工速度达到 504m/min，达到国际先进水平。T38FE 与同类牌号相比，成膜性好，加工超薄膜（厚度 9μm）过程中，无断膜等异常现象，具有良好的挺度和延展性。新牌号 RF110 乙烯含量为 2.5%~2.9%，应用于吹胀膜（IPP）和 3 层共挤出流延膜（CPP）生产，加工过程中工艺参数平稳，成膜性好，无断膜等异常现象。成膜具有机械强度高、厚度均匀、透明性好、光泽度高、挺度好、易于热封等特点，达到厂家优级品标准。

PSP-01 催化剂已在 9×10⁴t/a 聚丙烯工业装置和 20×10⁴t/a 聚丙烯工业装置应用多年，创造了显著的经济效益和社会效益。高效球形聚丙烯催化剂 PSP-01 技术是中国石油第一个具有完全自主知识产权的聚丙烯催化剂技术，为开发高附加值聚丙烯产品和提高装置运行经济性奠定了重要基础。

第二节　本体高活性聚丙烯催化剂 PC-2

高活性聚丙烯催化剂 PC-2 是由中国石油自主研发的第五代新型内给电子体型 Z-N 催化剂。该催化剂利用自制球形氯化镁载体及非邻苯二甲酸酯型内给电子体负载制备，催化剂呈圆球形，具有活性高、氢调敏感性好、立体定向性高、聚合物分子量分布宽等特点，催化剂适用于 Spheripol、Hypol 等丙烯液相聚合工艺装置，可用于高洁净聚丙烯的生产，如超洁净电容膜聚丙烯。

高活性聚丙烯催化剂 PC-2 的研发主要经历了如下 3 个历程。

一、内给电子体的研发

自从 Z-N 催化剂用于丙烯聚合以来，经过不断的改进和创新，催化剂在丙烯聚合时的综合性能得到了很大提高。其中，内给电子体的开发和应用对 Z-N 催化剂性能的提高起到了决定性的作用。21 世纪初，巴塞尔公司开发了以琥珀酸酯为内给电子体的 Z-N 催化剂[3]，并成功应用于意大利和荷兰的聚丙烯装置。以琥珀酸酯类化合物为内给电子体的催化剂具有高立体定向性能，而其最大的特点是制得的聚丙烯具有很宽的分子量分布，用单反应器操作即可生产出以前只能用多反应器工艺生产的产品，且产品为高刚性均聚物和多相共聚物，扩展了丙烯均聚物和共聚物的性能。

中国石油早在 2005 年就开展了 Z-N 催化剂用内给电子体的研发工作。2013 年，已开发了 8 种类型、25 个酯类化合物作为内给电子体，并申请中国专利 20 余项，其中设计合成了分子骨架上带有大取代基团、螺环结构的新型琥珀酸酯类化合物（已授权专利 ZL200610164818.2），取代了传统的邻苯二甲酸二丁酯，减少了聚合物对人体生育能力影响的风险，具有良好的社会效益。该内给电子体化合物合成工艺简单，产品收率高，在 50L 反应釜上成功实现了放大制备，每批次可得到 5kg 内给电子体，收率达到 76%。

有螺环结构的新型琥珀酸酯类化合物的主催化剂催化丙烯聚合具有高催化活性，所得聚丙烯具有高立构规整性，分子量分布宽，可生产均聚物和多相共聚物。自主开发的有螺环结构的琥珀酸酯内给电子体[9]在德国南方上海世德催化剂公司进行应用，制备的 PC-MAX-120 催化剂在中国石油兰州石化 4×10⁴t/a 聚丙烯生产装置上成功进行了工业应用试验。试验过程中催化剂的活性释放平稳，催化剂的平均聚合活性达到了 40kg（聚丙烯）/g（催化剂），完全满足工业应用的要求，得到了熔融指数、等规度、灰分、细粉率均满足 F401 指标要求的聚丙烯产品，产品为 F401 优级品。

二、球形氯化镁载体的研发

聚丙烯催化剂技术的进步推动了聚丙烯工业化的迅猛发展，而催化剂技术的进步是建立在载体技术发展基础上的。从最早的无载体催化剂，到氯化镁研磨负载催化剂、氯化镁溶解析出负载催化剂，再到以巴塞尔公司为代表的球形氯化镁载体催化剂，这一系列的技术进步推动了当今高活性、高立构规整性的聚丙烯催化剂的发展。

中国石油自 2006 年开展球形氯化镁载体的研发工作，自主设计了 5L 磁力搅拌釜，打通了球形载体制备工艺流程。通过研究醇镁比、反应温度、搅拌速度、搅拌形式、转移压力、转移方式等因素对载体制备的影响，确定了球形载体制备的最佳工艺条件，在球形氯化镁载体模试（5L）装置上开发出球形形态良好、粒径可控且粒径分布较窄（SPAN 值小于 1.5）的球形氯化镁载体，形成了稳定的球形氯化镁载体模试（5L）制备技术[10]。

利用自制的球形氯化镁载体负载制备的聚丙烯催化剂在 75kg/h 聚丙烯装置成功进行了 2 次中试聚合评价试验，催化剂活性较高，活性释放稳定，利用该催化剂开发了均聚及共聚聚丙烯共 3 个牌号的聚丙烯产品，其中抗冲共聚聚丙烯牌号产品各项性能指标均达到了车用料 SP179 的指标要求[11]。

基于前期球形氯化镁载体及聚丙烯催化剂的研发基础，设计并建立了 15kg/批球形聚丙烯催化剂中试制备装置，该装置可用于球形氯化镁载体及球形聚丙烯催化剂的研制、放大及工艺优化，是中国石油首套自主研发的球形聚丙烯催化剂中试制备装置。在中试装置上开发出球形形态良好、粒径可控且粒径分布较窄的载体（表 3-3、图 3-3、图 3-4），2017 年已形成 20kg/批球形氯化镁载体中试制备的生产规模。采用该载体批量制备了球形聚丙烯催化剂，对该催化剂进行了丙烯中试聚合评价，催化剂活性达到 50kg（聚丙烯）/g（催化剂），催化剂氢调敏感性好，在此基础上进行了均聚聚丙烯 PPH 专用料、T30S 以及共聚聚丙烯

SP179 的中试生产，产品性能达到指标要求。

表 3-3 不同批次载体的性能

编号	载体平均粒径(d_{50})，μm	分布系数	比表面积，m²/g
1	70.485	1.831	22.05
2	56.321	1.975	17.45
3	35.334	1.107	23.12

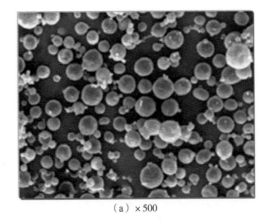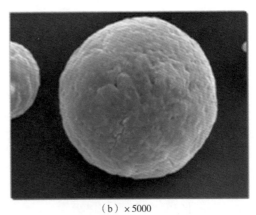

（a）×500　　　　　　　　　　　　（b）×5000

图 3-3 球形氯化镁载体的电镜照片

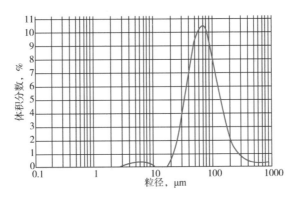

图 3-4 球形氯化镁载体的粒径分布

三、高活性聚丙烯催化剂 PC-2 的研发

通过内给电子体种类及结构对催化剂活性中心电子效应和空间结构的影响研究（不同类型内给电子体制备的催化剂及工业催化剂性能对比见表 3-4，不同催化剂的聚合活性如图 3-5所示，开发出一类非邻苯二甲酸酯型内给电子体。利用 15kg/批球形聚丙烯催化剂制备中试装置生产的载体以及具有自主知识产权的非邻苯二甲酸酯型内给电子体开发了高活性、高立构规整性的球形聚丙烯催化剂 PC-2。该催化剂解决了丙烯聚合活性偏低、聚合物分子量分布偏窄的技术难题，催化剂的模试聚合活性达到 65kg(聚丙烯)/[g(催化剂)·h]，与相同聚合条件下市场最高活性催化剂的活性 66kg(聚丙烯)/[g(催化剂)·h]相当。高活

性催化剂 PC-2 在 75kg/h Spheripol-Ⅱ聚丙烯中试装置上完成了聚合评价，催化剂中试聚合活性达到 90kg(聚丙烯)/[g(催化剂)·h]，活性释放稳定。

表 3-4　不同类型内给电子体制备的催化剂及工业催化剂性能对比

催化剂	内给电子体	钛含量,%(质量分数)	聚合活性, kg(聚丙烯)/[g(催化剂)·h]
催化剂 1	邻苯二甲酸二异丁酯	3.06	26.7
催化剂 2	醚	5.49	19.4
催化剂 PC-2	非邻苯二甲酸酯	3.45	65
工业催化剂	非邻苯二甲酸酯	2.85	66

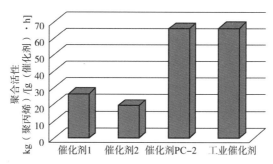

图 3-5　不同类型内给电子体制备催化剂的聚合活性

PC-2 催化剂未来将应用于中国石油兰州石化 $4×10^4$ t/a 聚丙烯装置开发高端电容膜产品。超洁净电容膜聚丙烯已成为我国急需的关键材料，被国家电网有限公司辨识为"卡脖子"关键材料。利用自主研发的 PC-2 催化剂开发出高端电工装备领域用聚丙烯树脂，有效提升我国高端电容膜聚丙烯自主研发水平，推广应用后将使国产电工级聚丙烯树脂的质量等级显著提升，提高国内市场份额，并利用其价格优势扩大市场规模。

高活性 PC-2 聚丙烯催化剂的成功开发，提高了国产催化剂的技术水平，摆脱了依赖进口催化剂生产高端料的现状，将提高国产催化剂在高端聚合物产品市场的竞争力，增强了公司核心竞争力，为中国石油占领聚丙烯产品的高端市场打下良好的基础。

第三节　气相聚丙烯催化剂 PGP-01

在各种聚丙烯生产工艺技术中，由于高效催化剂的开发，气相工艺技术发展很快，目前被认为是最有发展潜力的工艺[12]。特别是以气相流化床为主反应器的 Unipol 聚丙烯生产工艺，由于工艺流程简单，一次性建设投资成本低，成为产能增长最快的工艺技术。在中国市场，Unipol 聚丙烯生产工艺的市场份额更高，达到 39%，远超位居第二位的 Spheripol 工艺。截至 2013 年，Unipol 聚丙烯生产工艺在全球 18 个国家拥有 46 条生产线，总产能为 $1300×10^4$ t/a，已成为仅次于 Spheripol 环管聚丙烯的主流工艺。

催化剂和反应器的相互促进和协同发展是化工技术不断进步的普遍模式。在气相法聚丙烯工艺的开发中，除了反应器的设计之外，催化剂开发同样具有十分重要的地位。正是在 20 世纪 80 年代采用高效催化剂之后，气相法工艺除了可以生产所有用途的聚丙烯产品之外，还可以生产其他工艺无法生产的产品，如高乙烯含量的无规共聚物、高橡胶含量的抗冲共聚物等，使气相法聚丙烯工艺得到迅速发展。因此，大多数气相法聚丙烯工艺的专利提供商，同时也都开发并转让与本工艺相配套的催化剂，如 Unipol 聚丙烯工艺采用 SHAC 系列高活性催化剂，Innovene 工艺采用高效 CD 催化剂等。

石化院从基础研究出发，考察了载体制备条件的影响因素，通过引入表面活性剂，对载体尺寸实现了有效调控，探索了催化剂负载过程中钛、镁的接触温度和预处理对催化剂粒度分布的影响，研究了钛、镁的接触温度，升温速率，钛镁比，预处理，给电子体用量及给电子体复配对催化剂性能的影响；系统研究了不同工艺条件制备的催化剂的特点，探索出活性更优和载体形态更易控制，以及更适合气相聚合工艺的催化剂制备技术。在实验室完成了百克级放大制备研究的基础上，进行了载体的放大试验，进而在工业催化剂制备装置上放大制备了催化剂。经分析表征，工业放大制备所得催化剂中钛的质量分数为 2.03%~2.43%，粒径尺寸为 18.9~21.3μm（图 3-6），批次间变化较小。聚合评价结果均表明，各批次催化剂活性均达到了 45kg(聚丙烯)/g(催化剂)以上，聚丙烯产品表观密度达到 0.41g/cm³ 以上，均达到了预期的质量指标，能够应用于气相聚丙烯装置。2019 年底，催化剂 PGP-01 技术已有授权专利 4 项。

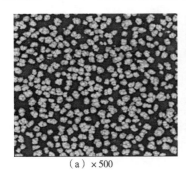  

（a）×500　　　　　　　　（b）×1000　　　　　　　（c）×500（对比催化剂）

图 3-6　PGP-01 催化剂与对比催化剂的形貌比较

气相聚丙烯催化剂 PGP-01 于 2018 年在中国石油 50kg/h Unipol 工艺聚丙烯中试装置上进行了聚合评价试验。试验期间，装置运行平稳，催化剂和产品牌号切换顺畅，催化剂表现出聚合活性较高、活性释放平稳、聚合物颗粒均匀、粒度分布适宜、细粉含量低以及氢调敏感性好等优点。开发的 L5D98 和 L5E89 两个牌号的中试产品性能指标达到预期指标要求，开发的熔融指数为 42g/10min 的高熔指聚丙烯产品弯曲模量达到 1750MPa。2019 年，在中国石油 50kg/h Unipol 工艺聚丙烯中试装置上进行了第二次气相聚丙烯催化剂 PGP-01 的聚合评价试验，开发了氢调法中高熔指注塑料，与对比催化剂相比，PGP-01 催化剂随氢气浓度的提高活性增加较少，这更有利于在开发高熔指产品时聚合装置平稳运行。

第四节　气相聚丙烯催化剂 PC-1

用烷氧基镁为载体制备的聚丙烯催化剂具有颗粒形态好、活性高、等规度高等优点，可以被广泛地应用在气相法装置上[13-14]。PC-1 催化剂是中国石油自主开发的基于乙氧基镁载体制备的类球形 Z-N 催化剂，具有较大的比表面积、孔体积及孔径，利于提升共聚能力，可开发高共聚产品；相比球形聚丙烯催化剂，聚合物堆密度适中，适于气相流化床装置；催化剂氢调敏感性好，可制备熔融指数为 5~100g/10min 的聚合物。

中国石油自 2013 年起开展气相聚丙烯催化剂 PC-1 的研究，对乙氧基镁载体的制备及其催化剂的负载进行了系统研究，取得了显著成果。

一、乙氧基镁载体的制备

近些年，对于乙氧基镁进行深入研究的公司主要有出光兴产株式会社、三星 TOTAL 株式会社、日本曹达股份有限公司和德固赛公司等[15]。国内对乙氧基镁载体进行研究的单位主要有北京化工研究院、任丘市利和科技发展有限公司及北京凯华创新科技有限公司。一般制备乙氧基镁的方法是用金属镁和醇在卤素及含卤的化合物的引发作用下发生反应，生成乙氧基镁。

中国石油在乙氧基镁载体制备过程中，通过系统研究镁源的大小、醇镁比、碘镁比、原料的加料顺序、老化条件等因素对乙氧基镁载体的粒径尺寸、分布、形貌等的影响，制备出形貌良好的乙氧基镁载体(图 3-7)，粒径 25~32μm 可调，粒径分布宽度 SPAN 值在 1 左右(图 3-8)。

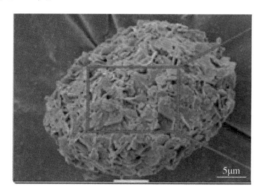 

图 3-7　乙氧基镁载体电镜照片

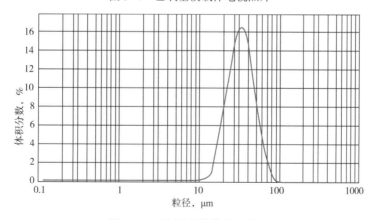

图 3-8　乙氧基镁载体粒径分布

与进口乙氧基镁载体相比，自制乙氧基镁载体堆密度略高，流动性更好(图 3-9)。

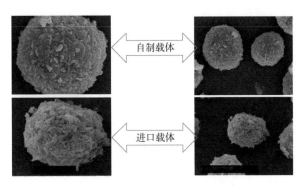

图 3-9　自制载体与进口载体电镜照片

二、气相聚丙烯催化剂 PC-1 的研发

基于自制乙氧基镁载体进行催化剂负载，在负载过程中引入惰性溶剂，将载体分散在惰性溶剂中，采取分段滴加四氯化钛的方式控制乙氧基镁与四氯化钛的反应程度，调控纳米级氯化镁晶粒的大小，从而提高催化剂的比表面积和活性中心的数量。同时，对内给电子体进行筛选，采用复配内给电子体分段加入的方式，降低了催化剂钛含量，提高了催化剂等规活性中心的数量。乙氧基镁载体性能见表 3-5。

表 3-5　乙氧基镁载体性能

催化剂批次	钛含量,%（质量分数）	比表面积，m²/g	孔体积，cm³/g	孔径，nm
1	3.6	369	0.526	5.7
2	3.5	326	0.448	5.5
3	3.1	416	0.562	5.4
4	3.3	338	0.370	4.4
5	3.0	354	0.436	4.9
6	3.3	325	0.245	4.5
7	3.0	356	0.367	4.2
8	2.8	321	0.274	4.9

从表 3-5 可以看出，PC-1 催化剂具有较大的比表面积、孔体积及孔径，利于提升共聚能力及降低聚合物堆密度。

经过多年努力攻关，在小试制备的基础上进行多批次催化剂放大试验，完成了催化剂技术定型，形成了 PC-1 催化剂放大制备技术，可连续稳定生产满足指标要求的催化剂。生产的气相聚丙烯催化剂 PC-1，在中国石油 50kg/h Unipol 聚丙烯中试装置进行了系统评价研究，并与商用催化剂进行了对比（表 3-6）。同时，根据催化剂自身性能，结合市场及企业需求，在中试装置上进行了中熔注塑聚丙烯和无规共聚聚丙烯管材的开发，成功开发出了中熔注塑聚丙烯 LHM15 以及无规共聚聚丙烯管材专用料，形成了中试生产技术，为 PC-1 催化剂在企业的推广应用奠定了基础。

表 3-6　气相聚丙烯催化剂 PC-1 中试评价结果

催化剂	催化剂活性，kg(聚丙烯)/g(催化剂)	氢气量，g/h	堆密度，g/mL	等规度，%
对比剂 1	18.2	10	0.38	97
对比剂 2	18	6	0.38	98
PC-1	17.5	4	0.35	98

　　2017 年 11 月，气相聚丙烯催化剂 PC-1 在广西石化 20×10^4 t/a Unipol 工艺聚丙烯装置进行了工业试验。工业试验期间催化剂切换平稳，静电稳定，反应器运行稳定，后系统运行正常，操作可控性好，催化剂平均活性达到 26kg(聚丙烯)/g(催化剂)，氢气加入量较进口催化剂低 30%，粉料表观密度为 0.34g/cm^3，细粉含量(筛底)较进口催化剂降低 50% 以上，工业试验取得了圆满成功。生产的 L5E89 产品在广西华塑集团有限公司的应用结果表明，产品具有拉力强且稳定、不易变色等较优性能。

参　考　文　献

[1] 段晓芳，夏先知，高明智. 聚丙烯催化剂的开发进展及展望[J]. 石油化工，2010，39(8)：834-843.

[2] 崔楠楠，胡友良. 用于丙烯聚合的 MgCl$_2$ 负载 Ziegler-Natta 催化剂研究进展[J]. 高分子通报，2005(5)：24-30.

[3] 高明智，李红明. 聚丙烯催化剂的研发进展[J]. 石油化工，2007，36(6)：535-555.

[4] Wang Liang, Yin Baozuo, Yi Jianjun, et al. Propylene polymerization catalysts with sulfonyl amines as internal electron donors[J]. China Petroleum Processing and Petrochemical Technology, 2013(2)：19-23.

[5] Yin Baozuo, Wang Liang, Yi Jianjun. Study on property of polypropylene catalyst with new internal donor[J]. China Petroleum Processing and Petrochemical Technology, 2011(4)：70-73.

[6] Li Huashu, Yi Jianjun, Cui Chunming. Bis (trifluoromethylsulfonyl) Phenylamines as internal donors for Ziegler-Natta polymerizaiton catalyst [J]. China Petroleum Processing and Petrochemical Technology, 2008(3)：51-54.

[7] 王凡，崔亮，义建军，等. 磺酰基亚胺类给电子体聚丙烯催化剂的性能[J]. 高分子通报，2010(12)：43-47.

[8] 义建军，张洪滨，李志飞，等. 催化剂 Pcat-1 在间歇本体聚合 PP 装置上的应用[J]. 合成树脂及塑料，2010，27(1)：52-55.

[9] 董金勇，韦少义，冀棉，等. 丙烯聚合用负载型主催化剂及其制备方法：200610164818.2[P]. 2006-12-06.

[10] 宋赛楠，许云波，刘强，等. 高效氯化镁球形载体的制备及性质[J]. 吉林大学学报(理学版)，2009，47：1309-1312.

[11] 宋赛楠，王霞，李忠，等. 球形聚丙烯 PC-2 催化剂的性能[J]. 石化技术与应用，2014，32(6)：395-398.

[12] 李振昊，胡才仲，荔栓红，等. Unipol 气相法聚丙烯工艺技术进展[J]. 合成树脂及塑料，2013，30(4)：65-69.

[13] 马吉星，陈建华. 聚丙烯催化剂载体制备的研究进展[J]. 石油化工，2012，41(12)：1437-1442.

[14] Yuichi Hiraoka, Ali Dashti, Sang Yull Kim, et al. Spatial distribution of active Ti species on morphology controlled Mg(OEt)2-based Ziegler-Natta catalyst[J]. Current Trends in Polymer Science, 2009, 13：101-106.

[15] 徐秀东，谭忠，毛炳权，等. 二烷氧基镁制备技术的进展[J]. 化工新型材料，2010，38(9)：45-49.

第四章　茂金属催化剂技术

茂金属络合物自 20 世纪 50 年代首次形成有机均相试剂以来，广泛应用于有机合成、不对称催化、抗癌药物、催化极性烯烃聚合、硅氢键脱氢偶合合成有机聚硅烷、磷等杂原子键偶合反应、硅氧键歧化反应合成高分子硅氧烷等领域。茂金属络合物最为重要的工业应用是作为烯烃配位聚合催化剂。茂金属催化烯烃聚合生产聚烯烃高分子材料，如聚乙烯、聚丙烯、烯烃/α-烯烃(1-丁烯、1-己烯、1-辛烯等)共聚，以及烯烃/环烯烃(环戊烯、降冰片烯等)共聚等，已经成为现代聚烯烃工业必不可少的生产技术。

茂金属烯烃聚合催化剂的独特之处在于其具有特定空间对称结构的单活性中心，且由此活性中心产生的聚合物具有确定的微观链结构，以及相对较窄的分子量分布。茂金属烯烃聚合均相催化剂发展至今已经历了约 60 年。20 世纪 80 年代初，Kaminsky 等发现高效助催化剂甲基铝氧烷(MAO)可以极大地提高茂金属烯烃聚合催化剂活性。同一时期的研究发现，甲基铝氧烷活化的茂金属烯烃催化聚合体系可以对聚烯烃分子微结构、分子量及分子量分布实施精准控制，茂金属烯烃聚合催化剂进入黄金发展期。据不完全统计，从 1985 年到 2000 年，世界各国聚烯烃公司用于茂金属烯烃聚合催化剂研发的费用超过 50 亿美元，大量结构特殊、高选择性茂金属烯烃聚合催化剂相继出现。

近年来，茂金属烯烃聚合催化剂的工业应用正经历又一轮高成长期。据初步统计，2005—2019 年全球与茂金属聚烯烃有关的发明专利超过 10000 项。聚烯烃工业对茂金属烯烃聚合催化剂的热情持续不懈和再次高涨存在经济和技术两方面的原因。在经济方面，国际石油价格在高低位反复致使聚烯烃原料价格始终居高不下，聚烯烃工业需要更高效的催化剂体系来同时提高产出效率和产品质量。茂金属烯烃聚合催化剂的高聚合活性和生产高品质、高性能产品的能力与上述需求相符。在技术方面，茂金属烯烃聚合催化剂从合成、结构、活化到催化反应动力学具有相对完整的理论体系，计算化学对催化剂结构和催化效率预测能力的大幅提高，加之目前成熟的茂金属工业催化剂和聚合工艺的经验积累，使得新型茂金属烯烃聚合催化剂的开发周期更短、效率更高，催化剂开发成本越来越低。此外，由于市场对新型高性能聚烯烃材料的需求日益增长，具有透明、柔软、耐高温、耐辐射、耐气候、高韧性、高抗冲、高强度、低磨耗、超高分子量和环境友好等高性能，特别是具有上述综合性能的新型聚烯烃均聚和共聚材料需求日盛，皆因此类材料有较明显的经济价值与社会效益。市场和社会需求在技术和经济两个方面驱动着聚烯烃催化剂的研究者们，从茂金属烯烃聚合催化剂潜在的巨大宝库里寻找理想的新一代高性能、高效率烯烃聚合催化剂和聚合技术。

中国石油聚烯烃生产企业使用的高性能催化剂(如茂金属催化剂、铬系催化剂等)长期被国外公司垄断，外购催化剂的高成本及使用过程中的不稳定性制约了企业的效益增长。因此，开发中国石油自主茂金属催化剂及工业应用技术，对占领技术竞争的制高点及获得良好的经济效益均具有极重要的战略意义。

第一节 茂金属聚乙烯催化剂

茂金属催化剂因其具有单活性中心特征，生成的聚合物具有分子量分布窄[1-2]、聚合物分子可剪裁、聚合物分子链中共聚单体组成随机分布[3-4]等特点，与其他催化体系所得聚乙烯产品相比，茂金属聚乙烯产品具有更加优异的光学性能、冲击性能和热封性能，具有更高的抗撕裂和耐刺穿强度等[5]。茂金属线型低密度聚乙烯(mLLDPE)具有较低的熔点和明显的熔区，并且在韧性、透明度、热黏性、热封温度、低气味等方面明显优于传统聚乙烯，可用于生产重包装袋、金属垃圾箱内衬、食品包装、拉伸薄膜等。生产高强度薄膜专用料是茂金属催化剂的最显著特征。当前，茂金属聚乙烯在薄膜、管材、医疗器械、建材、家电等行业均具有广泛的用途。据统计，2020 年全球茂金属聚乙烯需求量约 $500×10^4t$，国内市场需求量突破 $100×10^4t$，预计未来几年内年均增长率将在 10% 以上。因此，茂金属聚乙烯系列产品的开发既能解决市场急需，也符合中国石油可持续发展的战略要求。

一、茂金属聚乙烯催化剂 PME-18

茂金属聚乙烯在韧性、透明度、热封温度等方面明显优于传统聚乙烯，可用于生产重包装膜、食品包装、耐热聚乙烯(PE-RT)管材等，近 3 年来茂金属聚乙烯的市场需求量超过 $100×10^4t/a$，大部分依赖进口，随着国产化进程的加快，催化剂的需求量将不断提升，国内市场上的催化剂为美国 Univation 公司的 HP-100 催化剂、EZ-100 催化剂和新塑化工的 TH-5 系列催化剂。

中国石油石化院自主研发了茂金属聚乙烯催化剂 PME-18 制备技术，长周期中试评价结果表明 PME-18 催化剂综合性能达到进口催化剂的水平，已经获得授权专利 5 项。

在催化剂和聚合工艺开发过程中，研究了茂金属化合物取代基的结构和数量与化合物催化性能之间的关系，解决了聚合过程中氢气释放量高的问题，达到相同聚合条件下进口催化剂的氢气释放水平；研究了茂金属催化剂负载工艺，找出最优的负载条件，使催化剂内活性组分分布更加均匀，有效提高了聚合物的堆密度，聚合物的堆密度达到 0.45g/mL，与进口催化剂水平相当。

在 50kg/h Unipol 气相法聚乙烯中试装置上完成了长周期中试，结果表明：装置运行平稳，易于控制，催化剂的活性和聚合物堆密度优于进口催化剂，氢调敏感性和共聚能力与进口催化剂相当，催化剂中试性能见表 4-1，中试聚合物性能见表 4-2。在兰州石化 $6×10^4t/a$ 线型低密度聚乙烯装置上完成了工业试生产，结果表明：催化剂对装置工艺适应性好，试验过程中装置运行平稳，催化活性、聚合物堆密度、氢调敏感性、共聚能力和树脂产品性能与装置在用的商业催化剂相当。

表 4-1 茂金属聚乙烯催化剂 PME-18 中试性能

项目	PME-18 催化剂	进口催化剂
催化剂活性，g(聚乙烯)/g(催化剂)	9000	8000
聚合物堆密度，g/cm³	0.46	0.43

表 4-2 茂金属聚乙烯催化剂 PME-18 中试聚合物性能

项目		中试产品 1	对标产品 1	中试产品 2	对标产品 2
熔融指数，g/10min		0.91	0.96	3.54	3.57
密度，g/cm^3		0.917	0.916	0.918	0.918
雾度，%		12.1	13.9	2.0	4.4
鱼眼 个/1520cm^2	0.8mm	0	0	0	0
	0.4mm	0	0	0	0
横向拉伸强度，MPa		33.39	35.80	28.89	26.24
纵向拉伸强度，MPa		29.70	27.50	32.24	35.04
横向断裂伸长率，%		791.7	517.7	772.7	689.7
纵向断裂伸长率，%		694.3	461.7	655.0	647.7
横向直角撕裂强度，kN/m		118.81	105.92	88.92	84.93
纵向直角撕裂强度，kN/m		120.17	110.91	76.81	78.46

目前，全球聚乙烯产能过剩，大量质优价廉的聚乙烯产品进口国内；在国内，具有明显成本优势的煤化工聚乙烯产品产能快速增长，使中国石油聚乙烯产品面临激烈的市场竞争。如何在这种拼成本、拼价格的环境中生存和发展，无疑是中国石油聚烯烃产业面临的急需解决的问题。

我国茂金属聚乙烯的总需求量约为 100×10^4 t/a。国内每年约有 10×10^4 t 的产量，其余依赖进口。其中，高强度膜专用料（例如埃克森美孚公司的 Exceed 系列，熔融指数为 1.0～3.5g/10min，密度为 0.910~0.918g/cm^3）的进口量占全部进口量的 80% 以上。因此，使用茂金属催化剂生产茂金属聚乙烯产品，替代进口产品，具有广阔的市场和较高的经济效益。

二、高抗冲茂金属聚乙烯催化剂 MPE-U01、MPE-U02

聚乙烯塑料的冲击强度较高，薄膜的落球冲击强度最高可达 20J/m，与聚酰胺、聚碳酸酯相似，优于聚丙烯。按分子量、密度、结晶度可将聚乙烯划分为高密度聚乙烯、线型低密度聚乙烯、低密度聚乙烯三大种类，相比之下，它们的冲击强度顺序为：低密度聚乙烯>线型低密度聚乙烯>高密度聚乙烯。对聚乙烯塑料冲击强度的增强目前主要有改性聚乙烯、超高分子量聚乙烯和茂金属聚乙烯 3 种方向。

茂金属聚乙烯是一种新颖的热塑性塑料，是 20 世纪 90 年代聚烯烃工业最重要的技术进展，是继线型低密度聚乙烯生产技术后的一项重要革新，可细分为茂金属低密度聚乙烯（mLDPE）、茂金属线型低密度聚乙烯（mLLDPE）、茂金属超低密度聚乙烯（mULDPE）、茂金属高密度聚乙烯（mHDPE）、茂金属高分子量高密度聚乙烯（mHMHDPE）等品种。其中，茂金属线型低密度聚乙烯是最常用的品种，茂金属线型低密度聚乙烯的冲击强度、耐穿刺性、抗撕裂强度优良。与密度相当的线型低密度聚乙烯比较，两者模量与屈服强度接近，但茂金属线型低密度聚乙烯韧性更好、断裂伸长率高、冲击强度更高，尤其低温条件下冲击强度更高，适于用作重包装膜材料。茂金属催化剂用于合成茂金属聚乙烯独特的优良性能和应用，引起了市场的普遍关注，世界著名大型聚烯烃公司投入巨大的人力和物力竞相开发与研究，是聚烯烃工业乃至整个塑料工业的热点之一。

高抗冲茂金属聚乙烯催化剂 MPE-U01 和 MPE-U02 是由中国石油石化院自主研发的茂金属催化剂。

MPE-U01 和 MPE-U02 主催化剂选择具有非刚性结构的多重烷基取代茂环，中心金属选择Ⅳ族过渡金属锆或（和）铪。这种类型的主催化剂结构选择抑制了聚乙烯链在快速链增长过程中的 β-氢消除和异构化，具有保持聚乙烯链高度线性拓扑结构控制和有效降低链消除速率的双重功效。主催化剂活化过程选择烷基锂和烷基铝氧烷（DMAO）双重活化剂，保证了主催化剂的金属—氯键完全被烷基取代和中心金属的阳离子化程度100%，保证了催化活性中心的高效利用和催化剂高活性，以及中心金属离子的长寿命。负载工艺过程条件温和（室温至80℃），助催化剂（DMAO）用量少［铝/锆（铪）= 50~250］，使用小粒径二代球形硅胶（粒径为 10~50μm）或小粒径化学改性的酸性球形蒙脱土（粒径为 10~50μm）作为载体，负载效率高，保证了聚合过程中主催化剂无洗脱现象发生。

MPE-U01 和 MPE-U02 催化剂具有良好的淤浆聚合反应活性，催化剂活性为3300g（聚乙烯）/g（催化剂），聚合物堆密度不小于 0.39g/cm³，目前已经完成催化剂聚合中试试验，可以制备不同分子量茂金属高密度聚乙烯（分子量分别为20×10⁴、30×10⁴、60×10⁴、80×10⁴和100×10⁴）。该高抗冲茂金属聚乙烯（mHIPE）具有良好的刚韧平衡性（表4-3），特别是具有很好的抗冲性能，其抗冲性能达到甚至超过超高分子量聚乙烯。

表4-3　高抗冲茂金属聚乙烯与普通聚乙烯性能对比

序号	项目	压缩强度 MPa	弯曲强度 MPa	简支梁缺口冲击强度 kJ/m²	断裂伸长率 %	拉伸屈服应力 MPa	拉伸断裂应力 MPa
1	mHIPE（1）分子量 20×10⁴	53.9	19	120P[①]	760	24.6	38.1
2	mHIPE（2）分子量 30×10⁴	53.2	19.2	120P[①]	740	24.3	42.5
3	mHIPE（3）分子量 60×10⁴	50.7	17.6	110P[①]	540	22.9	44.8
4	mHIPE（4）分子量 80×10⁴	54.0	16.1	99P[①]	460	21.4	38.8
5	对标样品1	54.5	23.1	9.1P	700	27	17.7
6	对标样品2	49.7	20.5	34P	710	25.1	32.9
7	对标样品3	53.4	22.7	47P	770	26.9	37.6
8	对标样品4	52.1	14.8	95P[①]	300	无屈服	33.8

① 试样不断裂。

使用茂金属催化剂制成的聚乙烯材料（目前商业上以茂金属线型低密度聚乙烯为主）主要用于薄膜、聚合物改性、电线电缆、医疗用品等。此外，茂金属聚乙烯还可用于制造热塑性弹性体（TPO）、汽车零件、各种器具等，覆盖日常生活中的多个方面。以电动车逐渐取代燃油车为例，电动车的整车重（主要源自电池组及其箱体）和续航低长期制约着电动车的普及进程，而性能优良的茂金属聚乙烯将无疑为汽车轻量化制造提供一个行之有效的途径。

可以预见，高抗冲茂金属聚乙烯催化剂具有广阔的应用前景与巨大的潜在市场需求。

三、超低磨损抗蠕变茂金属聚乙烯

自然关节是人体承载和运动的物质基础,是骨与骨之间的机械连接器官。人体共有206块骨骼,连接骨骼的关节中有明确命名的为78个,另有数百个未命名的小关节。关节的正常使用才能保证人的日常活动,人体关节发生病变、过度磨损或创伤损坏,患者的生活质量将会急剧下降。

人工关节的研发是为了替换病变的自然关节[7],图4-1为各类假体关节示意图。置换后的人工关节能够有效缓解患者的关节疼痛,改善关节畸形,恢复关节功能和提升生活质量,因而得到广泛的临床应用。如今全关节置换术已经成为现代医学最成功的手术案例之一。随着社会老龄化加快,交通事故和自然灾害频发,全关节置换手术的需求量也在逐年增加。2005年,美国全年全髋关节置换手术的病例约20.9万例,全膝关节置换术的病例约45万例,预计到2030年,美国全年全髋关节置换术的病例将达到57.2万例,同比增长174%,全膝关节置换术的病例将达到348万例,同比增长673%[8]。与发达国家相比,我国同样拥有巨大的人工关节需求市场。2016年,我国约有20万人工关节置换术病例,但实际需要人工关节置换术治疗的人数却在200万以上,并且关节置换术数量每年以超过30%的速度不断增加[9],发病人群也呈年轻化和活跃化的趋势[10],医学界对人工关节的综合性能和使用寿命也提出了更高的要求。因此,除了必需的生物相容性外,关节置换材料更高的耐磨性和抗蠕变性是首当其冲的性能特征,于是研发新型人工关节材料具有了更广泛的社会意义。

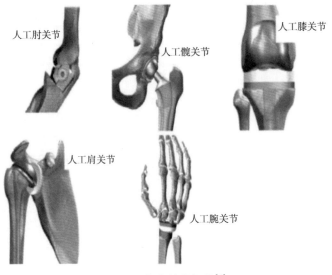

人工肘关节　　人工髋关节　　人工膝关节

人工肩关节　　人工腕关节

图4-1　各类关节假体[6]

超低磨损聚乙烯除了能作为上述的新型人工关节材料外,还能用作油管的内衬管。目前,油田在用的油管的材料属性均为钢材,具有很高的强度和硬度,在油田生产过程中发挥了巨大的作用。随着油田驱替方式的多样化和定向斜井数量的增加,致使杆—管偏磨、结垢、腐蚀问题更加突出。据统计,造成杆—管偏磨、结垢、腐蚀检泵井数占油田油井作业总数的30%左右。随着三次采油规模的不断扩大,给机械采油带来很多问题,三元复合驱机采井结垢卡泵严重,检泵周期相对较短,依靠化学清防垢费用高,物理防垢技术还不成熟。通过对油管加装高分子量聚乙烯内衬管，较好地解决了上述问题。胜利油田应用超高分子量聚乙烯内衬管约 $200 \times 10^4 m$，偏磨井检泵周期由 97 天延长至 587 天，延长了 5 倍多，热洗周期延长了 2 倍。因此，超低磨损抗蠕变茂金属聚乙烯的开发具有显著的经济效益和重要的社会意义。

超低磨损聚乙烯(ULWPE)是由中国石油石化院自主研发的一种具有高度线性拓扑结构的新型高分子人工关节聚乙烯材料，该技术从 2012 年开始研发，完成催化剂小试研发、模试试验，并完成材料相关性能测试。2020 年 1 月，在石化院大庆中心 200L 聚合反应釜完成中试试验。超低磨损聚乙烯是使用特殊过渡金属单活性中心配位聚合催化剂，在温和的聚合工艺条件下制备的一种新型高密度聚乙烯材料。根据初步测定发现，其分子结构为高度规整的线型结构，并且超低磨损聚乙烯材料的重均分子量为 300000~1000000。因此，超低磨损聚乙烯材料易于熔融挤出、直接注塑或 3D 打印成型[11]。

超低磨损聚乙烯是由 MPE-U01 和 MPE-U02 茂金属催化剂在特定的聚合条件下制备的线型聚乙烯材料。聚合条件为：乙烯压力 1~3MPa；聚合介质 $C_5—C_{10}$ 烷烃；聚合温度 50~120℃；催化剂聚合效率 10000~20000g/g(催化剂)；聚合物分子量 300000~1000000；分子量分布不大于 3.0。

在后续的研究中发现这种材料同样具有优异的生物相容性。Bian 等[12] 按照 ISO 10993 标准对超低磨损聚乙烯材料的生物相容性进行研究，在体外细胞毒性测试中发现，超低磨损聚乙烯浸提液对 L929 小鼠成纤维细胞增殖无明显影响，材料显示无毒性；在血液相容性实验中发现，超低磨损聚乙烯材料的溶血率为 0.81%(小于 5%)，无溶血反应，满足植入物要求；在全身急性毒性实验中，腹腔注射超低磨损聚乙烯材料浸提液的小鼠未出现中毒症状或不良反应，且无一死亡，认为超低磨损聚乙烯材料无急性全身毒性；植入实验中，在超低磨损聚乙烯材料植入小鼠臀大肌 12 周后，小鼠肝肾病理结果表明超低磨损聚乙烯无慢性肝肾毒性，并且植入 26 周后超低磨损聚乙烯材料无降解，周围组织无炎性反应。上述研究证明了超低磨损聚乙烯材料具有优异的生物相容性、安全性和化学稳定性，满足医学植入物材料的要求。

在前期的 AMTS G65 标准磨损实验中，超低磨损聚乙烯已经展现出优异的耐磨性，远优于同等处理水平的超高分子量聚乙烯材料。在后续的摩擦性能研究中，周磊等[13] 对比了超低磨损聚乙烯、超高分子量聚乙烯和高交联聚乙烯 3 种聚乙烯材料与钴铬合金配副在销盘磨损机上的耐磨性。磨损结果显示超低磨损聚乙烯磨损因子最低，比高交联聚乙烯材料低 53%，比超高分子量聚乙烯材料低 77%，展现出卓越的耐磨性。Bian 等[12] 进一步对比了超高分子量聚乙烯和超低磨损聚乙烯两种材料在膝关节模拟机上的摩擦学特性，研究发现超低磨损聚乙烯的耐磨性同样优于超高分子量聚乙烯材料，其磨损率比超高分子量聚乙烯低 31%。

研究结果显示，超低磨损聚乙烯材料在生物相容性、耐磨性方面展现出巨大潜力，具有替代超高分子量聚乙烯材料的可能性，并且材料具有易于熔融挤出、直接注塑或 3D 打印成型等加工特性，大大降低了材料的制备成本。但材料耐磨机理研究尚处于初期阶段，对材料的结构、性能认识尚待进一步深化，材料的耐磨损机理同样需要进一步深入研究。

以下从磨损量和磨损因子两方面分析超低磨损聚乙烯与金属耐磨性能。

（1）磨损量。

图4-2为4种聚乙烯销试样与钴铬合金盘试样在多向运动人工植入物材料磨损试验机上进行 25×10^4 次、50×10^4 次、75×10^4 次和 100×10^4 次循环后的磨损体积值。表4-4为4种聚乙烯样品计算得到的磨损率。由图4-2可知，4种聚乙烯材料的磨损体积随磨损循环次数呈线性增加趋势。由表4-4可得，超低磨损聚乙烯材料的磨损率为 $0.72\text{mm}^3/10^6\text{r}$，其磨损率比高密度聚乙烯材料减少了97%（$P<0.05$，变异数分析），比超高分子量聚乙烯材料减少了90%（$P<0.05$，变异数分析），比高交联聚乙烯材料减少了13%（$P>0.05$，变异数分析），展现出优异的耐磨性。

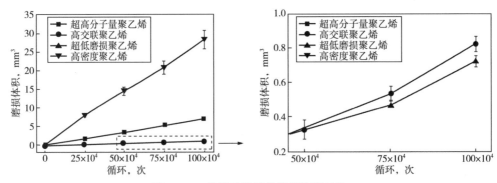

图4-2　4种聚乙烯销的磨损体积对比

表4-4　4种聚乙烯销的磨损率（$\bar{x} \pm s$）

材料	磨损率，$\text{mm}^3/10^6\text{r}$	材料	磨损率，$\text{mm}^3/10^6\text{r}$
超高分子量聚乙烯	6.964±0.344	高密度聚乙烯	28.312±2.555
高交联聚乙烯	0.822±0.044	超低磨损聚乙烯	0.720±0.032

（2）磨损因子。

4种样品计算得到的磨损因子如图4-3所示。结果显示，超低磨损聚乙烯材料的磨损因子为 $1.146 \times 10^{-7}\text{mm}^3/(\text{N} \cdot \text{m})$，比超高分子量聚乙烯和高密度聚乙烯材料低一个量级（$P<0.05$），同样低于高交联聚乙烯材料（$P>0.05$）。并且超高分子量聚乙烯的磨损因子结果为 $1.106 \times 10^{-6}\text{mm}^3/(\text{N} \cdot \text{m})$，与其他多向销盘所得的磨损因子 $(1.03 \sim 1.93) \times 10^{-6}\text{mm}^3/(\text{N} \cdot \text{m})$ 相符，故实验结果具有明显的参考价值。

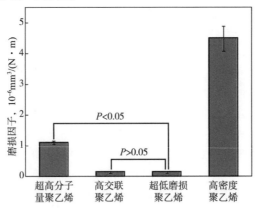

图4-3　4种聚乙烯销的磨损因子

超低磨损抗蠕变茂金属聚乙烯材料是我国自主研发的一种新型聚乙烯材料，具有易成型、加工等特性，并且材料拥有优异的生物相容性和耐磨性，在骨科植入物领域具有巨大的应用前景。由于其良好的耐摩擦性能，可以用在油管内衬管替代不易加工的超高分子量聚乙烯内衬管。其次，超低磨损聚乙烯材料还在铁路桥抗震垫、造纸机刮板、高速包装线导轮导板、纺织机械、采矿机械等工业领域显示巨大的潜在应用，市场前景广阔。

四、双峰（宽峰）分布超高分子量茂金属聚乙烯催化剂

从 20 世纪 90 年代中期到现在，全世界发展最快的聚乙烯技术就是双峰聚乙烯技术。双峰聚乙烯是指分子量呈双峰分布的聚乙烯材料，其中的低分子量部分提供了良好的加工性能，高分子量部分提供较好的力学性能，特殊的结构使得双峰聚乙烯具有高强度、高韧性及耐环境应力开裂的优良性能，目前已经成为聚烯烃产品高性能化的重要方向。加工成型后，低分子量部分可以形成分子链规整折叠的晶区，从而保证了材料的力学强度；高分子量部分因为其分子链较长和支化度较高，部分参与结晶，难以折叠的部分就贯穿晶区变成"系带分子"，保证了材料的耐慢速裂纹增长等长期的力学性能。双峰聚乙烯作为一种新型的材料，显现出单峰聚乙烯无法比拟的优越性，迅速占领薄膜、片材、管道等市场，广泛用于吹塑、注射、挤出等成型工艺[14-16]。

双峰聚乙烯生产技术发展很快，为了开发优异性能的双峰聚乙烯，不断有研究者提出了新的生产工艺和方法，目的是使支化度不同的聚乙烯能在比较小的尺度范围内共混。生产双峰聚乙烯的方法有熔体混合法、分段聚合法和单反应器聚合法。单反应器聚合法是在一个聚合反应器内加入具有不同聚合能力的双金属活性中心催化剂。通过聚合反应，催化剂中的两个活性中心直接催化聚合得到高、低分子量的聚合物，这两部分聚合物通过分子级的混合就得到双峰分子量分布的聚乙烯树脂。

单反应器聚合法相比于分段聚合法具有设备投资低、工艺操作简单、开停车方便，而且高、低分子量产物比例可调、混合比较均匀等优点。目前，制备双峰分布超高分子量的茂金属催化体系有 Z-N/茂金属复合催化体系及茂金属-茂金属催化体系等。

（1）Z-N/茂金属复合催化体系。茂金属催化体系可以制备非常窄的分子量分布的聚乙烯，而 Z-N 催化剂制备的聚乙烯分子量分布宽，利用这两种催化剂的特点，将两种催化剂负载在同一载体或不同载体上，实现双峰分子量分布聚乙烯树脂的制备。Francisco 等[17]采用 Z-N 催化剂与茂金属催化剂构成的复合催化剂，以甲基铝氧烷（MAO）为助催化剂，调整两种催化剂配比，生成了双峰聚乙烯。Lopez-Linares 等[18]报道了 Z-N/茂金属复合催化体系在合适的催化剂配比下可以得到双峰分布的聚乙烯。孙敏等[19]研制了茂金属催化剂和 Z-N 催化剂组成的复合催化剂，用于乙烯聚合可得到宽/双峰分子量分布的聚乙烯。

（2）茂金属-茂金属催化体系。利用两种不同催化剂的聚合特性，将两种茂金属催化剂混合，通过调节催化剂配比和聚合条件生产双峰聚乙烯。Walter 等[20]用 Cp_2ZrCl_2-Cp_2HfCl_2、Cp_2ZrCl_2-$Et(Ind)_2ZrCl_2$ 等复合催化体系，以甲基铝氧烷为助催化剂，得到宽峰或双峰聚乙烯。陈伟等[21]提出了以双茂金属复配进行双峰聚乙烯的研究，以 Phillips 公司成熟的 APE 型催化剂进行了双峰聚乙烯合成的研究，以甲基铝氧烷为助催化剂常压制备成双峰聚乙烯。复合催化剂方法操作简单，但缺点是每一种聚合物都依赖于两种催化剂的复杂配

比，容易造成产品的质量不稳定；而且不同催化剂之间可能会有相互干扰的问题。使用复合催化剂制备双峰聚乙烯的聚合机理还处于研究阶段，完全应用到工业生产中还需要时间。

茂金属催化剂是制备超高分子量聚乙烯的优良催化剂，主要由Ⅳ族过渡金属（如锆、钛、铪等）与一个或几个环戊二烯基（Cp）或取代 Cp，或与含环戊二烯环的多环化结构（如茚基和芴基）及其他原子或基团形成的有机金属络合物和助催化剂组成。通过改变配体的结构可以改变茂金属催化剂活性中心的电负性和空间环境，从而实现精密控制超高分子量聚乙烯的分子量分布，达到改善聚乙烯性能的目的。

中国石油石化院已用准-C_2对称性结构茂金属催化剂制备出宽峰的聚乙烯产品。其中，准-C_2对称性结构茂金属配合物的合成可采用经典的配体有机锂盐与Ⅳ族金属卤化物（四氯化锆、四氯化铪）反应得到。该催化剂有顺式和反式两种结构，在进行乙烯聚合时顺式和反式两种结构对乙烯的聚合反应效果有明显差异，一种结构聚合得到高分子量聚乙烯，另一种结构聚合得到低分子量聚乙烯，因此可形成双峰（宽峰）分布，这与单中心催化剂茂金属聚乙烯窄分子量分布不一致，具体反应机理及相关计算有待进一步反应动力学和计算化学理论研究。

实验所得聚合物凝胶渗透色谱（GPC）图谱如图 4-4 所示，聚合物重均分子量大约 46×10⁴，分子量分布为 5.3。催化剂活性为 2300g（聚乙烯）/g（催化剂），聚合物堆密度为 0.38g/cm³，密度为 0.95g/cm³（表 4-5）。

表 4-5 催化剂活性及聚合物物性分析

项目	1	2	3
催化剂活性，g（聚乙烯）/g（催化剂）	1923	2300	1536
堆密度，g/cm³	0.38	0.38	0.38
熔融指数，g/10min	0.23	0.25	0.29
分子量分布	5.1	5.22	5.29
密度，g/cm³	0.948	0.950	0.950
熔融温度，℃	132.6	131.5	126.8
拉伸模量，MPa	1250	1300	1280

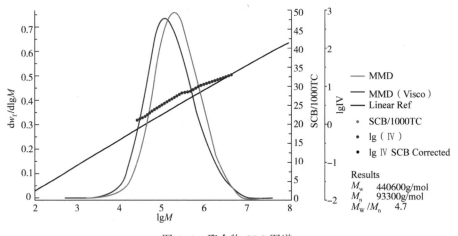

图 4-4 聚合物 GPC 图谱

双峰分布高密度聚乙烯管材性能价格比优于其他塑料管材，市场潜力很大。聚乙烯管材具有突出的耐化学腐蚀性、耐低温性、耐热和耐磨性等特点，而且焊接性能好，对输送介质无污染，使用寿命长，制造安装费用低，因此被广泛地应用于市政工程建设、农业生产以及石油化工等领域。

五、茂金属聚烯烃弹性体技术开发

聚烯烃弹性体（POE）是一种具有较高共单体含量的乙烯/高级 α-烯烃无规共聚物，属于新型热塑性弹性体，无须硫化即具有弹性，其分子量和短支链分布窄，共聚单体含量高 [10%~30%（质量分数）]，具有优异的耐寒性和耐老化性能、良好的力学性能和加工性能，现已成为替代传统橡胶和部分塑料的极具发展前景的新型材料之一，广泛用作聚丙烯等聚烯烃材料的抗冲改性剂，用于制作仪表板、保险杠、连接器和插头、管道、仪器零件、片材、园艺工具和建筑材料，也可直接制成模塑成型产品和挤出成型产品，是一种高性能、高附加值的新型弹性体材料。世界上仅有陶氏化学公司、埃克森美孚公司、三井化学公司和 SK 公司等少数石化企业掌握此项生产技术，国内市场潜在需求量超过 $40\times10^4t/a$，年增长率约 15%，售价比通用料高出 8000~10000 元/t，产品全部依赖进口。

目前，聚烯烃弹性体生产均采用茂金属催化技术，通过改变茂金属催化剂结构可以准确地调控聚合物的微观结构，从而获得具有不同链结构和用途的聚烯烃弹性体产品。国内的聚烯烃弹性体研究处于重要的工业中试阶段。

1. 气相法聚乙烯弹性体技术开发

面对下游市场的迫切开发需求，石化院进行全力技术攻关，依托 50kg/h 气相聚乙烯中试装置，开发气相法聚烯烃弹性体 DEDB 9010 生产技术，产品密度为 $0.900g/cm^3$，熔融指数为 1.0g/10min，玻璃化转变温度不大于-25℃。2019 年 10 月，在吉林东承住化汽车复合塑料有限公司开展了加工应用试验，结果表明，DEDB 9010 与聚丙烯基础树脂相容性良好，具有较好的增韧效果，综合性能达到进口产品水平。

该技术依托 50kg/h 气相聚乙烯中试技术平台，结合聚烯烃弹性体产品特点，通过催化剂筛选及聚合工艺研究，构建催化剂活性与气相反应器内温度场、浓度场的对应关系，以保证催化剂活性持续、平稳释放。通过优化共聚单体气（雾）化条件，实现高浓度共聚单体在混合流体中的均匀分布，稳定控制反应体系流化状态，减少装置局部过热、结片、堵塞等问题，保证装置稳定运行等。通过攻克催化剂活性稳定释放及高浓度共聚单体在气相反应器内混合流体中的均匀分布等技术瓶颈，成功开发出气相法聚烯烃弹性体 DEDB 9010 中试生产技术。

气相法聚烯烃弹性体 DEDB9010 中试生产技术攻关为气相法聚烯烃弹性体的开发提供了宝贵的经验。开发的气相法聚烯烃弹性体生产技术可应用于中国石油 Unipol 气相聚乙烯生产装置，尤其适用于小型气相装置开发高技术含量、高附加值聚烯烃弹性体产品。

2. 溶液法聚烯烃弹性体技术开发

随着共聚单体含量的提高，聚烯烃弹性体产品的密度降低，熔点也随之降低。当开发更低密度的聚烯烃弹性体产品，尤其是密度不大于 $0.88g/cm^3$ 时，其熔点也基本小于 70℃。这时使用气相或淤浆聚合工艺就比较困难了，必须使用高温溶液聚合工艺（不低于 120℃）。

然而，高温溶液聚合对于催化剂的稳定性、活性、选择性都有比较高的要求，国际公司争相开发耐高温茂金属催化剂，其中以陶氏化学公司的 CGC 催化剂最为知名[22]。

中国石油石化院对新型耐高温茂金属催化剂开展了布局研究，开发出数种新型结构的茂金属催化剂。其一是以 sp^3-C 原子作为桥联基的 CGC 茂金属催化剂主体结构，具有优良的活性和共聚性能，而且避开了陶氏化学公司专利垄断。其二是从提高茂金属催化剂的稳定性入手。一般的茂金属催化剂对水、氧极为敏感，石化院通过引入含磷配位基团，极大地提高了该化合物的稳定性，在含有酸的环境中稳定存在，并能够在空气中放置。在较高的温度下仍然能够高活性地催化乙烯和辛烯、降冰片烯的共聚，催化活性达到 1.7×10^8 g（聚乙烯）/mol。通过设计合成系列新型配体结构及相应单中心金属催化剂，调控活性中心的电子效应、空间位阻效应，形成了高效的聚烯烃催化体系，为聚烯烃弹性体的开发奠定了坚实的基础。

第二节　茂金属聚丙烯催化剂

一、间规茂金属聚丙烯催化剂 PMP-01

间规茂金属聚丙烯催化剂 PMP-01 是中国石油石化院自主开发的载体型茂金属聚丙烯催化剂。间规茂金属聚丙烯催化剂 PMP-01 于 2017 年 6 月首次在哈尔滨石化开展工业试验并取得成功，标志着中国石油在茂金属间规聚丙烯催化剂研发和茂金属间规聚烯烃新产品开发上取得突破。目前，利用 PMP-01 催化剂开发了 4 个牌号产品，即 MPP6002、MPP6006、MPP6011 和 MPP6018。

1. 间规茂金属聚丙烯特点

FINA 公司在 1993 年首先在美国开发成功间规聚丙烯（sPP），于 1995 年推出工业化产品 Finacene™，并建设了首套间规聚丙烯生产线。1997 年，日本三井化学公司和出光石油公司也实现了间规聚丙烯的产业化。Bercaw 和 Mueller 等对 C_s 对称性茂金属催化剂结构进行了系统的研究，为提高间规聚丙烯分子量、催化剂聚合活性、间规度等贡献尤为显著。中国科学院、中国石油、中国石化等科技和化工领域的科技工作者也在 20 世纪末到 21 世纪初对茂金属间规聚丙烯进行了系统的理论探索与催化剂开发、材料性能研究[23-24]。

与普通聚丙烯相比，间规聚丙烯透明度较高，不需要使用透明剂就可直接作为透明性材料使用。间规聚丙烯的冲击强度是等规聚丙烯（iPP）的两倍，但刚性显著低于等规聚丙烯。

用于合成间规聚丙烯的茂金属催化剂历经几十年的发展，于 1993 年由 TotalFina 公司首先实现了工业化生产，得到茂金属间规聚丙烯产品 Finacene™。

2. 间规茂金属聚丙烯催化剂 PMP-01 特点

（1）PMP-01 催化剂是一种负载型的间规茂金属聚丙烯催化剂。使用 Bercaw 型配体，$\vdash R_1 R_2 C \dashv$、$\vdash CH_2 \dashv_n$、二苯亚甲基等桥基官能团连接混合配体环戊二烯基和芴基，形成了碳桥联茂金属化合物。

（2）通过催化剂负载化技术，微球形硅胶载体有助于活性茂金属中心的稳定，降低助催化剂用量，有效降低催化剂制备成本，聚合物形态可控。

（3）使用载体型 PMP-01 茂金属催化剂负载技术，化合物负载过程不仅保留了茂金属催化剂单一活性中心的优点，聚合物很好地复制了催化剂球形形态，提高了聚合物堆密度。

（4）负载茂金属催化剂具有稳定的聚合反应动力学，工业生产过程稳定可控。聚合反应平稳，装置适应性高，产品颗粒形态好。催化剂对装置工艺适应性强，装置运行平稳，活性大于 3000g（聚丙烯）/[g（催化剂）·h]，产品质量稳定。聚合物熔融指数为 2~6g/10min，堆密度大于 0.38g/cm³。

茂金属间规催化剂 PMP-01 制备技术基本成熟，活性组分采用 C_s 对称结构的桥联茂金属化合物，可适用于国内主要的间歇本体聚合工艺（小本体）。PMP-01 催化剂聚合过程平稳，聚合物粒子为类球形，大小均匀，细粉含量低，粒子间无团聚或粘连（图 4-5），聚合物粒子粒径为 1~2mm。

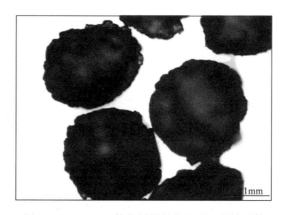

图 4-5　PMP-01 催化剂粉料的光学显微镜照片

使用 PMP-01 催化剂制备的间规茂金属聚丙烯具有分子量分布窄（2~3）、熔点低（110~130℃）的特点。典型的凝胶渗透色谱（GPC）和差示扫描量热法（DSC）曲线如图 4-6 和图 4-7 所示。

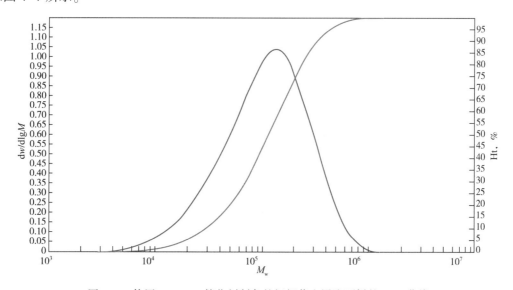

图 4-6　使用 PMP-01 催化剂制备的间规茂金属聚丙烯的 GPC 曲线

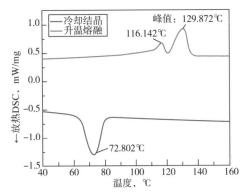

图 4-7　使用 PMP-01 催化剂制备的间规茂金属聚丙烯的 DSC 曲线

图 4-8 显示，聚合反应后聚合釜内壁和搅拌桨无聚合物结块等异常现象，聚合物粒子有较好的流动性，PMP-01 催化剂对本体液相装置有良好的工艺适应性，可稳定生产 MPP6006。

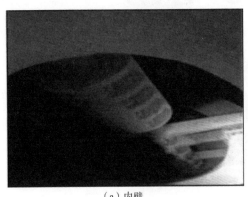

（a）内壁

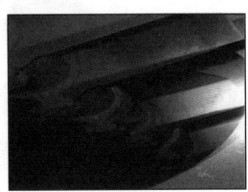

（b）搅拌桨

图 4-8　生产 MPP6006 后反应釜内壁及搅拌桨状态

MPP6006 的应用之一是用于流延热封膜的热封层。热封层聚丙烯的熔融指数为 5.0～12.0g/10min，除具有滑爽性、抗粘连性、析出量少、挥发成分少等特性外，还要有良好的热封性能，即要求作为流延膜热封层材料的热熔性好，具有较低的起封温度。MPP6006 的熔融指数为 5.0～7.0g/10min（表 4-6），室温简支梁缺口冲击强度不小于 68.0kJ/m²，可赋予流延膜制品较高的韧性；MPP6006 的雾度小于 7%，起封温度为 100℃，具有较好的热封性能。

表 4-6　MPP6006 与 Z-N 催化剂生产的聚丙烯的性能

项目	试样 1	试样 2	对标 1	对标 2
熔融指数，g/10min	5.2	6.5	6.8	7.7
拉伸屈服应力，MPa	16.0	17.0	19.0	21.3
简支梁缺口冲击强度（23℃）kJ/m²	69.0	68.0	5.1	6.0
雾度，%	6.4	6.7	12.0	17.0
起封温度，℃	100	101	115	135

间规聚丙烯由于刚性和热收缩方面的缺陷限制了其广泛推广应用，世界各大聚烯烃公司均不再重视对这一产品的深入开发研究，因此间规聚丙烯过去 30 年来除了 Finacene™ 有限的产品应用之外，没有新的间规聚丙烯衍生产品出现，也没有显著的市场需求。

间规聚丙烯相比于等规聚丙烯及无规聚丙烯在透明度、抗冲击性、韧性等方面具有一定的优势[25-30]，因此可以用于部分透明制品的制备：用于注塑片材具有透明度好、光泽度高的特点；用于压膜具有透明度高、模量低、热封温度低的特点；用于吹膜不仅具有透明度高、光泽度高的特点，更具有成型快的优点；用于拉丝及纤维具有回弹率高、手感好的优点。

除了上述传统应用外，还可用于医用 3D 打印材料。中国石油石化院开发的茂金属间规聚丙烯，其熔点为 130℃，熔融指数为 2~20g/10min，强度适中，柔韧性好，耐辐照性优异。

中国石油石化院首次开发出了医用 3D 打印材料。采用自主研制的茂金属间规聚丙烯生产的 φ1.75mm 透明线材进行熔融沉积（FDM）3D 打印实验，打印的口腔医疗手术板尺寸稳定，无异味，打印精度和强度符合客户要求，而且强度适中，柔韧性好，耐辐照性优异，可以耐受组合灭菌工序。另外，自产茂金属间规聚丙烯在 3D 打印领域的应用，体现出茂金属间规聚丙烯进军高端产品市场的潜能。

二、等规茂金属聚丙烯催化剂 PMP-02

等规茂金属聚丙烯催化剂 PMP-02 是中国石油石化院自主开发的载体型茂金属聚丙烯催化剂。等规茂金属聚丙烯催化剂 PMP-02 可用于开发高等规度窄分布聚丙烯、熔喷纤维用超高熔指聚丙烯等产品。

硅桥联配体 [如 $Me_2Si(2\text{-}Me\text{-}1\text{-}Ind)_2ZrCl_2$、$Me_2Si(2\text{-}Me\text{-}4\text{-}tBu\text{-}1\text{-}Ind)_2ZrCl_2$] 赋予茂金属络合物更高的刚性及适宜的电子环境，从而可使等规聚丙烯具有更高的分子量和等规度[31-35]。

目前，等规聚丙烯的主要生产商利安德巴塞尔公司和埃克森美孚公司的茂金属聚丙烯催化剂均在国内开始推广应用，Grace 公司的商业茂金属聚丙烯催化剂已经在中国石油和中国石化等代表性聚烯烃生产企业逐渐推广使用。

PMP-02 催化剂完成了小试制备和实验室放大制备环节，实现了实验室间歇法千克级制备。PMP-02 催化剂适用于超高熔指聚丙烯的生产。在 2017—2019 年依次开展了实验室小试聚合评价、氢调敏感性试验和聚合反应动力学试验。PMP-02 催化剂可以实现熔融指数在 0~8000g/10min 之间的调节，其中熔融指数在 0~1500g/10min 之间可以实现稳定控制。此外，制备的超高熔指茂金属聚丙烯的堆密度保持在 0.38g/cm³ 以上，细粉含量控制在 0.4% 以下，可以满足进一步在间歇本体装置的生产要求。

使用 PMP-02 催化剂制备的等规茂金属聚丙烯具有分子量分布窄、熔点低的特点。典型的 GPC 和 DSC 曲线如图 4-9 和图 4-10 所示。

茂金属聚丙烯催化剂 PMP-02 制备得到的茂金属等规聚丙烯具有分子量分布（MWD）窄、正己烷抽提物含量低、光泽性高、韧性好、透明度高、制品洁净、制品的翘曲变形率低、易于加工等优点。

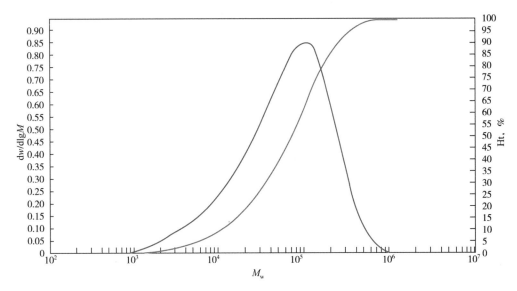

图 4-9　使用 PMP-02 催化剂制备的超高熔指茂金属聚丙烯的 GPC 曲线

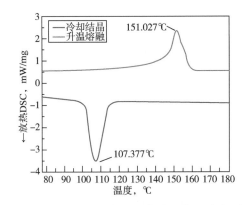

图 4-10　使用 PMP-02 催化剂制备的超高熔指茂金属聚丙烯的 DSC 曲线

医用产品在使用前都需要进行消毒灭菌。传统的环氧乙烷消毒法存在污染大气和在医疗器械上残留的缺点，辐射消毒法具有消毒彻底、无残留等优点。随着辐射消毒成为医疗用品消毒的主要方式，医用耐辐照等规聚丙烯材料已经成为各国竞相开发的热点。而茂金属聚丙烯在辐射过程中具有更好的热稳定性，减少发黄，适用于耐辐照医用聚丙烯制品，拓宽了茂金属聚丙烯的应用领域。

三、高等规度、窄分布超高分子量聚丙烯催化剂 MPP-S01、MPP-S02

我国聚丙烯市场的需求巨大，但自身生产的大部分都是中低端产品，随着各个行业的发展，国内对高端聚丙烯的需求持续增长，开发高技术含量、高附加值聚丙烯新产品是今后聚丙烯产业的主流方向，超高分子量聚丙烯就是这样一种新产品。

聚丙烯因其力学性能好、无毒、相对密度小、耐热、耐化学药品、容易加工成型等优良特性，已经成为五大通用合成树脂中增长速度最快、新产品开发最活跃的品种。超高分子量聚丙烯(UHMWPP)是一种黏均分子量在 10^6 以上，具有高强度、高耐磨性、较强的抗氧化能力的热塑性工程塑料，可用于制备高强度、高模量、耐腐蚀、抗冲击、耐应力开裂的聚丙烯产品。超高分子量聚丙烯则由于其合成难度大，至今对材料的物理机械性能报道尚不全面。除了个别极端条件下(如低温准活性聚合)使用茂金属合成超高分子量聚丙烯的报道之外，使用 Z-N 催化剂合成分子量超过 100×10^4 的努力还在继续。对超高分子量聚丙烯材料的研究报道很少，如胶状-球晶浇筑膜超速拉伸制备超高强度膜材料[36-43]，以及使用超高分子量聚丙烯生产带状牙线[44]。目前，只有日本三井化学公司可以制备少量超高分子量聚丙烯[黏均分子量为 $(4.0 \sim 6.0) \times 10^6$]，但是尚没有推出工业化产品。

超高分子量聚丙烯是一种新型的高等规度聚丙烯均聚树脂，与普通等规聚丙烯树脂相比，预计其具有显著不同的物理、化学、力学等性能，是一个尚未开发的高性能聚烯烃树脂新领域，预计其应用前景十分广阔。

中国石油石化院以研发的准-C_2 对称性结构茂金属催化剂 MPP-S01 和 MPP-S02 为基础，开发窄分布超高分子量茂金属聚丙烯专用树脂，完成了千克级超高分子量茂金属聚丙烯专用树脂合成的小试技术开发；完成了超高分子量茂金属聚丙烯催化剂放大制备工艺研究；提供形态良好、催化活性高、聚合过程稳定的千克级超高分子量茂金属聚丙烯负载催化剂产品，超高分子量茂金属聚丙烯催化剂小试和模试活性不小于4000g(聚丙烯)/g(催化剂)，聚合物堆密度不小于 0.41g/cm^3，完成催化剂中试试验，得到分子量超过 120×10^4 的茂金属聚丙烯超高分子量产品，材料性能与小试和模试样品吻合，说明 MPP-S01 和 MPP-S02 催化剂体系具有良好的工艺适应性，提供了进行工业化试验的完整工艺参数(表4-7)。

表4-7 催化剂及聚合物性能

项目	1	2
模试活性，g(聚丙烯)/g(催化剂)	3550	4000
堆密度，g/cm³	0.42	0.44
熔融指数(21.6kg)，g/10min	0.13	0.25
分子量	1262000	1127600
分子量分布	2.7	2.8
密度，g/cm³	0.905	0.904
熔融温度，℃	155	156
拉伸模量，MPa	1050	1010
弯曲模量，MPa	1900	1980

2020年6月，茂金属超高分子量聚丙烯催化剂在100L间歇聚合反应釜完成中试试验(图4-11)，试验能够重现10L模试聚合釜反应结果，反应活性为3550g/g(催化剂)，重均分子量为1232600，分子量分布约为2.7(图4-11)。2020年9—10月，利用自主研发的 MPP-S01 和 MPP-S02 两种催化剂，进行了丙烯本体淤浆聚合的工业化试验，成功生产出两种窄分布超高分子量聚丙烯产品。产品各项物性指标与小试和中试产品高度一致，再次证明 MPP-S01 和 MPP-S02 催化剂体系良好的工艺适应性，具备了进行规模工业生产的条件。

除了可以生产窄分布超高分子量聚丙烯之外，MPP-S01 和 MPP-S02 催化剂体系还具有较高的氢调敏感性，聚合过程中加氢可以生产熔融指数为 10～10000g/10min 的窄分布均聚聚丙烯产品。加氢产品的熔融指数覆盖了从高熔指（40～100g/10min）→超高熔指（1000～3000g/10min）→聚丙烯蜡（5000～10000g/10min）的所有丙烯均聚高附加值产品。因此，MPP-S01 和 MPP-S02 催化剂体系形成了一个高等规度、窄分布均聚聚丙烯技术平台，为中国石油占领国内茂金属聚丙烯高端产品市场提供了具有强竞争实力的实用技术。

MPP-S01 和 MPP-S02 催化剂体系的乙烯及其 α-烯烃共聚合特征尚待进一步开发利用。

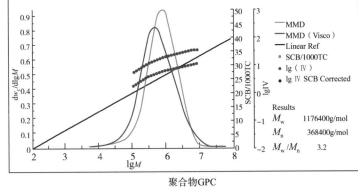

100L聚合反应釜　　　　　　　聚合物GPC

图 4-11　中试试验 100L 反应釜和超高分子量聚丙烯 GPC 图谱

超高分子量聚丙烯茂金属催化剂及超高分子量聚丙烯材料的开发填补了国内茂金属等规聚丙烯超高分子量材料的空白。中国石油自主知识产权、窄分布超高分子量等规聚丙烯材料有着特殊的物理机械性能，由于其具有更高的熔点和闭孔温度，可应用于锂电池隔膜，同时超高分子量茂金属聚丙烯具有很好的刚韧平衡性，可以应用于高性能管材及薄膜。中国石油开发超高分子量聚丙烯将占领高端高性能聚丙烯材料研发的战略制高点，随着加工应用领域的深入研究，必将带来丰厚回报。

四、窄分布等规—无规多嵌段聚丙烯催化剂 MPP-S03

多嵌段聚合物的制备技术经历了世纪长的历史发展。目前，成熟多嵌段高分子聚合技术包括活性聚合（反复操作一种单体消耗后添加另一种单体的技术，但是可实现嵌段数非常有限）和链穿梭配位聚合[烯烃嵌段共聚物（OBC）技术，携带高分子链的穿梭剂在两种催化剂之间反复穿梭，但形成的聚合物为混合多嵌段聚合物多元混合物]。

最近发现，在准-C_2 对称性茂金属催化剂活性中心上，由于空间 C_2 对称性的结构特征（图 4-12），链增长速率在 B 异构体和 A 异构体之间存在差异。当增长的高分子链存在于 B 异构体时，由于相对拥挤的空间效应，可以经过无丙烯单体插入移位到 A 异构体（$k_2 > k_1$，k_2 和 k_1 为反应速率常数），重复无丙烯单体插入移位多次，形成一段等规链段。试验证明，等规链段的长度根据催化剂结构调整可以控制在 10～45 个丙烯单体长度，制备出等规度从 mmmm ≥ 60% 到 mmmm ≈ 90% 的等规—无规多嵌段聚丙烯微结构链。而且不同于 OBC 中多嵌段混合物，准-C_2 对称性茂金属催化剂制备的所有等规—无规多嵌段聚丙烯链具有完全相同的链结构。由于相对较短的等规链段，在形成结晶时，结晶的尺度（3～10nm）远小于可见光的波长（400~760nm），因此准-C_2对称性茂金属制备的等规—无规多嵌段聚丙烯材料无须添加成核剂就表现出优良的透明性。

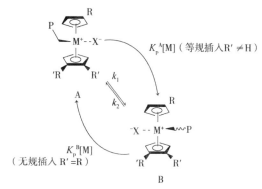

$$K=k_1/k_2; \quad g=k_p^A/k_p^B$$

（为了利于描述清晰，桥联基团未在图中画出）

图4-12　准-C_2对称性聚合反应动力学图示

k_1，k_2—反应速率常数；k_p^A，k_p^B—只受温度影响的化学平衡常数；

K—总反应速率常数；g—总化学平衡常数

聚丙烯因其力学性能好、无毒、相对密度低、耐热、耐化学药品、容易加工成型等优良特性，已经成为五大通用合成树脂中增长速度最快、新产品开发最活跃的品种。但聚丙烯亦因其结晶性、低温易脆、收缩率大、透明性差等缺点，使其在透明包装、日用品、医用品等应用领域受到制约。提高聚丙烯的透明性主要通过以下3个技术途径。

（1）在聚丙烯树脂中加入透明剂。

添加透明剂是目前最活跃、最常用的使聚丙烯高性能化、高透明化的有效方法。在聚丙烯中加入0.1%~0.4%的透明剂，既能使其透明性提高，又可以使刚性提高，且熔融指数范围变宽。同时透明聚丙烯树脂的热变形温度可达到110℃，比目前大量使用的透明塑料［如聚苯乙烯（PS）、聚氯乙烯（PVC）、聚对苯二甲酸乙二醇酯（PET）树脂］的热变形温度高。生产透明聚丙烯使用成核剂有两种加入方式，其中釜外添加成核剂（造粒过程中加入）是目前全世界范围广为采用的。该方法开发周期短，产品性能好，生产稳定。该技术的关键是透明剂的性能，透明剂可以赋予原本不透明的聚丙烯以良好的透明度，而且可以改进聚丙烯的刚性、冲击强度、热变形温度等性能。

（2）利用Z-N催化剂生产具有优异透明性的无规共聚聚丙烯产品（RCP）。

当前世界上60%以上的透明聚丙烯生产使用第三代高活性催化剂和第四代Z-N催化剂。这些催化剂不仅具有高活性和高定向能力，而且能控制粒子形态，具有反应器颗粒技术的特点，有利于生产透明度较高的无规共聚聚丙烯（RCP）。在聚丙烯生产过程中不需添加聚丙烯透明剂，利用高效Z-N催化剂直接制备透明聚丙烯产品是较为理想的生产技术，如Spheripol本体聚合工艺、Hypol本体聚合工艺、Unipol气相聚合工艺、BP-Amoco气相聚合工艺、Novolen气相聚合工艺等。其缺点是RCP产品的己烷溶出物含量偏高，由于Z-N催化剂多活性中心，某些活性点容易结合比较多的乙烯单体，产生少量的小分子乙烯丙烯共聚物（EPM）副产物。

（3）采用茂金属催化剂生产高透明聚丙烯。

目前，采用茂金属催化剂生产高透明聚丙烯树脂已经实现了工业化（例如，巴塞尔公司的 Metocene™ 系列产品）。由于茂金属催化剂具有单活性中心的特性，可以更精确地控制分子量、分子量分布、晶体结构以及共聚单体在聚合分子链上的加入方式，从而可生产高强度、高透明聚丙烯。茂金属聚丙烯是目前得到的最好的透明聚丙烯产品，如果把 PET 透明度定位为 100%，那么高结晶聚丙烯为 47%，用成核剂生产的透明聚丙烯为 89%，茂金属聚丙烯均聚物的透明度为 93%。准-C_2 对称性茂金属催化剂技术制备的透明聚丙烯产品具有独特的分子链结构，因而具有特殊的力学性能和光学性能。

国内对透明聚丙烯的研发起步较晚，生产方法主要是在聚丙烯中添加透明改性剂，在透明剂工艺研究和应用开发以及高透明聚丙烯产品种类和市场消费方面与国外相比存在较大的差距，市场应用也仅限于片材、薄膜、透明水杯、微波炉炊具及一次性餐具等低附加值的塑料制品领域，生产企业主要集中在东南沿海城市，但发展非常迅速。

为解决透明聚丙烯在生产和应用过程中存在的问题，中国石油石化院经过近 10 年的刻苦攻关，首创了准-C_2 对称性结构茂金属催化剂的结构设计、配体合成技术路线、配合物合成技术路线、催化剂活化及负载工艺技术开发，以及丙烯本体小试聚合研究。准-C_2 对称性结构茂金属催化剂（MPP-S03）表现出非常特殊的反应选择性。生产出的透明聚丙烯专用树脂具有卓越的高温热稳定性、出色的透明性和优良的变形恢复性。准-C_2 对称结构茂金属催化剂的巧妙合理设计使得聚丙烯的等规度在较大的范围内（mmmm = 60% ~ 95%）调控成为可能。

准-C_2 对称结构茂金属催化剂 MPP-S03 的合成与制备工艺具有一定的技术优势，准-C_2 对称性结构茂金属催化剂前体合成简单，收率在大部分情况下接近定量，而且无须异构体拆分，是聚烯烃催化剂原子经济绿色化学的典范。准-C_2 对称性茂金属催化剂前体活化形成阳离子过程的能量较低，在较低的铝锆比及温和反应条件下即可活化，而且活化负载后固态催化剂具有较高的热稳定性和良好的固态流动性，在给定条件下（如负载催化剂固体在高纯氮气氛下，或在除杂的工业白油浆液中）可以长期保存（最长存放时间长达两年）而基本不损失活性。

中国石油石化院在透明聚丙烯茂金属催化剂及其专用树脂技术开发方面已经取得了阶段性的成果：完成了茂金属催化剂配体和配合物的创新设计合成；完成了茂金属催化剂的结构优化及负载工艺研究，负载催化剂活性达到 4890g（聚丙烯）/g（催化剂）（本体法）；完成了负载催化剂的聚合工艺研究及聚合物分子链一级结构和聚合机理研究；设计合成的准-C_2 对称性结构茂金属催化剂催化丙烯均聚，得到无规/等规多嵌段聚合物，通过调整等规链段的长度调整聚合物的结晶性能，提高聚丙烯的透明性，聚合物堆密度达到 0.43g/cm^3，聚合产品的雾度达到 14.2%，拉伸模量达到 850MPa，弯曲模量达到 984MPa，并初步建立了催化剂结构与聚合物结构的构效关系。

自 2011 年起，准-C_2 对称性茂金属催化剂 MPP-S03 体系透明聚丙烯研究从配体片段合成、配体全合成及合成路线优化，准-C_2 对称性茂金属配合物合成及合成路线优化，准-C_2 对称性茂金属配合物化学活化，载体的物理和化学处理，活化茂金属阳离子负载，负载催化剂的洗净和干燥处理工艺，负载催化剂的丙烯本体催化聚合工艺，初期聚合动力学、聚合物分子一级结构、聚合物物理化学性能、聚合物微结构与催化剂空间结构的构效关系，以及聚合物微结构与聚集态结构和物性之间的构效关系等多方面进行了认真的理论和实验研究探索，完成了 11 种催化剂结构的合成，并进行了聚合评价（表 4-8）。

表 4-8　部分新型准-C_2 对称性茂金属催化剂的聚合数据

催化剂编号	催化剂活性 g(聚丙烯)/g(催化剂)	重均分子量 M_w	数均分子量 M_n	分子量分布	熔点 ℃	结晶温度 ℃	结晶度 %	等规度 mmmm,%
Cat1	2060	253000	65700	3.85	134.5	100.4	49.1	66.5
Cat4	3140	148600	30500	4.87	132.7	99.3	48.2	75.4
Cat5	4890	468500	88230	5.31	127.8	84.2	46.2	74.6
Cat6	2830	314000	48300	5.50	134.6	87.9	51.2	68.2
Cat7	1060	256000	100000	2.56	152.1	105.2	31.6	93.1
Cat8	4080	375600	89430	4.20	131.5	94.1	52.6	78.5
Cat9	2450	268000	108060	2.48	137.6	89.5	49.4	85.2
Cat10	1160	234000	95510	2.45	153.4	102.4	39.8	91.8
Cat11	1530	212000	80000	2.65	150.8	101.8	38.5	89.5
对标1	5260	285000	131340	2.17	155.2	103.4	63.1	95.6

茂金属催化剂生产的特殊聚烯烃材料在欧美和日本的聚烯烃消费市场已经占有一定的比例，而且还在逐年增长。茂金属催化剂特殊聚烯烃产品具有非常优良的加工性能和独特的使用性能，不仅满足了市场的特别需求，还具有非常可观的经济效益。

用茂金属催化剂生产的新型聚丙烯材料（如 Metocene RM2231、Notio、Tafmer、Vistamaxx、WINTEC™、WELNEX™等）属于随机共聚或嵌段共聚聚烯烃弹性体（POE）或聚烯烃塑性体（POP）材料，具有优越的透明性、柔韧性和耐候性。与其他弹性体相比，同时具有较宽的服务温度区间，可广泛用于医疗、飞机和轿车内饰、特殊包装等应用领域。这类聚丙烯材料的生产可直接使用液相本体聚合（Spheripol 或 Spherizone、Hypol）或气相聚合（Unipol）技术，无须特殊的生产装置，且材料具有较高的附加价值。

MPP-S03 茂金属工业催化剂和透明茂金属聚丙烯材料（mTPP）的开发具有中国石油自主知识产权，预计其在透明婴幼儿用品、医用卫生品、高档包装材料等方面将占据有利地位，透明聚丙烯材料有着广阔的应用市场和较大的经济效益，前景十分乐观。

五、高等规度超高熔指聚丙烯催化剂

茂金属催化剂与传统 Z-N 催化剂的主要区别在于茂金属催化剂为单活性中心催化剂，可以精确地控制聚丙烯树脂的分子结构，包括分子量及其分布、晶体结构、共聚单体含量及其在分子链上的分布等[45]，茂金属催化剂的对称性决定了丙烯聚合物的立体结构，如不同结构的茂金属可以生产无规聚丙烯[46-49]、等规聚丙烯[50-53]、间规聚丙烯[54]以及其他更复杂的结构[55]。目前，最成功的等规聚丙烯催化剂是桥联形成刚性结构 C_2 对称的螯合结构，这一领域的发现要追溯到 1984 年，Ewen 报道了利用甲基铝氧烷活化的 meso-Et(Ind)$_2$TiCl$_2$ 和 rac-Et(Ind)$_2$TiCl$_2$ 的桥联茂钛化合物，分别制得了无规和等规的聚合物。1985 年，

合成树脂技术

Wild 等制备的手性茂金属催化剂 rac-Et(IndH₄)₂ZrCl₂ 可催化丙烯聚合得到高等规度的等规聚丙烯。尽管这些手性茂金属化合物激发了广泛的研究兴趣，但是茂金属催化剂的活性、聚合物形态控制还是与第四代、第五代工业 Z-N 催化剂无法比拟。中国石油石化院不但得到了准-C_2结构茂金属催化剂，还成功开发了全同立构负载茂金属催化剂技术，通过改变配体空间效应以及电子效应，使其性能提高更为明显，可以得到高等规度高熔融指数的聚丙烯。

开发并完成了超高熔指聚丙烯催化剂的制备，催化剂活性达到 5500g(聚丙烯)/g(催化剂)，开发的茂金属聚丙烯催化剂是以硅胶为载体的干粉型催化剂，颜色为赭红色，催化剂流动性好，堆密度为 0.32g/cm³，颗粒均匀，平均粒径为 30μm，活性释放平稳。聚合物颗粒均匀，无细粉，聚合物堆密度在 0.40g/cm³ 以上，实验室完成了千克级负载催化剂制备，并完成了催化剂中试试验。通过控制聚合过程氢气浓度(分压)，该催化剂可以用来生产熔指为 0.5~5000g/10min 的茂金属聚丙烯产品。载体、催化剂和聚合物粒径分布如图 4-13 至图 4-15 所示，粒径及粒径分布的分析结果见表 4-9。

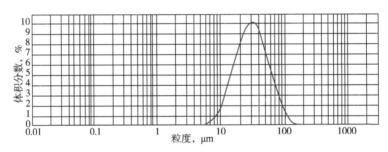

图 4-13　载体的粒径分布

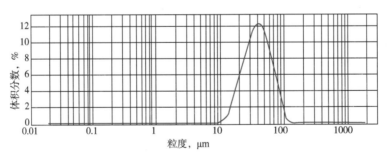

图 4-14　催化剂的粒径分布

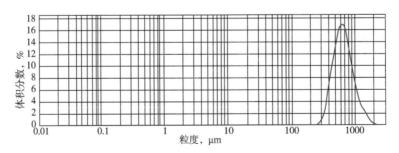

图 4-15　聚合物的粒径分布

66

表4-9 载体、催化剂和聚合物的粒径及粒径分布的分析结果　　　　单位：μm

样品	d_{10}	d_{50}	d_{90}	径距
载体	14.383	30.763	64.918	1.643
催化剂	20.384	38.487	69.255	1.270
聚合物	413.798	633.901	1027.123	0.968

开发了两种茂金属聚丙烯催化剂，通过聚合模式试验发现，两种催化剂都可以用来生产超高熔指聚丙烯，其中2号催化剂氢调敏感性相对温和，反应条件易控，如图4-16所示。

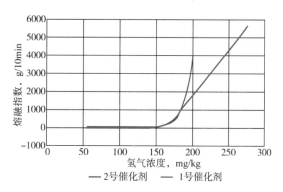

图4-16 两种催化剂性能对比

通过控制氢气浓度，该催化剂可以用来生产熔融指数为0.5~5000g/10min的茂金属聚丙烯产品(表4-10)。

表4-10 氢气加入量对催化剂性能的影响

编号	催化剂量 mg	氢气量 mg/kg	活性 g/g(催化剂)	堆密度 g/cm³	熔融指数(2.16kg) g/10min
1	225	55	4880	0.41	4.60
2	265	110	4550	0.40	44
3	210	130	4080	0.39	54
4	215	150	3200	0.40	206
5	185	200	5500	0.39	1300
6	205	245	3400	0.39	4030

中国聚丙烯无纺布行业呈现不断扩能、快速发展的态势。2020年，中国聚丙烯无纺布产量约为$660×10^4$t，预计未来几年内我国聚丙烯无纺布的年产量会维持6%~10%的增速。受限于国内外宏观形势的不确定性，如公共卫生事件、中美贸易争端、地缘政治环境恶化加剧等，聚丙烯行业竞争愈加激烈。为提升聚丙烯产品竞争力，中国聚丙烯生产企业正在着力研发高端用料的生产技术。目前，国内聚丙烯总产能不断扩张，但总产量低于表观消费量，高端料进口依存度高。随着国内新产能的释放和生产技术路线的多元化，聚丙烯未来供需趋于平衡。普通料竞争趋于激烈，必须往高端专用料方向发展，满足消费升级的需求是未来的必然趋势。超高熔融指数茂金属聚丙烯催化剂不仅可以用来生产超高熔指聚丙烯，还可以生产中高熔指丙烯产品，产品牌号范围广，可以应用于医疗卫生、工业及家庭用揩布、过滤材料、吸油材料、保暖材料以及隔音隔热材料等领域，具有良好的市场前景。

参 考 文 献

［1］ Kaminsky W. Highly active metallocene catalysts for olefin polymerization ［J］. Journal of the Chemical Society, Dalton Transactions, 1998(9)：1413–1418.

［2］ 王蕊，杨其，黄亚江，等. 不同分子量的高密度聚乙烯与茂金属线型低密度聚乙烯的相容性[J]. 高分子学报，2010(9)：1108–1115.

［3］ Horton A D. Metallocene catalysis polymers by design ［J］. Trends in Polymer Science, 1994, 2（5）：158–166.

［4］ 吕书军，刘国辉，白潇，等. 线性茂金属聚乙烯树脂 18X10D 的开发及应用[J]. 石油科技论坛，2011（5）：63–65.

［5］ 李海东，程凤梅，柳翱. 茂金属线型低密度聚乙烯薄膜的降解行为[J]. 高分子材料科学与工程，2009，25（3）：50–52.

［6］ 毛祖莉. 人工指关节用 C/C 复合材料及其改性研究[D]. 天津：天津大学. 2014.

［7］ Baena J C, Wu Jingping, Peng Zhongxiao. Wear performance of UHMWPE and reinforced UHMWPE composites in arthroplasty applications：a review[J]. Lubricants, 2015, 3（2）：413–436.

［8］ Kurtz S, Ong K, Lau E, et al. Projections of primary and revision hip and knee arthroplasty in the United States from 2005 to 2030[J]. Journal of Bone and Joint Surgery–American Volume, 2007, 89（4）：780–785.

［9］ 2016–2022 年中国人工关节产业竞争态势及投资方向分析报告［EB/OL］. （2016–04–13）［2018–10–05］. http：//baogao. chinabaogao. com/weishengcailiao/303466303466. html.

［10］ Lubar D, White P H, Callahan L F, et al. A national public health agenda for osteoarthritis 2010[J]. Seminars in Arthritis and Rheumatism, 2010, 39（5）：323–326.

［11］ 周磊. 人工关节用超低磨损聚乙烯生物相容性、摩擦学性能与磨屑表征研究[D]. 北京：北京协和医学院，2014.

［12］ Bian Y Y, Zhou L, Zhou G, et al. Study on biocompatibility, tribological property and wear debris characterization of ultra–low–wear polyethylene as artificial joint materials[J]. Journal of the Mechanical Behavior of Biomedical Materials, 2018, 82：87–94.

［13］ Baykal D, Siskey R S, Haider H, et al. Advances in tribological testing of artificial joint biomaterials using multidirectional pin–on–disk testers[J]. Journal of the Mechanical Behavior of Biomedical Materials, 2014, 31（1）：117–134.

［14］ 王建军. 单反应器双峰 PE100 管材料 UHXP4806 的结构与性能[J]. 现代塑料加工应用，2019，31（1）：47–49.

［15］ 姜妞，徐梓航，胡跃鑫，等. 相对分子质量分布对双峰聚乙烯薄膜树脂性能的影响[J]. 中国塑料，2019，33（11）：12–16.

［16］ 王铁石，陈建军，叶霖，等. 氧桥联双核钛、镍配合物的合成及催化制备双峰聚乙烯[J]. 高等学校化学学报，2018，39（11）：2586–2593.

［17］ Franeisco L, Antonio D B, Heriberto O L. Synthesis of bimodal polyethylene using Ziegler–Natta catalysts by multiple H_2 concentration switching in a single slurry reactor[J]. Macromolecular Reaction Engineering Volume, 2010, 4（5）：342–346.

［18］ Lopez–Linares F, Barrios A D, Ortega H, et al. Toward the bimodality of polyethylene, initiated with a mixture of a Ziegler–Natta and a metalloeene \ MAO catalyst system[J]. Journal of Molecular Catalysis Chemical, 2000, 159（2）：269–272.

［19］ 孙敏，陈伟. 制备宽/双峰分子量分布聚乙烯的催化体系[J]. 合成树脂及塑料，2000(3)：9–12.

［20］Walter A, Kaminsky W. Variation of molecular weight distribution of polyethylenes obtained with homogeneous Ziegler–Natta catalysts［J］. Macromolecular Rapid Communication, 1988（9）：457–461.

［21］陈伟, 郭子方, 王如恩. 我国茂金属催化剂及其聚烯烃研究开发进程［J］. 高分子通报, 1999（3）：14–27.

［22］Jerzy Klosin, Philip P Fontaine, Ruth Figueroa. Development of group Ⅳ molecular catalysts for high temperature ethylene–α–olefifin copolymerization reactions［J］. Accounts of Chemical Research, 2015（48）：2004–2016.

［23］孙春燕, 陈伟, 时晓岚, 等. 间规选择性聚丙烯茂金属催化剂的负载化［J］. 合成树脂及塑料, 1999, 16（2）：18–20.

［24］刘伟, 孙春燕, 陈伟, 等. 茂金属催化剂负载对丙烯间规聚合的影响［J］. 高分子学报, 2002（3）：389–393.

［25］Ewen J A, Jones R L, Razavi A, et al. Syndiospecific propylene polymerizations with group Ⅳ B metallocenes［J］. Journal of the American Chemieal Society, 1988, 110（18）：6255–6256.

［26］Razavi A, Atwood J L. Preparation and crystal structures of the complexes（ri–C, HqCPhZ–rf –C, 3H）MCIZ,（M–Zr, Hf）and the catalytic formation of high molecular weight high tacticity syndiotactic polypropylene［J］. Journal of Organometallic chemistry, 1993, 459（1/2）：117–123.

［27］Ewen J A, Elder M J, Jones R L, et al. Metallocene polypropylene structural relationships：Implications on polymerization and stereo chemical control mechanisms［J］. Macromolecular symposia, 2011, 48/49（1）：253–295.

［28］American Chemical Society. 3rd Chemical Congress America［C］. Washington D C：ACS Publications, 1988.

［29］Razavi A, Bellia V, Brauwer Y, et al. Syndiotactic and isotactic specific bridged cyclopentadienyl–fluorenyl based metallocenes：Structuralfeatures, catalytic behavior［J］. Macromolecular Chemistry and physics, 2004, 205（3）：347–356.

［30］Grandini C, Camurati I, Cuidotti S, et al. Heterocycle–fused indenyl silyl amido dimethyl titanium complexes as catalysts for high molecular weight syndiotactic amorphous polypropylene organometallics［J］. Organometallics, 2004, 23（3）：344–360.

［31］Wild F R WP, Wasiucionek M, Brintzinger H. Ansa–metallocene derivatives：synthesis and crystal structures of chiral ansa–zirconocene derivatives with ethylene–bridged tetrahydroindenyl ligands［J］. Journal of Organometallic Chemistry, 1985, 288（1）：63–67.

［32］Spaleck W, Antberg M, Rohrmann J, et al. High molecular weight polypropylene through speoifically designed zirconocene catalysts［J］. Angewandte Chemie International Edition in English, 1992, 31（10）：1347–1350.

［33］Yang J, Holtcamp W W, Giesbrecht G R, et al. Metallocenes and catalyst compositions derived therefrom：US9464145［P］. 2014.

［34］Nifantʹev I E, Ivchenko P V, Bagrov V V. Asymmetric；ansa–zirconoc；enes containing a 2–methyl–4–aryltetrahydroindacene fragment：synthesis, structure, and catalytic；activity in propylene polymerization and copolymerization［J］. Organometallics, 2011, 30（21）：5744–5752.

［35］Spaleck W, Kuber F, Winter A, et al. The influenne of aromatic substituents on the polymerization behavior of bridged zirconocene catallics［J］. Organometallics, 1994, 13（3）：954–963.

［36］Ohta T, Ikeda Y, Kishimoto M, et al. The ultra–drawing behaviour of ultra–highmolecular–weight polypropylene in the gel–like spherulite press method：influence of solution concentration［J］. Polymer, 1998, 39（20）：4793–4800.

[37] Ikeda Y, Ohta T. The influence of chain entanglement density on ultra-drawing behavior of ultra-high-molec-ular-weight polypropylene in the gel-casting method[J]. Polymer, 2008, 49: 621-627.

[38] Kanamoto T, Tsuruta A, Tanaka K, et al. Ultra-High modulus and strength films of high molecular weight polypropylene obtained by drawing of single crystal mats[J]. Polymer Journal, 1984, 16(1): 75-79.

[39] Peguy A, Manley S J. Ultra-drawing of high molecular weight polypropylene[J]. Polymer Communication, 1984, 25: 39-42.

[40] Hibl S, Niwa T. Structure and mechanical anisotropy of cold-rolled ultrahigh molecular weight polypropylene [J]. Polymer Engineering & Science, 1995, 35(11): 902-910.

[41] Matsuo M, Sawatari C, Nakano T. Ultradrawing of isotactic polypropylene films produced by gelation/crystalli-zation from solutions[J]. Polymer Journal, 1986, 18: 759-774.

[42] Pascaud R S, Evans W T. Critical assessment of methods for evaluating J_{IC} for a medical grade ultra high mo-lecular weight polyethyiene[J]. Polymer Engineering & Science, 1997, 37: 11-17.

[43] Cansfiel D L M, Paccio D G, Ward I M. The preparation of ultra-high modulus polypropylene films and fibres [J]. Polymer Engineering & Science, 1976, 16(11): 721-724.

[44] Zachariades A E, Shukla H P. Dental floss of ultra-high modulus line materials with enhanced mechanical properties: US5479952[P]. 1996.

[45] Scott N D, 骆为林. 茂金属与聚丙烯—— 解决纺织用途老问题的新办法[J]. 国外纺织技术: 纺织针织服装化纤染整, 1998, 25(1): 20-22.

[46] Kaminsky W, Kulper K, Niedoba S. Olefin polymerization with highly active soluble zirconium compounds u-sing aluminoxane as co-catalyst [J]. Makromole Kulare Chemie, Macromolecalar Symposia, 1986, 3: 377-387.

[47] Resconi L, Jones R L, Rheingold A L, et al. High-Molecular-Weight atactic polypropylene from metallocene catalysts. Me$_2$Si(9-Flu)$_2$ZrX$_2$(X=Cl, Me)[J]. Organometallics, 1996, 15(3): 998-1005.

[48] Collins S, Gauthier W J, Holden D A, et al. Variation of polypropylene microtacticity by catalyst selection [J]. Organometallics, 1991, 10(6): 2061-2068.

[49] Spaleck W, Kuber F, Winter A, et al. The influence of aromatic substituents on the polymerization behavior of bridged zirconocene catalysts[J]. Organometallics, 1994, 13(3): 954-963.

[50] Rieger B, Reinmuth A, Röll W, et al. Highly isotactic polypropene prepared with rac-dimethylsilyl-bis (2-methyl-4-t-butyl-cyclopentadienyl) zirconium dichloride: An NMR investigation of the polymer microstructure[J]. Journal of Molecular Catalysis, 1993, 82(1): 67-73.

[51] Resconi L, Piemontesi F, Nifant'ev I, et al. Metallocene compounds, process for their preparation thereof, and their use in catalysts for the polymerization of olefins: US6518386(B1)[P]. 2000.

[52] Resconi L, Balboni D, Baruzzi G, et al. Rac-[Methylene(3-tert-butyl-1-indenyl)$_2$]ZrCl$_2$: A simple, high-performance zirconocene catalyst for isotactic polypropene[J]. Organometallics, 2000, 19(4): 420-429.

[53] Even J A, Jones R L, Razavi A, et al. Syndiospecific propylene polymerizations with Group IV B metallocenes[J]. Journal of the American Chemical Society, 1988, 110(18): 6255-6256.

[54] Ewen J A, Elder M J, Jones R L, et al. Metallocene/polypropylene structural relationships: Implications on polymerization and stereochemical control mechanisms[J]. Macromolecular Symposia, 1991, 48-49(1): 253-295.

[55] Coates G W, Waymouth R M. Oscillating stereocontrol: a strategy for the synthesis of thermoplastic elastomeric polypropylene[J]. Science, 1995, 267(5195): 217-219.

第五章 聚乙烯新产品开发

聚乙烯是最重要的大宗通用树脂之一，用量最大、应用广泛，渗入国民经济各部门，是包装、建筑、农业、电子电力、能源交通、日用品等重要的基础材料。我国是世界上最大的聚乙烯消费国和进口国，但我国的人均聚乙烯消费量仍然不到发达国家的50%，因此未来我国仍是聚乙烯需求增长最快的地区。随着周边国家和国内的民营企业、煤化工和外资企业的聚乙烯装置逐渐投产，国内的聚乙烯产品竞争将更加激烈，因此中国石油必须走出一条具有自己特色的产品开发之路，才能在未来的激烈市场竞争中立于不败之地[1-2]。

中国石油历经数十年的研发，形成了多项具有鲜明特色的自主技术，在耐压耐热管材料、高性能薄膜料、中空专用料、医用料等产品的开发方面取得了多项技术成果。

第一节 管材料产品开发

中国石油近20年间在聚乙烯管材专用料开发方面做了大量的工作，开发了15个聚乙烯管材专用料牌号，其应用领域覆盖了承压给水输送、地暖、热力管网、油田油气水介质输送等领域，其中用于给水领域的PE100级管材专用料牌号9个、冷热水输送用耐热聚乙烯牌号5个、集输油用耐温聚乙烯管材专用料1个，工作成效显著。

一、PE100级管材料系列产品开发

PE100级聚乙烯管材专用料是指按照GB/T 18475—2001《热塑性塑料压力管材和管件用材料分级和命名 总体使用（设计）系数》或ISO 12162：1995《热塑性塑料压力管材和管件用材料分级和命名 总体使用（设计）系数》测定的最小要求强度不小于10MPa且小于11.2MPa聚乙烯原料。PE100级管材专用料在承压方面的优势使得其成为聚乙烯管道原料的主流原料，主要应用于燃气、给水领域，其中在给水领域用量最大，年用量超过$300×10^4$t，燃气领域年用量超过$50×10^4$t。

国外聚乙烯管材专用料的主要生产企业有北欧化工、利安德巴塞尔、道达尔石化、沙特基础工业、博禄化工、英力士、暹罗化工和泰国聚乙烯、沙特乙烯和聚乙烯、普瑞曼聚合物株式会社、Univation等公司。其中，博禄化工的HE3490LS、道达尔石化的XSC50及沙特基础工业公司的P6006是国内燃气管市场上进口量比较多的牌号。

国内生产PE100级聚乙烯管材专用料典型厂家主要有12家，产能达$320×10^4$t/a，涉及牌号多达17个。其中，稳定供应的主要牌号有独山子石化的TUB121N3000B、吉林石化的JH-MGC100S、四川石化的HMCRP100N、上海石化的YGH041（T）及中沙石化的PN049等。

PE100级原料的生产商主要采用串联反应器方法，代表工艺为釜式淤浆聚合工艺、环

管淤浆聚合工艺[1]和气相聚合工艺[2]。釜式淤浆法典型工艺有荷兰利安德巴塞尔公司的
Hostalen 工艺、Hostalen ACP 三釜串联工艺以及日本三井化学公司的 CX 工艺。环管淤浆聚
合工艺主要有菲利普公司的 Phillips 环管工艺、英国英力士公司的 Innovene S 环管工艺和法
国道达尔公司的双环管淤浆工艺。组合工艺有北欧化工公司的淤浆环管+气相流化床组合的
Borstar 工艺。少量装置采用单反应器生产 PE100 级聚乙烯管材专用料，代表性工艺有
Univation 公司的 Unipol 气相法工艺，该工艺采用的 Prodigy 复合催化剂在单反应器中实现了
聚乙烯管材料的生产[2]。

截至 2020 年 7 月，中国石油 PE100 级聚乙烯管材专用料产能达到 142×10⁴t/a，开发了
11 种 PE100 级管材料（表 5-1），均通过 PE100 级原料的第三方认证，产量约达到 120×
10⁴t/a，累计生产超过 500×10⁴t，主要应用于给排水管道和燃气管道。JHMGC100S 是中国
石油开发的第一个 PE100 级聚乙烯管材专用料牌号，截至 2020 年 7 月，已累计生产 212×
10⁴t，常年稳定供应市场，已经成为给水领域的王牌牌号之一。TUB121N3000B 是中国石油
开发的第一个燃气管专用料，产品质量稳定，已经成功入列 PE100+和 G5+协会目录，成为
优质燃气管道专用料牌号之一。HMCRP100N 自投产以来，已累计生产 118.9×10⁴t，主要供
应西南市场，在该地区市场占有率高达 85%，成功替代了进口管材料。中国石油还根据市
场应用需求，成功开发了耐熔垂聚乙烯管材专用料 JHMGC100LS、管件料 JHMGJ100IM
和 TUB121N3000M。

PE100 级管材、管件专用料的生产有效降低了国内聚乙烯管材生产企业对进口专用料
的依赖程度，是中国石油在化工专用料方面推行高端市场战略的一个典型范例。

表 5-1 中国石油 PE100 级管材专用料生产装置及产能

厂家	牌号	产能，10⁴t/a	生产工艺
独山子石化	TUB121N3000、TUB121N3000B、TUB121N3000M、TUB121RC	30	Innovene S 工艺
吉林石化	JHMGC100S、JHMGJ100IM、JHMGC100LS	30	Hostalen 工艺
四川石化	HMCRP100N	30	Hostalen 工艺
抚顺石化	FHMCRP100N	35	Hostalen 工艺
兰州石化	L7100M	17	CX 工艺

PE100 级聚乙烯管材专用料主要应用给水、燃气等承压管道领域，水利、市政建设、
燃气与地暖等领域的聚乙烯管材用量增速显著。近 10 年来，管材领域 PE100 级聚乙烯管材
专用料的需求持续稳定上升，但增速趋于平缓，在未来的几年里将保持供不应求状态。然
而，随着在建新装置的投产，未来 PE100 级聚乙烯市场将会出现供不应求到供大于求的转
变，竞争将趋于激烈，PE100 级管材专用料的应用领域将会进一步细分，管材专用料企业
需持续不断地根据市场需要开发相应的聚乙烯管材专用料才能立于不败之地。

1. TUB121N3000B（混配料）和 TUB121N3000（本色料）

2018 年，中国聚乙烯管专用料总供应量已达到 285×10⁴t，继续维持 5%~10% 的涨幅，
主要是聚乙烯承压管材专用料需求良好，各项基础设施建设带动了对聚乙烯承压管材的需
求。PE100 级管材专用料由于其优异的承压性能和综合成本上的优势，而在需求量最大的
市政工程及建筑领域占主导地位。近几年，得益于国家基础设施建设及"一带一路"、海绵

城市及地下管廊(网)建设、农业用水、扶贫管网建设等诸多政策利好,聚乙烯管材需求量快速增长。随着国家标准 GB/T 13663.1—2017《给水用聚乙烯(PE)管道系统　第 1 部分:总则》推广执行,混配料市场缺口将达(170~180)×10⁴t,市场需求前景广阔。

TUB121N3000B(混配料,见图 5-1)和 TUB121N3000(本色料)于 2010 年 6 月在独山子石化 30×10⁴t/a Innovene S 工艺高密度聚乙烯装置首次生产,于 2012 年 6 月通过 Exova AB 国际 PE100 等级认证,是中国石油首个通过 Exova AB 国际 PE100 等级认证的产品(图 5-2),主要应用于承压水管领域。截至 2020 年 12 月,TUB121N3000 和 TUB121N3000B 工业化累计生产超 90×10⁴t。TUB121N3000B 是中国石油首个燃气管专用料,也是中国石油唯一的混配料产品。TUB121N3000B 于 2017 年成功入列国际优质管道材料生产协会 PE100+协会优质产品目录,2018 年成功入列 G5+协会最新的 G5+PE 树脂产品目录,是国内首个入列的 PE100 产品。

图 5-1　TUB121N3000B 粒料

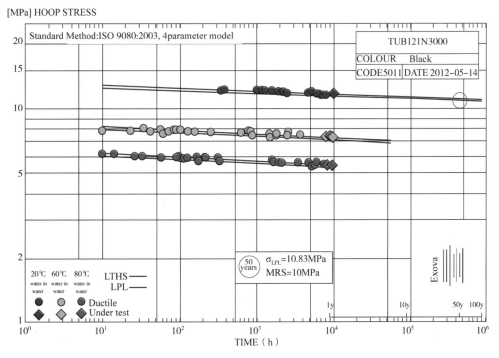

图 5-2　Exova 2012 年出具的 TUB121N3000B 认证报告

1）专用料技术开发

该工艺反应器由两个环管串联组成（图5-3），生产过程中能够灵活调节加入两个反应器的各种物料组分和共聚单体的加入量，在专用催化剂的引发下可以精确控制产品的分子序列结构和分子量及分子量分布，确保产品的低分子组分和高分子组分达到良好的分布比例，使之具有独特的双峰结构。在双峰模式中，不同的反应器条件使每个高密度聚乙烯"产品块"性质不同，每个反应器中的组成也是不同的。双峰聚乙烯技术的目标是将成品中的每个聚乙烯产品块的特性区别开来。通过区分产品块的特性，可以生产出具有更高力学性能的特殊聚乙烯产品。

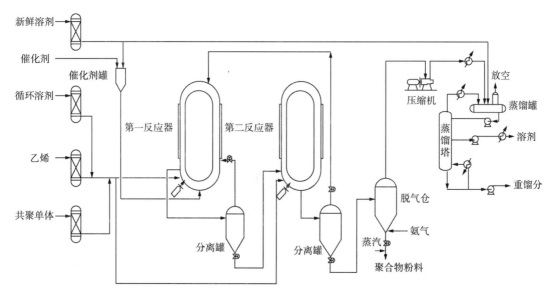

图5-3 Innovene S工艺流程简图

2）专用料生产技术特点

独山子石化双峰PE100管材产品TUB121N3000B分子结构的特点是精细地控制了分子量分布和组成分布，高分子量级组分和低分子量级组分各约占一半。高分子量组分分子量大且与α-烯烃共聚形成很长的带有较多短支链的直链大分子，生成大量系带分子，能够提供高的力学性能，以使制品具有高的长期静液压强度、强的耐快速开裂能力和耐慢速裂纹增长能力，相比较丁烯共聚的管材专用料，TUB121N3000B在耐慢速开裂扩展性能上更具优势；均聚低分子量组分分子量要低，分布窄，形成均聚或低支化度的较短的直链大分子，在受热剪切时起到内加工助剂的作用，降低聚乙烯熔体黏度，保证了树脂有良好的易加工性能。

通过主辅抗氧剂、中和剂、色母料等助剂协同效用研究，合理调节各助剂种类及配比，实现产品加工及使用稳定性，满足燃气输送用聚乙烯材料各项性能要求。

不同温度下TUB121N3000B流变曲线平稳，假塑性区域较宽，表明其剪切速率可调范围较宽，具有优异的易加工性，产品对低温下温度的敏感性更大，表明TUB121N3000B能在更低的温度下挤出制备管材制品（图5-4至图5-6）。

TUB121N3000B完全满足了作为给水管和燃气管的静液压强度、耐慢速裂纹增长和耐快速开裂性能要求（表5-2、表5-3、图5-7）。

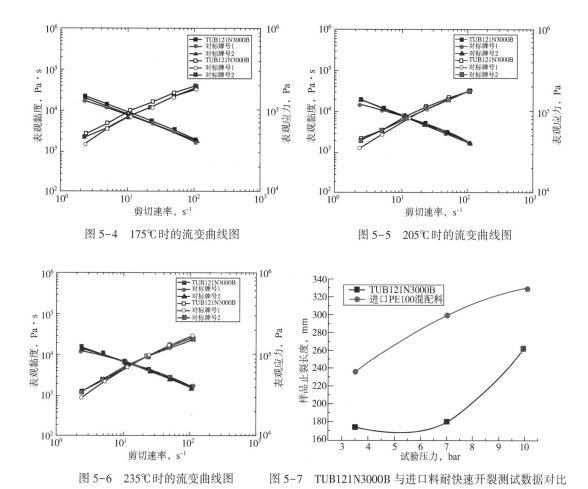

图 5-4 175℃时的流变曲线图　　　　图 5-5 205℃时的流变曲线图

图 5-6 235℃时的流变曲线图　　图 5-7 TUB121N3000B与进口料耐快速开裂测试数据对比

表 5-2　管材静液压测试

样品编号	液压测试		
	20℃，12.4MPa，100h	80℃，5.4MPa，165h	80℃，5.0MPa，1000h
TUB121N3000B	无破裂、无渗漏	无破裂、无渗漏	无破裂、无渗漏
进口 PE100 混配料	无破裂、无渗漏	无破裂、无渗漏	无破裂、无渗漏

表 5-3　管材慢速裂纹扩展（SCG）性能测试

样品编号	TUB121N3000B	进口 PE100 混配料
破坏时间，h	>500	>500

注：试验压力为 0.92MPa。

3）专用料加工及市场应用情况

通过不同批次、不同管径的管材加工厂家应用试验证明，TUB121N3000B 管材制品的内外表面光滑，无麻点、无杂质、无颜色不均等缺陷，且管材加工时的熔体压力较小，加工温度相比其他原料可降低 10℃ 左右（图 5-8）。PE100 燃气管材专用料 TUB121N3000B 已在沧州明珠、伟星管业、中油管业、淄博洁林、甘肃宏洋等国内多家大型管材生产加工企业实现燃气管道生产并被燃气公司应用于城市燃气管网建设。

图 5-8　TUB121N3000B 沧州明珠管材加工

在总部支持下，协同西北化工销售和甘肃昆仑燃气针对 TUB121N3000B，形成了一套完整的从原料到管材加工到最终工程应用的技术档案、管理规范和作业指导书等，建设了两个住宅小区示范工程(图 5-9)，用户累计超过 7500 户，使用各规格系列管道超过 3000m，通气运行 6 年以来，管道运行良好。

图 5-9　TUB121N3000B 天水示范工程

TUB121N3000B 产品累计产量已超过 $10 \times 10^4 t$，产品综合性能达到国外同类产品水平。PE100 管材专用料的生产可以降低聚乙烯管材生产企业对进口专用料的依赖程度，满足企业对国产专用料的需求，并为中国石油在化工专用料方面推行高端市场战略的发展有良好的推进作用。同时在产品开发过程中积累装置自主研发的经验与能力，掌握了 PE100 管材料结构特点、工艺控制关联性和稳定生产关键控制要素，为新一代管材产品 PE100RC 开发奠定了基础。

2. JHMGC100S

2008 年，双峰 PE100 级管材料 JHMGC100S 产品于吉林石化 30×10^4 t/a 高密度聚乙烯装置开发成功，填补了中国石油同类产品的空白。JHMGC100S 分别在 2012 年和 2015 年通过了 PE100 级原料的国内和国际分级认证，主要应用于承压水管领域，适用于大小口径的聚乙烯管材的生产。截至 2020 年末，JHMGC100S 累计产量达 242×10^4 t。产品主要在华北、华东、华南和东北等地区销售，得到了下游客户的普遍认可，供不应求。

产品性能主要通过对两个串联反应器操作参数的控制来实现：第一反应器提供产品需要的刚性和加工性，第二反应器提供产品的韧性和耐应力开裂性能；生成的粉料与抗氧剂混合造粒后，形成无毒、无味的乳白色颗粒。产品具有双峰分子量分布，树脂具有良好的物理性能，达到抗蠕变性、耐慢速裂纹扩展和良好加工性的完美组合，并具有优异的耐候性和长期稳定性，用它作为原料生产的承压管道能够达到 50 年使用寿命。

3. JHMGC100LS

2013 年，双峰 PE100 级大口径低熔垂管材料 JHMGC100LS 产品在吉林石化 30×10^4 t/a 高密度聚乙烯装置首次生产，于 2017 年通过了国内的国家化学建筑材料测试中心 PE100 级认证。JHMGC100LS 主要应用于承压和非承压大口径(1200mm 以上)水管领域，也可以用于化工管道、冶金矿山用输送管道、海水输送等方面。截至 2020 年末，JHMGC100LS 累计产量达 1.66×10^4 t。

通过调整反应参数，提高产品的平均分子量，并通过适当提高氟加工助剂加入比例，使产品流动性好，抗熔垂，易加工，同时还具有卓越的抗快速开裂延伸和抗慢速开裂增长性能的优点。

4. HMCRP100N

2014 年，PE100 级聚乙烯管材专用料 HMCRP100N 在四川石化 30×10^4 t/a 高密度聚乙烯装置上首次生产，于 2018 年通过了国内的国家化学建筑材料测试中心 PE100 级认证。截至 2020 年末，HMCRP100N 累计产量达 148.9×10^4 t，在四川森普、四川康泰、重庆顾地、云南益华、西藏三木、贵州黔峰、湖南中财等多家国内知名管材生产企业实现稳定应用，在西南地区的市场占有率高达 85%。

四川石化联合石化院经过数年的产品质量攻关，应用中国石油开发管材料快速评价技术，快速锁定产品的结构问题所在，通过调整第一反应器的物料熔融指数、第二反应器的温度和离心机进料罐中聚乙烯浆液温度，使 HMCRP100N 产品质量逐步提升，产品的合格率逐步提高到 99.0%，产品质量达到国内外同类产品水平。

5. FHMCRP100N

2013 年，PE100 级聚乙烯管材专用料 FHMCRP100N 在抚顺石化 35×10^4 t/a 高密度聚乙烯装置上首次生产，于 2018 年通过了国家化学建筑材料测试中心 PE100 级认证。截至 2020 年末，FHMCRP100N 累计产量超过 40×10^4 t。

FHMCRP100N 产品实现稳产量产，分子量呈宽分布，具有良好的抗蠕变性和刚韧均衡性、突出的长期使用性能及加工低熔垂性，质量达到国内市场同类产品水平。

6. TUB121N3000M

TUB121N3000M 于 2015 年在独山子石化 $30×10^4$ t/a Innovene S 工艺高密度聚乙烯装置首次生产，于 2019 年通过国际著名认证机构 Element 材料科技公司（前身为 Exova AB）的认证，成为国内首个取得国际 PE100 等级认证的高密度聚乙烯管件专用料。截至 2020 年 12 月，TUB121N3000M 已累计工业化生产约 $3×10^4$ t。

TUB121N3000M 加工流动性好，加工窗口宽，管件满足短期静液压、拉伸剥离、熔接强度试验标准要求，与 TUB121N3000B 相容性较好，不论是电熔管件还是热熔管件，管件外观更为光滑，合模线处致密，制品表面未出现非专用料易出现的鲨鱼皮、流痕等缺陷，获得了用户的普遍肯定。

7. JHMGJ100IM

2016 年，双峰 PE100 级管件 JHMGC100S 产品在吉林石化 $30×10^4$ t/a 高密度聚乙烯装置首次生产，于 2018 年国家化学建筑材料测试中心 PE100 级认证，主要应用于聚乙烯管件领域。通过对反应操作参数的调整，产品具有分子量分布较 JHMGC100S 窄、平均分子量略低、收缩比小、一次成型时充填性良好、表面光泽度高、表面流纹少、成型周期短等特性，产品性能达到国际同类产品的水平。

8. L7100M

2014 年，PE100 级管材料 L7100M 在中国石油兰州石化 $17×10^4$ t/a 三井油化公司 CX 淤浆工艺的高密度聚乙烯装置上首次工业化生产，于 2019 年通过国家化学建材中心 PE100 等级认证。L7100M 主要应用于承压水管领域，在非承压排水领域也有一定应用。截至 2020 年 12 月，L7100M 累计产量超 $11×10^4$ t，在甘肃、青海、宁夏及陕西市场得以应用，并逐渐进入西南市场。

L7100M 采用两釜串联生产工艺技术生产，在第一聚合釜生产低分子量产品保证产品的加工性能，在第二聚合釜生产高分子量产品保证制品的力学性能。通过氢气加入量的调控实现两釜产物分子量差异化设计，通过一釜、二釜掺混比例调控实现产品分子量分布的设计，同时在第二聚合釜中加入适量共聚单体，尽可能让共聚单体分布在高分子量分子链上。因此，L7100M 产品具有较高的熔体强度，同时易于挤出成型，达到产品力学性能和加工性能的平衡，在挤出制管时表面光滑，避免了麻点等外观缺陷。生产 L7100M 的 $17×10^4$ t/a 高密度聚乙烯装置增配有干燥脱气系统，可通过两段脱气有效降低产品挥发分。采取两段脱气后，L7100M 挥发分含量可控制在 200mg/kg 以下，远低于国家标准要求 350mg/kg 的指标。在加工时可缩短用户烘干时间，降低生产车间异味和制品外观缺陷，用于给水管时具有更高的安全性。

9. TUB121RC

TUB121RC 是具有优良耐慢速裂纹增长性能的 PE100 级聚乙烯管材产品，该类产品又被称为耐开裂聚乙烯产品（PE100-RC）。该产品由独山子石化于 2017 年开发并依托独山子石化乙烯厂 $30×10^4$ t/a 高密度聚乙烯装置生产。截至 2020 年 12 月，TUB121RC 已累计工业化生产 6000 余吨。

独山子石化开发的 TUB121RC（PE100-RC）性能满足聚乙烯燃气管道、给水管道的国家标准要求，同时在熔融指数、密度、力学性能、流变性能和热力学性等基础物性方面与国外典型的 PE100-RC 产品没有明显差异，部分指标甚至超出国外同类产品。

在开发 TUB121RC 产品过程中，通过先进的分子结构设计、新型高效催化剂和聚合工艺技术综合运用，在保证 PE100 级聚乙烯管材料的管道制品加工、耐压和焊接性能的同时，进一步提高了管材耐慢速裂纹增长性能（SCG），能够满足国际上较为权威的技术法规 DIN/PAS1075—2009《非传统安装技术用 PE 管——尺寸、技术要求及测试》和我国聚乙烯燃气管标准 GB/T 15558.1—2015《燃气用埋地聚乙烯（PE）管道系统　第 1 部分：管材》对于耐慢速裂纹增长性能的相关要求。

TUB121RC 产品不仅加工性能与传统 PE100 级聚乙烯管材产品一致，并且具有优良的耐慢速裂纹增长性能，能够保证在最恶劣局部应力集中（点载荷、划伤）的条件下，管材具备更长的使用寿命和更高的安全性。因此，它能够广泛应用在无沙床回填、非开挖施工等非传统管道施工中，并且可以为施工节约大量安装费用，从而降低企业的施工成本，提高企业综合竞争力。

二、给水用耐热聚乙烯管材料系列产品开发

给水用耐热聚乙烯管材专用料主要应用在地暖和市政二次管网及温泉管网等领域。根据国家标准 GB/T 18799—2020《家用和类似用途电熨斗性能测试方法》，给水用耐热聚乙烯管材专用料分为 PE-RT Ⅰ型和 PE-RT Ⅱ型，耐压强度差异以及测得的高温下静液压曲线上是否有拐点成为两种管材专用料的主要差异。目前，PE-RT Ⅰ型聚乙烯管材专用料主要应用在地暖领域，年需求量约 $40×10^4$t，依托于房地产行业的快速发展、南方高端小区地暖普及率的提高，地暖管材专用料需求量后续仍将继续增长。而国内 PE-RT Ⅰ型原料仍处于供不应求状态，具备稳定供货能力的原料生产企业仅有齐鲁石化一家，因此国内市场可替代空间仍然较大。PE-RT Ⅱ型原料主要应用在建筑内供热管网（从单元门到户门）等领域，用于替代钢制管道解决其寿命短、易腐蚀、热损失大、维修维护费用高昂等问题，年需求量 $5×10^4$t 左右。随着供热管网相关标准、施工技术工程规范的出台和立项，再加上北方各省，尤其是东三省老旧管网改造需求迫切，PE-RT Ⅱ型原料市场潜力巨大。

国内对给水用耐热聚乙烯管材专用料依赖度较高，国外主要的耐热聚乙烯牌号及生产工艺见表 5-4。其中，SP980、XP9000、4731B 和 XRT70 是相对比较常见的牌号。

表 5-4　国外耐热聚乙烯的主要牌号及聚合工艺

试样	共聚单体	型号	聚合工艺
Basell 4731B	丁烯	PE-RT Ⅱ型	淤浆串联
DOW 2344	辛烯	PE-RT Ⅰ型	陶氏溶液
DOW 2388	辛烯	PE-RT Ⅱ型	陶氏溶液
LG SP980	己烯	PE-RT Ⅰ型	单釜淤浆
LG SP988	己烯	PE-RT Ⅱ型	单釜淤浆
Daelim XP9000	己烯	PE-RT Ⅰ型	气相法工艺
SK DX800	辛烯	PE-RT Ⅰ型	杜邦溶液
SK DX900	辛烯	PE-RT Ⅱ型	杜邦溶液
Total XRT70	己烯	PE-RT Ⅱ型	淤浆双环管工艺（ADL）

国内 PE-RT 管材专用料的供应能力越来越强，产量越来越高，越来越被下游厂家接受。但从市场占有率、供应稳定性、质量控制稳定性、市场认可度和价格等方面考虑，进口依赖度依然明显。因此，给水耐热聚乙烯管材专用料的开发攻关方向主要体现以下两个方面：一是保证已经开发并经过认证的 PE-RT I 型管材专用料的长期稳定供应，以满足国内 40×10^4 t/a 的应用需求；二是根据装置特点和产品物性特点，有选择性地进行 PE-RT II 型聚乙烯管材专用料的开发，占领市政二次供热管网和温泉管网这一潜力市场。

国内生产给水用耐热聚乙烯管材专用料典型厂家主要有 4 家，主要牌号有 6 个，分别是齐鲁石化的 QHM22F 和 QHM32F、大庆石化的 DQDN3711、独山子石化的 DGDZ3606 和 DGDZ4620、兰州石化的 L5050 和抚顺石化的 DP800，主要生产工艺有气相工艺、溶液法和釜式淤浆工艺等。目前，只有齐鲁石化的 QHM22F 和 QHM32F 实现了长期稳定供应，远远满足不了国内对给水用耐热聚乙烯管道专用料的应用需求。国内外市场上，典型 PE-RT I 型料为茂金属催化剂生产的单峰窄分布、中密度结构产品，PE-RT II 型料为双峰或宽分布、高密度结构产品。

截至 2019 年 12 月，中国石油开发了 5 种给水用耐热聚乙烯管材料，主要应用于二级供热管道、油田管道、温泉管道、室内地面辐射采暖、室外地面辐射采暖、建筑内冷热水输送、散热器连接、高温地源热泵系统等领域。其中，DP800 采用加拿大 DUPONT 公司（现为 Nova 公司）的 Sclairtech 工艺自主开发的辛烯共聚管材专用料；DN3711、DGDZ-3606 和 DGDZ-4620DQ 采用 Unipol 气相聚乙烯生产工艺生产，累计生产 8×10^4 t；L5050 采用三井油化公司 CX 淤浆工艺生产，截至 2019 年 12 月底，累计工业化生产 L5050 产品约 2×10^4 t。

抚顺石化乙烯厂生产的辛烯共聚 PE-RT 地热管材料 DP800 主要用户有上海伟星、佛山日丰、武汉金牛等。典型用户批量采购应用后反馈 DGDZ-3606 加工性能优异、制品承压性能余量较大；DGDZ-4620 加工大口径管材时抗熔垂性能优异，制品内外壁优异，短期静液压强度满足国家标准要求。产品在宏岳管业、中财管业等多家知名企业相继进行了管材加工试验，产品加工性能得到业界高度认可，已在下游用户持续规模使用，取得了良好的经济效益及社会效益。L5050 已在山东淄博洁林、秦皇岛宏岳管业、天津军星管业、中财管道、甘肃顾地科技等公司推广应用，性能指标满足需求，受到用户认可。

1. DQDN3711

聚乙烯管材料早期曾被认为不能用于高温热水的输送，随着催化剂与生产工艺技术的进步，耐热聚乙烯（PE-RT）逐步被市场认可，其专用料从乙烯-辛烯共聚物发展到现在的乙烯-己烯、乙烯-丁烯共聚等多个品种，生产工艺也由溶液法扩展到了淤浆法和气相法。国内 PE-RT 管材用量为近 50×10^4 t/a，每吨效益达到 1000 元以上，主要生产商有齐鲁石化、韩国 LG、巴塞尔、道达尔等公司，发展前景广阔，经济效益可观。

PE-RT 管材综合性能优异：具有良好的热稳定性和长期耐压性能，应用在采暖、热水系统中，工作温度为 70℃，在压力为 0.4MPa 条件下，管道可安全使用 50 年以上；具有良好的柔韧性，弯曲半径小（$R_n = 5D$，R_n 表示弯曲半径，D 表示管材外径），敷设时方便经济，便于施工操作；抗冲击性能好，安全性高，可在 -40℃ 低温环境下运输、施工，解决了冬季施工难题；可热熔连接，便于安装维修，在连接方式和可修复性方面，性能远优于 PE-X，在地板辐射采暖工程中，若因外力造成管道系统破坏，可采取热熔方式对管道进行修复，更方便、更快捷、更安全；散热性能好，导热系数为 0.4W/(m·K)，在采暖应用中可以节约大量能源；具有优良的加工性能，无须交联，生产过程环节少，管材质量稳定，性能可靠；工程安装成本、维修成本低，性价比高，主要应用于地热管、导热管等领域。

为保障 PE-RT 管材的安全性与可靠性，对专用料的结构性能提出极高要求。

1）专用料技术开发

为达到 PE-RT 管材专用料的性能要求，国内外有两条主要技术路线：一是采用双/多反应器串联工艺，灵活调整产品分子量分布，实现聚合产品力学性能与加工性能的匹配；二是采用限定构型催化剂，聚合产品独特的分子结构使其具有长期耐热耐压性能。

中国石油石化院基于企业现状，立足自主研发，依托 Unipol 工艺气相聚乙烯中试装置，采用新型茂金属催化剂，着手开发 PE-RT 管材专用料。生产企业前期经验表明，茂金属催化剂对聚合工艺控制条件极其敏感，聚合反应静电波动大，产品细粉含量多，长周期生产难以实现，工业装置生产难度极大。

石化院和大庆石化通过理论研究与技术创新，攻克了茂金属催化剂活性稳定释放及 PE-RT 管材专用料长期耐热稳定性等关键技术问题，解决了静电波动、排料线堵塞、换热器及分布板压差急剧增加等生产难题，中国石油首次开发出气相工艺 PE-RT 管材专用料 DQDN3711 生产技术。

DQDN3711 产品颗粒形态规整（图 5-10），平均粒径（数均）在 500μm 左右，粒径分布合理，适合在气相装置上生产运行。

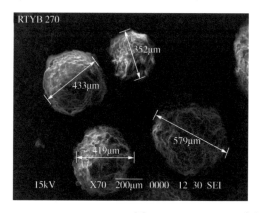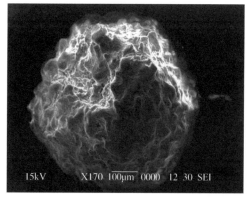

图 5-10　DQDN3711 产品表观形貌扫描电镜图片

2）DQDN3711 专用料生产技术特点

DQDN3711 产品综合性能与国内外典型产品相当（表 5-5），有以下两项技术特点：

（1）建立了茂金属催化剂特性、工艺条件与产品短支化分布的关系和控制方法，解决了共聚单体插入率及支化分布均匀控制的难题，DQDN3711 产品分子量分布指数为 3.15（表 5-6），分子量分布窄，支化度为每 1000 个碳原子含有 3.17 个 1-己烯支链（图 5-11、表 5-7），支链在聚合物分子内均匀分布，给专用料提供良好的耐压耐热性能，产品耐热氧性能显著提升。

（2）研发出耐高温复合助剂体系，有效减少了管材内部缺陷和应力，产品的熔融指数变化较小（表 5-8），同时材料密炼平衡扭矩保持稳定（图 5-12），具有优异的抗热氧老化性

合成树脂技术

能与加工稳定性。

表 5-5　DQDN3711 与同类产品性能对比

测试项目	DQDN3711	国产对比料	进口对比料	执行标准
熔融指数，g/10min	0.63	0.61	0.60	GB/T 3682—2000
密度，g/cm³	0.937	0.937	0.938	GB/T 1033—2010
拉伸屈服应力，MPa	18.4	18.3	18.0	GB/T 1040—2006
断裂标称应变,%	814	750	720	GB/T 1040—2006
静液压强度(3.6MPa，95℃)，h	>165	>165	≥165	GB/T 28799—2012
压力等级	PE-RT I	PE-RT I	PE-RT I	GB/T 28799—2012

表 5-6　DQDN3711 分子量及其分布测试结果

样品	重均分子量	数均分子量	分子量分布
DQDN3711	12.62×10⁴	4.00×10⁴	3.15

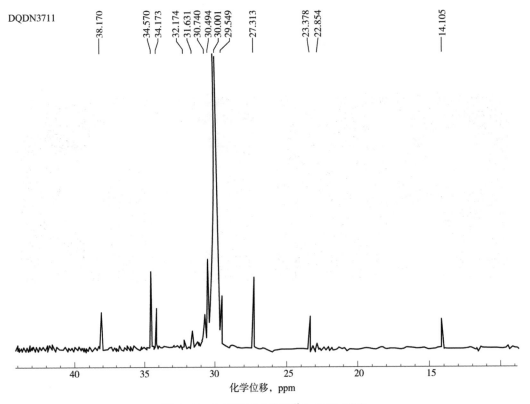

图 5-11　DQDN3711 产品¹³C-NMR 测试

表 5-7　DQDN3711 支化度与共聚单体含量

样品	支化度，1/1000C	己烯含量,%
DQDN3711	3.17	0.634

82

表 5-8　多次挤出 DQDN3711 产品熔融指数的变化

挤出次数	0	1	2	3	4	5
熔融指数，g/10min	0.57	0.55	0.54	0.54	0.53	0.53

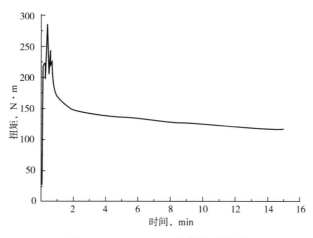

图 5-12　DQDN3711 密炼试验测试

3）DQDN3711 专用料加工及市场应用情况

地暖管生产对加工效率要求高，DQDN3711 产品具有优异的加工稳定性，能够满足管材加工线速度大于 30m/min 高速牵引要求。

聚合物流变性能是材料在熔融状态下响应外部应力所表现的特性，在一定程度上可以近似代表材料的加工性能。旋转流变是材料流变性能测试的一种方法，可为产品开发研制与加工成型提供理论支持，还可以在产品原料检验、加工工艺设计和产品加工性能预测方面提供技术指导。由图 5-13 可以看出，随着角频率 ω 的增大，各样品的储能模量 G' 和损耗模量 G'' 都在增大，剪切黏度 η^* 均在减小，表现出假塑性流体的剪切变稀行为，在高剪切速率下几乎相同，DQDN3711 产品能适应高速加工条件。

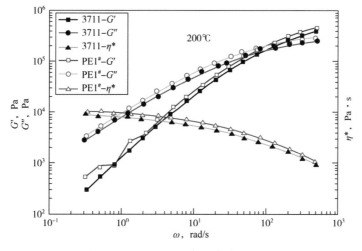

图 5-13　DQDN3711 产品旋转流变测试

DQDN3711 管材在国家建材检测中心成功地通过了长期静液压强度测试及 8760h 氧化热稳定性试验(图 5-14)。依据 GB/T 28799.1—2012 的标准曲线,DQDN3711 产品达到 PE-RT I 型专用料要求;依据 ISO 24033:2009 的标准曲线,DQDN3711 产品达到 PE-RT II 型专用料要求。

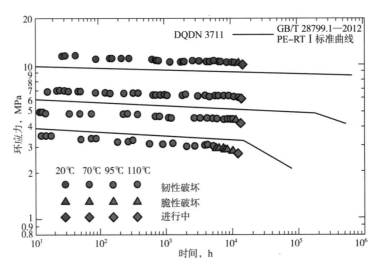

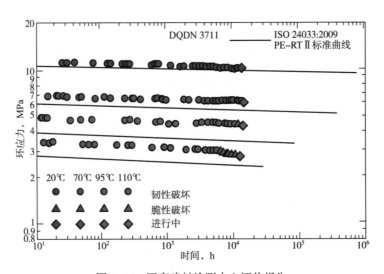

图 5-14 国家建材检测中心评价报告

DQDN3711 产品在河北宏岳管业、中财集团贞财管业等多家企业进行了管材加工应用试验。图 5-15 为在中财集团贞财管业管材加工应用试验现场及管材制品图片。

以 DQDN3711 为原料生产 DN20mm 地暖管,加工生产的管材制品外观良好,管材内外壁光滑,无明显气泡、裂口、色泽不均等缺陷,管材外径、壁厚、短期静液压强度及纵向回缩率等全部测试指标完全合格,加工性能与对标产品相当(表 5-9),DQDN3711 产品已在行业内得到持续应用。

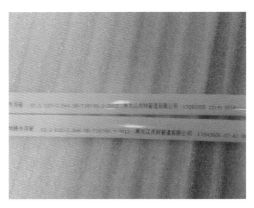

图 5-15　中财集团贞财管业 DQDN3711 加工现场及管材制品图片

表 5-9　**DQDN3711 产品管材加工试验**（贞财管业）

产品名称	PE-RT	规格型号	DN20mm S5.0	试产机组	5 号
加工时间	2017-05-03	原料	DQDN3711	抽样数量	6m
所试内容	大庆 DQDN3711 加工性能				
检测项目	标准（GB/T 28799.2—2012）			原样	DQDN3711
外观	内外壁应光滑、平整，不允许有气泡、裂口和明显的纹痕、凹陷、色泽不均及分解线等缺陷			符合要求	符合要求
颜色	灰色、白色或其他			白色	比原样亮
壁厚，mm	2.0～2.1			2.01	2.01
外径，mm	20.0～20.3			20.11	20.25
常温液压	20℃/2.40MPa/1h			合格	合格
高温液压	95℃/0.844MPa/22h			合格	合格
结论	产品性能合格				

注：DN200mm 表示公称半径为 20mm；S5.0 表示管系列，S=（管外径-壁厚）/（2×壁厚）。

DQDN3711 产品累计产量已超过 40000t，产品综合性能达到国外同类产品水平，在为企业创造经济效益的同时，还具有十分重要的社会效益。一方面依托企业现有装置，提高了国产高端聚烯烃产品的研发生产能力；另一方面提高了国产 PE-RT 管材专用料的市场占有率，有效保障了国内管材厂的稳定供应（免受海外异常情况影响），促进了耐热聚乙烯管材领域的健康有序发展。耐热聚乙烯管材低温柔韧性有利于现场施工，其导热系数高，用于建筑地暖领域可以最大幅度提高热能利用率，减少能耗损失，耐热聚乙烯管材专用树脂可回收利用，是环境友好型建筑材料，发展空间广阔。

2. DGDZ3606

2017 年，独山子石化依托于 Unipol 气相聚乙烯工艺的 $60×10^4$ t/a 全密度聚乙烯装置首次完成了 DGDZ3606 的工业化生产，于 2019 年通过了国家化学建筑材料测试中心按 GB/T 18252—2008、ISO 9080 和 GB/T 28799—2012 要求的 PE-RT 管材料分级检验、PE-RT 管材料型式检验内容，经过认证定级为 PE-RT I 型料。截至 2021 年 8 月，已累计工业化生产超过 10×10^4 t。

1）专用料技术开发

DGDZ3606 生产是应用双峰催化剂将乙烯与 α-烯烃共聚合，通过控制支链数量及其分布得到具有特殊分子结构的聚乙烯树脂，该产品为全球范围内首个采用单反应器生产的地暖管材专用双峰树脂，既保留了聚乙烯的耐低温特性，又提升了其在高温条件下的耐蠕变性能和强度，主要应用于地面辐射采暖系统等领域。

DGDZ3606 的开发突破了传统茂金属催化剂产品结构限制，在茂金属活性中心基础上引入第二个催化剂活性中心，为增强 PE-RT I 型料，拓展聚合物分子量分布至 PE-RT II 型料水平。与茂金属单峰窄分布的 PE-RT 管材料相比，DGDZ3606 具备平均分子量高、分子量分布宽、共聚单体接枝率更高等结构特点，熔体强度高、主机扭矩低等加工特性，优异的耐高温长期蠕变和柔韧性等使用性能。由于产品平均分子量较高，因此在低载荷条件（2.16kg）下测试的熔融指数值远低于茂金属 PE-RT。但随着作用载荷质量提高，DGDZ3606 由于双峰分子结构的特点，其熔融指数提升速度更快，在 21.6kg 载荷下，DGDZ3606 熔融指数与市售典型茂金属催化剂 PE-RT 产品相当。考虑到实际加工过程中，高速挤出条件下的载荷远高于 21.6kg，因此 DGDZ3606 在高速挤出时主机扭矩更低，加工窗口也更宽。产品在华北、西北及西南地区地暖管生产企业现场的试用结果表明，DGDZ3606 的加工性能优异，生产过程熔坯尺寸稳定优异，可实现低温高速挤出，在最高 50m/min 的牵引条件下，DGDZ3606 可加工制备 DN20mm S5.0 规格的管样。

2）DGDZ3606 专用料生产技术特点

DGDZ3606 产品物理机械性能与国内外典型产品相当，而分子结构及加工流变性能与国内外典型产品存在较大差异，具备以下 3 项技术特点：聚合物平均分子量较高、分子量分布较宽，达到 PE-RT II 型料水平；流变特性表现为黏度对剪切速率的高敏感性，低应力下黏度较高，高应力下黏度较低，此种加工特性与 PE-RT II 型料相近；高熔体强度保证材料在加工挤出时具备极佳的尺寸稳定性，在加工应用过程中可显著减少废品率。

DGDZ3606 的特性如下：

（1）基础物性（表 5-10）。

DGDZ3606 的熔融指数（5kg）远低于市售产品。这是因为 DGDZ3606 为双峰分布，平均分子量较高，因而产品在低负荷下的熔融指数较低，在管材挤出过程中，随着挤出量和挤出速度的提高，材料所受剪切应力提高，其剪切黏度随剪切速率提高而迅速下降，因而产品在高负荷下熔融指数会显著提高。负荷为 21.6kg 时，DGDZ3606 的熔融指数（13g/10min）已高于对标牌号 1（12g/10min）。从表 5-10 还可以看出，DGDZ3606 的密度处于对标牌号 1 与对标牌号 2 之间，为中密度聚乙烯。DGDZ3606 的拉伸屈服应力与市售原料相当，拉伸断裂标称应变和简支梁冲击强度处于对标牌号 1 与对标牌号 2 之间。与对标牌号 1 和对标牌号 2 相比，DGDZ3606 的弯曲模量略低。弯曲模量定义为弯曲性能测试中应力差与对应的应变差之比，是表征材料刚性的指标，相同的弯曲应力下，弯曲模量低的制品形变量更大，这对于 PE-RT 管材来说更有利于施工盘管。

表 5-10 基础物性评价数据

项 目	DGDZ3606	对标牌号 1	对标牌号 2
熔融指数(21.6kg), g/10min	13	12	21
熔融指数(5.0kg), g/10min	0.35	1.6	1.9
密度, kg/m³	937.4	936.6	938.5
拉伸屈服应力, MPa	17.6	17.5	18.3
拉伸断裂标称应变,%	847	928	828
弯曲模量, MPa	647	721	806
冲击强度, kJ/m²	38	76	33

（2）分子量及其分布。

DGDZ3606 的分子量分布呈双峰，并且有较为明显的大分子拖尾，如图 5-16 所示。与对标牌号 2 相比，DGDZ3606 的分子量分布区间为：分子量为（0～2）×10⁴ 的组分，DGDZ3606 与对标牌号 2 接近；（2～20）×10⁴ 的组分，对标牌号 2 较 DGDZ3606 的多；（20～100）×10⁴ 的组分，DGDZ3606 较对标牌号 2 的多；100×10⁴ 以上的组分，DGDZ3606 较多，对标牌号 2 没有。因此，DGDZ3606 的高分子量组分及超高分子量组分的含量更多，分子量居中的组分较少，低分子量组分含量相当。

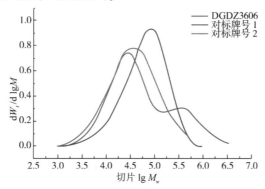

图 5-16 分子量分布曲线

与对标牌号 1 和对标牌号 2 相比，DGDZ3606 的数均分子量(M_n)处于两者之间，重均分子量(M_w)在 $1×10^7$ 以上的超高分子量组分的含量更高，分子量分布更宽(表 5-11)。结合地暖管长期应用于 40～60℃ 使用条件的要求，DGDZ3606 平均分子量更高和高分子量组分含量更多的结构特点有利于形成更多的系带分子，使非晶区分子穿插于晶区结构的概率极大提高，进而提高制品的耐高温长期蠕变性能。

表 5-11 分子量及其分布

项 目	DGDZ3606	对标牌号 1	对标牌号 2
M_n	22100	31500	17600
M_w	186000	93500	64600
M_z	938000	178000	173000
M_{z+1}	1640000	269000	296000
PDI	8.41	2.97	3.66

注：M_z 为 z 均分子量；M_{z+1} 为 z+1 均分子量；PDI 为分子量分布。

（3）熔融结晶及氧化诱导时间。

DGDZ3606 的熔融温度略低于对标牌号 1 和对标牌号 2，结晶性能和结晶度基本相当（表 5-12）；DGDZ3606 在 210℃的氧化诱导时间超过了 100min，远高于对标牌号 1 和对标牌号 2，说明 DGDZ3606 的耐热氧老化性能更加优异。

表 5-12　熔融结晶及氧化诱导时间

项　目	DGDZ3606	对标牌号 1	对标牌号 2
熔融温度,℃	125	128	128
结晶温度,℃	114	113	113
结晶度,%	58	58	60
氧化诱导时间(210℃),min	110	74	51

（4）流变性能。

DGDZ3606、对标牌号 1、对标牌号 2 的剪切黏度（η_a）随剪切速率（γ）的提高均呈下降趋势，为典型的假塑性流变行为，如图 5-17 所示。随着 γ 的提高，对标牌号 1 出现了一段 η_a 平台区；在相同的 γ 下，与对标牌号 2 相比，对标牌号 1 的 η_a 更高，表明在该 γ 范围内，对标牌号 1 的熔体压力更高；DGDZ3606 在低剪切条件下 η_a 高，可以保证材料在低速加工时有更好的熔体强度，随着 γ 的提高，DGDZ3606 的 η_a 下降更加明显，塑化更均匀，在 100s^{-1} 以后，其 η_a 逐渐与对标牌号 2 相当。可以推测在高速挤出过程中，DGDZ3606 的加工性能与对标牌号 2 相当，而对标牌号 1 的熔体压力较其他两种产品更高。

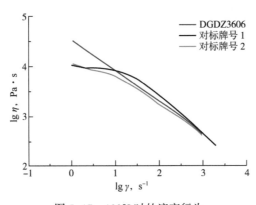

图 5-17　190℃时的流变行为

（5）剪切速率（γ）为 0.0001~10.0000s^{-1} 时的流变行为。

高压毛细流变对剪切速率小于 1s^{-1} 的实验部分敏感性较差，通过旋转流变仪进行剪切速率为 0.0001~10s^{-1} 的扫描可获得材料在平衡态或近平衡态下的零切黏度（η_0），从而能够比对材料的 M_w。DGDZ3606、对标牌号 1 和对标牌号 2 在 190℃时的 η_0 分别为 519870Pa·s、15067Pa·s 和 18529Pa·s。从图 5-18 可以看出，DGDZ3606 的 η_0 远高于对标牌号 1 和对标牌号 2，说明 DGDZ3606 的静态黏度高，抗低负荷长期蠕变性能更好。η_0 与 M_w 的关系满足：$\eta_0 \propto M_w^{3.4}$。这表明 DGDZ3606 的高分子量部分含量远高于对标牌号 1 和对标牌号 2，与分子量及其分布测试结果吻合。

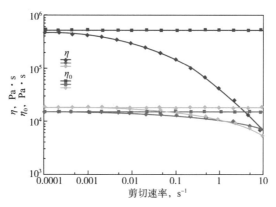

图 5-18 剪切速率为 0.0001~10s⁻¹ 时的流变曲线

蓝色曲线为 DGDZ3606，红色曲线为对标牌号 1，绿色曲线为对标牌号 2

（6）加工热稳定性实验。

3 个试样在 60rad/min 的强剪切下，扭矩 M 最终均趋于平稳，表明各产品加工热稳定性能优异。其中，对标牌号 1 平衡扭矩最大，说明其在加工过程中会产生更高的熔体黏度和熔体压力，这与高压毛细流变测试结果吻合；能耗曲线表明，对标牌号 1 在相同剪切时间时的能耗更高。DGDZ3606 的平衡扭矩能耗更低，平衡扭矩相较对标牌号 1 下降 35.9%，较对标牌号 2 下降 7.6%（图 5-19），这表明同条件加工 DGDZ3606 时可降低主机能耗。

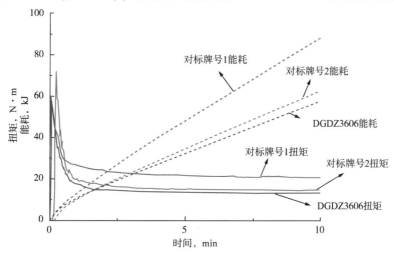

图 5-19 190 ℃ 条件下的加工热稳定曲线

（7）熔体强度。

DGDZ3606、对标牌号 1 和对标牌号 2 在 190℃ 时的熔体强度分别为 0.2309N、0.0555N 和 0.0703N。DGDZ3606 的熔体强度远高于对标牌号 1 和对标牌号 2，有利于管材加工过程中尺寸的稳定性。同时，高熔体强度可强化抗熔垂性，因此，DGDZ3606 亦可满足市政或工业用大口径耐热管材的加工应用要求。

（8）核磁共振碳谱。

DGDZ3606 的甲基支化度、共聚单体含量及共聚单体支化点均高于对标牌号 1 和对标牌号 2(表 5-13)。在相同结晶度情况下，更高的共聚单体接入量有利于增强分子间的作用力，形成更多的系带分子，提高材料的耐高温长期蠕变性能。

表 5-13　核磁共振碳谱测试结果

项　目	DGDZ3606	对标牌号 1	对标牌号 2
甲基支化度，$CH_3/100C$	0.31	0.19	0.21
共聚单体种类	1-己烯	1-己烯	1-己烯
共聚单体含量，%(摩尔分数)	0.80	0.67	0.65
共聚单体支化点，1/10000C	39.3	32.9	32.2

3）DGDZ3606 专用料加工及市场应用情况

（1）DGDZ3606 的加工应用试验。

DGDZ3606 在多家国内知名地暖管材生产企业完成加工试用，适应设备涵盖了佛山巴顿菲尔辛辛那提塑料设备有限公司、上海克劳斯马菲机械有限公司等进口设备以及 DEKUMA 橡塑科技有限公司、浙江双林塑料机械有限公司和宁波格兰威尔方力挤出设备有限公司等国产设备。

试用过程中，加工温度设定为 190~195℃，分别挤出了 DN20/S5 和 DN32/S4 两种规格的管材制品。从表 5-14 和表 5-15 可以看出，DGDZ3606 可适应高速挤出生产。在 37m/min 条件下，可加工制备 DN20/S5 规格的管样；在 12m/min 条件下，可加工制备 DN32/S4 规格的管样，产量可达到 245kg/h。相近生产负荷下，DGDZ3606 较对标牌号 1 的熔体压力下降 14.5%，熔体温度下降 9.2%，主机扭矩下降 6.8%，可明显降低加工设备的能耗。同时，DGDZ3606 制品柔韧性优异，能够满足施工盘管要求。

表 5-14　生产 DN20/S5 规格螺杆和模具的温度及其他加工参数

项　目		DGDZ3606	对标牌号 1	变化比例，%
温度，℃	下料段	69	72	
	机筒 1	190	190	
	机筒 2	190	190	
	机筒 3	191	191	
	机筒 4	190	190	
	连接体	190	189	
	机头 1	210	227	
	机头 2	194	203	
	机头 3	190	190	
	机头 4	195	195	
	机头 5	196	196	

续表

项　目	DGDZ3606	对标牌号1	变化比例,%
螺杆转速，r/min	130.3	134.9	↓3.5
螺杆扭矩,%	73	78	↓6.8
牵引速度，m/min	37	36	↑2.7
产量，kg/h	245	240	↑2.0
米重，g/m	111	111	—
熔体温度,℃	206	225	↓9.2
熔体压力，MPa	20.0	22.9	↓14.5

表5-15　生产 DN32/S4 规格螺杆和模具的温度及其他加工参数

项目		DGDZ3606
温度,℃	下料段	32
	机筒1	190
	机筒2	190
	机筒3	189
	机筒4	191
	机头1	184
	机头2	188
	机头3	190
	机头4	190
螺杆转速，r/min		122.9
主机扭矩,%		84
熔体压力，MPa		19.5
熔体温度,℃		194
牵引速度，m/min		12.08
产量，kg/h		220

（2）制品性能评价。

① 静液压性能评价。

独山子石化研究院对管材生产企业挤出的管材制品进行性能评价。制品静液压试验条件参照 GB/T 28799.2—2012 对 Ⅰ 型材料的要求。试验结果显示，DGDZ3606 制品通过了 20℃/9.9MPa/1h、95℃/3.8MPa/22h、95℃/3.6MPa/165h 和 95℃/3.4MPa/1000h 静液压试验要求，各条件下实际承压时间均超过了 5000h，性能余量极大。

② 纵向回缩性能评价。

纵向回缩率（R_{Li}）实验条件参照 GB/T 28799—2012 和 GB/T 6671—2001 进行。DGDZ3606 制品原始尺寸为 101.0mm，于 110℃ 处理 1h 后，烘后尺寸为 99.5mm，R_{Li} 为 1.18%。R_{Li} 小于 2%，满足国家标准要求（GB/T 28799—2012 要求 $R_{Li} \leq 2\%$）。

③ 管材的熔融指数。

管材熔融指数参照 GB/T 28799—2012 测试。GB/T 28799—2012 要求管材熔融指数与原料熔融指数测试值之差不应超过±0.3g/10min，且差值百分比小于20%（表 5-16）。测试温度为 190℃、负荷为 5kg 时，管材与原料的熔融指数分别为 0.34g/10min 和 0.35g/10min，熔融指数测试值之差为 0.01g/10min，差值百分比为 2.86%（表 5-16），符合标准要求。

表 5-16　管材熔融指数数据

项　目	熔融指数，g/10min		熔融指数差值，g/10min	百分比，%
	190℃，5kg（管材）	190℃，5kg（原料）		
DGDZ3606	0.34	0.35	-0.01	-2.86

（3）分级认证。

经国家化学建筑材料测试中心检测，产品认定为 PE-RT I 型料。

3. DP800

抚顺石化乙烯厂对聚乙烯装置生产辛烯共聚产品的流程进行修复改造，2012 年与中国石油石化院合作开发完成了 DP800 的首次工业化生产，是国内第一个也是唯一一款辛烯共聚耐热聚乙烯管材专用料，主要应用于地暖领域。DP800 特有的乙烯主链和 1-辛烯短支链结构，使之同时具有乙烯优越的韧性、耐应力开裂性能、耐低温冲击性能、长期耐水压性能和辛烯的耐热蠕变性能。应用该制品制备的管材具有良好的柔韧性，管材便于弯曲，方便施工，弯曲半径小，弯曲后不反弹，且遭到意外损坏可以用管件进行热熔连接修复。

4. DGDZ4620

2018 年，独山子石化依托于 Unipol 气相聚乙烯工艺的 60×10⁴t/a 全密度聚乙烯装置首次完成了 DGDZ4620 的工业化生产，于 2019 年通过了国家化学建筑材料测试中心按 GB/T 18252—2008、ISO 9080 和 GB/T 28799—2012 要求的 PE-RT 管材料分级检验、PE-RT 管材料型式检验内容，经过认证定级为 PE-RTI型料。截至 2020 年 12 月，已累计工业化生产近 1×10⁴t。

DGDZ4620 的开发突破了传统多反应器聚合生产工艺限制，在单反应器中使用双峰催化剂生产双峰分布结构。采用该原料可加工 DN110mm 及以上规格的大口径管材，加工过程中抗熔垂性能优异，足以保证材料加工的尺寸稳定性。同时，其结构特点和熔融指数与市售进口同类原料相近，保证不同原料制备的管道施工过程中具备优异的熔接强度和熔接兼容性，规避由焊接带来的质量风险。

5. L5050

2016 年，兰州石化在 17×10⁴t/a 采用三井油化公司 CX 淤浆工艺的高密度聚乙烯装置上实现了耐热聚乙烯管材料 L5050 的首次工业化生产，于 2018 年通过国家化学建材中心 PE-RT

I型认证，产品主要用途为地板采暖系统、建筑物内冷热水管道系统以及建筑采暖系统等。截至 2019 年 12 月底，累计工业化生产 L5050 产品约 2×10^4t。经过产品质量提升和市场推广，L5050 已在山东淄博洁林、秦皇岛宏岳管业、天津军星管业、中财管道、甘肃顾地科技等公司推广应用，性能指标满足需求，受到用户认可。

耐热聚乙烯管材料 L5050 的生产采用了三釜串联生产工艺技术。使用三釜串联工艺，通过在二、三聚合釜中加入共聚单体的手段调控共聚单体在聚合物中的含量及分布，实现 PE-RT 管材料的独特分子设计，改善聚合物的结晶特性，生产较多的系带分子，改善产品的耐高温蠕变性能。

L5050 与典型的 PE-RTI型原料相比，熔融指数较低，密度较高，指标与进口 PE-RTII型产品 4731B 接近，加工时 L5050 的挤出温度高于典型的 PE-RT I 型管材料，与 PE-RT II 型产品接近。从制品上看，用 L5050 制备的地暖管外观表现为亚光，耐熔垂性能优于典型的 PE-RT I 型管材料。

三、集输油用耐热聚乙烯管材产品的开发

近年来，随着中国石油主力油藏进入开发中后期，油田采出液含水率逐年升高，多层系叠合开发越来越普遍，部分集输油和采出水管线腐蚀老化日趋严重，腐蚀、结垢、使用周期短等问题突出，带来了严重的安全和环境隐患。非金属管道技术是中国石油"十三五"超前部署的十大颠覆性和跨越式技术，在大庆、塔里木、克拉玛依和长庆等油气田注水注醇领域进行了初步应用。鉴于国外油田使用纤维增强柔性复合管以解决油田集输油管道的腐蚀泄漏问题，把中国石油下游开发原料用到上游油田领域，将推进上下游一体化和中国石油提质增效进程。

中国石油地面钢制管道约 30×10^4km，按照腐蚀治理需求，每年约有 10% 的管线，即 3×10^4km 需要更换。2019 年，新打井约 2 万口，根据每口井集输管线 2km 需求分析，每年共需管道建设 4×10^4km。随着原料及复合管制品进一步开发及应用，将实现油田工况及介质的全覆盖。中国石油年新增地面管线约 7×10^4km，若全部采用柔性增强复合管替代钢制管道，按照管道全生命周期核算，与钢制管道相比将节约投资 30%，经济效益显著。经核算，7×10^4km 非金属管道约需要 14×10^4t 管材原料，原料在油田新领域的推广应用，也将为炼化生产企业提质增效做出一份贡献。

1. 原料开发

石化院组织成立了"集输油用耐热耐压聚乙烯管道专用料开发"技术攻关团队，研究团队经过近两年的基础树脂结构剖析和助剂配伍体系研究，完成了油田用耐热耐压聚乙烯管材专用料的基础树脂结构设计和助剂配方设计，并完成了实验室专用料制备及评价。根据结构设计要求和装置特点，选择在吉林石化进行工业化试验。与吉林石化联合攻关，于 2017 年实现了工业化生产，至今已累计生产专用料 JHMGC100GW 近 1000t。专用料经加工应用评价，所开发专用料达到国际先进水平，力学性能优异，油田介质的环境适应性与进口料相当(表 5-17)，该专用料得到 6 家龙头管材企业认可。该原料的开发成功及工业化应用填补了国内集输油用耐温聚乙烯牌号的空白。

表 5-17　4 种高密度聚乙烯材料相容性试验结果

牌号（编号）	质量	体积	长度	断裂拉伸强度	延伸率	屈服强度	弹性模量	氧化诱导温度	维卡软化温度
JHMGC 100SGW				空白样各项性能测试值					
				32.3MPa	758.3%	23.0MPa	755.6MPa	259.2℃	71.9℃
				720h 浸泡后各项性能变化率或变化值					
	8.4%	9.6%	2.1%	−11.9%	−3.8%	−14.5%	−47.4%	−19.9℃	−12.2℃
进口对比料				空白样各项性能测试值					
				30.2MPa	770.2%	20.6MPa	749.2MPa	260.6℃	71.4℃
				720h 浸泡后各项性能变化率或变化值					
	8.9%	10.0%	2.3%	−12.3%	−5.8%	−13.3%	−49.3%	−15.6℃	−11.8℃

2. 塑料管、复合管制备及评价

在浙江伟星和河北恒安泰两家管材制备企业采用 JHMGC100GW 和 DQDN3711 制备了聚酯纤维增强和钢丝增强复合管，其规格见表 5-18。

表 5-18　复合管类型、规格及生产厂家

编号	类型	规格	材料	制造企业
1	聚酯纤维增强复合管	规格 PN40MPa，DN55mm（单井出油管）	JHMGC100GW 为内衬	河北恒安泰
2	聚酯纤维增强复合管	PN6.4MPa，DN75mm（集输管）	JHMGC100GW 为内衬	河北恒安泰
3	钢丝增强复合管	PN4.0MPa，DN55mm	DQDN3711 为内衬	浙江伟星

对表 5-18 中由浙江伟星和河北恒安泰制备的聚酯增强复合管进行了耐压、耐温适应性评价，室温爆破强度平均值为 23.7MPa（大于 3 倍的公称压力），符合标准 SY/T 6662.2—2012 的要求。60℃爆破强度平均值为 20.5MPa（大于 3 倍的公称压力），比室温时略有降低，符合标准 SY/T 6662.2—2012 的要求。对于 DN75mm 规格的复合管，60℃时的爆破强度比室温时降低 12%；对于 DN55mm 规格的复合管，60℃时的爆破强度比室温降低 11%，符合标准 SY/T 6662.2—2012 的要求，如图 5-20 所示。

因非金属管材的强度衰减规律呈对数线性关系，通过 1000h 插值试验验证高温公称压力与寿命关系，1000h 寿命验证试验理论依据及步骤如图 5-21 所示。针对 DN55mm、PN4.0MPa 的聚酯纤维增强复合管，通过 2 次 1000h 验证试验，确定管材规格（DN55mm、PN4.0MPa），基于 20 年预期寿命条件下，当温度为 60℃、工作压力为 2.68MPa 时，折减系数应取 0.67；对于 DN75mm、PN6.4MPa、规格复合管，通过 2 次 1000h 验证试验，确定管材规格（DN75mm、PN6.4MPa），基于 20 年预期寿命条件下，当温度为 60℃、工作压力为 4.3MPa 时，折减系数应取 0.67。采用 1000h 验证试验，确定了上述两种规格的纤维增强复合管 20 年预期寿命条件下的折减系数，见表 5-19。这项工作给出了高温条件下管道的最大工作压力，具有重要的理论与实际意义。

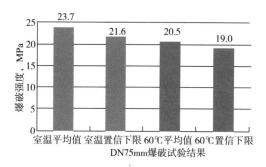 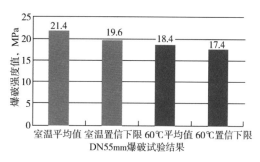

图 5-20　不同规格聚酯纤维增强复合管在室温及 60℃下的爆破强度

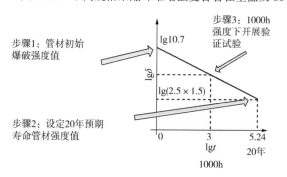

图 5-21　1000h 寿命验证试验理论依据及步骤

表 5-19　聚酯纤维增强复合管在不同温度下使用压力的折减系数

温度,℃	室温(25)	45	60	80
折减系数（DN75mm、PN6.4MPa）	1.0	0.9	0.67	0.45
折减系数（DN55mm、PN4MPa）	1.0	0.9	0.67	0.45

　　按照行业标准 SY/T 6662.2—2012 和 SY/T 6794—2010，对复合管的受压开裂稳定性、轴向拉伸、最小弯曲半径、短期静水压等项目进行了评测，所有项目均达到标准规定要求，见表 5-20。

表 5-20　聚酯纤维增强复合管敷设前检测项目及结果

检测标准	检测项目	检测结果		说明
		DN75mm、PN6.4MPa	DN55mm、PN4MPa	
SY/T 6662.2—2012	受压开裂稳定性	合格	合格	表面无裂纹
	纵向回缩率	合格	合格	<3%
	短期静水压	合格	合格	常温，1.5PN，4h
	爆破强度	合格 室温时为 23.7MPa， 60℃时为 20.5MPa	合格 室温时为 21.4MPa， 60℃时为 18.4MPa	≥3.0PN
SY/T 6794—2010 （API 15S）	1000h 验证试验	60℃时折减系数为 0.67， 工作压力为 4.3MPa	60℃时折减系数为 0.67， 工作压力为 2.68MPa	确定了折减系数， 验证了 PN 和寿命
	轴向拉伸	通过 2tf×1h	通过 2tf×1h	拉伸后 1.5PN，4h 静水压
	弯曲半径	R750mm×10 次	R750mm×10 次	弯曲后 1.5PN，4h 静水压

针对浙江伟星制备的钢丝增强复合管，按照行业标准要求同样进行了一系列的评价和检测，其结果见表5-21。浙江伟星生产的钢丝增强复合管（PN4.0MPa、DN55mm），室温时爆破强度平均值为17.7MPa（大于3倍公称压力，即大于3.0PN），60℃时爆破强度平均值为15.8MPa（大于3倍公称压力，即大于3.0PN），比室温时降低10.7%，结果符合标准SY/T 6662.4—2012的要求。

表5-21　钢丝增强复合管敷设前检验项目及结果

检测标准	检测项目	检测结果（DN55mm、PN4MPa）	说明
SY/T 6662.4—2012	受压开裂稳定性	合格	表面无裂纹
	短期静水压	合格	常温，1.5PN，24h；90℃，0.6PN，165h；60℃，0.9PN，165h
	爆破强度	室温时为17.7MPa 60℃时为15.8MPa	≥3.0PN
SY/T 6794—2010（API 15S）	提高温度验证试验	60℃时 PN=4.3MPa	验证了PN和寿命
	轴向拉伸	通过2tf×1h	拉伸后1.5PN，4h静水压
	弯曲半径	通过R1370mm×10次	爆破检验

针对钢丝增强复合管，利用时温等效原理，即在较短的时间、高温下对材料性能影响等效于长期、低温效果。据此开展了钢丝增强复合管的提高温度试验。提高温度 ΔT、试验时间与寿命数量关系满足以下方程：

$$\Delta T = \frac{1}{\alpha} \lg \left(\frac{t_{\text{Lifetime}}}{t_{\text{Test}}} \right)$$

式中　α——时间温度转换系数，取0.112；

　　　t_{Lifetime}——设计寿命，取20a；

　　　t_{Test}——试验时间，取11.5d；

　　　ΔT——试验温度与服役温度的差值，取25℃。

提高温度试验结果见表5-22。

表5-22　钢丝增强复合管提高温度试验结果

次数	最大工作压力（MOP），℃	公称压力等级（NPR），MPa	试验温度℃	试验压力MPa	t_{Lifetime}，a	t_{Test}，d	α	试验结果
第1次	60	4.0	85	6.0	20	11.5	0.112	1.8d试样发生泄漏失效
第2次	60	3.6	85	5.4	20	11.5	0.112	1.8d试样发生泄漏失效
第3次	60	2.8	85	4.2	20	11.5	0.112	通过检验

对复合管的使用温度、公称压力和设计寿命3项参数进行综合验证。由此确定了DN55mm、PN4.0MPa钢丝增强复合管在60℃、20年预期寿命下工作压力等级应为2.8MPa，折减系数为0.7。

3. 复合管道施工及敷设现场试验

2019 年, 完成复合管现场敷设 12 条管线, 共计 21.06km, 其中集油管道 5.16km/2 条、井组出油管道 15.9km/10 条, 并在穿越、跨越处进行试验 (图 5-22), 目前已全部建成投运, 见表 5-23。

表 5-23　2018—2019 年非金属管道推广试验井组统计

序号	管道名称	管材类型	内径, mm	设计压力 MPa	长度, km	厂家	进展
1	化 3 增至化四转集油管道	钢丝缠绕	80	6.3	5.16	浙江伟星	投运
2	化 102-37 至化五转出油管道	钢丝缠绕	55	4	0.68	浙江伟星	投运
3	化 101-38 至化四转出油管道	钢丝缠绕	55	4	0.74	浙江伟星	投运
4	化 136-34 至化 2 增出油管道	钢丝缠绕	55	4	0.725	浙江伟星	投运
5	化 101 井组至化一转出油管道	钢丝缠绕	55	4	0.89	浙江伟星	投运
6	化 129-34 井组至化二转出油管道	钢丝缠绕	55	4	0.3	浙江伟星	投运
7	化 119-21 井组至化 6 增出油管道	钢丝缠绕	55	4	1.529	浙江伟星	投运
8	化 123-23 井组至化 1 增出油管道	钢丝缠绕	55	4	2.62	浙江伟星	投运
9	化 106-41 井组至化四转出油管道	钢丝缠绕	55	4	2.82	河北恒安泰	投运
10	化 117-30 井组至化 1 增出油管道	涤纶缠绕	55	4	0.956	河北恒安泰	投运
11	化 105-41 井组至化四转出油管道	涤纶缠绕	55	4	2.24	河北恒安泰	投运
12	化 100-39 井组至化五转出油管道	涤纶缠绕	70	6.3	2.4	河北恒安泰	投运
合计					21.06		

图 5-22　管道现场施工照片

4. 非金属管道经济型核算

基于现场试验实际花销与非金属管道及伴行钢质管道建设资料，得出两种管材 8.1km 管道的建设费用（表 5-24）。

表 5-24　两种材质管道建设费用

项目	非金属管道	钢管
管道费用，万元/km	10	2.01
敷管成本，万元/km	8.98	7.48
起点、终点连接费用，万元	0.4	0.4
接头费用，万元	2.8	0
总建设费用，万元	156.92	77.28
使用年限，a	20	5

基于现场集输生产条件，考虑动力费、燃料费和建设费后的各项折算平均费用（表 5-25）。

表 5-25　两种材质管道使用费用对比

项目	非金属管道	钢管
总建设费用，万元	156.92	77.28
年运营费用，万元	165.89	219.66
单位管道费用，万元/(km·a)	13.49	19.13
第一年输油费用，元/t	36.94	39.81
使用期限内输油费用，元/t	12.51	17.73

在全生命周期内，经核算单位非金属管道费用为 13.49 万元/(km·a)（按 2019 年价格计算），比同等单位金属管道费用降低 29.5%。该现场试验项目的顺利实施有效推进了上下游一体化进程，将为中国石油创造巨额的经济效益。

第二节　薄膜料产品开发

随着电子及包装等行业的快速发展，对电子产品保护膜及包装膜提出了更高的技术要求。其中，我国电子保护膜需求达到 $20×10^4$t 左右，主要用于平板电脑（IPAD）液晶屏、手机触屏表面等电子产品保护膜；茂金属聚乙烯总消费量为 $100×10^4$t/a 左右，应用于重包装膜、大棚膜、拉伸缠绕膜、热收缩膜等众多包装行业；高开口型 DFDA7042H 需求量达 $30×10^4$t/a，主要用于兼具开口、爽滑及透明性能好的高速包装行业；双向拉伸聚乙烯薄膜（BOPE）具有较好的低温柔顺性，市场消费量超过 $3×10^4$t，应用于速冻包装领域；高密度聚乙烯薄膜消费量近 $450×10^4$t，主要应用于重包装袋、工业用衬里袋等。近年来，中国石油围绕聚乙烯薄膜晶点高的问题开展技术攻关，通过研究产品的分子链结构、凝聚态结构以及与晶点形成机制的关联，明确了茂金属、电子保护膜等产品产生晶点的主要因素，实现了制约这些产品工业化生产的技术难题。截至 2020 年 12 月底，开发的电子保护膜 2420H

产品累计生产 $11.9 \times 10^4 t$，茂金属聚乙烯 EZP2010HA、HPR1018HA、EZP2703HH、HPR3518CB 和 HPR3518CB 产品累计生产 $15.3 \times 10^4 t$，高开口型 DFDA7042H 产品累计生产 $48 \times 10^4 t$，高密度聚乙烯薄膜 DGDX-6095 产品累计超过 $13 \times 10^4 t$，取得了良好的应用效果。所开发的电子保护膜、茂金属聚乙烯膜产品技术居于国内领先水平，未来具有较大的市场增长潜力。

一、低密度聚乙烯电子保护膜专用料 2420H 开发

低密度聚乙烯是聚乙烯中最早实现工业化且产量最大的品种，由于其优异的综合性能，主要用途为薄膜产品，其比例达到 62.3%[3]，广泛应用于包装膜、农膜、重包装膜、高端用途电子保护膜及医用包装膜等领域。随着电子行业的快速发展，电子产品种类日新月异，对电子产品保护膜的需求日益增长。据统计，2019 年我国电子保护膜需求达到 $20 \times 10^4 t$ 左右，主要用于各类办公电子、家庭电子、个人消费电子产品的面板、组件等的保护，例如，华为、三星手机等的触屏表面保护膜、平板电脑液晶屏保护膜等。

电子保护膜对薄膜外观的要求很高，要求薄膜的晶点极少，因此，除了对薄膜生产车间洁净化及工艺控制要求很高外，对低密度聚乙烯原料的要求也非常高，需要薄膜原料生产车间为万级净化车间，且低密度聚乙烯原料质量稳定、晶点极少。高压聚乙烯装置工艺过程复杂、工艺条件苛刻、系统联锁多和操作难度大，使得原料晶点控制难度很大，因此，控制原料晶点一直是该领域的一项核心关键技术问题。

关于晶点来源问题不同文献说法不一，文献[4-5]提出低密度聚乙烯薄膜中"鱼眼"是聚乙烯在生产或加工过程中，由于分子链在高温、微量氧和机械运动等作用下产生长链支化或分子链之间发生交联，产生微凝胶，这些微凝胶在树脂的加工温度下不熔化，在成膜中以不透明的晶点存在。闫琇峰[6]提出平均分子量增大，产品中结胶的可能性增加，是鱼眼数量增多的原因。苏肖群等[7]提出低密度聚乙烯薄膜中"鱼眼"形成的原因主要是树脂中存在过度聚合物或杂质，在成膜加工过程中不能与树脂相互均匀分散、融合，先于周围的聚合物凝固形成"鱼眼"。王文燕等[8]研究表明，"鱼眼"为高支化小分子聚乙烯，"鱼眼"的形成是部分聚乙烯在吹塑的膜泡冷却段结晶速率过快造成的。总之，造成薄膜晶点的原因非常复杂，原料、运输、后加工过程均有可能引起薄膜产生晶点。

国内低密度聚乙烯电子保护膜专用料存在晶点较多及质量不稳定等问题，限制了其在电子保护膜领域的使用，因此，大部分电子保护膜专用料依赖进口，进口产品与国产品每吨差价在 3000 元左右。截至 2020 年 12 月，国内外石化公司开发的专用料及可用于生产电子保护膜的比例情况见表 5-26。

表 5-26 国内外石化公司电子保护膜专用料及可用于生产电子保护膜比例

厂家	牌号	比例,%
中海壳牌	2420H	15
兰州石化	2420H	30
博禄化工	6230	30
陶氏化学	450E	20

厂家	牌号	比例,%
卡塔尔	0203	70
LG	415E	70
三星	432G	80
东曹	14M01A	90
三井油化	401	100
住友	235P	100

从表 5-26 可以看出，日本、韩国公司开发的专用料可用于生产电子保护膜的比例明显高于国产料。

低密度聚乙烯电子保护膜专用料研发分为 3 个阶段。

1. 实验室研究阶段

1）明确晶点来源

自 2012 年开始，中国石油石化院围绕低密度聚乙烯电子保护膜料对晶点要求高的技术问题，经过大量研究与数据积累，通过研究产品的分子链结构、凝聚态结构以及与晶点形成机制的关联，明确了晶点的核心因素是大分子含量及长支链含量较多造成的。其结果见表 5-27 和图 5-23。

表 5-27　电子保护膜专用料结构性能对比

样品	分子量大于 $100×10^4$ 的大分子比例,%	长支链含量,‰
对标产品	0.07	0.9327
兰州石化 2420H	0.20	1.0652

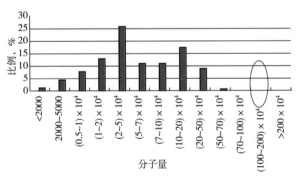

图 5-23　分子量切片图

由表 5-27 和图 5-23 可见，兰州石化 2420H 中分子量大于 $100×10^4$ 的比例和长支链含量明显高于对标产品。因此，在实际生产中，控制产品中 $100×10^4$ 以上的大分子含量和长支链含量低于 1‰，进一步实现对产品晶点的控制。

2）建立了影像法快速测定薄膜晶点的方法

通过影像法快速测定薄膜晶点的方法，解决了薄膜晶点测试流程较长、数据准确性不高的难题。主要原理：试样带在光束的照射下，晶点颗粒具有遮光性，采用一个恒定、连续、可调控的光源，试样带置于此光束下，透光和遮光的光束被电子摄像仪所接收，晶点颗粒检测仪检测出颗粒大小和数量。

2. 工业试验阶段

在完成小试的基础上，针对工业化试验，开发了链转移控制与洁净化控制技术，解决了晶点高的问题，2014 年，中国石油兰州石化在 $20×10^4 t/a$ 巴塞尔公司高压管式法聚乙烯装置上成功开发出低密度聚乙烯电子保护膜专用料 2420H。

1）链转移控制技术开发

针对低密度聚乙烯电子保护膜专用料对晶点要求高的技术问题，通过将分子结构与晶点的关联，查明晶点为不熔融的大分子、长链支化及其支化分布不均匀的聚合物。在此基础上，开发了链转移控制技术，通过反应工艺组合技术及过氧化物配方控制大分子间的链转移（图 5-24），实现了低密度聚乙烯分子量及分子量分布、长支链含量等的可控；通过合理的过氧化物复配与后处理，减少残留引发剂的影响，达到进一步降低低密度聚乙烯薄膜晶点的目的。

$$R—CH_2—C'H_2 +R'—CH_2—R'' \longrightarrow R—CH_2—CH_3+R'—C'H—R''$$

$$R'—C'H—R'' +nCH_2 = CH_2 \longrightarrow R'—CH(CH_2—C'H_2)_n—R''$$

图 5-24　大分子间的链转移

2）洁净化控制技术开发

设计并建成国内首套洁净化包装线，在石化行业首次按照医用洁净化车间标准实现了无尘包装，产品在洁净化厂房采用重膜包装+冷拉伸套膜吨包，进一步提高产品洁净化程度，降低在运输、包装、储存过程中被污染的概率，实现产品超洁净化。

在此基础上形成了具有中国石油自主知识产权的低密度聚乙烯电子保护膜生产技术。开发出低密度聚乙烯电子保护膜专用料 2420H 产品，透明性能及杂质数优于进口产品，其他性能相当，其结果见表 5-28 及图 5-25、图 5-26。

表 5-28　电子保护膜专用料性能对比

性能	2420H	对标产品	测试标准
长支链含量，‰	0.9640	0.9327	自建
大分子含量（分子量>$100×10^4$），%	0.06	0.07	自建
熔融指数，g/10min	2.2	2.2	GB/T 3682—2000
密度，g/cm^3	0.9244	0.9246	GB/T 1033.2—2010
拉伸断裂应力，MPa	12.0	12.1	GB/T 1040.2—2006
雾度，%	5.4	6.0	GB/T 2410—2008

由表 5-28 和图 5-25、图 5-26 可知，通过应用链转移和洁净化控制技术，生产的 2420H 的分子量为 $100×10^4$ 以上的大分子含量和长支链含量低于 0.1%，杂质总数也较低，其性能接近对标产品，达到了预期的目标，实现了产品的规模化生产与应用。

3. 稳定产品质量，提升市场占有率阶段

开发了低密度聚乙烯电子保护膜的加工应用技术，研究了加工工艺条件对薄膜性能的影响(图 5-27),为下游用户使用兰州石化电子保护膜产品进行工艺调整提供了科学的技术依据,提升了低密度聚乙烯电子保护膜的市场服务能力及市场竞争力。

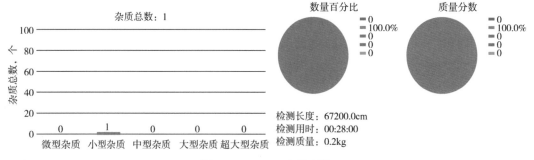

图 5-25 2420H 杂质总数

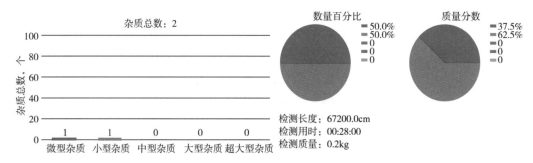

图 5-26 对标产品杂质总数

图 5-27 电子保护膜吹膜及晶点检测

截至 2020 年 12 月,成功开发电子保护膜 2420H 产品 11.9×10⁴t,创造效益 2.2 亿元。产品在下游电子保护膜厂家应用,广受用户认可,部分批次产品可以替代进口,市场占有率从 2019 年的 8%提升到 2020 年的 14%。

该产品的成功开发,打破了国外技术垄断,以技术创新引领了国内电子保护膜的发展,支持了国内聚烯烃高端产品国产化,产生了良好的经济效益和社会效益。

随着"新基建"的政策利好和市场需求的推动,无论是在 5G 网络建设、5G 技术标准方面,还是在 5G 终端、行业应用等方面,运营商都交出了令业界较为满意的答卷。根据工信部的最新数据，2020 年 1—5 月，在新型冠状病毒肺炎疫情（以下简称新冠疫情）影响的情况下，我国电信业务收入有 2.8% 的增长。后期，伴随着 5G 市场的持续发力、电子产品需求的进一步增加及品质的高端化，必将带来电子保护膜及更高端光学膜专用料（目前国内尚属空白）的需求增加。国内相关生产企业应该加大对电子保护膜专用料的研发力度，稳定生产出性能优良的电子保护膜专用料，满足日益增加的市场需求，在此基础上开发出性能稳定的高端光学膜专用料，同时应建立相应的晶点测试标准，以促进行业发展。

二、茂金属聚乙烯薄膜专用料开发

茂金属聚乙烯目前代表着全球聚乙烯生产技术的高水平。以陶氏化学、埃克森美孚、三井油化等公司生产的茂金属聚乙烯，产品牌号涵盖了 1-己烯共聚、1-辛烯共聚等。代表牌号主要有陶氏化学公司的 5401G、5100 等，埃克森美孚公司的 1018MA、20-10MA 等，三井油化公司的 SP1510、SP1520 等，主要应用于薄膜领域，可显著提升薄膜的性能。

2015 年，中国石油独山子石化采用茂金属聚乙烯催化剂率先完成了 EZP2010HA 的开发，产品自推出后在农膜领域实现了成功应用；2017 年，在前期开发 EZP2010HA 的基础上，成功开发了 HPR1018HA、EZP2703HH、HPR3518CB 和 EZP2005HH 4 个牌号，实现了 HPR1018HA 在重包装膜领域、HPR3518CB 在拉伸缠绕膜领域、EZP2703HH 在热收缩膜领域的成功应用；2019 年，采用茂金属催化剂成功开发了 EZP2703HH，主要用于热收缩膜等领域。产品自推出后，在华北、华东、华南、西北及西南地区进行了广泛推广及应用，产品各项性能指标均能够实现对同类型进口产品的 100% 等量替代。

截至 2020 年 12 月，EZP2010HA 生产超过 $6.9 \times 10^4 t$，HPR1018HA 生产超过 $5.5 \times 10^4 t$，EZP2703HH 生产超过 $1.2 \times 10^4 t$，HPR3518CB 生产超过 $1.2 \times 10^4 t$，EZP2005HH 生产超过 $0.5 \times 10^4 t$，且 5 个牌号均通过了 RoHS、邻苯二甲酸酯、FDA、GB 4806.6—2016《食品安全国家标准　食品接触用塑料树脂》4 项认证。

茂金属聚乙烯薄膜料的研发分为 3 个阶段。

（1）解决了茂金属聚乙烯薄膜料的晶点问题。在产品开发过程中，独山子石化解决了茂金属聚乙烯产品晶点控制这一关键技术问题。同时，突破性地实现了高强度系列茂金属聚乙烯同易加工系列茂金属聚乙烯的连续转产。晶点一直是茂金属聚乙烯产品指标中的重中之重，为解决晶点指标易超标这一关键问题，独山子石化通过优化多项工艺参数，实现了对产品晶点的完美控制。而高强度、易加工系列茂金属聚乙烯是分别采用两种催化剂体系下生产的茂金属聚乙烯产品。在两种催化剂切换过程中，由于两种催化剂的反应动力学等特性差别较大，但这一系列操作需在停工状态下进行，耗时较长，严重影响装置产能。而独山子石化通过反复推演催化剂切换方案，最终在全球范围内首次实现了 Unipol 气相工艺上的两种茂金属催化剂的连续切换，将切换时间由原先的 56h 缩短至 6h，极大地提高了装置连续运行能力，减少了过渡料的产量。

（2）茂金属聚乙烯薄膜料的性能对标。EZP2010HA、EZP2703HH 和 EZP2005HH 属于易加工型茂金属聚乙烯膜料产品，在棚膜、热收缩膜等领域中可实现对低密度聚乙烯的替代，且显著提高了薄膜的力学性能及光学性能，产品各项性能指标已达到进口产品水平。

HPR1018HA 和 HPR3518CB 属于高强度茂金属聚乙烯膜料，产品具有卓越的落镖冲击性能，优异的热封、耐穿刺和抗拉强度性能，可显著实现薄膜减薄，产品各项性能指标已达到进口同类料指标水平，如图5-28和图5-29所示。

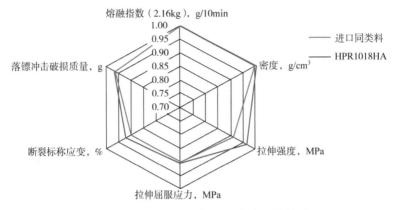

图5-28　HPR1018HA同进口对标产品性能对比

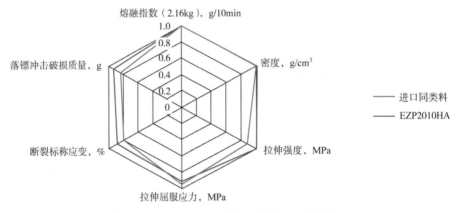

图5-29　EZP2010HA同进口对标产品性能对比

（3）茂金属聚乙烯薄膜料的加工应用研究。在完成茂金属聚乙烯产品开发后，为更好地推广茂金属聚乙烯产品，实现产品推量推价，独山子石化针对国内茂金属聚乙烯市场应用情况，有针对性地对重包装膜、拉伸缠绕膜、大棚膜、热收缩膜等常见的茂金属薄膜应用领域的加工特性、常用配方、行业标准展开研究。基于研究结果，将独山子石化茂金属聚乙烯系列产品在国内规模性、标志性、具有行业引领作用的加工企业开展现场加工应用试验，旨在对独山子石化茂金属聚乙烯产品的销售应用起到推量推价的积极作用。

现阶段，地膜配方普遍为线型低密度聚乙烯+低密度聚乙烯+高密度聚乙烯，典型的线型低密度聚乙烯的分子量分布宽，共聚单体支链的分布宽，其拉伸强度低于高密度聚乙烯，但高于低密度聚乙烯，而低密度聚乙烯具有长支链，熔体强度高，剪切变稀流变性能优于线型低密度聚乙烯，可以改善加工性能。加入低密度聚乙烯的作用主要是维持膜泡稳定性及提高薄膜的横向拉力。低密度聚乙烯加入量需适宜，若低密度聚乙烯加入量过多，则会影响薄膜纵向拉力。在机械化铺膜播种过程中，由于地膜卷较重，会造成薄膜撕裂，故对薄膜纵向拉力及直角撕裂强度要求较高。为了提高薄膜的纵向拉伸强度，农地膜生产企业往往在薄膜加工过程中加入高密度聚乙烯，一方面可以提高薄膜的纵向拉伸强度，另一方面可提高薄膜的爽滑性能,但其加入量一般不大于10%。在实际应用中,厂家会根据自己的实际情况来选择高密度聚乙烯和低密度聚乙烯的种类及添加量,确保出厂产品达到标准要求。

① 农膜掺混配方设计。

配方设计思路是以山东典型棚膜应用企业配方为基础(低密度聚乙烯+线型低密度聚乙烯+茂金属聚乙烯),试验配方见表5-29。

表5-29 试验配方

编号	EZP2005HH %(质量分数)	EZP2010HA %(质量分数)	DFDA7047 %(质量分数)	1810D %(质量分数)
2005-0	100	0	0	0
2005-1	0	0	50	50
2005-2	10	0	50	40
2005-3	20	0	50	30
2005-4	30	0	50	20
2005-5	40	0	50	10
2005-6	50	0	50	0
2010-1	0	100	0	0
2010-2	0	10	50	50
2010-3	0	20	50	40
2010-4	0	30	50	30
2010-5	0	40	50	20
2010-6	0	50	50	10

试验温度190℃±10℃,吹胀比3:1,薄膜厚度25μm±3μm。实验过程表现:EZP2005HH网前压力及主机电流与DFDA7047基本相当,均高于EZP2010HA,高压料1810D网前压力及主机电流最低,掺混茂金属线型低密度聚乙烯达到30%后加工参数变化不大。薄膜初始性能见表5-30。

表5-30 薄膜力学及光学性能

编号	拉伸强度 (纵向/横向), MPa	断裂标称应变 (纵向/横向),%	直角撕裂强度 (纵向/横向), kN/m	落镖冲击破损质量, g	雾度,%	透光率,%
2005-0	46.3/42.7	430/470	89/97	227	10.6	97.3
2005-1	28.4/29.1	280/430	93/120	89	10.9	95
2005-2	31.2/31.2	330/460	94/120	97	11.3	94.9
2005-3	32.9/35.3	350/500	94/120	104	10.8	94.6
2005-4	35.1/38.3	380/500	98/120	119	10.6	94.1
2005-5	39.5/36.6	430/490	94/110	128	11.1	94.2
2005-6	41.6/38.9	480/500	96/110	137	17.7	94

编号	拉伸强度 (纵向/横向),MPa	断裂标称应变 (纵向/横向),%	直角撕裂强度 (纵向/横向),kN/m	落镖冲击 破损质量,g	雾度,%	透光率,%
2010-1	38.3/44.9	400/530	86/98	216	11.4	93.4
2010-2	29.1/34.8	320/470	87/120	95	11.4	94.1
2010-3	35.6/35.5	410/490	93/110	106	11.4	94.1
2010-4	36.9/37.7	420/470	100/120	116	12.1	94.1
2010-5	36.1/38.7	410/480	110/110	119	11.5	94.1
2010-6	42/38.9	460/470	98/100	134	17.7	93.7
DFDA7047	39/36.6	520/560	110/110	88	22.2	97.1
1810D	26.2/25.7	160/310	69/87	112	10.4	97.3

从表5-30可以看出,100%茂金属线型低密度聚乙烯产品的拉伸强度和落镖冲击性能最高,与普通线性和高压料掺混后,茂金属线型低密度聚乙烯加入量越高,薄膜力学性能越好。

对上述配方进行了紫外老化实验(光照强度为$0.8W/m^2$),考察了掺混配方的耐老化性能,详见表5-31和图5-30。

表5-31 两组配方耐老化性能

编号	拉伸强度 N	断裂标称 应变,%	拉伸强度 (49h),N	断裂标称应变 (49h),%	拉伸强度 (96h),N	断裂标称 应变(96h),%
2005-0	46.3	430	44.3	440	28	310
2005-1	28.4	280	24.7	260	12.3	100
2005-2	31.2	330	27.9	300	17.1	140
2005-3	32.9	350	33.3	360	18.2	180
2005-4	35.1	380	35.1	410	21.2	210
2005-5	39.5	430	38.7	430	21.7	230
2005-6	41.6	480	36.9	430	22.4	280
2010-1	38.3	400	38.1	430	17.7	350
2010-2	29.1	320	24	230	14.8	62
2010-3	35.6	410	26.9	320	14.5	100
2010-4	36.9	420	32.3	390	20.7	200
2010-5	36.1	410	35.2	430	34.7	320
2010-6	42	460	38	470	31.9	400
DFDA7047	39	520	34.7	500	18.5	290
1810D	26.2	160	22.9	140	12.2	22

从表5-31和图5-30可以看出,随着茂金属线型低密度聚乙烯的增加,薄膜的耐老化性能呈增加趋势。

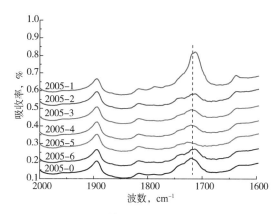

图 5-30　掺混配方老化红外谱图

　　在棚膜掺混配方实验中，随着茂金属线型低密度聚乙烯的增加，力学和耐老化性能均有提高，加工性能变化不大。综合上述实验，茂金属线型低密度聚乙烯在掺混配方中起到提高强度和耐老化能力的作用，高压料提高了加工性能，但对于力学和耐老化性能有着负面影响。

　　② 包装膜掺混配方设计。

　　由于聚乙烯在薄膜吹塑领域应用中，下游用户多以掺混进行加工，在掺混过程中厂家用户往往会选取一定量的线型低密度聚乙烯、低密度聚乙烯和高密度聚乙烯，甚至其他种类的树脂原料(乙烯-醋酸乙烯共聚物、聚烯烃弹性体等)，将其进行掺混，再进行吹膜加工。为更好地推广 HPR1018HA 产品的应用，选取了 4 种市面上常见的聚乙烯树脂原料，将 HPR1018HA 分别与其进行掺混试验，旨在认识其与不同原料掺混时薄膜性能的变化趋势。选取的 4 种树脂原料及掺混比例见表 5-32。

表 5-32　掺混原料添加比例

编号	1810D,%（质量分数）	FB2230,%（质量分数）	LL0209AA,%（质量分数）	2426H,%（质量分数）
1#	20			
2#	40			
3#	60			
4#	80			
5#		20		
6#		40		
7#		60		
8#		80		
9#			20	
10#			40	
11#			60	
12#			80	
13#				20

续表

编号	1810D,%（质量分数）	FB2230,%（质量分数）	LL0209AA,%（质量分数）	2426H,%（质量分数）
14#				40
15#				60
16#				80

表 5-32 中，1810D 为常见的熔融指数为 0.3g/10min 的低密度聚乙烯树脂，在重包装膜、农膜中常与 HPR1018HA 共混添加。FB2230 为博禄化工推出的亚光型薄膜树脂，其具有良好的落镖冲击性能以及较高的雾度与透光率，在漫散射膜中为下游用户所广泛应用。LL0209AA 为最常见的熔融指数为 1.0g/10min 的线型低密度聚乙烯，在各类农膜、包装膜中均被广泛应用。2426H 为熔融指数为 2.0g/10min 的低密度聚乙烯产品，在农膜及包装膜中常被用户广泛使用。经过掺混试验后，测试所得数据见表 5-33。

表 5-33　HPR1018HA 掺混试验测试结果

品种	加入量,%（质量分数）	直角撕裂强度（纵向/横向），MPa	拉伸强度（纵向/横向），MPa	屈服应力（纵向/横向），MPa	断裂标称应变（纵向/横向），%	透光率 %	雾度 %	落镖冲击破损质量, g
1810D	20	94.9/112	42.4/43.6	-/11.4	390/460	93.3	4.7	168
1810D	40	86.9/119	33.7/41.7	-/12.4	240/450	93.1	7.3	121
1810D	60	81.5/116	32.1/37.0	-/11.6	250/450	93.2	7.9	109
1810D	80	74.4/111	28.6/31.2	-/12.0	190/390	93.0	8.2	101
FB2230	20	96.5/97.5	39.4/40.9	12.0/12.6	390/410	92.7	18.7	662
FB2230	40	97.9/108	33.4/39.2	11.6/12.0	340/440	93.0	16.3	476
FB2230	60	97.8/111	37.4/39.9	12.0/12.4	340/450	92.5	32.2	302
FB2230	80	96.5/116	41.3/36.2	12.4/13.1	340/440	92.0	54.0	146
LL0209AA	20	97.7/96.5	41.0/43.5	11.5/11.0	440/510	92.4	18.2	242
LL0209AA	40	104/107	39.4/41.4	11.4/11.5	450/510	92.7	19.8	155
LL0209AA	60	106/107	40.9/36.5	11.5/11.7	510/480	92.5	22.1	119
LL0209AA	80	112/114	37.5/34.6	11.8/12.2	490/480	92.7	23.8	102
2426H	20	95.1/110	40.7/37.7	11.8/10.6	420/490	93.7	3.5	136
2426H	40	93.1/118	32.6/32.7	11.8/11.5	340/410	92.8	3.3	111
2426H	60	93.2/112	28.3/34.3	12.2/12.6	300/420	92.7	3.7	97
2426H	80	83.9/118	24.9/22.9	12.3/12.2	240/350	92.6	2.9	30

由表 5-33 可见，1810D 加入 HPR1018HA 中后，随着添加量的增多，薄膜拉伸性能与落镖冲击破损质量明显下降，这与低密度聚乙烯树脂基础力学性能较差有一定关系。因此在实际加工中，低密度聚乙烯的总添加量应适当进行控制，以保证薄膜力学性能没有明显下降；随着 1810D 添加量的增多，薄膜的雾度未随着添加量的增多而降低；随着 FB2230 添加量的增加，薄膜拉伸强度纵向方面整体呈上升趋势，而横向呈下降趋势，FB2230 的添加量与薄膜落镖冲击性能呈完美的线性关系，添加量越多，薄膜纵横向拉伸强度、落镖冲击

破损质量呈下降趋势；2426H 对薄膜落镖冲击性能影响较大，并且随着添加量的增加，落镖冲击破损质量显著下降，但雾度较低。

经过对下游客户加工设备的温度、挤出速度、吹胀比、产量、配方组成、助剂等多项关键技术指标进行调整、优化，HPR1018HA 在陕西华塑成功进行了现场加工应用试验（图 5-31），HPR3518CB 在深圳万达杰成功进行了现场加工应用试验（图 5-32），EZP2010HA 在山东淄博耀辉成功进行了现场加工应用试验（图 5-33），EZP2703HH 在天津四维宝诺成功进行了现场加工应用试验（图 5-34），最终独山子石化茂金属膜料被广泛应用到国内众多包装膜、农膜生产企业。独山子石化茂金属膜料在上述几种应用中均成功替代了进口同类产品，打破了进口同类产品的垄断，得到了下游用户的广泛认可。

图 5-31 HPR1018HA 加工重包装膜

图 5-32 HPR3518CB 加工流延膜

图 5-33 EZP2010HA 加工高档棚膜

图 5-34 EZP2703HH 加工热收缩膜

截至 2020 年 12 月，国内茂金属聚乙烯总消费量约为 $100 \times 10^4 t/a$，其市场以进口原料为主、国产原料为辅。其中，进口原料占总量 90% 以上，国产原料占总量的 5%~10%，较高的进口原料占有率导致国内茂金属聚乙烯产品价格长期居高不下。近年来，独山子石化及国内其他多家石化企业不断深化茂金属聚乙烯产品开发进度，使得进口原料在国内的售价不断降低。

随着聚乙烯薄膜领域的不断发展，下游薄膜生产厂家对薄膜的质量要求不断提高，传统的聚乙烯产品已经越来越难以满足用户需求。而茂金属聚乙烯凭借其卓越的性能，已经被越来越多的薄膜生产厂家所接受。我国茂金属聚乙烯市场在整个聚乙烯膜料市场中的占有率还有较大的增长潜力。

三、线型低密度聚乙烯薄膜专用料开发

国内线型低密度聚乙烯主要应用于薄膜制品，如包装膜、农膜等，占线型低密度聚乙烯总消费量的82.2%。用于包装薄膜制品的线型低密度聚乙烯有非开口型、开口型和高开口型3种类型。非开口型线型低密度聚乙烯中没有添加开口剂和爽滑剂，薄膜很难开口，用于黏胶带、保护膜、收缩膜和改性等方面。非开口型代表性产品是国产的DFDA7042N、埃克森美孚公司的1002YB、沙特基础工业公司的218N等；开口型线型低密度聚乙烯添加了少量的开口剂和爽滑剂，薄膜可以开口，但开口性一般，用于通用包装膜，代表性产品是国产的DFDA7042，韩国的SK149、DFDA7047以及科威特的7050等。

高开口型线型低密度聚乙烯添加了大量的开口剂和爽滑剂，开口性良好，主要用于高速自动包装膜。自动包装膜通常在高速生产线上用来包装食品、杂志、纺织品、卫生用品等各种商品。由于薄膜的牵引速度达到600包/min，速度非常快，对薄膜的开口性能和爽滑性能要求较高。高开口型代表性产品有埃克森美孚公司的1002KW、沙特基础工业的218W、镇海炼化的DFDA-7050H、中沙（天津）石化的222WT、兰州石化的7042H及抚顺石化的7050等。高开口型进口产品进入市场较早，获得了下游用户的普遍认可，近几年随着国产高开口型高速自动包装膜专用料的开发，进口产品市场份额不断下降。

高开口型线型低密度聚乙烯薄膜专用料开发主要经历两个阶段。

（1）聚合工艺调控与高开口助剂配方研发。

自2008年开始，中国石油石化院与兰州石化从聚合工艺和助剂体系入手，进行了高速自动包装膜专用料DFDA7042H的开发。一方面通过分析进口产品结构特点确定了目标产品的分子结构，在聚合过程中适量增加共聚单体，结合工艺调整，得到高支化结构的产品，提高了产品的透明性；另一方面，筛选特定粒径结构的开口剂，采用新型特制改性剂对其进行处理，研究了开口剂、爽滑剂的作用机理与薄膜性能之间的关系，优选出最佳配方；解决了薄膜开口性与透明性难以兼顾的关键技术问题。通过高开口助剂配方研发，确定配方的线型低密度聚乙烯薄膜料主要性能见表5-34。

表5-34　确定配方的线型低密度聚乙烯薄膜料主要性能

项目	试验料	对标产品	试验方法
熔融指数（190℃，2.16kg），g/10min	1.94	1.90	GB/T 3682—2000
密度，g/cm³	0.9203	0.9202	GB/T 1033.2—2010
雾度，%	12	24.6	GB/T 2410—2008
落镖冲击破损质量，g	110	119	GB/T 9639.1—2008（A法）
动摩擦系数	0.098	0.156	GB/T 10006—1988

（2）高开口型线型低密度聚乙烯薄膜专用料工业化研发。

在按确定的工艺和配方进行高开口型线型低密度聚乙烯薄膜专用料工业开发中，通过进一步调整进料系统和造料机工艺，解决了开口剂的聚集与分散问题，有效控制了薄膜的

晶点，实现了薄膜的开口性与透明性和晶点的平衡。规模生产高开口型线型低密度聚乙烯专用树脂 DFDA7042H 工艺流程如图 5-35 所示。所开发的高开口型 DFDA7042H，雾度为14%，动摩擦系数降至 0.109，开口性、透明性良好，关键指标性能优于对标产品，其结果见表 5-35。

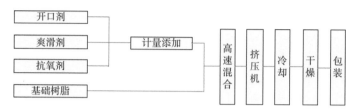

图 5-35 生产 DFDA7042H 工艺流程图

表 5-35 兰州石化 DFDA7042H 与对标产品性能对比

项目	DFDA7042H	对标产品	试验方法
熔融指数(190℃，2.16kg)，g/10min	1.90	1.90	GB/T 3682—2000
密度，g/cm³	0.9200	0.9202	GB/T 1033.2—2010
拉伸屈服应力，MPa	9.7	12.6	GB/T 1040.2—2006
拉伸断裂应力(50mm/min)，MPa	22.5	18.3	
断裂标称应变,%	836	832	
雾度,%	14	24.6	GB/T 2410—2008
落镖冲击破损质量，g	105	119	GB/T 9639.1—2008(A 法)
动摩擦系数	0.109	0.156	GB/T 10006—1988

DFDA7042H 开口性良好，非常适合各类包装衬里、成衣袋和膜厚低至 $12\mu m$ 的各类包装膜的生产(图 5-36)。华南地区的应用试验表明，产品能够满足高速自动包装要求，透明性好，可以替代进口产品，受到市场的欢迎。

图 5-36 DFDA7042H 加工高开口膜

高开口型 DFDA7042H 改变了兰州石化原有聚烯烃装置产品生产牌号少的状况，丰富了产品系列。截至 2020 年 12 月底，已累计生产 48×10^4t，创造了巨大的经济效益，增强了装置的竞争力。随着国内聚乙烯需求量的增加，线型低密度聚乙烯进口量呈逐年上升趋势，兼具开口和爽滑性能好、透明度高的线型低密度聚乙烯需求量约为 $30×10^4 t/a$，其售价比通用线型低密度聚乙烯高约 200 元/t，高开口型 DFDA7042H 经济效益显著。

四、双向拉伸聚乙烯薄膜专用料开发

双向拉伸聚乙烯（BOPE）薄膜是以具有特殊分子结构的聚乙烯树脂为原料，采用平膜法双轴取向分步拉伸加工工艺的方法进行生产的一类高性能薄膜材料。与传统的线型低密度聚乙烯薄膜相比，双向拉伸聚乙烯薄膜经双向拉伸工艺成型后，其大分子链和聚集态结构发生高度取向，因此具有优异的力学性能，双向拉伸聚乙烯薄膜的拉伸性能及耐穿刺性能提高 2~5 倍；薄膜厚度减薄，在相同的使用条件下，双向拉伸聚乙烯薄膜厚度可减薄 40%~50%，并可生产厚度为 10μm 以下的超薄膜产品；透明性好，双向拉伸聚乙烯薄膜雾度可降低 30%~85%。双向拉伸聚乙烯薄膜因其突出的性能特点，主要应用于农用棚膜、复合制袋、低温包装、医用等包装领域，成为近年来聚乙烯薄膜材料最新的发展方向。

由于双向拉伸聚乙烯薄膜专用料的生产难度较大，普通的线型低密度聚乙烯无法满足薄膜双向拉伸要求以及加工工艺要求严苛等几个方面的原因，限制了双向拉伸聚乙烯薄膜产品的开发及应用。国内生产双向拉伸聚乙烯专用料的厂家较少，专用料基本依赖进口。

国外实现双向拉伸聚乙烯工业生产的企业主要是陶氏化学和三井油化两家公司。美国陶氏化学公司采用溶液法，成功开发了双向拉伸聚乙烯产品（TF-BOPE）XUS59910.08，代替双向拉伸尼龙产品（BOPA）等包装材料，实现了在液洗袋领域的商业化应用，减少了包装材料用量，增强了包装袋的力学性能。日本三井油化公司采用 Evolue 双釜串联气相工艺，开发出具有宽分布特点的茂金属产品 SP3022，该专用料具有优异的力学性能与良好的加工性能，满足双向拉伸加工工艺的特殊要求。采用 SP3022 生产的双向拉伸聚乙烯薄膜，具有较好的低温柔顺性，应用于速冻包装领域。中国石化北京化工研究院将不同熔融指数的线型低密度聚乙烯进行共混处理改性，开发出双向拉伸聚乙烯基础树脂，利用薄膜双拉试验机优化双拉速率、加工温度等工艺条件，在下游用户企业实现加工应用，可生产 10~60μm 的双向拉伸聚乙烯薄膜产品。

中国石油石化院利用 50kg/h 气相聚乙烯中试装置，开展双向拉伸聚乙烯薄膜专用料的技术研发工作，其取得的技术进展如下：

（1）通过特殊的分子结构设计，开展中试聚合工艺研究。试验过程中，曾出现反应器静电波动大的问题，为解决上述问题对反应温度与共聚单体分散进行了协同调控，调整后上述现象得以明显改善，装置运行较为平稳，中试产品质量稳定，成功开发出双向拉伸聚乙烯薄膜专用料，并开展中试产品的性能测试，性能测试结果见表 5-36。

表 5-36　中试产品性能测试结果

测试项目	中试产品	进口产品 1	进口产品 2
熔融指数（2.16kg），g/10min	1.64	1.68	1.59
熔融指数（5kg），g/10min	3.9	5.0	4.8
熔融指数（21.6kg），g/10min	29.4	48.5	51.4
密度，g/cm³	0.927	0.926	0.925

测试项目	中试产品	进口产品1	进口产品2
拉伸强度，MPa	33.5	25.3	30.6
拉伸屈服应力，MPa	14.3	14.6	14.5
拉伸断裂标称应变，%	778	919	768

根据测试结果可以看出，中试产品的基础性能与进口产品相当。

（2）双向拉伸聚乙烯薄膜加工应用研究。

采用中试产品开展双向拉伸加工试验，如图5-37所示。试验时将聚乙烯经流延机熔融挤出流延成片材，片材冷却后进入双向拉伸试验机，分别考察异步拉伸与同步拉伸对中试产品性能的影响，加工工艺参数见表5-37。

图5-37　中试产品双向拉伸试验

表5-37　双向拉伸加工工艺条件

工艺参数	试验1	试验2
双向拉伸方式	异步拉伸	同步拉伸
双向拉伸速率，mm/s	2~5	2~5
纵向拉伸温度，℃	110~130	110~130
横向拉伸温度，℃	110~130	110~130

试验过程中，采用物理多尺度结构在线研究技术，考察双向拉伸过程中双向拉伸聚乙烯薄膜结晶度及取向度的变化规律，双向拉伸聚乙烯薄膜经双向拉伸工艺成型后，其大分子链和聚集态结构在横向拉伸与纵向拉伸两个方向发生高度取向。

双向拉伸聚乙烯薄膜的出现对于聚乙烯包装薄膜是一次颠覆性的技术突破，将推动包装行业向着功能化、轻量化、生态化发展。近3年双向拉伸聚乙烯薄膜行业市场需求开始加速，2019年国内市场消费量超过$3×10^4$t，同比2018年增长超过100%，售价较通用线型低密度聚乙烯高1000~1500元/t。预计未来5年内，双向拉伸聚乙烯薄膜行业将继续以每年超过10%的速度稳步增长。双向拉伸聚乙烯薄膜因其优异的力学性能，为薄膜包装提供了充分的减薄空间，随着人们对环境保护和循环再生的日益重视，双向拉伸聚乙烯薄膜将被应用于更多的包装领域。

中国石油 260×10⁴t/a Unipol 工艺聚乙烯装置以生产通用产品为主，结合中国石油的提质增效专项行动要求，石化院开发了双向拉伸聚乙烯薄膜生产技术，填补了我国在该领域的技术空白，丰富了中国石油高附加值聚烯烃产品种类，具有良好的经济效益与社会效益。

五、高密度聚乙烯薄膜专用料开发

据统计，2019 年国内高密度聚乙烯薄膜消费量近 450×10⁴t，主要应用于购物袋、重包装袋、工业用衬里袋等。高密度聚乙烯薄膜是聚乙烯类包装薄膜中强度较高的品种，其拉伸强度可达低密度聚乙烯包装薄膜的两倍以上（20MPa 以上），因此采用高密度聚乙烯做包装薄膜可降低厚度，从而减少单耗，降低成本。

在薄膜领域，进口的主要牌号有北欧化工公司的 FB1460、FB1550，韩国 SK 公司的8800、韩国大林公司的 TR144，卡塔尔的 TR144 等。其中，北欧化工公司的 FB1460 和FB1550 为双峰薄膜产品，在力学性能相同时，薄膜厚度可降低，且具有优良的刚韧平衡性，刚性和抗穿刺性提高，在横向、纵向上均有很高的撕裂强度，应用于商品包装、购物袋等领域，其薄膜厚度偏差小，凝胶少，薄膜外观好。TR144 具有良好的耐热性和耐寒性，化学稳定性好，具有较高的刚性和韧性，机械强度好。国产的主导牌号是中国石化齐鲁石化的 DGDA6098、扬子石化的 7000F、上海石化的 HM602 及中国石油独山子石化的 DG-DX6095H、大庆石化的 DGDB6097、吉林石化的 9455F、兰州石化的 DGDX6095 及四川石化的 9455F1 等。其中，齐鲁石化的 DGDA6098 采用铬系催化剂生产，以丁烯为共聚单体，具有较高的分子量及较宽的分子量分布特性，刚性和韧性平衡性好，机械强度高，得到市场广泛认可，主要用于生产购物袋、杂货袋、多层衬里膜等。

自 2016 年，兰州石化与石化院开始进行高密度聚乙烯薄膜料 DGDX6095 的研究与开发，主要经历了以下两个阶段：

（1）高密度聚乙烯薄膜专用料助剂配方研发。

以市场同类产品为研究目标，剖析其性能，明确关键技术指标。针对市场关注度较高的抗黄变问题，研究了不同抗氧剂复配对抗黄变性能的影响，开发了专用助剂配方，保证了材料的抗黄变性能，结果见表 5-38。

表 5-38　样品黄色指数比较结果

挤出次数	DGDX6095	对标产品
1	4.7	4.9
2	8.5	11.9
3	10.4	14.4
4	10.6	16.7

（2）高密度聚乙烯薄膜专用料工业化生产。

采用铬系催化剂，以丁烯为共聚单体，通过研究聚合工艺与产品的微观结构，提高了产品支化度与分子量分布，采用专用助剂配方进行了工业化生产。结果表明，产品的撕裂强度、抗黄变性能得到大幅提高，产品的熔融指数达到 8.0~13g/10min（190℃、21.6kg），密度为 0.949~0.953g/cm³，拉伸断裂应力达到 35MPa 以上，综合性能达到国内同类产品先进水平。DGDX-6095 的吹膜应用评价与对比测试结果见图 5-38 和表 5-39。

图 5-38　DGDX-6095 加工高强度膜

表 5-39　DGDX-6095 与对标产品性能对比

检测项目		DGDX-6095	对标产品	技术标准
鱼眼，个/1520cm²	0.8mm	0	0	GB/T 11115—2009
	0.4mm	0	0	
拉伸屈服应力，MPa	横向	24.6	21.9	GB/T 1040.3—2006
	纵向	34.1	26.3	
拉伸断裂应力，MPa	横向	24.8	23.4	
	纵向	36.3	29.9	
断裂标称应变，%	横向	595.5	538.8	
	纵向	417.5	428.3	
直角撕裂强度，N/mm	横向	247.4	207.6	GB/T 16578—2008
	纵向	173.8	163.5	
落镖冲击破损质量，g		165.0	80.1	GB/T 9639.1—2008(A 法)
雾度，%		93.2	91.6	GB/T 2410—2008
氧化诱导期，min		57.8	45.3	GB/T 19466.6—2009

　　国内高密度聚乙烯的年消费量近 450×10^4 t，并且在逐年递增。至 2020 年 12 月底，兰州石化生产铬系薄膜料 DGDX-6095 累计超过 13×10^4 t，铬系产品的开发给公司创造了巨大的经济效益。我国薄膜料的生产和研发取得了很大的进展，但仍然存在中低端产品占比高、专用料种类少等不足，应加强己烯、辛烯等聚乙烯共聚产品开发，加快茂金属等不同种类催化剂及双峰聚乙烯等技术研究，生产出更多环保化、高功能化、轻量化和复合化的高密度聚乙烯高性能薄膜料。

第三节　电缆料产品开发

截至 2020 年底，国内电缆料需求量近 $40×10^4t/a$，为满足日益增长的电缆料市场需求，中国石油通过多年研发，形成了电缆料分子结构控制及杂质含量控制等技术，开发了 10kV、35kV 和 110kV 用过氧化物交联电缆料系列和硅烷交联电缆料基础树脂，累计生产近 $12×10^4t$。所开发产品具有电性能优良、杂质含量低、交联性能好等特点，在氧化物交联和硅烷交联电缆料领域得到广泛应用，受到用户的认可。

一、过氧化物交联电缆料系列产品开发

电线电缆绝缘及护套用塑料俗称电缆料，所用原料包括了橡胶、塑料、尼龙等多种品种。近年来，我国电缆行业得到了飞速发展，占据中国电工行业近 1/4 的产值，是机械工业中仅次于汽车行业的第二大产业，其年总产值已占到我国 GDP 的 2% 左右，已超过美国、日本，成为世界上第一大电缆生产国[9]。我国有电线电缆生产企业近 5000 家，又有城乡电网改造、西部大开发及通信设施大面积升级改造对电线电缆产品的巨大需求，电缆料在我国具有广泛的市场发展前景。

目前，国内 500kV 已成为各大区、各省电网的主要网架，并在大城市形成环网，220kV 将成为地区主要供电网，继续加强城乡各级电压电网建设，以满足用电增长需要，电网建设的发展给电线电缆行业带来了大好机遇。随着特高压战略的实施，我国高压交联聚乙烯（XLPE）电缆的需求量越来越大。"十二五"以来，我国高压交联电缆的用量猛增，据统计，2020年中国聚乙烯电缆专用料需求总量达到 $36.3×10^4t$，110kV 及以上高压电缆料需求量接近 $10×10^4t$，预计 2025 年将达到 $16×10^4t$。表 5-40 列举了国内高压交联电缆绝缘材料的需求情况。

表 5-40　我国高压交联电缆绝缘材料的需求量预测

年份		2010	2015	2020	2025（预测）
绝缘料需求量，10^4t	110kV	3	4.8	6.5	12
	220kV	1	2.1	3.5	4
	110~220kV	4	6.9	10	16

数据来源：国家电网全球能源互联网研究院有限公司调研数据。

电线电缆行业竞争激烈，在国际市场，电线电缆行业已形成几大巨头之间垄断竞争的格局，在电线电缆行业，欧洲一直保持着其全球领先的地位。全球最大的几个电缆制造商为意大利比瑞利（Pirelli）、法国耐克森（Nexans）和日本住友（Sumitomo Division Cables）等公司。目前，国际上高压电力电缆所必需的超净交联聚乙烯绝缘料及超光滑屏蔽料的生产和销售，以日本、美国与欧洲水平最高，已形成了拥有雄厚资金和技术力量的几个大集团，如美国陶氏化学、北欧化工及日本宇部兴产等公司，其电缆专用料产品质量稳定、品种齐全，中压电力电缆专用料仅 UCC 就有 10 种牌号。国外的超高压现在能达到 500kV，已实现工程应用。国内电力电缆领域不断向更高电压等级发展，已完成 500kV 交流电缆，已实现

采用进口绝缘料电缆工程应用。北欧化工、陶氏化学、LG 化学等公司大多采用高压管式法生产电缆料基础树脂，后期 110kV 以上高压电缆料采用浸润法（也称后吸法）工艺生产高压交联聚乙烯绝缘料。

截至 2020 年底，我国已建和在建的悬链式（VCV）高压交联电缆生产线已有 90 多条，已建、在建的悬链式高压交联电缆生产线年生产能力近 4×10^4km。表 5-41 列举了近期国内交流电缆工程[10]。

表 5-41　国内交流电缆工程

年份	工程	电压（AC），kV	电缆类型
2009	中国海南联网海底电缆工程	500	充油电缆
2009	上海世博站电缆工程	500	交联聚乙烯绝缘
2014	北京市海淀电缆输电线路	500	交联聚乙烯绝缘
2017	上海虹杨输电	500	交联聚乙烯绝缘
2018	海南联网工程Ⅱ回	500	交联聚乙烯绝缘
2018	舟山跨海联网Ⅰ回	500	交联聚乙烯绝缘
2019	舟山跨海联网Ⅱ回	500	交联聚乙烯绝缘

目前，我国电线电缆行业，低压产品产能过剩、竞争激烈，中压产品竞争激烈程度中等，高压和超高压产品寡头垄断。对于低压电线电缆来讲，其技术含量较低，设备工艺简单，资本进入后可快速形成巨大的生产能力，目前其产能情况已超过市场需求。在产能过剩和国内市场竞争日益激烈的情况下，低端电缆产品市场已经呈现充分竞争格局，利润率较低。中压产品的进入壁垒、竞争激烈程度和利润率介于低压与高压产品之间，处于中等水平。而高压、超高压产品技术含量高，生产工艺复杂，存在较高的进入壁垒，目前市场主要由少量外资厂商、合资厂商和内资龙头企业所垄断。

生产 35kV 电缆料的主要厂家有浙江万马、江苏德威、上海新上化等公司，市场提供的 35kV 电缆料基料有扬巴石化的 2220H、上海石化的 DJ200A、燕山石化的 LD100BW 等。国内已经能够自主制造 220kV、500kV 交联聚乙烯绝缘电缆，但所采用的材料还全部依赖进口，尚无我国自主的 110kV 及以上电压等级交联聚乙烯电缆绝缘材料及屏蔽材料。国内高端电缆料的研发和生产与发达国家相比还有较大差距。超高压电缆料完全依赖进口，受制于国外，为电缆领域的一项"卡脖子"技术，急需打破国外技术垄断。国内电缆料生产企业应更加重视技术创新，推动高压电缆料的进一步发展。

高压聚乙烯电缆料的研发经历了 3 个阶段，即 10kV 电缆料基料 2210H、35kV 电缆料基料 2240H 和 110kV 电缆料基料 CL2120P 的开发阶段。

（1）10kV 电缆料基料 2210H 的开发。

兰州石化于 2008 年试生产 2210H，投用华东市场后，下游用户反映 2210H 在用作 10kV 绝缘电缆料时存在介电损耗值高、过氧化物交联剂加入量大的问题。

通过技术攻关，突破了引进的分子量调节剂专利技术，采用新型不饱和烯烃作为分子量调节剂，开发了低密度聚乙烯分子链结构控制技术，生产出了电性能优异的电缆绝缘专用聚乙烯树脂。优化了聚合工艺参数，明确了聚合工艺参数对产品支化度的影响规律，采取提高反应温度、降低反应压力的措施，改善了产品支化度，提高了材料交联能力。

应用表明，改进后电缆绝缘料的电性能优良，其支化度较高，仅需添加少量交联剂即可达到交联要求。解决了低密度聚乙烯绝缘电缆料介电损耗值高、过氧化物交联剂加入量大等问题，产品在10kV交联电缆料方面得到广泛应用。

（2）35kV电缆料基料2240H的开发。

兰州石化根据市场需求，在20×10⁴t/a高压聚乙烯装置上，成功开发出性能符合35kV电缆料基料2240H。

在研发过程中，通过降低反应压力、提高反应温度，调控分子量及其分布等措施，形成了杂质含量控制技术、双键含量控制技术等优势，进一步减少了2240H杂质含量，提升了交联性能。对2240H及对比样品的基本物性、结构性能、杂质含量、流变性能等研究表明，其达到了国内同类产品的水平，杂质含量和电性能指标优于同类产品，2240H与对标产品性能对比情况见表5-42和表5-43。采用2240H生产的35kV电缆制品按照标准GB/T 12706.3—2008进行全项检测，各项性能均符合标准要求。在华东、西南等地区得到广泛应用，得到用户的认可。

表5-42　2240H与对标产品的性能对比

样品	熔融指数（190℃，2.16kg）g/10min	密度 g/cm³	拉伸屈服应力 MPa	断裂应力 MPa	断裂标称应变 %	介电常数	介电损耗角正切
对标产品	2.05	0.9178	9.1	13.2	539	2.27	$1.3×10^{-4}$
2240H	1.96	0.9178	9.8	14.0	588	2.24	$1.2×10^{-4}$
技术标准	GB/T 3682—2000	GB/T 1033.2—2010	GB/T 1040.3—2006			GB/T 1409—2006	

表5-43　2240H与对标产品的双键含量和支化度

样品	$RCH=CH_2$ 相对含量,‰	$R_1R_2C=CH_2$ 相对含量,‰	支化度,‰
对标产品	0.32~0.34	0.27~0.30	16.9
2240H	0.21~0.24	0.29~0.38	17.0~17.2
技术标准	GB/T 6040—2002		

2017年，兰州石化完成了生产装置的洁净化改造，引入10万级的防尘包装系统，并采用重膜包装，大幅提高了产品的洁净程度（图5-39），提高了产品质量，形成了专有工艺技术，提升了装置市场竞争力。

（3）110kV电缆料基料CL2120P的开发。

兰州石化在开发35kV电缆料2240H基础上，生产过程及产后采取一系列除尘措施，进一步降低产品杂质含量，形成了电缆料洁净化生产控制技术；通过支化及双键控制技术，提升交联性能，成功开发出性能符合110kV交联电缆料性能要求的基础树脂CL2120P，累计生产4000余吨，CL2120P与对标产品性能对比情况见表5-44和表5-45。下游用户试用表明，CL2120P的各项指标均能满足生产110kV过氧化物可交联电缆料产品的性能要求。

图 5-39　兰州石化洁净化包装生产线

表 5-44　CL2120P 与对标产品结构性能对比

样品	重均分子量(M_w)	数均分子量(M_n)	M_w/M_n	支化度,‰	RCH=CH₂ 相对含量,‰	R₁R₂C=CH₂ 相对含量,‰
CL2120P	$7.78×10^4$	$1.27×10^4$	6.15	16.8~16.9	0.26	0.23
对标产品	$7.69×10^4$	$1.47×10^4$	5.23	14.2	0.31	0.24
技术标准	自建方法				GB/T 6040—2002	

表 5-45　CL2120P 及对标产品各部分分子量占比情况

样品	占比,%					
	<1000	$(0.1~1)×10^4$	$(1~10)×10^4$	$(10~50)×10^4$	$(50~100)×10^4$	$>100×10^4$
CL2120P	0.72	16.11	58.31	23.79	0.97	0.10
对标产品	0.50	16.11	60.99	21.43	0.68	0.29

　　国内超高压电缆料的需求日益增加,目前所开发的中低压电缆料能满足市场需求,但尚未生产出性能优良的超高压电缆料。国内高端电缆料的研发和生产与发达国家相比在杂质控制、交联性能、产品稳定性等方面还有较大差距,国内电缆料生产企业应更加重视技术创新,以推动高压电缆料的进一步发展。

　　兰州石化电缆料系列产品累计产量$12×10^4$t,利润为 1.04 亿元。110kV 电缆料 CL2120P 的开发,有利于提升国产电缆料的产品质量,打破进口电缆料产品在中国市场上的垄断地位,并将为 220kV 超高压电缆料的研制打下坚实的基础,有利于发展我国具有自主品牌的高端电线电缆产品,对我国电缆行业整体发展具有积极的促进作用。

二、硅烷交联电缆料产品开发

　　硅烷交联聚乙烯电缆料在制造电线电缆时,与过氧化物交联和辐照交联电缆料相比,具有所需制造设备简单、操作方便、综合成本低等优点,目前已成为低压电缆(电压等级 10kV 及以下)绝缘料的主导材料。国内硅烷交联聚乙烯电缆料基础树脂的市场需求量为$30×10^4$t/a 以上,典型用户如江苏德威新材料有限公司、上海凯波特种电缆料厂等企业,用量

均在 $2×10^4$ t/a 以上。与低密度聚乙烯及掺混树脂相比,线型低密度聚乙烯树脂具有价格低、接枝率高等特点,产品介电常数、介质损耗角正切等关键性能均满足国家标准 GB/T 14049—2008《额定电压 10kV 架空绝缘电缆》对于 10kV 及以下硅烷交联聚乙烯电缆料的技术要求。国内硅烷交联聚乙烯电缆料基础树脂主要是沙特基础工业的 318CNJ 和天津中沙的 320NT。由于价格较高、供货不稳,下游用户主要采用掺混树脂,产品质量不稳定,急需进行此类产品的开发。

面对下游市场的迫切开发需求,中国石油石化院进行全力技术攻关,进行硅烷交联聚乙烯电缆料基础树脂 DFDA2335 的生产技术开发。

要形成交联聚乙烯,首先必须对聚乙烯进行接枝,由于叔碳原子的存在,在引发剂作用下,支化的高分子比线型的高分子更易于与接枝单体反应,形成接枝高分子,因此硅烷交联聚乙烯一般为支链较多的低密度聚乙烯或线型低密度聚乙烯。与短支链相比,长支链的含量高对于交联反应是不利的,妨碍了交联反应的进行,而低密度聚乙烯是用高压法工艺自由基引发聚合生产,聚合过程中由于聚合物链接枝到活性链上,从而生成了长度与主链差不多的长支链。由于线型低密度聚乙烯带有更多的短支链,可以形成更多的活化点,因而比低密度聚乙烯更易于接枝。

基于上述理论分析,项目通过聚乙烯硅烷交联机理研究及其基础树脂的深入剖析,明确了产品的分子结构特点及性能要求。利用中试装置,进行了 3 种类型催化剂的筛选、数个产品指标的摸索及多次加工试验的反复验证,不断优化产品结构,有效解决了线型低密度聚乙烯产品加工性能和交联度相互制约的技术难题,通过攻克以下两方面关键技术,形成了硅烷交联聚乙烯电缆料基础树脂 DFDA2335 的生产技术。

(1)硅烷交联电缆料要求基础树脂具有较高的支化度、适宜的支链长度及分布均匀性,增加支化活性点及活性点的分布均匀性,以形成致密均匀的交联网络,项目通过对催化剂的筛选及聚合工艺变量的调整实现对聚合物支链结构的有效调控,攻克了线型低密度聚乙烯加工性能和交联度相互制约的技术难题。

(2)高效助剂体系的开发。硅烷交联聚乙烯电缆料的加工及使用特性,要求产品具有良好的加工稳定性、耐候性,同时要求减少助剂用量,以减少助剂体系对硅烷接枝反应的抑制作用,项目开发了高效慢速迁移的助剂体系,有效抑制了对后序接枝交联反应的不良影响,在保证产品性能的同时,满足了产品加工应用过程对抗热氧老化的性能要求。

2019 年,在大庆石化 $7.8×10^4$ t/a 线型低密度聚乙烯装置上首次进行了 DFDA2335 的工业化生产,实现了中国石油硅烷交联电缆料基础树脂零的突破。生产过程平稳,牌号切换稳定,产品各项性能达到预期指标要求,见表 5-46。

表 5-46　硅烷交联聚乙烯电缆料基础树脂 DFDA2335 性能

项　目	DFDA2335	进口产品	测试方法
熔融指数(2.16kg), g/10min	2.9	2.8	GB/T 3682—2000
密度, g/cm^3	0.919	0.920	GB/T 1033—2010
拉伸屈服应力, MPa	10.0	10.7	GB/T 1040—2006
相对介电常数(50Hz, 20℃)	2.19	2.25	GB/T 1406—2008

项　目	DFDA2335	进口产品	测试方法
介质损耗因数（50Hz，20℃）	2.0×10^{-4}	2.2×10^{-4}	GB/T 1406—2008
拉伸断裂标称应变,%	525	520	GB/T 1040—2006

2019年，在电线电缆绝缘料生产行业领军企业——上海新上化高分子材料有限公司进行了加工应用试验（图5-40、图5-41）。试验结果表明，产品加工性能良好，线面整体效果、制品热回缩、热老化等关键性能均优于同比测试的对标进口产品，综合性能优异，满足厂家要求，受到用户的高度认可，见表5-47至表5-49。

图5-40　放线及压片加工

图5-41　水煮交联及性能测试

表 5-47 基础树脂加工性能

样品	转速, r/min	电流, A
对标产品	1200	9.2
	900	8.2
DFDA2335	1200	9.2
	900	8.0

表 5-48 制品热延伸率、永久变形率和热收缩率

样品	热延伸率,%	永久变形率,%	热收缩率,%
对标产品	108	2	12.8
DFDA2335	108	2	8.4

表 5-49 制品热老化性能

样品	热老化数据	
	拉伸强度变化率,%	断裂伸长率变化率,%
对标产品	5.5	4.2
DFDA2335	3.2	3.1

国内硅烷交联聚乙烯电缆料基础树脂市场需求量较大，由于进口产品价格较高，供货不稳，目前市场需求迫切，前景较好。DFDA2335 生产技术可直接应用于现有 Unipol 工艺气相聚乙烯装置，可在中国石油内部同类装置上进行推广应用。DFDA2335 较通用树脂成本降低 50 元/t，售价高 300 元/t，以年产 $5×10^4$t 计，预期增效 1800 万元。同时，DFDA2335 的成功开发可满足市场的迫切需求，提高低压线缆制品的交联度及成品率，稳定产品质量，降低加工企业生产成本，具有良好的经济效益和社会效益。

第四节 瓶盖料产品开发

国内饮料领域包装瓶盖所用的高密度聚乙烯国产料占比很低，80%以上是进口料。近年来，中国石油开发出一系列高密度聚乙烯瓶盖专用料牌号，满足饮料瓶盖用料的需要，其中有大庆石化的 5603JP、抚顺石化的 FHP5050/FHP5050R 等，正逐步得到市场的认可。抚顺石化的 FHP5050 是目前认可度最高的牌号，已经在娃哈哈、康师傅等知名饮料厂家规模化应用。

一、瓶盖料产品 FHP5050

瓶盖是饮品包装重要的一环，也是消费者最先与产品接触的地方。瓶盖具有保持产品密封性能，还具有防盗开启及安全性方面的功能，因此广泛应用在瓶装产品上，是瓶容器包装的关键性产品。目前，由于国内饮料行业竞争激烈，不少知名企业都在采用最新的生产工艺和设备，使我国的制盖机械和塑料盖生产技术都达到了世界先进水平。因而对瓶盖

所用树脂材料提出了更高的要求,既要有好的成型加工性,又要有好的物性满足瓶盖在高速灌装时耐应力开裂,还要以瓶盖的合理收缩性来满足瓶盖尺寸稳定性的要求。

生产饮料瓶盖的主要原料就是高密度聚乙烯。据不完全统计,截至 2020 年底,国内对高密度聚乙烯瓶盖料的年需求量约 50×10⁴t,而且每年以 12%~15% 的速度增长,其中瓶装水盖增速最快。汽水盖方面,原来使用聚丙烯原料的双片盖已经大部分被高密度聚乙烯单片盖替代,因此也形成了高密度聚乙烯瓶盖料新的增长点。从全球来看,根据美国弗里多尼亚(Freedonia)咨询公司预测,全球塑料瓶盖需求将以每年 4.1% 的速度增长,到 2021 年全球塑料瓶盖需求量将达到 1.9 万亿个,若以标准瓶盖单重 2g 计算,全球瓶盖料年需求量将达到 380×10⁴t。国内瓶盖料来源目前仍然以进口料为主:主要来自韩国、泰国、中东等,主流牌号有三星的 C912A、C430A、C910C,博禄化工的 MB6561、MB7581,巴塞尔的 5331H,泰国的 2200JP 等。国内瓶盖料供应市场份额较小。

中国石油抚顺石化与石化院持续进行技术攻关,所研发的高密度聚乙烯瓶盖料产品 FHP5050 用于生产瓶装饮用水、乳制品、饮料、冷灌装饮品的瓶盖,具有无异味、良好的可塑成型、外观光洁度好、瓶盖尺寸均一稳定等特点,实现了进口替代,填补了国内市场空白。

(1)通过分子结构设计指导工艺生产,构建了原料制品—结构特性—聚合调控的双向指导体系。FHP5050 采用双釜淤浆工艺生产,熔融指数和密度是聚合物最基本的两个质量指标。Hostalen 淤浆工艺的产品并联生产控制关键指标,主要为熔融指数(2.16kg)和密度,最终产品的熔融指数(5kg)、密度及表观黏度值。通过对工艺参数的调节,即调整并联反应器的熔融指数与密度指标,使得 FHP5050 聚合过程中能生成一定量的高分子量部分,以保证瓶盖制品的力学性能与密封性能,也控制熔融指数在较高范围内,以满足瓶盖高速生产过程中的良好流动性。

(2)完成了瓶盖料树脂分子结构与产品性能关系的研究,取得了分子链结构与瓶盖料核心指标关联性的理论认识。抚顺石化 FHP5050 的分子链结构二维分级如图 5-42 所示。在聚合过程中,需对共聚单体加入量等指标控制在一定范围内,使瓶盖料核心指标达到最佳平衡点。通过对聚合工艺、挤压工艺条件的严格控制,实现了产品指标的收窄,指标控制稳定性得到提高,实现平稳化连续生产。

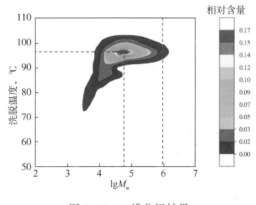

图 5-42 二维分级结果

（3）通过多重干燥工艺的设计、造粒工艺与助剂体系的优化，实现了瓶盖树脂的低气味，达到了美国食品药品监督管理局法规、欧盟 RoHS 指令、食品安全国家标准等要求，经娃哈哈等公司产品气味测试达到企业标准，满足食品级需求。

（4）在结构剖析、加工性能研究并与最终制品性能相关联的基础上，最终确定了适合工艺装置特点和市场用户需求的产品，FHP5050 产品控制指标见表 5-51。

抚顺石化 FHP5050 产品控制指标见表 5-50。

表 5-50　瓶盖料 FHP5050 质量指标

序号	项目		优级品
1	颗粒外观(色粒和黑斑粒)，个/kg		≤10
2	密度(23℃)，g/cm³	标称值	0.953
		偏差	±0.003
3	熔融指数(190℃，2.16kg)，g/10min	标称值	3.2
		偏差	±0.4
4	拉伸性能	拉伸屈服应力，MPa	≥20.0
		拉伸断裂标称应变,%	≥400
5	简支梁缺口冲击强度(23℃)，kJ/m²		≥8

（5）低析出高爽滑助剂体系研究：通过助剂体系的研究与复配，所得到的聚乙烯瓶盖既满足标准的优良的盖密封能力，又保证了良好的开启扭矩。

瓶盖专用料一直被进口产品垄断，中国石油抚顺石化与石化院合作研发，成功开发了瓶盖专用料 FHP5050，实现了替代进口，成为娃哈哈、康师傅、达能、紫日、宏全等知名企业的优质供货商，尤其是通过了以品控苛刻著称的法国达能集团的检验，成为其供货商。2015 年，在娃哈哈进行了原料感官评定，评定结果合格，并开始试用。2016 年实现量产，FHP5050 产品在娃哈哈成功应用于冷灌装瓶盖(加工应用试验如图 5-43 所示)，加工成型情况良好，次品率低于进口产品，瓶盖外观表现优异，气味表现突出，并向康师傅等企业进行推广。2019 年，先后通过了农夫山泉、达能集团的现场审核，达能武汉和南京工厂先后通过了 1500 万只瓶盖的规模化验证，进入全面应用阶段。该技术可在中国石油内部 Hostalen 工艺推广应用。

图 5-43　娃哈哈工厂 FHP5050 产品加工应用试验

二、瓶盖料产品 5603JP 开发

纯净水瓶盖专用料的市场，被大量进口产品所占据，这主要是由于专用料对力学性能、加工性能和卫生性能均有较高要求，国产料主要是不能满足卫生要求。因此，石化院与大庆石化塑料厂针对国内市场对纯净水瓶盖专用料的需求，结合三井油化公司 CX 工艺特点，从催化剂、聚合工艺和助剂体系等几个方面开展攻关，重点解决制约产品应用的卫生性能问题，开发出适用于高速成型的纯净水瓶盖专用料 5603JP 生产技术，摆脱国内纯净水瓶盖专用料依靠进口的局面，同时创造良好的经济效益。

（1）创新性地采用双基团氢质子剂与无机型稳定剂复配，利用助剂间的协同效应，开发出高效、慢迁移（无气味）的专用助剂体系，满足了纯净水瓶盖专用料对树脂卫生性能的特殊要求，瓶盖制品的力学性能、加工性能和气味均满足农夫山泉、娃哈哈和康师傅等国内大型纯净水生产企业的要求。

（2）创新性地将相似相容和溶胀析出的机理引入对产品低聚物含量的控制中，提高了低聚物在溶剂己烷中的溶解量，降低了产品中低聚物的残留量，使得最终制品的卫生性能满足 GB 4806.6—2016《食品安全国家标准　食品接触用塑料树脂》的要求，其中最为关键的正己烷提取物更是低于检测标准下限。

在大庆石化 24×10^4 t/a 三井油化公司 CX 工艺装置 C 线完成了纯净水瓶盖专用树脂 5603JP 的工业化生产，各项性能全部达到进口同类产品水平，结果见表 5-51。截至 2020 年底，5603JP 累计生产 3 万余吨，创效上千万元。

表 5-51　5603JP 产品基础物性检测结果

序号	项目	5603JP	进口产品	指标	执行标准
1	熔融指数，g/10min	3.2	3.5	2.5~4	GB/T 3682—2000
2	密度，g/cm³	0.956	0.956	0.954~0.958	GB/T 1633—2000
3	拉伸屈服应力，MPa	32.5	32.4	≥23	GB/T 1040—2006
4	冲击强度，kJ/m²	13.7	7.3	≥5	GB/T 1843—2008

采用差示扫描量热法对 5603JP 的熔点、结晶度等热性能进行测试，并与对标产品进行对比，结果见图 5-44 和表 5-52。

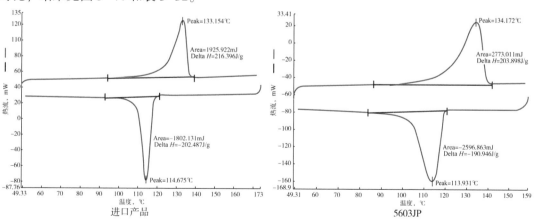

图 5-44　热性能测试

表 5-52　5603JP 的热性能测试结果

项目	熔点,℃	结晶温度,℃	结晶焓, J/g	结晶度,%
5603JP	134.2	113.9	190.9	71.0
进口产品	133.2	114.7	202.5	75.3

从上述对 5603JP 产品的热性能测试结果可以看出，产品的熔点和结晶度与进口产品接近。

采用 Thomson-Gibbs 方程，可以通过熔点计算出产品的片晶厚度，进口产品的片晶厚度为 20.0nm，5603JP 产品的片晶厚度为 22.9nm。

在杭州农夫山泉公司完成了 5603JP 产品的加工应用试验(图 5-45)，在整个瓶盖生产过程中，注塑机采用与进口产品相同的操作参数，5603JP 专用料表现出与进口产品相当的加工性能，且没有异味，完成了瓶盖的性能检测和上机封盖实验，各项性能均得到了厂家认可(表 5-53)。

图 5-45　5603JP 加工应用试验

表 5-53　农夫山泉公司对瓶盖制品的性能测试结果

项目	5603JP	进口产品	标准
防伪环外径, mm	31.68	31.59	31.55~31.95
盖体外径, mm	32.19	32.23	32.10~32.70
内径, mm	28.77	28.69	28.50~28.80
盖体高度, mm	16.45	16.51	16.30~16.70
内塞外径, mm	25.45	25.37	25.20~25.50
单重, g	2.1	2.11	2.00~2.20
开启扭矩, 10^{-2}N·m	161.5	158.9	80~200
牢固度, psi	84	79	≥30

分别在珠海中富和东莞金富完成了 5603JP 的加工应用试验，5603JP 表现出与进口产品相当的加工性能。通过了厂家对瓶盖力学性能和卫生性能的测试，得到厂家认可。该成果可在中国石油内部的 CX 工艺进行推广应用。

第五节　中空料产品开发

中空吹塑是高密度聚乙烯的主要应用领域之一。近年来,随着国内、国际物流、包装等行业的技术升级和规模扩张,聚乙烯中空容器专用料需求呈快速增长趋势。国内石化企业生产的中空容器专用料主要应用在中小型中空容器领域,大型中空容器及高档中空吹塑制品的专用料主要依赖进口,2020年国内进口中空专用树脂占高密度聚乙烯进口总量的30%以上,市场缺口较大。由于该类专用树脂市场需求量大、增速快、生产难度高,其售价高出通用产品500~1000元/t,同时也制约了国内下游加工企业的发展。中国石油从市场需求出发,10年间在聚乙烯中空专用树脂开发方面做了大量研发工作,开发了DMDB4506、DMDA6045、DMDH6400、FHF4055A等系列聚乙烯中空容器专用料牌号,其应用领域覆盖了液态危险化学品包装、汽车油箱、纯净水包装、电子级容器包装等领域。在为企业创造了可观经济效益的同时,也具有十分重要的社会效益,改善了国内部分高端中空容器原料严重依赖进口的局面,降低了下游用户的生产成本,促进了物流包装等相关行业的快速发展。助力节能减排、绿色环保,体现了中国石油大型央企的社会责任和担当。下面针对不同的应用领域具体介绍中国石油聚乙烯中空专用料新产品开发的进展。

一、IBC桶专用料DMDB4506开发

IBC桶又称吨装方桶,或中型散装货物集装箱。当今世界物流包装行业的发展趋势是高效、集约、安全、环保,IBC桶是在这样的形势下应运而生的,它具有刚性大、耐蠕变、耐腐蚀、抗磨损、安全可靠等特点,广泛用于石化、医药、食品、危险品等行业液态产品的罐装、储运和周转,特别适合公路、铁路和海上运输及国际标准集装箱出口,已成为国际上通用的标准容器。近几年国内IBC桶的生产发展很快,年需求量达到500万只,且保持15%~25%的年均需求增长,其专用树脂已经成为一种需求增长最快的高密度聚乙烯产品。由于受到国外的技术封锁,国内所需专用树脂主要依靠进口,售价较通用聚乙烯树脂高1500元/t以上,经济效益显著。随着化工行业的快速发展及国内人工成本、运输成本不断上涨等多种因素影响,液态化学品行业包装由铁桶到塑料桶、由小包装到大包装是必然的发展趋势。我国IBC桶包装行业虽起步较晚,但发展迅速,国内IBC桶的研发尚处于起步阶段,需求量将持续快速增长。未来5年,对IBC桶原料年需求量预计将达到约25×10^4t。IBC桶专用料具有较好的市场前景,且售价较高,经济效益显著。

1. 专用料开发

基于IBC桶专用树脂良好的市场前景和极佳的经济效益,石化院联合大庆石化、华东化工销售公司和华北化工销售公司,于2012年开始了IBC桶专用树脂DMDB4506的生产技术攻关。

IBC桶加工过程中,由于型坯质量较大,要求其具有良好的型坯稳定性和吹胀性能,以保证制品成品率及尺寸稳定,因此要求专用料具有较高的熔体强度、良好的抗熔垂性能。IBC桶用于液态产品的灌装及运输,使用条件苛刻,国际货运相关条例对制品安全及环保

性能要求严格,因此要求专用料具有优异的耐环境应力开裂性(ESCR)、力学性能、卫生性能及耐热氧老化和紫外光稳定性。

项目基于IBC桶加工使用过程对专用料的特殊要求,立足自主研发,依托Unipol工艺气相聚乙烯中试装置,通过理论研究与技术创新,攻克了特定分子结构的定向调控、低聚物含量控制、生产工艺的稳态操控及高效复合助剂体系研发等关键技术问题,解决了产品刚韧失衡、长期使用性差等技术难题,成功开发出IBC桶专用料DMDB4506的生产技术。

2. 技术突破

(1) 设计了特定高密度聚乙烯分子结构,利用铬系催化剂单体链转移机制,通过对催化剂负载和还原技术的创新,实现了对分子结构的定向调控,以满足产品在加工使用过程中对熔体强度、耐环境应力和力学性能的要求。

IBC桶加工及特殊用途要求专用树脂具有良好抗熔垂性、力学性能和耐环境应力开裂性能,因此,对其分子结构提出了特定要求,设计了带有少量长链支化的高碳 α-烯烃共聚高密度聚乙烯分子结构。提高链缠结级别及其熔融能力,改变流变学性能,增加非晶相和微结构变形内张力,有助于提高材料抗熔垂和耐环境应力开裂性能。

为实现对专用树脂特定分子结构的调控,项目利用铬催化剂单体链转移机制,研究开发了铬系催化剂载体修饰及活性位非均相调控技术,改善了载体表面的Bronsted酸性及活性金属的缺电子性,增加了产品的不饱和链端,使其在聚合过程中形成长链支化,满足大型挤出吹塑制品加工使用过程对专用树脂熔体强度、耐环境应力开裂等性能的较高要求。

(2) 聚合过程中创新性地引入了多点位氧气预分散技术,对反应路径中的平衡态和过渡态进行优化控制,降低了乙烯聚合链增长能垒,抑制了低聚物生成,有效控制了产品中的低聚物含量,提高了制品的卫生性能,满足了国内外卫生性能相关标准要求。

(3) 采用反应温度、氧气浓度等核心工艺变量多区段协同调控技术,提高了产品核心指标的控制能力,首次在Unipol工艺开发出了复合式中型散装容器专用树脂的生产工艺技术,并实现了无机铬系高密度大中空专用树脂的稳态操控。

由于该产品的开发采用高活性无机铬系催化剂,为有效调控催化剂的活性释放,确保装置的稳态操控,利用三维多尺度耦合模型对工艺参数进行模拟优化,利用反应温度、氧气浓度等核心工艺变量多区段协同调控技术,实现催化活性的稳态释放,提高产品核心指标控制能力,实现Unipol工艺铬系高密度大中空产品的稳态操控。

优化后流化床反应器中床层压降和温度沿床层高度方向的分布情况如图5-46所示。由此可见,模拟结果与实验测量的床层压降和温度分布吻合良好。床层压降随轴向呈线性分布,床层温度分布比较均匀,有利于流化床反应器中聚合反应的正常进行。

(4) 利用助剂与聚合物的化学键合与物理吸附交互作用机理,研发出高效慢速迁移的复合助剂,在较低的助剂加入量下达到产品对抗光、热氧老化的性能要求。

采用该助剂体系后,专用料的氧化诱导期增加50%,多次挤出造粒后白度下降率降低28.75%,产品外观色泽稳定。

3. 技术应用

DMDB4506生产技术于2013年在大庆石化 25×10^4 t/a 全密度聚乙烯装置工业化生产,并实现了万吨级的推广应用,产量逐年递增,2018年大庆石化DMDB4506产销量超过

$2×10^4$t/a。产品具有冲击强度高，刚韧平衡性、耐环境应力开裂性、耐紫外光老化性好等特点，在基础物性相当的情况下，其力学和耐环境应力开裂性能略优于进口产品。DMDB4506与对比产品的性能对比见表5-54。

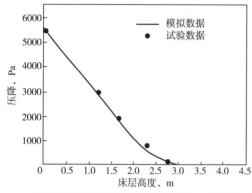
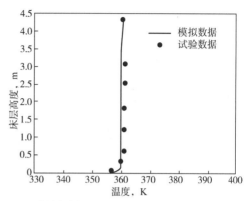

（a）压降随创曾温度变化模拟数据与试验数据的对比　　（b）床层高度与温度分布关系的模拟数据与试验数据对比

图5-46　反应器内床层压降和温度沿床层轴向的模拟结果和试验数据

表5-54　大庆石化DMDB4506与对标产品性能对比

分析项目	DMDB4506	对比产品	检测标准
熔融指数(21.6kg)，g/10min	5.9	5.7	GB/T 3682—2000
密度，g/cm³	0.945	0.948	GB/T 1033—2010
拉伸屈服应力，MPa	24.80	24.21	GB/T 1040—2006
拉伸断裂标称应变，%	882	860	GB/T 1040—2006
拉伸弹性模量，MPa	944	911	GB/T 6544—2008
悬臂梁缺口冲击强度，kJ/m²	35.3	31.0	GB/T 1843—2008
维卡软化温度，℃	128.5	127.7	GB/T 1633—2000
耐环境应力开裂(ESCR)，h	2090	2000	GB/T 1842—2008
正己烷提取物含量，%	0.21	0.23	GB 4806.6—2016

4. 专用料市场应用及相关认证

专用树脂DMDB4506在舒驰容器(上海)有限公司、常州洁林塑料制品有限公司、天津福将塑料有限责任公司、镇江润州金山包装厂等国内知名IBC集装容器生产企业应用的过程中，无熔垂、收缩等现象发生，合模线黏合强度较好，制品软硬度适中，产品无翘曲，厚度均匀（图5-47），经比较，加工性能与进口产品相当，加工性能得到下游用户的高度认可。

（a）型坯挤出　　　　　　　（b）合模定型　　　　　　　（c）IBC桶制品

图5-47　DMDB4506桶制品加工过程

桶制品成型后,在福将集团试验中心(上海山海包装容器有限公司),按照GB/T 19161—2016规定进行了性能测试,主要包括气密试验、液压试验、低温跌落试验以及振动试验,最后通过了全部测试(图5-48、表5-55)。测试结果表明,DMDB4506产品可遵照IBC集装容器生产工艺要求进行生产,制品安全性能符合《国际海运危险货物规则》《包装容器复合式中型散装容器》的国际标准。

(a)液压试验　　　　　　　　(b)低温跌落试验　　　　　　　　(c)振动试验

图5-48　DMDB4506桶制品国标检测过程

表5-55　DMDB4506桶制品性能检测项目及试验结果

项目	试验条件	判定标准	试验结果
气密试验	20kPa,10min	不泄漏	合格
液压试验	100kPa,10min	不泄漏	合格
跌落试验	温度-18℃,跌落高度1.9m	内装物无损失,跌落后有少量内装物渗出,无进一步渗漏,判为合格	合格
振动试验	对样品施加振幅为(25±5%)mm的正弦曲线波,试验时间1h	无泄漏,无影响安全运输的永久变形	合格

专用料取得了欧盟RoHS指令、美国食品药品监督管理局等11项国际认证,产品得到了国内知名IBC桶生产企业的高度认可和持续应用,2020年底,市场占有率超过30%。2013年7月至2020年12月,大庆石化IBC桶专用料DMDB4506累计产量达到$7×10^4$t,新增经济效益1.5亿元,大幅度提高了产品市场竞争力和战略品牌知名度,为中国石油创造了丰厚的利润回报,实现了经济效益和社会效益的双丰收。

IBC桶专用料DMDB4506为中国石油自主研发的高附加值产品,弥补了国内市场大中空专用树脂的短缺,该技术经推广应用后,可充分发挥中国石油Unipol工艺装置特点,改善产品结构,增加产品附加值和市场竞争力,为企业创造可观的经济效益。

二、汽车油箱专用料DMDA6045开发

塑料油箱因具有密度小、防腐能力强、安全性能高、造型随意和生产成本低等诸多优点而快速发展,国内70%以上、国外90%以上的汽车采用塑料油箱,福特汽车更是达到了100%,同时塑料燃油箱也正由乘用车向客车、货车和农用车领域延伸。汽车油箱专用料售价较通用高密度聚乙烯高2000~3000元/t,年需求量在$12×10^4$t左右。汽车油箱专用料作为高端的聚乙烯材料,其生产技术长期被国外公司垄断,使得我国对汽车油箱专用料的需求

全部依靠进口，主要包括德国巴塞尔公司采用 Lupotech G 气相单反应器工艺生产的 4261AG 和日本 JPE 公司采用 Innovene S 淤浆环管工艺生产的 HB111R。以上两种工艺所生产产品的熔融指数(21.6kg)均为 5.0~7.0g/10min，密度为 0.945~0.950g/cm³，在国内油箱加工企业中均有使用，两种工艺所生产油箱专用料的加工性能、力学性能、冲击性能等关键性能没有明显区别。

汽车油箱专用料的生产技术难度大，它体现了一个企业的聚乙烯生产水平，因此汽车油箱专用料的开发既能获得经济效益，也可打破国外技术封锁。为此，石化院联合大庆石化及销售公司，开展了汽车油箱专用料开发。

该项目依托 Unipol 气相聚乙烯工艺并使用铬系催化剂。通过剖析国内外典型产品揭示气相法工艺中低聚物的形成机理，加上聚合工艺的优化控制降低了产品中低聚物含量，达到对标进口产品的先进水平；通过对铬系催化剂负载和还原技术的创新，利用其产品端基具有不饱和双键的特点，使其在聚合过程中形成长链支化，改善产品的聚集态结构，从而提高产品的抗熔垂性能和力学性能，并在保证产品具有较高长链支化的同时保证了催化剂活性的稳定释放；通过氢气浓度、氧气浓度和反应温度的优化控制，调控单反应器中聚合物的分子量及其分布，这是世界范围内首次采用 Unipol 工艺开发出汽车油箱专用料，形成了中国石油汽车油箱专用料 DMDA6045 的生产技术。

2013 年，在大庆石化 25×10⁴t/a 全密度聚乙烯装置上完成了中国石油首个汽车油箱专用料 DMDA6045 的工业化生产，产品性能达到对标进口产品水平(表 5-56)。

表 5-56　DMDA6045 与对标产品性能对比

测试项目	对标产品	DMDA6045	执行标准
熔融指数(21.6kg)，g/10min	5.7	5.6	GB/T 3682—2000
密度，g/cm³	0.946	0.945	GB/T 1033—2010
拉伸屈服应力，MPa	24.21	23.92	GB/T 1040—2006
拉伸断裂标称应变，%	860	857	GB/T 1040—2006
拉伸模量，MPa	944	923	GB/T 1040—2006
全切口蠕变(3.5MPa，80℃)，h	≥80	160	ISO 16770：2004
耐环境应力开裂，h	≥1000	≥1000	GB/T 1842—2008
悬臂梁冲击强度(23℃)，kJ/m²	31.4	30.5	GB/T 1843—2008
维卡软化温度，℃	127.5	127.0	GB/T 1633—2000
熔融温度(DSC)，℃	132.1	131.5	GB/T 19466—2009
氧化诱导时间(200℃)，min	62.9	66.4	GB/T 19466—2009

专用料在山东海德威机械有限公司和江苏东方汽车装饰件有限公司完成了福田萨普车型和上汽大通 G10 车型的 6 层共挤汽油燃油箱加工实验，性能与厂家使用的进口原料性能相当。在天津(国家)轿车质量监督检验中心，按照国家标准 GB 18296—2001 的要求，通过了油箱制品的第三方检测认证，即 3C 认证的全部内容，如图 5-49 所示。截至 2020 年底，大庆石化累计生产合格产品 2070t，新增经济效益 279 万元。

（a）低温冲击 　　　　　　　　　　　　（b）耐火试验

图 5-49　DMDA6045 认证试验

三、纯净水桶专用料 DMDH 6400 开发

中国是全球最大的包装饮用水生产与消费国。随着消费潜能的释放，具有多场景使用优势的 4~6L 大包装水重要性有所上升，进入高速发展时期。2020 年底，国内对 4~6L 饮用水包装桶专用料的年需求量在 $10×10^4$t 以上，仅农夫山泉公司年用量就达 $2×10^4$t，可口可乐公司月用量在 1000t 左右，且用量逐年增长。

纯净水桶专用料主要依赖进口，进口产品中陶氏化学公司采用 Unipol 工艺生产的专用料综合性能最好，售价比通用树脂高出 1000 元/t 左右。

国内中空专用料生产主要采用淤浆法，使用 Z-N 催化剂，丁烯或己烯为共聚单体。有些国产中空料熔融指数在 0.35g/10min 左右，熔体强度高、耐环境应力开裂性能好，但熔融指数偏低，在生产 3~5L 水桶时加工性能较差；另外一种国产料熔融指数为 1.0g/10min，熔融指数较高，加工性能好，但在加工 4~6L 水桶时型坯强度较差，熔垂现象较为严重。另外，作为纯净水包装容器，要求包装水无异常气味，现有国产树脂普遍存在气味问题。

随着饮用水生产企业产能的不断提高，进口纯净水桶专用料的供给量已无法满足需求，并且供货不稳定，售价高，严重影响了 4~6L 饮用水的生产。因此，迫切需要国内石化企业开发 4~6L 饮用水包装桶专用树脂以替代进口，满足企业需求，并稳定货源。

为满足市场需求，中国石油石化院、大庆石化和华东化工销售公司合作，基于大庆石化公司塑料厂气相全密度聚乙烯装置开发生产了满足用户使用要求的纯净水包装桶专用树脂 DMDH6400。

通过对 4~6L 纯净水包装桶的气味、加工性能等研究分析，确定聚合工艺和助剂体系为影响产品性能和气味的主要因素。参考进口产品设计了纯净水桶专用树脂 DMDH6400 的产品技术指标。利用石化院 50kg/h 气相聚乙烯聚合中试装置，开展了聚合工艺条件优化研究，降低了产品中低分子量组分的含量，并开发了无气味助剂体系，形成了纯净水包装桶专用料 DMDH6400 生产技术。

以此为基础，在大庆石化 $30×10^4$t/a Unipol 工艺全密度聚乙烯装置上开展了高密度聚乙烯纯净水包装桶专用树脂 DMDH6400 的工业化生产，产品满足纯净水包装桶对加工性能、卫生性能等要求，填补了国内空白。经检测，DMDH6400 符合 GB 9691—1988《食品包装用聚乙烯树脂卫生标准》的规定。专用料在农夫山泉公司开展了加工应用试验,产品加工性能良好,制品无气味,整体性能达到了进口产品水平(图5-50)。

图5-50　DMDH6400产品加工应用试验现场照片

专用料一经推出,即受到了市场的广泛好评。首次工业化生产至今,已生产合格产品18000余吨,为企业新增效益超过1000万元。

目前,相当比例的4~6L纯净水包装使用聚对苯二甲酸乙二醇酯(PET)加工生产,而聚对苯二甲酸乙二醇酯制品在阳光长时间照射或高温下不够稳定,存在二次污染的风险。预计未来将逐步由其他产品取代,因此聚乙烯纯净水包装桶专用料的需求量有望保持稳步增长。

聚乙烯纯净水桶专用树脂DMDH6400的生产技术成熟,在现有Unipol工艺聚乙烯生产装置上通过调整生产工艺和助剂配方即可实现生产。国内Unipol工艺聚乙烯装置产能巨大,拥有广阔的推广应用前景。

四、储水罐专用料 DGDB6097 开发

根据中空容器容积的大小将中空容器制品分为大型中空容器、中型中空容器(20~200L)和小型中空容器(10L以下)。

大型中空容器专用料华南地区需求量约5×10^4t/a,主要牌号有菲利普斯的TR571、巴塞尔的4261GA、独山子石化的HD5420GA等。中型中空容器专用料华南地区需求量约15×10^4t/a,主要牌号有中海壳牌的5421B、菲利普斯的50100等。

大型中空容器专用料DGDB6097的开发主要经历了两个阶段。

(1)DGDB6097工业化开发。

自2016年,中国石油兰州石化开始进行铬系大型中空容器专用料DGDB6097的开发工作。采用铬系催化剂,以丁烯为共聚单体,生产了DGDB6097,综合性能达到国内同类产品先进水平,见表5-57。

表5-57　DGDB6097 与对标产品性能对比

项目	M_w	M_n	M_w/M_n	支化度,‰	结晶度,%	耐环境应力开裂性能,h	氧化诱导期(210℃),min
DGDB6097	23.3×10^4	1.0×10^4	23.3	4.4	62.2	168	60.7
对标产品	24.8×10^4	1.3×10^4	19.0	4.1	62.0	72	39.6

（2）DGDB6097 质量提升。

DGDB6097 产品投放市场初期，性能得到客户的基本认可，但存在抗黄变性能差的问题。技术人员根据用户需求，深入分析主抗、辅抗及其他添加剂对制品颜色的影响规律，寻找引起黄变的原因。进行了 20 余批次助剂配方优选，确定了最佳配方，大幅提高了制品的抗黄变性能和氧化诱导期，解决了产品抗黄变性差的技术难题。同时在生产铬系产品期间，技术人员进行了 DGDB6097 产品的性能跟踪评价，对由于助剂加入不均匀导致的批次间黄色指数差异大的问题，提出了助剂添加系统的监控技术方案，提高了批次稳定性。DGDB6097 与对标产品黄色指数对比见表 5-58。

表 5-58　DGDB6097 与对标产品黄色指数对比

挤出次数	黄色指数		
	DGDB6097-1	DGDB6097-2	对标产品
原始	-5.54	-3.30	-5.06
1	4.24	5.34	4.89
2	8.24	8.72	11.90
3	12.48	12.05	14.38
4	15.94	14.83	16.73

兰州石化 DGDB6097 比对标产品有更好的耐环境应力开裂性能和氧化诱导期，长期使用性能和抗热氧老化性能更好。在宁夏地区的使用情况表明，DGDB6097 采用与对标产品相同的条件，吹制的 1500L 容器性能达到要求，抗黄变性能优异，刚性优于对标产品，受到用户的好评，如图 5-51 所示。

图 5-51　DGDB6097 生产的 1500L 储水容器

截至 2020 年 12 月，兰州石化生产铬系中空容器专用料 DGDB6097 累计近 11×10^4 t，铬系产品的开发给公司创造了巨大的经济效益。

五、电子级中空容器专用料开发

电子级中空容器对专用料的清洁度要求极高，主要用于药品、食品和高纯度化工原料的包装，2020 年国内市场需求量为 $(6 \sim 10) \times 10^4$ t。基于该类包装容器对清洁度的严格要求，国内聚乙烯装置生产的中空容器专用料存在灰分高、溶出物过多等问题，不能满足市场需要，该专用料只能从国外进口，价格远远高于其他高密度聚乙烯专用料的售价。随着国内市场对电子级中空容器的需求增加，中空容器的生产厂家迫切希望开发符合行业要求的电子级中空容器聚乙烯专用料。

目前，中空容器聚乙烯专用料主要使用两类聚合工艺生产：一类是乙烯聚合气相法工艺，主要包括美国 Univation 公司的 Uniopl 工艺、英国英力士公司的 Innovene G 工艺和巴塞尔公司的 Spherilene 工艺以及 Lupotech-G 工艺等；另一类是乙烯聚合淤浆法工艺，主要包括德国巴塞尔公司的 Hostalen 工艺、日本三井油化公司的 CX 工艺、美国 Phillips 公司的 Phillips 单环管工艺及英国英力士公司的 Innovene S 双环管工艺。另外，北欧化工公司使用淤浆反应器和气相反应器串联的方式，也可以进行中空容器聚乙烯专用料的生产。常见的中空容器聚乙烯树脂牌号和相应的生产工艺见表 5-59。

表 5-59　中空容器专用料牌号及其生产工艺

生产厂家	专用料牌号	生产工艺
巴塞尔公司	4261AG	巴塞尔公司 Spherilene 气相流化床工艺
赛科公司	5410	BP 公司 Innovene G 气相流化床工艺
金菲石化	TR571、TR580	Phillips 公司淤浆环管工艺
齐鲁石化	1158	Univation 公司 Unipol 气相流化床工艺
韩国大林	4570UV	Phillips 公司淤浆环管工艺
独山子石化	5420AG	BP 公司 Innovene G 气相流化床工艺
北欧化工公司	BL1487	北欧化工公司 Borstar 环管工艺和气相流化床反应器串联工艺
三井油化公司	8200B、8300B、9300B	三井油化公司 CX 淤浆串联工艺
巴塞尔公司	HM8255	巴塞尔公司 Hostalen 淤浆工艺

乙烯聚合淤浆法工艺除了美国 Phillips 公司的环管工艺使用铬系催化剂外，其他工艺均使用钛系催化剂进行中空容器专用料的生产。由于催化剂自身特点的差别，钛系催化剂不能产生宽的分子量分布。为达到加宽分子量分布的目的，使用钛系催化剂的淤浆法工艺，一般采用双釜串联的方式进行双峰聚乙烯的生产。在第一反应釜中进行低分子量组分的生产，在第二反应釜中进行高分子量组分的生产，从而达到中空容器对分子量分布的要求。

从目前中空容器专用料的生产工艺来看，使用钛系催化剂的淤浆双釜串联工艺是最佳的选择。钛系催化剂的活性明显高于铬系催化剂，催化剂组分在聚合物中的含量明显较低，产品可以应用于电子级中空容器(高清洁度中空容器)的制备，并且钛系催化剂组分不像铬系催化剂组分具有致癌性，可以符合食品包装的使用，所以从中空容器的市场发展要求来看，使用钛系催化剂的淤浆双釜串联工艺是理想的生产工艺。

中国石油石化院目前已经完成适用于淤浆法工艺的钛系 PLE-01 催化剂的中试制备和 PLE-01 催化剂中试聚合评价研究。PLE-01 催化剂具有自主知识产权，已经申请了 10 余项发明专利，其中的《专利合作条约》(PCT) 国际专利申请已经获得日本的授权。PLE-01 催化剂明显不同于国外公司的催化剂体系，该催化剂制备时使用原料种类很少，制备方法简单，可以在 5~30μm 之间随意调整颗粒的平均粒径。与国外进口催化剂相比，PLE-01 催化剂的活性比同类催化剂高 10%~20%，催化剂的颗粒形态明显好于国外同类催化剂。因此，PLE-01 催化剂更适合于生产高清洁度的树脂产品。

1. 电子级中空容器聚乙烯专用料对分子结构的要求

研究表明，中空容器专用料需要较宽分子量分布的聚乙烯，并在高分子量的部分要有一定量的共聚单体存在。由于共聚单体的存在，高分子聚合物链不能完全排入晶格，含有共聚单体的部分只能存在于非晶部分，结果造成高分子链连续贯穿邻近几个晶区的现象，形成系带分子。聚乙烯凝聚态中系带分子个数和材料的耐环境应力开裂（ESCR）性能直接相关，系带分子分数的稍微增加就会带来耐环境应力开裂性能的显著提高。另外，高分子长链和短支链的存在，也会增加不同链之间缠结的概率，缠结链概率的提高，也会提高材料的耐环境应力开裂性能。但过高分子量的聚乙烯会造成加工时熔体黏度增加，从而使聚乙烯树脂加工变得困难。为解决加工困难的问题，需要在高分子量聚乙烯中混入低分子量的组分来改善树脂的加工性能，最终形成了分子量分布呈宽峰或双峰型的聚乙烯树脂。

2. 电子级中空容器聚乙烯专用料对耐环境应力开裂性能的要求

耐环境应力开裂性能是指聚合物在有表面活性剂、润湿剂等存在的环境中受到应力作用而发生开裂的现象，通常认为是由于聚合物链的运动形成了很小的空隙（小于 30nm），空隙相互合并最终形成宏观裂纹，表面活性剂可对分子链起增塑作用或降低空隙形成的表面能，从而加速了空隙的形成。

研究表明，高密度聚乙烯凝聚态中的系带分子和缠结链是影响其耐环境应力开裂的主要结构因素。系带分子和缠结链的形成与聚乙烯的分子量、分子量的分布宽度、共聚单体的种类及含量密切相关。对于市场上反映较好的专用料牌号，它们的耐环境应力开裂时间均在 1000h 以上。

3. 大型中空容器聚乙烯专用料的拉伸强度和冲击强度等力学性能的要求

根据《联合国关于危险货物运输的建议书——规章范本》和《国际海运危险货物规则》，大型中空容器出厂前必须经过堆码试验和冷冻跌落试验。这就要求大型中空容器树脂专用料具有较高的刚性和抗冲击性能，尤其是低温抗冲击性能。

高密度聚乙烯的结晶性能直接影响树脂的力学性能，因此，严格控制专用料的结晶度，是控制产品刚韧平衡的关键。市场上的大型中空容器专用料的力学性能数据存在较大差别，这可能是不同专用料牌号在市场上认可度不同的原因。因此，对大型中空聚乙烯专用料的分子结构进行精确"剪裁"，对产品的刚韧平衡性进行调整，是开发高品质大型中空聚乙烯专用料的关键。

4. 电子级中空容器聚乙烯专用料对加工性能的要求

要满足大容积的中空容器的加工，专用料不仅需具有优异的力学性能，还需具有良好的加工性能。在一定范围内，加工温度越高，树脂的熔体黏度越低，剪切应力越小，样品的可加工性能越好。另外，由于大型中空容器加工过程中，型坯质量大，据此可知，从树脂的力学性能角度和提高抗熔垂性能角度，需要高分子量的聚乙烯；从树脂加工的角度，则需要低分子量的聚乙烯。因此，选择宽峰或双峰分子量分布的聚乙烯，其中包含的高分子量组分满足力学性能的要求，低分子量组分满足加工性能的要求，这是全面满足中空容器专用料要求的一种非常巧妙的解决方法。

5. 中国石油电子级中空容器聚乙烯专用料的开发现状

与其他树脂专用料相比，电子级中空容器聚乙烯专用料开发技术要求较高，生产难度较大，国内相关研究机构和生产企业较少进行该类专用料的开发，即使有少数厂家进行了尝试，但并没有形成稳定的量产技术，其生产技术基本掌握在国外企业的手中。中国石油石化院开发了生产电子级中空容器专用料的专用催化剂 PLE-01，2021 年 4 月在抚顺石化 $35 \times 10^4 t/a$ 高密度聚乙烯装置成功试产了指标合格的聚乙烯大型中空容器目标产品 FHM8255A，产品指标见表 5-60。随后进行了 200L 双 L 环桶加工应用试验，结果表明，200L 双 L 环桶加工过程顺畅，桶内外表面光滑，单桶重量、壁厚均匀性均满足制品质量要求。在随后的跌落试验中，表现出了优异的耐跌落性能，远远超出了现有产品。该加工应用试验取得了圆满成功，表明中国石油自主可控的基于钛系的聚乙烯大型中空容器专用料生产技术研发取得了关键性成果。下一步，将进一步优化完善聚乙烯大型中空容器专用料生产技术方案，同时开展聚乙烯中空容器专用料产品系列化的前期研究工作。为早日实现自主可控的基于钛系催化剂的聚乙烯中空容器专用料生产技术产业化，为中国石油聚烯烃产品提档创优工作做出应有的贡献。

表 5-60　FHM8255A 专用料典型性能指标

测试项目	FHM8255A	测试项目	FHM8255A
拉伸强度，MPa	25.4	冲击强度，kJ/m^2	87.6
拉伸模量，GPa	1.05	洛氏硬度	69.1
弯曲强度，MPa	25.3	热变形温度，℃	70
弯曲模量，GPa	1.17	软化温度，℃	128

第六节　滚塑料产品开发

中国石油近 5 年在滚塑专用料开发方面做了大量的工作，开发了 4 个专用料牌号，产品分别采用茂金属催化剂和 Z-N 催化剂，共聚单体为丁烯和己烯，其中茂金属乙烯己烯共聚产品 MPER3405 实现了工业应用及扩大再生产，工业生产过程装置运行平稳，产品冲击性能优异，加工性能良好，受到用户一致好评。

滚塑是将聚乙烯粉碎后加入模具加热并使之沿两个互相垂直的轴连续旋转，形成所需形状后冷却成型(图 5-52)。旋转成型的突出优点表现在设备和模具投资少，适用于各种形状复杂、多层、大型及超大型全无缝容器的塑料制品生产，产品不易变形。2019 年，国内旋转成型中空容器聚乙烯专用料的需求量在 $35 \times 10^4 t/a$ 以上，售价高于通用料 500 元/t，经济效益显著。市场上以韩国乐天 UR644 产品综合性能最佳，售价高于通用树脂 800~1000 元/t。

在滚塑中空制品加工过程中，要求基础树脂具有良好的流动性，保证制品外观光滑、壁厚均匀。同时，制品通常盛装油品及各种液态危险化学品，因此对专用料韧性、耐环境应力开裂性能和耐候性能要求比较高，综合性能优异的茂金属产品逐步占领高端市场。

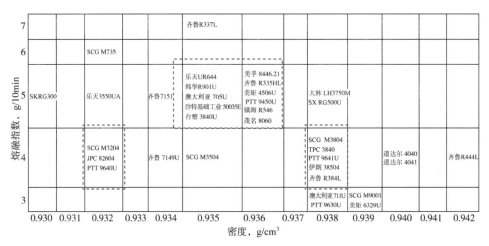

图 5-52　旋转成型聚乙烯专用树脂密度—熔融指数分布图

中国石油石化院与大庆石化为适应市场需求，开发了滚塑专用树脂 MPER3405。采用定制的茂金属催化剂，以己烯为共聚单体，在大庆石化 $7.8×10^4$ t/a 线型低密度聚乙烯装置上突破以往单一共聚单体调节产品密度的技术方法，采用共聚单体、氢气、乙烯浓度场及床层温度场四位一体联控新技术，实现装置稳定运行，产品达到指标要求，耐环境应力开裂突破 1000h。

该专用树脂在浙江新帆休闲用品有限公司开展旋转模塑专用树脂 MPER3405 加工实验，制备鼓风机外壳、单人皮划艇及冷链运输保温箱 3 种制品，制品加工过程平稳，脱模性能良好，表面光滑平整，满足用户要求。

目前，国内旋转成型中空容器专用树脂适用于各种形状复杂、多层、大型及超大型全无缝容器生产。随着旋转中空成型工艺的发展，聚乙烯旋转成型中空的制品种类不断增多。目前，国内常见的聚乙烯旋转成型中空制品主要包括：（1）容器类旋转成型制品，如储水罐(槽)、各种液态化学品(包括酸、碱、农药等)的储罐(槽)、蓄电池的壳体、周转箱、垃圾箱、金属容器内衬罐、汽车油箱等；（2）儿童户外游乐设施，包括组合滑梯系列、转椅、木马等；（3）交通设施用品；（4）旋转成型配件。

该项目针对 Unipol 工艺，通过催化剂、聚合工艺和助剂体系研究，改善产品支化结构，提高产品耐候性，开发旋转成型中空容器专用树脂生产技术，在中国石油气相全密度聚乙烯装置实现工业化生产，具有良好的经济效益和社会效益。

第七节　超高分子量聚乙烯产品开发

超高分子量聚乙烯(UHMWPE)是指黏均分子量大于 $150×10^4$ 的聚乙烯，是一种线型结构的热塑性工程塑料。超高分子量聚乙烯极高的分子量赋予其优异的耐磨性、耐冲击性、自润滑性、化学稳定性、耐环境应力开裂性、抵抗快速开裂能力等性能，广泛应用于交通运输、农业、化工、机械、包装、食品、医疗和体育等领域(图 5-53)。

基于超高分子量聚乙烯优异的综合性能，可加工成管材、板材、纤维等制品应用于各个领域。超高分子量聚乙烯管材制品可应用于工作环境更为恶劣、苛刻、长周期的工况领域，如煤矿用管、河道清淤管、油井内衬管、水泥输送管、市政给排水管等领域，取代传统的钢管、不锈钢管等。据统计，管材市场年需求量近 10×10^4 t，原料市场缺口率近 50%。超高分子量聚乙烯板材主要用于船舶、海洋，可用作船舱的煤仓衬板、漏斗衬板，特别适合矿井淋水大、腐蚀性恶劣环境及井下条件使用，市场年需求量为（5~8）$\times 10^4$ t，而且保持每年 5% 左右的速度增长。超高分子量聚乙烯纤维，又称高强高模聚乙烯纤维，是目前世界上比强度和比模量最高的纤维，主要用于制作军事软质防弹服、防弹装甲、远洋船舶缆绳、深海抗风浪网箱、渔网、耐切割手套以及牙托材料等。国内每年对超高分子量聚乙烯纤维的需求量大约为 2×10^4 t，需求增长速度也在加快，仅国内缆绳行业的纤维材料年需求量就在 3000t 以上。国内超高分子量聚乙烯市场牌号单一，只有少数几个牌号实现工业化生产。随着国民经济的发展，市场对超高分子量聚乙烯的认可和使用要求不断提升，超高分子量聚乙烯日益受到人们的广泛关注。

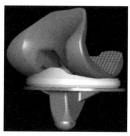

图 5-53　超高分子量聚乙烯的应用

　　超高分子量聚乙烯可采用低压聚合法、淤浆法和气相法等方法合成。超高分子量聚乙烯生产过程与普通高密度聚乙烯相似，采用 Z-N 催化剂，在一定条件下使乙烯聚合。用浆液法生产超高分子量聚乙烯的生产工艺与低压淤浆法的生产工艺基本相似。

　　从国内超高分子量聚乙烯生产现状来看，大部分生产厂家采用间歇法釜式聚合工艺生产超高分子量聚乙烯产品，间歇法釜式聚合工艺也是目前主流超高分子量聚乙烯生产技术。此前，国内仅有中国石化燕山石化采用三井油化公司釜式工艺开展超高分子量聚乙烯连续法制备，中国石油辽阳石化现已能够利用 Hoechst 工艺开展超高分子量聚乙烯产品的连续工业化生产。

1. 超高分子量聚乙烯开发历程

　　辽阳石化自 2008 年开始超高分子量聚乙烯小试研发，通过不断优化，成功探索出小试聚合工艺。2010 年实现间歇中试生产，编制了 Q/SY LY8063—2016《超高分子量聚乙烯产品企业标准》。2016 年 6 月，在辽阳石化 7×10^4 t/a 聚乙烯装置 A 线进行了超高分子量聚乙烯产品工业化试生产，实现一次开车成功，试生产过程中聚合系统反应平稳，温度、压力等重要工艺参数控制平稳，产品质量均在指标要求范围内。截至 2020 年 12 月，在辽阳石化聚乙烯工业装置累计生产 PZUH1000、PZUH2600、PZUH3500、FIUH4000 和 PZUH5500 五个牌号超高分子量聚乙烯产品超万吨，五个牌号产品的质量指标见表 5-61 和表 5-62。辽阳石化利用 Hoechst 工艺连续工业化装置，实现了超高分子量聚乙烯工业化长期稳定生产（图 5-54），填补了中国石油在此产品领域的空白。

图 5-54 超高分子量聚乙烯工业化产品

表 5-61 超高分子量聚乙烯树脂 PZUH1000、PZUH2600 和 PZUH3500 质量指标

序号	项目	PZUH1000	PZUH2600	PZUH3500
1	黏均分子量	$130\times10^4\sim200\times10^4$	$>200\times10^4\sim300\times10^4$	$>300\times10^4\sim400\times10^4$
2	表观密度，g/cm³	≥0.40	≥0.40	≥0.40
3	筛余物(>900μm)，%(质量分数)	≤2	≤2	≤2
4	定伸应力，MPa	0.10~0.30	0.10~0.45	0.20~0.50
5	简支梁双缺口冲击强度，kJ/m²	≥130	≥70	≥60
6	拉伸断裂应力，MPa	≥22	≥22	≥25
7	拉伸断裂应变，%	≥250	≥280	≥280
8	负荷变形温度(0.45MPa)，℃	≥50	≥50	≥50
9	杂色粒个数，个/100 格	≤40	≤40	≤40

表 5-62 超高分子量聚乙烯树脂 FIUH4000、PZUH5500 质量指标

序号	项目	FIUH4000	PZUH5500
1	黏均分子量	$380\times10^4\sim480\times10^4$	$>500\times10^4\sim600\times10^4$
2	表观密度，g/cm³	≥0.35	≥0.35
3	筛余物(>900μm)，%(质量分数)	≤2	≤2
4	定伸应力，MPa	0.30~0.50	0.40~0.70
5	简支梁双缺口冲击强度，kJ/m²	50~110	≥40
6	拉伸断裂应力，MPa	≥30	≥25
7	拉伸断裂应变，%	≥280	≥260
8	负荷变形温度(0.45MPa)，℃	—	≥50
9	杂色粒个数，个/100 格	≤20	≤40

辽阳石化研发超高分子量聚乙烯产品，攻克的难点及解决的问题主要包括如下几项。

1) 催化剂设计合成及放大制备技术

(1) 催化剂载体处理及制备技术。通过特定氧化物的加入，提高载体镁化合物在混合溶剂中的溶解度，在载体制备过程中进一步加入硅烷等载体处理试剂，通过载体处理试剂优选及载体成型条件的控制，修饰载体的孔道结构及表面形态。调节载体粒径及颗粒形态，改善催化剂颗粒形态及堆密度，利用催化剂形态的改进提高聚合物颗粒形态及产品堆密度。

主要解决的技术难点是载体结构与形态控制技术及载体结构对聚合物性能影响的关系。

（2）催化剂活性中心修饰技术。通过具有自主知识产权内给电子体的应用，结合催化剂负载过程中多种活性组分的复配，有效地屏蔽了催化剂表面的活性中心，降低了聚合过程中链转移及链终止的速率。进一步提高聚合物分子量，在保证超高分子量聚乙烯分子量稳定的前提下，引入多段活性中心，用多段活性中心的催化剂，来改善超高分子量聚乙烯的物理性能及加工性能。主要解决的技术难点是不同给电子体对超高分子量聚乙烯聚合物性能的影响及给电子体与不同配比的活性组分对聚合物性能的影响。

（3）催化剂与聚合物的匹配技术。考察催化剂性能调节对聚合物性能的影响，利用催化剂性能调节制备系列超高分子量聚乙烯产品，找出相应的制备规律，完成催化剂与聚合物的匹配制备。

（4）分子量调控技术。克服以往小试超高分子量聚乙烯制备技术存在的分子量不易调节、颗粒度不好及加工问题不易解决等问题，利用催化剂组分调整及多种活性中心的引入，调节聚合物分子量结合聚合工艺调整，实现了聚合物分子量可调。

（5）聚合物颗粒调控技术。在保证超高分子量聚乙烯催化剂活性稳定的同时，利用载体形态控制及聚合过程中工艺条件控制，改善树脂形态，使生成的聚合物粒径在一定范围内，减少细粉和粗颗粒的生成量，提高产品的堆密度。

2）中试聚合工艺技术

辽阳石化利用具有自主知识产权的 LHPEC-3 型催化剂，通过催化剂活性金属组分的均匀分散和定位控制，有效开展中试聚合工艺研究，得到了具有适宜颗粒度和堆密度的产品，聚合物中细粉和粗粉料明显减少。在中试聚合工艺优化过程中，结合聚合温度、压力、聚合单体加入条件及聚合时间等因素的调整，调节超高分子量聚乙烯产品性能，优化中试工艺参数，在确保中试装置稳定运转的基础上，制备性能稳定的中试产品，得到可靠、稳定的中试工艺参数。

同时，开展中试产品性能及结构分析，从超高分子量聚乙烯主要性能指标入手，考察了中试产品结晶度、支化度及晶体形态对产品性能指标的影响；以产品下游加工应用为依据，合理控制中试工艺，制备出综合性能优异的中试产品，为进一步提高超高分子量聚乙烯产品性能、形成稳定的中试工艺参数，提供理论支持。

在中试聚合工艺技术研发过程中，主要解决了中试装置平稳运行、中试工艺参数对聚合物性能的影响以及中试产品稳定性等难点问题，为工业化生产提供可靠的工艺技术参考。

3）工业化生产工艺技术

在实现中试装置产品达标、生产工艺稳定的基础上，辽阳石化针对 $7×10^4$ t/a 聚乙烯工业生产装置的技术特点，制订工业化生产方案，开展工业化试生产工作。重点考察了工艺稳定性和工艺参数调整对超高分子量聚乙烯黏均分子量和产品质量的影响，成功实现了超高分子量聚乙烯黏均分子量 $(100~600)×10^4$ 的可控生产。

在工业化生产过程中出现了母液细粉含量较多、装置堵塞频繁等影响装置长周期平稳运行和影响产品质量的问题。项目组及装置的工程技术人员，结合超高分子量聚乙烯生产的工艺特点和装置实际情况，开展了装置改造工作，对原有装置进行 10 余项改造，从根本上解决了细粉含量多、细粉残留多、易堵塞等问题，使工业化生产装置与工艺技术更加匹配，经过对生产装置的工艺优化，成功实现了基于 Hoechst 淤浆工艺的连续化长周期生产技术开发，整体技术处于国内领先水平。

同时，辽阳石化针对超高分子量聚乙烯高端产品性能特点，开展高端超高分子量聚乙烯产品 PZUH5500 的研发及工业化生产工作，进一步拓展了辽阳石化超高分子量聚乙烯产品新的应用领域，推动了系列化、高端化的产业布局，加快了高端产品的研发进程。

2. 超高分子量聚乙烯产品生产技术特点

辽阳石化超高分子量聚乙烯产品的综合性能目前处于国内领先地位，与国外产品性能相当，主要有以下技术特点：

（1）根据具有自主知识产权的 LHPEC-3 催化剂的特点，生产具有有序度较高、物理缠结较低，耐热性、抗冲击性能较好的超高分子量聚乙烯产品。根据熔融峰的位置，可以反映聚合物的热稳定性，熔融峰越高，说明聚合物的热稳定性越好（图 5-55、图 5-56）。据此可以看出，辽阳石化的超高分子量聚乙烯产品与国外典型产品相比，具有较好的耐热性。其次，结晶度对高聚物力学性能也有较大影响，超高分子量聚乙烯的玻璃化转变温度为 -60℃，常温下，随着结晶度的增大，超高分子量聚乙烯的刚性会增强，断裂伸长率减小（表 5-63）。

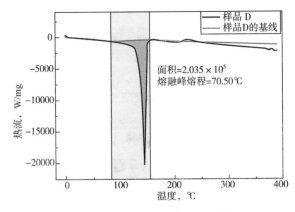

图 5-55　PZUH2600 的 DSC 曲线

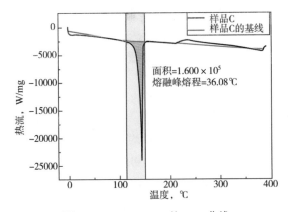

图 5-56　PZUH3500 的 DSC 曲线

表 5-63　超高分子量聚乙烯树脂 PZUH2600、PZUH3500 结晶度与同类产品对比

试样编号	PZUH2600	PZUH3500	国外典型产品对比
分子量	270×10^4	350×10^4	200×10^4
结晶度,%	70.55	55.47	54.19
熔融峰位置,℃	144.4	142.5	141.4

（2）从力学性能来看，超高分子量聚乙烯作为塑料使用的高聚物。当结晶度达到40%以上后，晶区相互连接，形成贯穿整个材料的连续相结晶交联点，因此在玻璃化转变温度以上仍不软化。辽阳石化超高分子量聚乙烯产品与对比样品晶相质量分数分别为83.17%、84.50%和62.5%（表5-64），在形成的连续相中，因为结晶相质量分数增大，它们的力学性能也随结晶度的增大而有所提升。

表 5-64　超高分子量聚乙烯树脂 PZUH2600、PZUH3500 晶相质量分数与同类产品对比

项目	质量分数,%		
	PZUH2600	PZUH3500	国外典型产品对比
（晶相）α_c	84.50	83.17	62.5
（界面相）α_b	9.05	9.69	20.5
（非晶相）α_a	6.45	7.14	11.0

（3）从加工性能来看，一般来说聚乙烯分子量越大，球晶生长速率越慢，越易部分地生成较大的球晶，原因是分子量越大，长分子链段受牵制较大，活动能力越低，链段排入晶格的速度较慢；由于长分子链的链端数目（或浓度）较小，而链端常为晶核生成的区域，晶核越少，球晶便可能越大。辽阳石化超高分子量聚乙烯产品由于支化度增大，微晶尺寸并没有出现明显增大的趋势，这进一步说明其支化链较短，从而降低了其物理缠结的程度，增加了长分子链的运动性，使得超高分子量聚乙烯产品具有较好的热加工性能（表5-65）。

表 5-65　超高分子量聚乙烯树脂 PZUH2600、PZUH3500 支化度与同类产品对比

试样	PZUH2600	PZUH3500	国外典型产品对比
支化度	212	187	28

3. 超高分子量聚乙烯产品加工应用

PZUH1000、PZUH2600在下游厂家进行了管材加工应用试验（图5-57），加工过程稳定，各项指标符合用户需求，试制的管材经国家权威机构检测，拉伸屈服应力大于22.4MPa，断裂伸长率大于200%，摩擦系数在0.10~0.12之间，产品各项指标均达到国内先进水平。PZUH3500、PZUH5500分别采用热压成型法工艺、挤出工艺进行了板材、棒材加工应用试验，加工过程稳定，加工成型的板材、棒材表面平整光滑，制品经过权威机构检测证明各项性能良好，产品得到了客户的广泛认可（图5-58）。

超高分子量聚乙烯纤维专用料是继超高分子量聚乙烯管材、板材成功研发后的又一特色产品。2018年，依托辽阳石化研究院的$3.2m^3$间歇聚合淤浆法聚乙烯中试装置，通过优化调整，稳定聚合工艺参数，实现中试稳定生产50余吨，产品在仪征化纤公司完成吨级产品加工实验。中试产品FIUH4000的加工应用过程顺利，前纺丝过程无异常，丝束含湿正常（图5-59）。在整个试用周期内，过滤器压差和机头压力比较平稳，原丝色泽正常，成品丝强度可满足下游用户使用要求。2020年，超高纤维料FIUH4000在辽阳石化聚乙烯工业装置上实现了工业化生产，生产过程平稳，工艺参数稳定，产品质量符合超高分子量聚乙烯纤维料产品指标。

图 5-57　超高分子量聚乙烯管材加工图

图 5-58　超高分子量聚乙烯棒材加工图

图 5-59　超高分子量聚乙烯纤维加工图

辽阳石化实现了具有自主知识产权的超高分子量聚乙烯催化剂及产品上下游一体化技

术，实现了专用料由普通管材挤出级、板材级，高耐磨管材到高模量高强度纤维级的全面覆盖。

4. 应用前景

随着国家在基础设施建设领域的完善、人民生活质量的提升和环保意识的增强，高性能聚乙烯将是未来聚乙烯需求增长最快的领域。超高分子量聚乙烯作为一种新型的工程塑料，集多种优异性能于一身，得到了越来越多的市场认可。现今超高分子量聚乙烯加工技术不断进步，尤其是管材挤出技术和纤维制备技术的突破，超高分子量聚乙烯制品的生产效率、应用领域不断扩大，下游加工生产企业不断扩产，因而对超高分子量聚乙烯原料的需求不断扩大。

辽阳石化超高分子量聚乙烯技术的成功开发，增强了中国石油特种聚烯烃技术的实力和市场竞争能力，填补了中国石油在该领域的空白，为聚乙烯新产品的持续开发提供了技术发展方向。开发出的超高分子量聚乙烯系列产品，已获得良好的市场认可度，产品效益比通用型树脂高 2000 元/t 以上，已为企业增效 2189.4 万元，成为聚烯烃领域新的效益增长点。下一步，辽阳石化将通过不懈努力，夯实超高分子量聚乙烯产品质量，扩大产品市场，逐步将超高分子量聚乙烯打造成中国石油拳头产品。

第八节　锂电池隔膜用聚乙烯产品开发

在锂电池的结构中，隔膜是关键的内层组件之一，隔膜的性能决定了电池的界面结构、内阻等，直接影响电池的容量、循环以及安全性能等特性，性能优异的隔膜对提高电池的综合性能具有重要的作用[11]。隔膜通常也被称为电池隔膜、隔膜纸、离子分离膜等，处于新能源汽车产业链的上游部分。根据生产工艺的不同，一般分为干法隔膜和湿法隔膜，其中干法隔膜又可分为干法单拉隔膜和干法双拉隔膜。隔膜的主要原材料是聚烯烃类树脂，湿法隔膜一般使用特高分子量聚乙烯作为隔膜主体，液状石蜡作为成孔剂，二氯甲烷作为萃取液。

锂电池隔膜的全球市场份额主要是被日本、美国、韩国和中国占据，但是随着 2015 年美国企业 Celgard 被日本旭化成收购，美国退出了锂电隔膜市场[12]。随着近年国内以四川大学为代表的科研院所在锂电池制备工艺上的突破，再加上生产企业的大量资金投入，中国在全球锂电池隔膜市场的份额迅速增加。2020 年，全球隔膜出货量为 $62.8 \times 10^8 \text{m}^2$，中国出货量达到 $38.7 \times 10^8 \text{m}^2$，已经达到全球市场的 61.6%。未来随着一大批湿法隔膜产能的陆续投产，中国在全球市场的占比将继续提高，实现隔膜全面国产化，并向全球市场出口。

2016 年初，辽阳石化开始专用料小试聚合条件研究，并在 2018 年开始专用料中试聚合条件研究。2019 年 8 月，在间歇中试装置采用自主研发催化剂成功试产锂电池隔膜用聚乙烯专用料 LBVH1045 合格品，并在青岛中科华联进行了加工应用评定（图 5-60）。LBVH1045 与进口产品力学性能相当，得到厂家认可。

辽阳石化研究了催化剂制备工艺与聚合产品性能的关系，如给电子体复配、滴钛温度、搅拌速度与专用树脂颗粒形态结构、分子量分布、粒径分布、真密度、堆密度间的关系；研究了隔膜料树脂分子结构与产品性能的关系，在聚合过程中，需将氢气加入量等指标控制在一定范围内，使隔膜料核心指标达到最佳平衡点。通过对聚合工艺的严格控制，产品指标收窄，提高了指标控制稳定性，实现了平稳化连续生产（表5-66）。

表5-66　辽阳石化锂电池隔膜专用料LBVH1045质量指标

序号	项目	产品指标
1	分子量	$(50\sim120)\times10^4$
2	堆密度，g/cm^3	$\geqslant0.40$
3	密度，g/cm^3	$0.945\sim0.950$
4	粒度分布，μm	150 ± 30
5	熔点，℃	$\geqslant135$

图5-60　间歇中试产品加工图

目前，国内仅扬子石化、燕山石化[13-14]实现了锂电池隔膜用聚乙烯专用料工业化生产。扬子石化已开发3个工业化牌号，YEV4500实现了定量化生产；燕山石化新产品锂电池隔膜用特高分子量聚乙烯专用料已在下游成功加工应用，实现了超薄锂电池隔膜批量稳定生产。辽阳石化利用自主研发的LHPEC-3催化剂开发出锂电池隔膜用聚乙烯树脂，有效提升了中国石油锂电池隔膜用聚乙烯专用料自主研发水平，可在淤浆法高密度聚乙烯装置上应用，带来了较好的经济效益和社会效益。

第九节　土工膜产品开发

聚乙烯防水阻隔制品应用于水利、交通、环保等领域的防水防渗，具有渗透系数低、长期使用性能好、焊接容易及施工方便等优点，是目前土木工程领域防水防渗的主要发展方向。随着国家对水土污染、流失及环保的日渐重视，以及以 GB/T 17643—2011《土工合成材料　聚乙烯土工膜》为代表的土工类国家标准的严格实施。该类制品也随之被更多地应用于三峡工程、治黄工程、公铁隧道、垃圾填埋、防风固沙等国家重点水利工程、大型基建项目和民生工程中。在 2020 年新冠疫情期间，因聚乙烯土工膜被应用于火神山、雷神山等临时医院的建设，用途进一步扩展到医学防疫领域。

一般情况下，高性能的聚乙烯防水阻隔专用树脂需要具有一定的低温柔性，密度范围在 0.935~0.939g/cm³ 之间，其制品需满足 GB/T 17643—2011 中的各项严格要求，耐环境应力开裂时间要在 1000h 以上。专用树脂的市场年需求量在 30×10⁴t 左右，基本上以进口料为主，售价较通用树脂高 600~1000 元/t。

聚乙烯防水阻隔制品在土木工程领域的应用已有 70 余年的历史。近十多年来，由于世界范围内水源短缺，聚乙烯防水阻隔制品得到迅速发展，并在许多领域得到应用。随着中密度聚乙烯防水阻隔制品的应用越来越广泛，专用树脂的开发也受到了业界的高度关注，各大石化公司均依据自身装置特点，开发出具有独特性能优势的专用树脂。

中国石油石化院与大庆石化开展联合攻关，通过设计与定制了新型铬系催化剂体系，开发了低共聚单体浓度高支化产品生产技术；提出了多工艺变量反应稳态调控技术，解决了气相反应中稳态控制及长周期运行困难的难题，在 Unipol 气相工艺装置上采用铬系催化剂、以 1-己烯为共聚单体，完成了防水阻隔专用树脂 DQTG3912 生产技术的开发，产品各项性能指标与进口料相当（表 5-67）。

表 5-67　DQTG3912 性能测试结果

项目	DQTG3912 出厂指标	DQTG3912 实测值
熔融指数，g/10min	9~15[①]	11.0
密度，g/cm³	0.935~0.941	0.937
拉伸屈服应力，MPa	≥16.0	16.4
拉伸断裂标称应变，%	≥500	626
拉伸弹性模量，MPa	≥550	678
悬臂梁冲击强度，kJ/m²	—	24.9
维卡软化温度，℃	≥120	120.4
氧化诱导期，min	—	126.57

① 负荷 21.6kg。

2016 年，中国石油石化院与大庆石化联合开发的 DQTG3912 生产技术，在大庆石化 25×10⁴t/a Unipol 工艺全密度聚乙烯装置上成功实现工业应用，成为中国石油首个铬系中密度聚乙烯防水阻隔专用树脂的工业化产品。该产品先后在山东宏祥集团、江苏仪征市佳奇塑料有限公司等加工企业完成了光面土工膜、膜布复合材料以及双糙面土工膜 3 种类型防水阻隔制品的加工试验（图 5-61）。结果表明，DQTG3912 的加工性能优异，3 类制品各项性能均远超国家标准最高要求（表 5-68），受到下游加工企业的高度认可。截至 2020 年 12 月，DQTG3912 累计生产合格产品 613t，创效 580 万元以上。

随着国家对水利水电、公共交通以及基础建设投资的加大，以及全球范围内对水土污染、流失及环保的日渐重视，聚乙烯阻隔材料的应用领域将继续拓宽，形式也将多样化，需求量必将呈现跨越式增长。防水阻隔专用树脂 DQTG3912 的工业应用，一方面打破了国内在该应用领域没有规模化工业化产品的局面，有效抑制了国外产品的价格无序上调，增加了下游加工企业对于大型央企的信任度和依存度；另一方面，DQTG3912 的各项性能优异，可提升聚乙烯产品在其应用领域的质量衡量标准。

图 5-61　土工膜加工试验现场

表 5-68　土工膜制品性能测试结果(糙面)

项目	拉伸强度 (纵向/横向),MPa	断裂伸长率 (纵向/横向),%	屈服强度 (纵向/横向),N/mm	直角撕裂负荷 (纵向/横向),N
DQTG3912	25.8/24.1	664/648	38.8/34.5	288/287
进口对比产品	17.9/16.5	584/537	29.5/28.1	241/246

第十节　聚乙烯医用料产品开发

聚乙烯无毒无味,具有优良的机械强度、生物相容性和化学稳定性,耐寒、耐辐射,被广泛应用于药物包装、医疗器械等领域,以其高性价比、方便的成型工艺在医疗领域快速增长,以24%的占比成为第二大常用医用塑料。国内用于医疗领域的聚乙烯年需求量超过60×10⁴t,但主要集中在低中端领域,如一次性医用耗材、高密度聚乙烯固体药瓶、透析液桶等。

医用市场中的聚乙烯主要包括低密度聚乙烯、高密度聚乙烯和超高分子量聚乙烯。线型低密度聚乙烯和中密度聚乙烯相对用量较少。低密度聚乙烯带有许多支链,分子量较小,结晶度和密度较低,具有较好的柔软性、耐冲击性及透明性,常用于医用薄膜、医用导管等,因其具有洁净度高、杂质少、抗冲击韧性优良等优点,是目前广泛使用的聚氯乙烯(PVC)可选的替代品,也可以根据使用性能要求与高密度聚乙烯混合使用。高密度聚乙烯的高分子链上支链较少,分子量、结晶度和密度较高,硬度和强度较大,熔点较高,常用于注塑。高密度聚乙烯主要用作医用硬包装(药瓶、医用瓶盖等),其良好的力学性能还可用在人工器官(人工肺、人工气管、人工喉、人工肾、人工尿道、人工骨、各种插骨等)、矫形外科修补材料以及一次性医疗用品等领域,并可以作为填充料改善制品的流动性能。超高分子量聚乙烯黏均分子量一般在(200~800)×10⁴之间,具有耐磨性强、摩擦系数小、蠕动变形小、化学稳定性和疏水性高、抗冲性高、耐应力开裂性和吸能性较好、自润滑性优良和对化学药品稳定性好等特点,具有生理惰性、生理适应性和生物惰性。超高分子量聚乙烯为人造臀、膝盖和肩部连接器、人工关节、人工肺等的理想材料，增长趋势良好，但生产技术壁垒较高，准入条件严格，市场介入难度较大。

因医用市场的持续升温，医用聚乙烯已成为国内外聚烯烃树脂开发的热点。国外的优势生产企业较多，整体上呈现出产品型号齐全、供应能力有保障、产品技术稳定性和产业成熟度较高等特点。

利安德巴塞尔公司在医用聚乙烯领域已走在技术前端，并具有明显优势，产品有多个牌号投放市场，且在中国药包材市场占有极大份额。利安德巴塞尔的 Purell 医用级聚乙烯树脂发展超过 30 年，产品质量和生产技术世界领先，配方长期稳定，符合 USP Class Ⅵ和 ISO 10993 规定，并已列入美国食品药品监督管理局的药物管理档案（DMF）。Purell 医用级聚乙烯有高密度聚乙烯和低密度聚乙烯牌号，有可用于特定高温消毒工艺的低密度聚乙烯牌号，有卓越刚性与抗应力开裂性平衡的高密度聚乙烯牌号，还有适用于吹灌封（BSF）工艺的牌号，有特别适用于医药瓶盖、密封、高刚性注射器推杆的牌号。例如 Purell-LDPE 产品：1810E 和 1840H 适用于医疗器械、医用瓶、可拆卸导管（保健用）和卫生保健器械；2420F、3420F 适用于包装袋、医用薄膜、一次包装和卫生保健器械；3020D、3040D 和 3220D 适用于医疗器械、医用瓶、诊断设备和卫生保健器械；3020H 适用于医疗器械和医用薄膜；2410T 适用于瓶盖与密封，具有周期快速的优点。利安德巴塞尔医用 Purell™ 低密度聚乙烯材料具有非常好的耐化学性，可用于直接接触的医疗包装产品，相关牌号及典型指标见表 5-69。

表 5-69 利安德巴塞尔 Purell™ 低密度聚乙烯相关牌号及典型指标

项目	熔融指数（190℃，2.16kg）g/10min	密度，g/cm³	拉伸模量，MPa	熔点，℃	药品主文件
测试方法	ISO 1133-1：2011	ISO 1183-1：2019	ISO 527-1：2012 ISO 527-2：2012	ISO 11357-3：2011	
Purell PE 1810E	0.4	0.920	200	108	8412
Purell PE 1840H	1.5	0.919	200	108	8410
Purell PE 2420F	0.75	0.923	260	111	21697
Purell PE 3020H	2.0	0.927	300	114	21094
Purell PE 3020D	0.3	0.927	300	114	8413
Purell PE 3040D	0.25	0.928	300	115	8700
Purell PE 3220D	0.4	0.930	430	117	19659
Purell PE 3420F	0.9	0.933	520	119	23515
Purell PE 2007H	1.5	0.920	200	108	15040
Purell PE 2410T	36	0.924	280	112	18451

利安德巴塞尔公司 Purell™ 高密度聚乙烯材料具有良好的冲击性能、尺寸稳定性，可以使用环氧乙烷和伽马射线灭菌，符合 ISO 10993-5：2009 批准，高密度聚乙烯相关牌号及典型指标见表 5-70。

表 5-70 高密度聚乙烯相关牌号及典型指标

项目	熔融指数(190℃，2.16kg) g/10min	密度，g/cm³	拉伸模量，MPa	药品主文件
测试方法	ISO 1133-1：2011	ISO 1183-1：2019	ISO 527-1：2012 ISO 527-2：2012	
Purell ACP 5531B	0.45(5kg)	0.954	1250	
Purell ACP 5231D	0.3	0.952	1100	25137
Purell PE GF4750	0.4	0.950	1000	5654
Purell PE GF4760	0.4	0.956	1250	20343
Purell ACP6031D	0.25	0.960	1350	8410
Purell ACP6541A	1.45	0.954	1100	19116
Purell GB7250	10	0.952	1000	5654
Purell GC7260	8	0.960	1350	5654
Purell GC7260G	8	0.960		
Purell GA7760	18	0.963	1350	5654

英力士公司 ElteX® MED 医用级低密度聚乙烯产品：PH27D630 和 PH30D630 适合注塑和吹膜加工，专门为医药包材设计的专用塑料原料，可以经过 110℃ 蒸汽处理，适合吹灌封(BFS)三合一生产线，应用于单剂量或多剂量安瓿、静脉注射液瓶和高级别安全薄膜；22D630 适合注塑和吹膜加工，不能用于蒸汽热消毒的蒸汽处理；23T630 适合注塑和吹膜加工，可以用氧化乙烯和辐射消毒。英力士 ElteX® MED 医用级高密度聚乙烯产品有 HD5226EA-M、HD5130EA-B、HD5211EA-B 和 HD6070EA-B，适用于医疗器械和药品包装。

陶氏化学公司的医疗和药物包装、医用部件防护套和罩专用聚乙烯系列树脂 Health+牌号，均是按照严格的质量规格要求生产的，具有较稳定一致的性能，其中部分 Health+牌号进行了 USP61、FDA、ISO 10993-5：2009 等的检验认证。低密度聚乙烯牌号有 690Health+™ 和 692Health+™ 等，高密度聚乙烯牌号有 DMDA8007HEALTH+™、DMDA8904HEALTH+™、DMDA8907HEALTH+™、DMDA8920 HEALTH+™、DMDA8940HEALTH+™ 等。

沙特基础工业公司生产了 SABIC® PCG 系列医用聚乙烯产品，包括低密度聚乙烯牌号 PCG00、PCG01、PCG02、PCG06、PCG07、PCG09、PCG22 和 PCG80，高密度聚乙烯牌号 PCG3054、PCG5421、PCG0863、PCG453 和 PCG863 等。

北欧化工公司开发了 Bormed™ 系列医用低密度聚乙烯牌号，包括 LE6607-PH、LE6609-PH、LE6600-PH 等。

国家"十三五"规划、"健康中国 2030"规划和"十三五"国家药品安全规划均指出，要大力发展新型医药及包材，药用包材与药品具有同等重要的地位，并将医用高分子材料研究放在战略高度。聚乙烯因其质轻、性能好、洁净度高等特性成为医药包材的核心原料，年需求量已超过 13×10^4 t，其中低密度聚乙烯的年需求量超过 7×10^4 t，因其与药品直接接触，对药品质量和用药安全有极大影响。2012 年以前，我国医用药包材聚乙烯树脂几乎全部依靠进口，产品价格、货源受国外厂家控制，产品的安全、稳定供应易受贸易摩擦、地区冲突、自然灾害、疫情等突发事件影响，严重威胁国民用药安全。我国医用药包材聚乙烯树脂标准、检验方法标准、安全性评价体系和监管体系缺失，同时聚乙烯树脂生产企业没有与 GMP 相匹配的生产管理体系，国产的聚乙烯树脂基本无法满足医用药包材行业技术要求。

随着聚乙烯材料在医药包材领域中应用需求的增加，国内为摆脱市场上医用级聚乙烯树脂受进口垄断的影响，近年来大型石化企业对医用级聚乙烯的开发进行了攻关。目前，虽然国产医用级聚乙烯的产品种类和牌号还很少，但国内石化企业已经拥有了一定规模的高端医用级聚乙烯生产能力，中国石油在高端医药包材用低密度聚乙烯产品上取得了技术突破，并实现了洁净化、规模化的工业化生产，医用级高密度聚乙烯尚缺少高品级产品。因此，选取技术相对成熟的低密度聚乙烯和高密度聚乙烯，并针对医药包材和一次性医疗用品等应用市场进行医用级聚乙烯产品开发，可以更快速地在医用聚乙烯领域打开局面。

中国石油联合中国食品药品检定研究院开展医用级聚乙烯树脂的研发，2011 年在 20×10^4 t/a 利安德巴塞尔公司管式法工艺高压聚乙烯装置上，成功开发出低迁移、低析出、高安全性、高洁净度的医用级低密度聚乙烯 LD26D，2012 年产品质量提升后实现规模化生产。2015 年，LD26D 产品通过了中国食品药品检定研究院的生物安全性评价，2016 年通过了国家食品药品监督管理总局的认证。LD26D 产品满足医药包材原料的生物安全性要求，产品包装水平达到 D+C 级的洁净化标准，适用于 BSF 工艺的三合一安瓿，累计产量超过 8000t，在三合一安瓿、滴眼液等医药包材领域实现推广应用，累计出口超过 3000t。除了直接经济效益外，LD26D 产品每吨比进口料价格低 3000~4000 元，可为国家节约外汇成本。

塑料安瓿来源于吹制—灌装—密封三合一技术（Blow-Fill-Seal，BFS），20 世纪 70 年代开始应用于制药和医疗器械的无菌或最终灭菌的液体灌装工序。BFS 技术生产塑料安瓿的主要工艺步骤为：真空条件下加热塑料粒料，高温状态下将粒料挤出形成管状瓶坯，将瓶坯充气成型，同时灌装药液并封口。BFS 技术因吹制、灌装、密封 3 种操作均在同一工位完成，配合无菌生产条件，极大地降低了产品的微生物污染，提高了无菌保证水平。

塑料安瓿用于包装注射剂药物的发展依赖于 BFS 技术的发展，在欧美发达国家，这项技术从最初产生到高度成熟，已走过了将近 50 年的历史，应用于无菌药物的包装已经进入成熟期。BFS 技术自 20 世纪 80 年代即已进入中国，在国内出现也有近 30 年的历史，但由于该技术复杂，且引进时仍处于不断完善和创新阶段，国内一直没有很好地掌握这一技术，国内塑料安瓿包装医药产品的制造技术也一直落后于欧美发达国家水平。随着我国医药行业发展和管理水平的提高，21 世纪以来，我国 BFS 一体设备基本实现国产化，塑料安瓿包装的水针在临床上应用也不断增多，虽然仍以进口产品为主，但国内自主生产的塑料安瓿注射剂即将进入高速发展时期。

塑料安瓿之所以能随着 BFS 技术的发展在国外广泛应用，是因其材质决定了其具有传统玻璃安瓿无法比拟的优点，可解决玻璃安瓿被腐蚀的析出问题、使用过程的碎屑问题、标签易模糊导致错误用药问题等。塑料安瓿主要分为聚丙烯安瓿和聚乙烯安瓿。聚乙烯安瓿是以低密度聚乙烯较多应用无菌工艺生产的注射剂。

多年来，国内所需医用聚乙烯安瓿专用料全部依赖进口，进口原料主要是巴塞尔 3020D。2010 年，中国石油兰州石化和石化院成立研发团队，在对国内主要医用塑料安瓿生产企业调研考察的基础上，开始进行医用安瓿专用料 LD26D 的开发。开发出新型低温引发体系和超高压聚合技术，实现了高于 285MPa 压力下的稳定生产，生产出低析出、低迁移、正己烷不挥发物含量低于30mg的医用级低密度聚乙烯树脂LD26D。

1. 低温引发体系和超高压聚合技术

医用低密度聚乙烯LD26D采用巴塞尔公司LUPOTECH®管式法反应器技术生产,以乙烯为主要原料,过氧化物为引发剂,丙烯、丙醛为分子质量调整剂,聚合反应是采用乙烯单点进料、过氧化物四点注入的脉冲式反应。工艺流程(图5-62)为:新鲜乙烯及循环乙烯经一次压缩机和二次压缩机升高到一定压力,通过预热器加热至恒定温度,进入管式反应器,在第一反应区经有机过氧化物引发剂引发聚合,温度逐渐上升,随着引发剂的消耗,反应温度逐渐降低,在第二至第四反应区分别注入过氧化物,重新引发聚合,反应放出的热量由夹套中的热水带走,聚乙烯和乙烯混合物经过脉冲阀后经后冷器冷却至恒定温度,在分离器中分离出的高压聚乙烯树脂被送至挤压单元进行挤压造粒,在分离器中分离出的乙烯气体返回至压缩机入口。

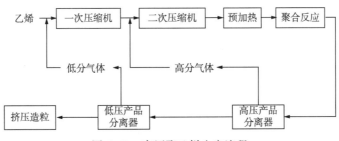

图5-62 高压聚乙烯生产流程

1)反应压力的确定

高压聚乙烯装置反应是在有机过氧化物引发下的自由基聚合反应,聚合物是由非线性大分子组成,大分子链上含有很多长支链和短支链,产品密度主要取决于短支链的多少,即支化度的大小[4]。

支化度R_b/R_p可通过下式计算:

$$\frac{R_b}{R_p}=\frac{K_b[\text{R}\cdot]}{K_p[\text{R}\cdot][\text{M}]}=\frac{K_b}{K_p[\text{M}]}$$

式中 R_b、R_p——短支链、链增长速率;

  $[\text{R}\cdot]$、$[\text{M}]$——自由基、单体浓度;

  K_b、K_p——支化反应、链增长反应常数。

支化度越高,产品的结晶度越低,密度越低。反应压力越高,则单体浓度也越高,可以看出,单体浓度越高,则支化度越小。在其他条件变化不大时,反应压力对密度的影响起决定作用。为了保证安瓿生产使用过程的机械强度及挺度,以及保证拧开瓶口时易开口,需要控制LD26D的密度在较高范围,同时较高的密度也可提高维卡软化温度,保证LD26D的制品高温消毒中不易发生形变。低密度聚乙烯反应压力与密度关系曲线如图5-63所示。

低密度聚乙烯装置生产通用料2426H的密度为0.9230g/cm³±0.0020g/cm³,反应压力为265MPa,根据反应压力与密度关系曲线和压缩机运行情况,确定医用级低密度聚乙烯树脂的反应压力为285MPa。同时,提高反应压力,乙烯浓度有所增加,有利于生成平均分子量较大的低密度聚乙烯,可实现对正己烷不挥发物含量的控制。

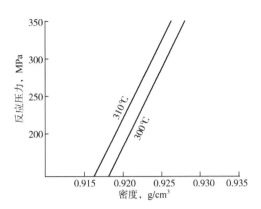

图 5-63 低密度聚乙烯树脂反应压力与密度关系曲线

2）反应温度的确定

高压聚乙烯生产工艺是典型自由基聚合反应，聚合反应由链引发、链增长、链转移、链终止等基元反应组成，其中链转移活化能约为 62.7kJ/mol，链增长活化能为 20~34kJ/mol，聚合反应放出大量热，使得反应在高温下进行，虽然提高反应温度可提高反应转化率，但提高反应温度，由于链转移活化能较高，根据阿伦尼乌斯方程：

$$\ln k = -E_a / (RT) + \ln A \text{ 或 } k = A e^{-E_a / (RT)}$$

式中　k——反应速率常数；

　　　A——指前因子；

　　　E_a——基元反应活化能；

　　　R——气体常数；

　　　T——热力学温度。

$\ln k$ 随 T 的变化与 E_a 成正比，因此，活化能越高，温度升高时反应速率增加得越快，即高温对活化能较高的链转移有利，低温对于活化能较低的链增长有利。

若反应在高温下进行，则链转移速率增加，低分子量聚乙烯含量增加，产品分子量降低，分子量分布指数增大，同时支化度增加，密度降低；降低温度有利于链增长反应，生成结晶度较高、密度较高、分子量较大、分布较窄的大分子聚合物。因此，控制 4 个区的反应温峰在较低的温度有利于降低树脂的正己烷不挥发物含量，确定 4 个区的反应温峰值均为 285℃。

3）分子量调整剂种类及浓度的确定

分子量调整剂对分子结构影响非常大，生产中使用的分子量调整剂为丙醛、丙烯，丙醛反应活性较高，丙烯次之，由于使用丙烯作为分子量调整剂，丙烯与乙烯发生共聚，使高分子聚乙烯的支化度明显增加，产品的密度降低，为保证产品密度，确定 LD26D 产品使用丙醛为分子量调整剂，由于反应压力较高、温度较低，在生产过程中丙醛流量控制在 30~35kg/h 之间。

4）引发体系的确定

由于反应压力高达 285MPa，反应温度较低为 285℃，高压低温对有机过氧化物引发剂的需求量明显降低。在生产过程中，为防止过氧化物浓度偏高，导致过氧化物注入后温峰波动幅度偏大，需降低过氧化物配方浓度，确定过氧化物配方（表 5-71）。

表 5-71　3020D 的过氧化物配方　　　　　　　　　　单位：L

项目	DTBP	TBPIN	TBPEH	TBPPI
反应 1 区	2.83	2.98	2.76	2.63
反应 2 区	10.59	0.77	0.31	0.00
反应 3 区	8.61	0.32	0.18	0.00
反应 4 区	5.10	0.62	0.04	0.00

2. 正己烷不挥发物的控制技术

为防止溶出物影响药液的安全性，须严格控制树脂的正己烷不挥发物含量。通过实验测试，正己烷不挥发物是低分子量、短链的低密度聚乙烯。因此，控制低分子量低密度聚乙烯的含量成为聚乙烯医用料生产的关键问题。为解决这一问题，首先提高低密度聚乙烯产品的平均分子量，即提高聚合度，则低密度聚乙烯产品中低分子量、短链聚乙烯的含量会降低，使得产品的正己烷不挥发物含量相对偏低。根据低密度聚乙烯自由基反应聚合度方程式：

$$\frac{1}{K_n} = C_p \frac{[O]^{\frac{1}{2}}}{[M]} + C_m + C_a [O]/[M] + C_b [b]/[M]$$

式中　　K_n——平均聚合度；

　　　　C_p、C_m、C_a、C_b——正常反应、向单体转移、向引发剂转移、向调整剂转移系数；

　　　　[O]、[M]、[b]——引发剂、乙烯、调整剂浓度。

要提高产品的平均分子量，需要降低产品链转移速率系数、引发剂浓度、调整剂浓度，提高乙烯浓度，即降低温度、引发剂用量、调整剂用量，提高反应压力。

其次，降低低密度聚乙烯产品的分子量分布宽度，分子量分布宽度是表征聚合物分子量的分散程度，分布宽度越窄，产品中低分子量、高分子量聚合物含量越低，而提高反应压力、降低反应温度，使链转移速率降低，可得到分子量分布宽度较窄的低密度聚乙烯产品。

3. 超纯净化聚乙烯生产技术

开发出超纯净化聚乙烯生产技术，建立了国内首家满足医药包材用聚乙烯树脂标准要求的洁净化生产基地，解决了在 $20 \times 10^4 t/a$ 高压聚乙烯装置上规模化生产超纯净化医用聚乙烯的技术难题。通过原辅材料、输送空气、颗粒水、生产过程的洁净化，控制切粒循环水达到医用纯化水标准，总有机碳不超过 0.50mg/L，重金属含量不超过 0.0001%；控制输送空气中颗粒物过滤精度不大于 $1\mu m$，核心包装洁净区洁净度达到 10000 级，并采用静电脱粉技术控制细粉含量低于 0.003%，使医用药包材聚烯烃树脂生产包装厂房达到 D+C 级医药企业洁净区标准。解决了超大型系统金属残屑、环境杂质对聚乙烯污染、生产核心区洁净度(万级)控制等技术难题。

4. 质量管理体系的建立

对照国家《药品生产质量管理规范(GMP)(2010 年修订)》，首次建立了包含 26 项针对医用药包材聚烯烃树脂的生产、包装、储运的产品质量管理体系，包含医用聚乙烯的包装储运标准及其技术规范，解决了医用聚乙烯产品包装、储存及运输等全过程的质量及质量风险有效管控问题，实现了产品从生产、储运、运输到终端客户的洁净化、安全化。建立了产品质量可控的医用聚乙烯树脂产业化基地，形成完全自主的医用聚乙烯产业链。

制定了医用药包材聚乙烯树脂 LD26D 产品标准，包含 30 项物理性能、化学性能以及生物学和毒理学性能。产品标准制定的依据为国家食品药品监督管理总局颁发的《直接接触药品的包装材料和容器管理办法》、药包材相关标准（YBB 标准）、《中华人民共和国药典》（以下简称《中国药典》），参照了《欧洲药典》《美国药典》相关要求，见表 5-72。

表 5-72　LD26D 产品质量标准

性能	序号	分析项目	技术指标	试验方法
物理机械性能	1	色粒，个/kg	≤8	SH/T 1541—2006
	2	熔融指数（190℃，2.16kg），g/10min	0.24~0.36	GB/T 3682—2000
	3	密度，g/cm³	0.923~0.929	GB/T 1033.2—2010
	4	拉伸屈服应力，MPa	≥9.0	GB/T 1040.2—2006，1B 型试样 50mm/min
	5	拉伸断裂标称应变，%	≥350	
	6	弯曲模量，MPa	≥220	GB/T 9341—2008，2mm/min
	7	维卡软化温度，℃	≥95.0	GB/T 1633—2000，负荷 10N，升温速率 50℃/h
	8	雾度，%	≤10	GB/T 2410—2008
	9	炽灼残渣，%	≤0.03	GB/T 14233.1—2008
	10	熔点（Tm），℃	≥110	GB/T 19466.3—2009
	11	结晶点（Tc），℃	≥95	GB/T 19466.3—2009
	12	重均分子量	≥10×10⁴	SH/T 1759—2007
	13	数均分子量	≥2×10⁴	SH/T 1759—2007
	14	分子量分布	≤5.0	SH/T 1759—2007
化学性能—溶出物试验	15	浊度	≤2 号	GB/T 14233.1—2008
	16	色泽	无色	GB/T 14233.1—2008
	17	不挥发物（与空白对照液之差），mg	≤2.5	GB/T 14233.1—2008
	18	易氧化物（与空白对照液之差），mL	≤1.5	GB/T 14233.1—2008
	19	酸碱度（与空白对照液之差）	≤1.0	GB/T 14233.1—2008
	20	重金属(铅、铬、铜、锌)含量，μg/mL	≤1.0	GB/T 14233.1—2008
	21	铵离子，μg/mL	≤0.8	GB/T 14233.1—2008
	22	铜离子，μg/mL	≤1.0	GB/T 14233.1—2008
	23	铬离子，μg/mL	≤1.0	GB/T 14233.1—2008
	24	镉离子，μg/mL	≤0.1	GB/T 14233.1—2008
	25	铅离子，μg/mL	≤1.0	GB/T 14233.1—2008
	26	锡离子，μg/mL	≤0.1	GB/T 14233.1—2008
	27	钡离子，μg/mL	≤1.0	GB/T 14233.1—2008
	28	铝离子，μg/mL	≤0.05	《中国药典》2010 年版二部附录ⅣD(309.3nm)
	29	紫外吸光度（220~350nm）	≤0.10	GB/T 14233.1—2008
	30	正己烷不挥发物（与空白对照液之差），mg	≤60.0	YBB 20072012

5. 医用聚乙烯安全性评价体系的建立

针对中国医用聚乙烯树脂安全性评价体系缺失的问题，中国石油与中国食品药品检定研究院、医药生产企业共同开展了医用聚乙烯安全性评价体系研究，通过集成医用药包材容器的物理性、化学性、毒理性、迁移性及相容性等评价方法，建立了中国医用聚乙烯安全性评价体系，被国家食品药品监督管理总局应用于医用药包材的关联审批审评，成为国内外医用聚乙烯树脂进入中国市场的安全性评价标准。

医用聚乙烯安全性评价体系主要依据药包材相关标准（YBB 标准）、医药行业标准、《中国药典》，并参照了《欧洲药典》《美国药典》，从分子结构、物理性能、化学性能、迁移性、生物毒性等方面对医用聚乙烯树脂进行评价。

规模化生产的 LD26D 产品结构性能分析结果见表 5-73，典型指标见表 5-74。

表 5-73　LD26D 及对标产品的分子结构

项目	LD26D	巴塞尔 3020D
重均分子量	11.2×10^4	10.5×10^4
数均分子量	2.3×10^4	2.5×10^4
分子量分布	4.9	4.2
支化度，‰	13.8~14.7	13.4~14.0
羰基指数，‰	2.2~2.5	2.2~2.4
结晶度，%	49	51

表 5-74　LD26D 及对标产品的典型指标

项目	测试方法	LD26D	巴塞尔 3020D
熔融指数，g/10min	GB/T 3682—2000	0.29	0.27
密度，g/cm³	GB/T 1033.2—2010	0.926	0.926
拉伸屈服应力，MPa	GB/T 1040.2—2006	12.0	12.1
拉伸断裂标称应变，%	GB/T 1040.2—2006	525	350
弯曲模量，MPa	GB/T 9341—2008	310	213
维卡软化温度，℃	GB/T 1633—2000	106	106
正己烷不挥发物含量，mg	YBB 00132002—2015	26	37

参照《欧洲药典》第七版，对 LD26D 开展了抗氧剂迁移实验，结果见表 5-75。

表 5-75　LD26D 抗氧剂迁移实验结果

样品名称	LD26D	样品名称	LD26D
抗氧剂 1010	未检出	抗氧剂 3114	未检出
抗氧剂 330	未检出	抗氧剂 BHT（%）	未检出
抗氧剂 1076	未检出	抗氧剂 O₃（%）	未检出
抗氧剂 168	未检出		

同时，LD26D 样品中均未见抗氧剂 618、抗氧剂 SE、抗氧剂 DLTDP 和抗氧剂 DSTDP 相应斑点，即 4 种抗氧剂的含量均小于 24μg(0.3%)。

依据 USP36<87>、USP36<88>，对 LD26D 开展了生物六级试验，对细胞毒性等 10 个项目进行检测，结果见表 5-76。

表 5-76　LD26D 生物试验结果

序号	检查项目及单位	技术要求	检验结果	单项判定
1	细胞毒性	应符合规定	符合规定	符合
2	全身毒性(0.9%氯化钠注射液)	应符合规定	符合规定	符合
3	全身毒性(聚乙二醇 400)	应符合规定	符合规定	符合
4	全身毒性(乙醇∶0.9%氯化钠注射液=1∶20)	应符合规定	符合规定	符合
5	全身毒性(植物油)	应符合规定	符合规定	符合
6	皮内刺激(0.9%氯化钠注射液)	应符合规定	符合规定	符合
7	皮内刺激(聚乙二醇 400)	应符合规定	符合规定	符合
8	皮内刺激(乙醇∶0.9%氯化钠注射液=1∶20)	应符合规定	符合规定	符合
9	皮内刺激(植物油)	应符合规定	符合规定	符合
10	植入	应符合规定	符合规定	符合

依据标准 YY/T 0114—2008 的技术要求，对 LD26D 开展了化学性能检测，结果表明，LD26D 符合 YY/T 0114—2008 技术指标的要求。试验结果见表 5-77。

表 5-77　LD26D 参照 YY/T 0114—2008 标准检测结果

项目	技术要求	LD26D
酸碱度	不得超过 1.0	0.15
重金属含量	不得超过 1.0μg/mL	符合规定
镉含量	应小于 0.1μg/mL	小于 0.1μg/mL
紫外吸收度	不得超过 0.10	吸光度最大值 0.088(243nm)

按 YBB 00102005—2015 的技术要求，对 LD26D 和 3020D 开展了溶出物试验，测试结果见表 5-78。LD26D 和 3020D 均能达到 YBB 00102005—2015 的技术要求。

表 5-78　LD26D 参照 YBB 00102005—2015 标准测试结果

项目	检验依据	LD26D	3020D
金属元素	铜	$<3\times10^{-6}$	$<3\times10^{-6}$
	铬	$<3\times10^{-6}$	$<3\times10^{-6}$
	镉	$<3\times10^{-6}$	$<3\times10^{-6}$
	铅	$<3\times10^{-6}$	$<3\times10^{-6}$
	锡	$<3\times10^{-6}$	$<3\times10^{-6}$
	钡	$<3\times10^{-6}$	$<3\times10^{-6}$

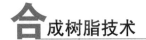合成树脂技术

续表

项目	检验依据	LD26D	3020D
溶出物	澄清度	溶液澄清	溶液澄清
	颜色	溶液无色	溶液无色
	pH 值	6.4	6.3
	紫外吸收度	<0.01(240nm)；<0.01(241nm)	<0.01(240nm)；<0.01(241nm)
	不挥发物, mg	0.1	0.2
	易氧化物, mL	<0.1	<0.1
	铵离子	<0.00008%	<0.00008%
	铜离子	$<1\times10^{-6}$	$<1\times10^{-6}$
	铬离子	$<1\times10^{-6}$	$<1\times10^{-6}$
	镉离子	$<1\times10^{-7}$	$<1\times10^{-7}$
	铅离子	$<1\times10^{-6}$	$<1\times10^{-6}$
	锡离子	$<1\times10^{-7}$	$<1\times10^{-7}$
	钡离子	$<1\times10^{-6}$	$<1\times10^{-6}$
	铝离子	$<0.05\times10^{-6}$	$<0.05\times10^{-6}$
	重金属	$<1\times10^{-6}$	$<1\times10^{-6}$
	泡沫试验	泡沫在 3min 内消失	泡沫在 3min 内消失

按《欧洲药典》EP8.0 3.1.4 的技术要求，对 LD26D 和 3020D 开展了化学性能检测，结果见表 5-79。LD26D 和 3020D 均能达到《欧洲药典》技术指标的要求。

表 5-79 粒料参照《欧洲药典》的测试结果

检验依据	LD26D	3020D
酸碱度	消耗 0.01mol/L 盐酸 0mL, 消耗 0.01mol/L 氢氧化钠 0.7mL	消耗 0.01mol/L 盐酸 0mL, 消耗 0.01mol/L 氢氧化钠 0.7mL
紫外吸光度	最大吸光度 0.002(220nm)	最大吸光度 0.004(220nm)
还原性物质, mL	<0.1	0.2
正己烷不挥发物,%	0.6	1
重金属含量	$<2.5\times10^{-6}$	$<2.5\times10^{-6}$

依据美国食品药品监督管理局法规中关于烯烃类聚合物的要求，按 FDA21CFR 177.1520 烯烃类聚合物检测方法检测，LD26D 正己烷提取物含量小于检测限值，结果见表 5-80。

表 5-80 LD26D 检测结果

项目	LD26D(5510A)	LD26D(5510B)	方法检出限	标准限值
密度, g/cm³	0.923	0.922	—	0.85~1.00
正己烷提取物含量,%	N.D.	N.D.	0.5	≤5.5
二甲苯提取物含量,%	N.D.	1.2	1.0	≤11.3

注：N.D. 表示未检出(<方法检出限)。

LD26D 产品通过了 RoHS、塑化剂等检测。

建立了中国医用聚乙烯安全性评价体系，按该体系的要求，医用药包材聚乙烯树脂 LD26D 的迁移性、相容性和生物学安全性均达到医用药包材标准要求。

6. 应用情况

医用聚乙烯 LD26D 产品性能符合 GB/T 16886.1—2011《医疗器械生物学评价　第 1 部分：风险管理过程中的评价与试验》规定，符合 USP Class Ⅵ 规定，符合 FDA 法规 21 CFR177.1520 烯烃聚合物技术要求，满足 YY/T 0114—2008《医用输液、输血、注射器具用聚乙烯专用料》的技术要求，满足 YBB 00072005—2015《药用低密度聚乙烯膜、袋》和 YBB 00062002—2015《低密度聚乙烯药用滴眼剂瓶》等标准技术要求，适用于注塑、吹塑类医疗器械；适用于吹塑、注塑及膜类药包材容器，主要适用于吹灌封（BSF）（图 5-64）三合一安瓿瓶、滴眼剂瓶、口服液体药品瓶等药品包装，也可与其他聚烯烃共混改性用于医药包装材料、医疗器械及一次性医用耗材等领域。

（a）吹灌封三合一安瓿生产线

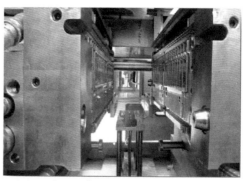
（b）吹灌封三合一安瓿成型模具

（c）吹灌封三合一安瓿切边图

图 5-64　吹灌封三合一安瓿加工图

截至 2020 年底，医用聚乙烯 LD26D 累计生产 8000t，为企业创效超过 1000 万元，实现了规模化应用，并实现出口。LD26D 的成功开发打破了国内市场安瓿专用料依赖进口、被巴塞尔 3020D 垄断的局面，促使进口同类产品价格下降 3000~4000 元/t，降低了药品企业生产成本，LD26D 的生产可满足国内药企的生产需求，保障国民用药安全。

玻璃安瓿存在密度大、运输易碎、玻璃微粒污染药液、切割过程易划伤的问题。国内外对因玻璃容器包装引起的注射剂质量风险也多有报道，玻璃安瓿包装的 10% 葡萄糖酸钙注射液铝暴露量严重超标，静脉注射药物存在玻璃脱片，这些不溶性玻璃脱片输入人体所造成的危害已得到公认。相比之下，塑料安瓿 $2\mu m$ 以上的微粒数是玻璃安瓿的 $1/8$，$5\mu m$ 以上的微粒数是玻璃安瓿的 $1/20$，$10\mu m$ 以上的微粒数是玻璃安瓿的 $1/10$，$15\mu m$ 以上的微粒数是玻璃安瓿的 $1/4$，因此塑料安瓿在开启和抽吸过程中微粒污染程度要小于玻璃安瓿。我国长期以来普遍使用低硼硅玻璃安瓿，中硼硅玻璃制造工艺难度较大，塑料安瓿生产工艺相对简单、成本相对较低，针对含有机酸盐、高浓度电解质、高 pH 值以及对低硼硅甚至中硼硅安瓿腐蚀性较强的小容量注射剂药物，在能够保证药品质量的情况下可能是更好的选择。塑料安瓿正在逐步成为水针剂包装技术发展的生力军，而医用聚乙烯正是玻璃安瓿的良好替代材料。

第十一节　氯化聚乙烯基础树脂开发

氯化聚乙烯(CPE)是由高密度聚乙烯(HDPE)与氯气进行取代反应得到的含氯聚合物。由于聚乙烯的规整性结构被引入的极性氯原子无规分布破坏，因此氯化后的聚乙烯具有了一定的弹性，成为一种介于橡胶和塑料之间的弹性体材料。氯化聚乙烯分子链中具有的饱和结构、极性和非极性链段等使其具有优良的耐臭氧、耐化学药品腐蚀、耐老化等性能，以及良好的相容性、力学强度、韧性、耐油性等性能，在塑料改性、建材、电线电缆及涂料生产领域具有广泛的应用。

氯化聚乙烯根据用途主要分为 A、B、C 3 种类型。A 型氯化聚乙烯作为增韧剂用于改性硬质聚氯乙烯，提高聚氯乙烯的耐候性和抗冲击性，作为塑钢门窗的原料供不应求，2020 年国内市场需求量近 $40\times10^4 t$。B 型氯化聚乙烯具有更为优良的耐老化、耐臭氧、耐腐蚀、阻燃性能，主要用于制造电线电缆、汽车胶管、特种轮胎、电梯扶手等。在高温下，其耐老化性能优于氯丁橡胶(CR)、氯醚橡胶(ECO)及氯磺化聚乙烯橡胶(CSM)、丁腈橡胶(NBR)等橡胶，在诸多应用领域可以替代以上橡胶使用，是一种具有广泛应用前景的弹性体，2020 年国内市场需求量超过 $10\times10^4 t$。C 型氯化聚乙烯主要用于改性丙烯腈-丁二烯-苯乙烯共聚物(ABS)，可以有效提高其阻燃性，同时又能赋予 ABS 良好的冲击性和流动性。2020 年，国内市场需求量约 $2\times10^4 t$。

国产氯化聚乙烯基础树脂主要由中国石油辽阳石化、大庆石化和抚顺石化等企业及中国石化扬子石化和燕山石化等大型化工企业生产，产品牌号较多、产量较大。

辽阳石化是国内最早开发氯化聚乙烯基础树脂的企业，其采用巴塞尔公司 Hoechst 工艺的 $7\times10^4 t/a$ 釜式淤浆工艺装置进行氯化聚乙烯基础树脂生产，主打牌号为 A 型氯化聚乙烯基础树脂 L0555P。该公司一直致力于氯化聚乙烯基础树脂新产品开发，并处于国内前沿水平，系列化地开发出 A 型氯化聚乙烯专用基础树脂 L0860P、L7060P、L1260P 和 L1053P，B 型氯化聚乙烯专用基础树脂 L2053P 及 C 型氯化聚乙烯专用树脂 L5060P 等产品。

中国石油大庆石化与石化院合作，2011 年在三井油化公司 CX 工艺聚乙烯生产装置上开发出 A 型氯化聚乙烯专用基础树脂 QL505P，产品颗粒分布均匀，粒子形态好，堆密度大，载氯过程稳定，产品综合性能达到进口产品水平(表 5-81、图 5-65)。截至 2020 年 12 月，氯化聚乙烯专用树脂 QL505P 工业化产品累计生产近 $32×10^4$ t，新增经济效益超过 2.5 亿元。2021 年，开发并试生产了 B 型氯化聚乙烯专用基础树脂 QL565P 产品 115t，用于生产电线、电缆护套，产品综合性能达到进口产品水平。

表 5-81　氯化聚乙烯专用树脂 QL505P 主要技术指标

项目	指标	项目	指标
密度，g/cm^3	0.949~0.954	熔点，℃	133~139
熔融指数(5kg)，g/10min	0.42~0.60	S 值	9.0~13.0
堆密度，g/cm^3	≥0.36		

图 5-65　QL505P 在氯化聚乙烯生产厂家进行载氯试验

抚顺石化于 2013 年在 $35×10^4$ t/a Hostalen 工艺淤浆高密度聚乙烯装置上开发出 A 型氯化聚乙烯专用基础树脂 FHL6050，专用树脂具有氯化反应压力低、反应时间快的优势。

随着生产技术的进步和应用领域的不断拓展，氯化聚乙烯表现出积极的发展态势。尽管房地产市场增速放缓使得 A 型氯化聚乙烯需求量呈现缩减的趋势，但国家转方式调结构的经济发展方向为特种橡胶在民用领域应用的深度和广度创造了良好的机遇，作为丁腈橡胶、氯磺化聚乙烯橡胶和氯丁橡胶等特种橡胶优良替代品的氯化聚乙烯橡胶发展前景广阔。随着国民生活水平的不断提高，家电和汽车制造对于高端材料需求量持续增长，作为 ABS 改性剂的 C 型氯化聚乙烯前景也很乐观。

参 考 文 献

[1] 裴小静，孙丛丛，孙丽朋. 高密度聚乙烯淤浆聚合工艺及其国内应用进展[J]. 齐鲁石油化工，2015，43(2)：166-170.
[2] 金栋，吕效平. 世界聚乙烯工业现状及生产工艺研究新进展[J]. 化工科技市场，2006，29(2)：1-5.
[3] 陈明，宋美丽，谷宇，等. 聚乙烯薄膜的性能及应用综述[J]. 合成材料老化与应用，2018，47(3)：115-118.
[4] 金学兰，王彬. 吹膜树脂产生鱼眼原因分析及预防[J]. 黑龙江石油化工，1996(3)：12-15.
[5] 薄淑琴，刘勇刚，张文贺，等. 茂金属聚乙烯薄膜中晶点的组成与结构[J]. 应用化学，2005，22(4)：399-402.
[6] 闫琇峰. LDPE 产品鱼眼产生的原因分析及对策[J]. 塑料科技，2002(6)：33-36.

［7］苏肖群，柒兵文，陈永泉. LDPE 薄膜中"鱼眼的形成及对策"［J］. 合成树脂及塑料，2010，27(4)：56-58.

［8］王文燕，马丽，任鹤. 聚乙烯薄膜"鱼眼"成因分析［J］. 合成树脂及塑料，2018，35(1)：41-43.

［9］周腊吾. 中国电线电缆行业发展现状及发展前景［J］. 大众用电，2013(11)：44-46.

［10］周远翔，赵健康，刘睿，等. 高压/超高压电力电缆关键技术分析及展望［J］. 高电压技术，2014，40(9)：2593-2612.

［11］张文阳，茆汉军，吴正文. 超高分子量聚乙烯锂电池隔膜的制备及其发展趋势［J］. 上海塑料，2020(2)：13-18.

［12］王帆. 电池隔膜专用料特高分子量聚乙烯及其高效 Ziegler-Natta 催化剂的研究［D］. 北京：北京化工大学，2018.

［13］袁小亮，左胜武. 湿法锂电池隔膜聚乙烯专用料的开发［J］. 现代塑料加工应用，2018，30(6)：28-30.

［14］陶炎. 扬子石化聚烯烃新产品开发增效显著［J］. 中国石油和化工，2020(9)：58-59.

第六章　聚丙烯新产品开发

聚丙烯是一种无色、无臭、无毒、半透明固体物质，具有耐化学性、耐热性、电绝缘性、高强度力学性能和良好的高耐磨加工性能等。聚丙烯与聚乙烯、聚氯乙烯、聚苯乙烯合称为四大通用型热塑性树脂。聚丙烯自问世以来，便迅速在医疗、机械、汽车、电子电器、建筑、纺织、包装、农林渔业和食品工业等众多领域得到广泛的开发应用。截至 2019 年底，我国聚丙烯生产企业 100 余家，产能合计约 2679.9×10⁴t/a，自给率约为 83%。中国石化产能为 688.2×10⁴t/a，占全国总量的 25.7%；中国石油产能为 418×10⁴t/a，约占全国总量的 21.9%。由于我国高端产品研发能力不足，且产品同质化严重，一些高性能和特殊性能产品仍依赖进口。预计 2020—2024 年，我国将有约 33 套聚丙烯装置扩产/新建，扩能总计达 1408×10⁴t/a，产能年均增长率为 8.8%；聚丙烯表观消费量年均增长率约为 4.4%，净进口量将下降约 11%，市场缺口逐渐缩小，自给率将达到 90% 以上。

中国石油在"十三五"期间加大了聚丙烯新产品的研发力度，在医用聚丙烯、车用聚丙烯领域取得突破。医用聚丙烯打破国外垄断，在高风险大输液包装领域大规模应用，市场占有率突破 40%，并实现出口。车用聚丙烯方面已形成高抗冲和高模量两个系列 8 个产品的生产技术，"十三五"期间累计生产 30 余万吨，产品在金发科技、上海普利特等国内典型企业改性后，广泛应用于各种中高端车型。聚丙烯管材料、薄膜料、纤维料、透明料和薄壁注塑料等产品性能和市场占有率持续提升，高熔体强度聚丙烯和耐热聚丙烯也取得了初步成功。

第一节　聚丙烯医用料产品开发

聚烯烃树脂是重要的医用包装基本材料，国家"十二五"规划将基本材料的研究放在了战略高度。《医药包装行业"十二五"发展规划纲要（征求意见稿）》和《医药工业发展规划指南》中均明确提出，医药包装是医药产业的重要组成部分，直接接触药品的包装材料容器是构成药品的基本要素，对药品质量和用药安全有重要影响，应将医药包装放在与药品同等的地位。加快开发应用安全性高、质量性能好的聚烯烃材料，在医药包装领域实现对质量安全风险大的材料的替代具有重要意义。聚丙烯医用料主要用于医用输液瓶、直立式输液袋、输液软袋、安瓿瓶和固体药瓶，年需求量（20~25）×10⁴t。目前，我国医药包材用聚烯烃树脂领域存在着两大问题：一是医用聚烯烃树脂研究开发及产业化迟缓，医药包材用聚烯烃主要依赖进口，2018 年医药包材用聚丙烯国产率仅为 12%，医药包材用聚乙烯则全部依赖进口；二是医用聚烯烃树脂安全性评价仍处于空白状态，医用聚烯烃原料的产品标准、检验方法标准、生产及注册管理体系不完善。这些问题导致国产聚烯烃树脂在医药行业应用推广难度很大，使我国医用聚烯烃树脂产业链的发展处于非常被动的局面，不得不依赖进口医用聚烯烃树脂解决药包材原料问题，而进口来源又多为与美国关系密切的国家和地区。随着 2018 年中美贸易摩擦的加剧，我国存在与美国发生进一步摩擦的风险，关系到国家战略安全的聚烯烃药包材国产化工作已势在必行。

一、输液瓶专用料 RP260 产品开发

医用玻璃瓶密度大，性质发脆易破损，熔点高，熔封时废品率高，不便携带，运输能耗高，在使用中易产生玻璃屑，储存不便。考虑到玻璃输液瓶使用过程中存在的问题，20 世纪60 年代中期，西方发达国家开始探索使用塑料输液瓶代替玻璃输液瓶，至 70 年代，西欧、美国、日本等发达国家逐步采用塑料输液瓶代替玻璃输液瓶。塑料输液瓶具有化学稳定性好、气密性好、无脱落物、密度小、抗冲击力强、生产过程受污染的概率小等优点。例如，稳定性好且耐高温的聚丙烯输液瓶极大地改善了药品的封装质量，并延长其储存期，因此输液包装塑料化是国际公认的发展趋势。我国大输液产品包装的发展趋势与世界大输液产品包装的发展趋势一致，朝着塑瓶、非聚氯乙烯软袋和直立式软袋包装的方向发展，软塑包装输液产品所占市场份额将逐渐上升。目前，我国大输液市场将呈现"4（软袋）—4（塑瓶）—2（玻璃瓶）"格局。

从 2002 年至今，国产可连续化生产的"二步法（注—拉—吹）"吹瓶设备的开发成功，大幅度降低了生产设备投资费用，使得"二步法（注—拉—吹）"吹瓶设备在国内众多大容量输液瓶生产企业获得应用，占据全国塑料输液瓶 90%以上的市场份额。目前，我国大输液行业逐步形成以科伦药业为主，华润双鹤、石家庄四药集团以及辰欣药业等紧随其后的竞争格局（图6-1）。2018 年，科伦药业市场占有率为 41.90%；华润双鹤和石家庄四药集团分列二、三位，分别为 14.00%和 13.60%。

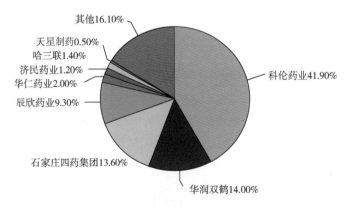

图 6-1　中国大输液行业占比

资料来源：前瞻产业研究院

医用输液瓶生产采用 3 种工艺：（1）挤—吹工艺吹瓶；（2）注—拉—吹工艺吹瓶；（3）挤—拉—吹工艺吹瓶[1]。国际上，欧美国家的生产线以"一步法"为主，而我国的生产线则以"二步法"为主[2]。目前，国外大输液品种有 200 多个，国内仅有 100 种左右，国内基础输液大概占 60%，而治疗型输液比例不超过 15%，这和国外（治疗性输液占比 50%以

上）相比差距非常大，未来发展方向为代血浆制品、移植用器官保存液、透析手术液以及其他临床需求高的治疗性输液包装等高附加值且市场空间大的产品。

近年来，国内所需注—拉—吹聚丙烯输液瓶专用料基本为进口产品垄断，进口原料主要是中国台湾福聚股份有限公司的 STM866、新加坡 TPC 公司的 W331 和韩国晓星集团的 R530。中国石油兰州石化和石化院成立研发团队，对国内主要制药和输液瓶生产企业广泛调研、实地考察的基础上，2012 年开始进行医用聚丙烯输液瓶专用料 RP260 开发。

1. 迁移物控制关键技术

研发团队分析聚丙烯输液瓶与液体药品长期接触，其中的低聚物、催化剂残留和小分子助剂等向表面的迁移是影响其安全性的最关键因素。药品在高温灭菌过程会进一步加速迁移。医药包材的低聚物、催化剂残留的金属元素和小分子助剂等进入药品后会产生不可逆的伤害。研发使用高活性催化体系的窄分布乙丙无规共聚技术和使用高分子型助剂体系是解决迁移问题的关键技术手段。

1）研发窄分布乙丙无规共聚技术

研发团队研究发展了窄分布乙丙无规共聚技术，开发高活性催化体系实现共聚过程中乙烯单元插入的有效控制，解决了医药用聚烯烃包材中析出物含量高的问题。医药用聚丙烯 RP260 分子量分布（M_w/M_n）同比收窄 30%，重均分子量小于 10000 的占比由 3.5% 降至 2.9%。同时，RP260 溶出物中可提取的金属元素含量与进口高端产品基本相当。通过研发窄分布乙丙无规共聚技术，实现了对医用药包材聚丙烯树脂 RP260 催化体系金属残留、低分子聚合物的有效控制。由表 6-1 可见，RP260 拉伸性能与进口对比产品基本相当，100℃老化 200h 后断裂伸长率和简支梁冲击强度明显优于对比产品。

表 6-1　RP260 与进口对比产品力学性能对比结果

项　目	RP260-1	RP260-2	RP260-3	进口对比产品
拉伸屈服应力（23℃），MPa	24.8	24.1	24.0	25.0
拉伸屈服应力（100℃，200h），MPa	28.9	29.2	29.0	30.1
断裂伸长率（23℃），%	607	644	617	600
断裂伸长率（100℃，200h），%	256	212	206	94
简支梁冲击强度，kJ/m²	5.5	5.9	5.4	3.8

按《欧洲药典》的技术要求，对 RP260 和进口对比产品开展了溶出物试验，粒料的测试结果见表 6-2，RP260 与进口对比产品相比溶出物控制基本相当，符合《欧洲药典》的要求。

表 6-2　参考 RP260 与进口对比产品溶出物试验对比结果

样品编号	RP260901B	RP260901E	RP260901F	国外某公司高端聚丙烯产品
正己烷不挥发物含量，%	1	1	1	1
重金属含量	样品管浅于对照管	样品管浅于对照管	样品管浅于对照管	样品管浅于对照管
灰分，%	0.08	0.08	0.08	0.05
可提取铝，μg/g	<1	<1	<1	<1
可提取铬，μg/g	<0.05	<0.05	<0.05	<0.05

样品编号	RP260901B	RP260901E	RP260901F	国外某公司高端聚丙烯产品
可提取钛，μg/g	<1	<1	<1	<1
可提取钒，μg/g	<0.1	<0.1	<0.1	<0.1
可提取锌，μg/g	<1	<1	<1	<1

聚丙烯纯度对输液瓶质量至关重要，若聚丙烯中有其他组分，将会与药物发生化学反应，从而引起药物成分发生性质变化，使其失去药效并造成医疗事故。RP260 红外分析谱图如图 6-2 所示，RP260 为无规共聚聚丙烯，未出现其他物质特征峰。

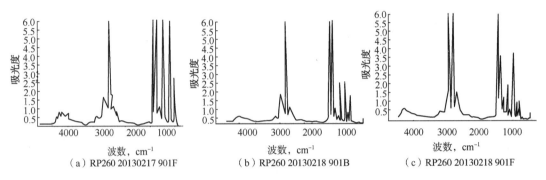

（a）RP260 20130217 901F　　　（b）RP260 20130218 901B　　　（c）RP260 20130218 901F

图 6-2　RP260 红外分析谱图

2）开发高效耐析出低迁移的高分子型专用助剂体系

研发团队设计开发出高效耐析出低迁移的高分子型专用助剂体系，有效提高产品的抗氧化效果，实现了医用聚丙烯输液瓶在高温灭菌时抗氧剂的析出量和迁移量的有效控制，解决了在液体药品包装中助剂析出物含量高的问题。

RP260 抗氧剂迁移结果显示：抗氧剂总量不大于 0.1%（质量分数）；0.9%（质量分数）氯化钠注射液和 5%（质量分数）葡萄糖注射液灭菌（121℃，15min）迁移结果显示未检出抗氧剂。符合《美国药典》《欧洲药典》和《日本药典》要求。

2. 首创大型超洁净化聚烯烃生产技术

研发团队首创了符合药品生产质量管理规范（GMP）的 $10×10^4$t/a 大型超洁净化聚烯烃生产技术，开发出原料杂质精制技术，建立了国内首家满足医药用聚烯烃树脂标准要求的超大型洁净化生产基地，解决了超大型系统催化剂残留、金属残屑和环境杂质对聚合物污染、生产核心区洁净度（万级）控制等技术难题。切粒循环水达到医用纯化水标准，输送空气中颗粒物过滤精度不大于 1μm，并采用静电脱粉技术控制细粉含量低于 30μg/g，使医用药包材聚烯烃树脂生产环境达到医用洁净化标准（D+C 级）。形成了集基础研究—中试—工业生产于一体的产业化基地。

3. 建立中国医药聚烯烃安全性评价标准方法体系

研发团队与中国食品药品检定研究院合作，集成医用药包材容器物理性、化学性、毒理性、迁移性及相容性等评价方法，建立了中国医药聚烯烃安全性评价标准方法体系，被国家食品药品监督管理总局应用于医药用聚烯烃包材关联审评，成为国内外医药用聚烯烃包材进入中国市场的安全性评价标准，解决了医药用聚烯烃包材应用评价标准缺失和市场准入的难题。建立的安全性评价方法标准体系有效运行，保障了国家战略安全。

4. RP260专用料市场应用情况

对于医用输液瓶来说，聚丙烯材料的生物性能尤为重要。对RP260进行生物性能检测，其结果见表6-3。

表6-3　RP260生物试验结果

序号	检查项目及单位	技术要求	检验结论	单项判定
1	细胞毒性	应符合规定	符合规定	符合
2	全身毒性(0.9%氯化钠注射液)	应符合规定	符合规定	符合
3	全身毒性(聚乙二醇400)	应符合规定	符合规定	符合
4	全身毒性(乙醇：0.9%氯化钠注射液=1：20)	应符合规定	符合规定	符合
5	全身毒性(植物油)	应符合规定	符合规定	符合
6	皮内刺激(0.9%氯化钠注射液)	应符合规定	符合规定	符合
7	皮内刺激(聚乙二醇400)	应符合规定	符合规定	符合
8	皮内刺激(乙醇：0.9%氯化钠注射液=1：20)	应符合规定	符合规定	符合
9	皮内刺激(植物油)	应符合规定	符合规定	符合
10	植入	应符合规定	符合规定	符合

由表6-3可知，按照生物六级标准USP36<87>、USP36<88>，RP260符合生物六级标准。2016年，RP260聚丙烯通过了国家食品药品监督管理总局的检定认证。2020年，研发团队通过对RP260中乙烯单元含量及分布的进一步优化，微调产品的流动性能，解决了制备全封闭输液用直立式输液袋时存在的排液困难和回血问题，进一步拓展了RP260的用途。截至2020年底，聚丙烯专用料RP260累计生产13.3×10^4t，为企业创效超过2亿元，在国内80%的药企实现了规模化应用，市场占有率突破40%，并实现出口。RP260的成功开发，打破了进口产品在大输液领域的垄断地位，促使进口同类产品价格下降4000元/t以上，有效降低了药企生产成本，保障了我国居民的用药安全。

二、聚丙烯安瓿瓶专用料RPE02M产品开发

聚丙烯安瓿(2～20mL)具有化学稳定性强、耐腐蚀、耐药液浸泡等特点，更可避免玻璃安瓿可能出现的表面脱片及析碱问题；聚丙烯中的添加剂无毒，与药液间无理化反应，不吸收药物，对人体也无不良影响。相比传统安瓿瓶，聚丙烯安瓿主要具有以下特点：

(1)易于开启，操作方便。聚丙烯安瓿有着易开启、防划伤、无落屑、防污染的特点，开启时不会产生玻屑和粉尘，有效降低不溶性微粒和细菌污染率，保证临床用药安全；开启时不易割伤手指，有利于医护人员的职业防护和降低医源性感染的发生率。

(2)生产工艺先进，安全性更高。聚丙烯安瓿采用国际先进的"吹灌封"三合一技术进行生产，从制瓶、灌装到封口只需要非常短的时间，药液在局部A级洁净风的保护下实施封闭灌装；由于生产时间大幅缩短，药液被污染概率也随之降低，极大地提高了产品的安全性。容器具有密度小、强度高、生产过程中无任何污染物排放、无颗粒物污染等特点。加工工艺如图6-3所示。

图 6-3　聚丙烯安瓿加工工艺

（3）与聚乙烯安瓿（灭菌温度不大于 105℃）相比，聚丙烯安瓿软化温度更高（大于 121℃），可满足标准灭菌时间（F0 值）大于 12 的产品的终端灭菌要求，提升了药品的安全边界。

据中国医药工业信息中心 PDB 数据库显示，中国水针产品的年产量高达近 300 亿支，雄踞注射剂四大剂型之首，包装形式以玻璃安瓿为主。目前，国外市场塑料安瓿已经广泛替代玻璃安瓿，尤其在欧美发达国家，塑料安瓿的使用率超过 70%。但我国仍以玻璃安瓿为主，聚丙烯安瓿使用率不到 1%。因此，引进新型、安全的聚丙烯安瓿成为发展方向与行业共识，山东辰欣、齐都药业、四川科伦完成聚丙烯安瓿 10 余个品种规格的报批，产品包括氯化钾注射液、葡萄糖酸钙注射液、利巴韦林注射液等。

中国石油兰州石化和石化院共同开发的医用聚丙烯安瓿瓶专用料 RPE02M 在 2019 年通过了中国食品药品检定研究院生物相容性及毒理性 16 项检验，符合医用聚丙烯安全标准，填补了国内空白。RPE02M 性能见表 6-4。

表 6-4　乙丙二元共聚聚丙烯 RPE02M

项　　目	RPE02M	测试标准
熔融指数，g/10min	2.4	GB/T 3682—2000
弯曲弹性模量，MPa	1128	GB/T 9341—2008
简支梁冲击强度，kJ/m²	9.2	GB/T 1043.1—2008
维卡软化温度，℃	141.1	GB/T 1633—2000
拉伸屈服应力，MPa	28.7	GB/T 1040.2—2006

社会各界对于开启没有微粒污染、操作没有职业伤害、使用没有识别隐患的水针产品充满期待。科学技术的进步，让这种期望成为现实，聚丙烯安瓿瓶如图 6-4 所示，作为改良方案出现之后，得到了广泛的应用，并将水针产品临床用药安全性与便利性推到了一个崭新的高度。随着兰州石化 RPE02M 的推广和上量，国内聚丙烯安瓿瓶的使用率将会迅速提高。

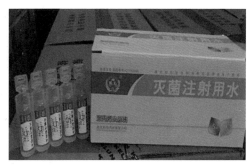

图 6-4　聚丙烯安瓿瓶

三、聚丙烯输液软袋专用料产品开发

聚烯烃复合型输液袋具有无毒、可高温消毒、透明度高、耐低温性好、多种药液提前预装等特点，逐渐成为输液包装发展的重要方向之一。

多层复合输液袋加工性能优异，一般内层采用三元无规共聚聚丙烯、中层采用二元无规共聚聚丙烯，外层为机械强度高、阻隔性好的均聚聚丙烯或聚酯材料。内层、中层采用相应的聚丙烯与苯乙烯-乙烯-丁烯-苯乙烯(SEBS)共聚物的混合材料，增加了膜材的抗渗透性和弹性。可生产"多室"产品，方便患者使用。具有良好的相容性，可以包装大输液、透析液、甲硝唑、环丙沙星、血浆等多种液体。

聚烯烃多层共挤输液袋与传统聚氯乙烯膜相比，具有以下性能特点：

(1) 不含有增塑剂成分，无邻苯二甲酸酯渗漏危险；(2) 热稳定高，可在 121℃ 高温蒸汽灭菌，不影响制品透明度；(3) 对水蒸气透过性极低，使输液浓度保持稳定，可保证产品的储存期；(4) 气体透过性极低，即使是很不稳定的药液也可以得到良好的保存；(5) 惰性高，不与任何药物发生化学反应，并且对大部分的药物吸收极低；(6) 柔韧性强，可自收缩，药液在大气压力下可通过封闭的输液管路输液，消除空气污染及气泡造成的栓塞危险，同时有利于急救及急救车内加压使用；(7) 机械强度高，可抗低温，不易破裂，易于运输、储存；(8) 该软袋的胶塞与袋内的药液被隔膜隔开，不会发生因胶塞热脱产生的颗粒，造成药液污染；(9) 使用过的输液袋易处理；(10) 软袋体积小、密度小，便于运输、储存。

从生产工艺来看，三层材料的熔点不同，从内到外逐渐升高，利用由内向外的热合工艺，使其更加严密牢固。同时，聚丙烯材料具有良好的水气阻隔性能和药液相容性，能保证药液的稳定性。非聚氯乙烯输液软袋已注册在美国食品药品监督管理局的药品总档(DMF)，薄膜的质量控制能够达到《美国药典》《英国药典》《欧洲药典》《日本药局方》及 ISO 10993 的要求，如图 6-5 所示。

目前，我国输液产品软袋灌装生产线所需使用的非聚氯乙烯医用薄膜基本上依赖进口，主要有美国希悦尔公司的 M312、M712，德国波利西尼公司的 APP114，德国率格沃公司的 PP6080 和韩国利生公司的 EM304 等。国内科伦药业、安徽双津等企业均已取得了药包材注册证，但与进口产品相比仍有差距。同时，受限于国内聚丙烯原材料发展水平限制，加工薄膜使用的聚丙烯原材料基本依赖进口，如北欧化工公司和乐天化学公司产品的相关牌号。

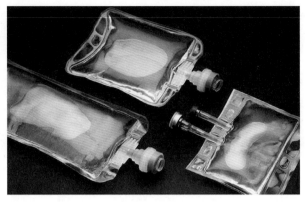

图 6-5　多层复合输液软袋

中国石油石化院、兰州石化与科伦研究院合作，在分析科伦现有输液软袋制作工艺的基础上，结合对标进口产品性能分析，开展了输液软袋用聚丙烯原材料中试产品开发。中试过程中研究了聚合工艺优化对均聚聚丙烯析出性能的影响，开发了可用于输液软袋外层材料的 H03M 中试产品。解决了共聚单体加入量及其加入方式对共聚单体含量及分布的影响，实现了中试装置长周期稳定运行，开发了可用于输液软袋内层的 EPB05M 中试产品。同时通过加工工艺调整，实现了聚丙烯安瓿瓶专用料 RPE02M 在复合输液软袋中间层的应用。产品性能见表 6-5。

表 6-5　输液软袋用聚丙烯性能

项　　目	H03M	EPB05M	测试标准
熔融指数，g/10min	2.3	5.0	GB/T 3682—2000
弯曲弹性模量，MPa	1603	721	GB/T 9341—2008
简支梁冲击强度，kJ/m²	5.6	10.7	GB/T 1043.1—2008
拉伸屈服应力，MPa	35.7	22.4	GB/T 1040.2—2006
维卡软化温度，℃	156.4	119.9	GB/T 1633—2000
熔点，℃	164	133.4	

中试产品经科伦研究院开展软袋成型性能测试后表明，中试产品加工单室袋后样品热合强度、拉伸强度、透光率、溶出物、溶出物易氧化物和溶出物吸光度均能满足使用要求，其中不同焊接温度下的热合强度曲线如图 6-6 所示。多室袋加工试验显示，拉伸强度和氧气透过量均能满足药包材国家标准要求。膜材内层焊接温度与现有进口膜材相当，目前正在开展下一步放大试验。

通过输液软袋用聚丙烯原材料开发，研究可用于输液软袋用均聚、二元无规及三元无规共聚聚丙烯产品，打破进口聚丙烯原材料在输液软袋方面的市场垄断，进一步提升中国石油在医用聚丙烯树脂方面的研发能力及技术实力。输液软袋聚丙烯原材料的成功开发，可以为保障国民用药安全、推进医用聚烯烃产业链的快速发展做出积极贡献。

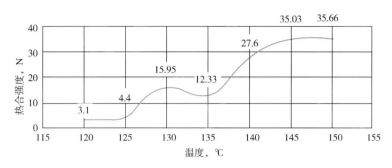

图 6-6　不同焊接温度下的热合强度

焊接条件：时间 2s，压力 0.5MPa

四、固体药瓶专用料 H02M 产品开发

固体药品塑料瓶包装源于 20 世纪 80 年代。随着药用塑料瓶生产线的不断引进和自主研发，以塑代玻的序幕开始拉开，从此大容量的玻璃瓶、棕色瓶逐步退出固体药品包装领域，取而代之的是药用塑料瓶。药用塑料瓶是以无毒的高分子聚合物，如聚乙烯、聚丙烯、聚酯为主要原料，采用先进的塑料成型工艺生产，用来盛装各类口服片剂、胶囊、胶丸等固体剂型和液体制剂的药物。

药用塑料瓶最大的特点是密度小，不易碎，清洁、美观，药品生产企业不必清洗烘干，可以直接使用。大量数据表明，其耐化学性能、耐水蒸气渗透性和密封性能优良，对所装药物在有效期内起到安全屏蔽保护作用。

国家药品监督管理局也发布了口服固体药用塑料瓶的国家药品包装容器标准，2015 年 12 月 1 日起实施，分别是 YBB 00112002—2015《口服固体药用聚丙烯瓶》、YBB 00122002—2015《口服固体药用高密度聚乙烯瓶》、YBB 00262002—2015《口服固体药用聚酯瓶》。

高密度聚乙烯固体药品包装瓶(图 6-7)存在析出物超标、不耐高温灭菌、透明度低的问题，聚酯固体药品包装瓶存在密度大、成本较高等问题，近年来已逐渐被综合性能更优的聚丙烯材料所替代。2020 年，国内聚丙烯固体药品包装瓶(图 6-8)市场需求量已经超过 $5\times10^4 t/a$，主要应用于华南、华东市场。

图 6-7　高密度聚乙烯药瓶

图 6-8　聚丙烯固体药瓶

医用固体药物包装要求材料可耐高温灭菌，析出物低，对原材料洁净性和安全性要求较高。国内多家聚丙烯生产企业都致力于开发能够满足固体药品包装瓶标准要求的聚丙烯原材料，但进展甚微。国内固体药品包装瓶用聚丙烯原材料基本依赖进口，如台湾永嘉 1024等产品。其核心控制指标是根据 YBB 00112002—2015 标准要求，正己烷不挥发物含量不大于 75mg。

石化院在考察固体药瓶及其加工过程对原料要求的基础上，研究了催化剂结构形态及催化剂体系对聚合物规整性及溶出性能的影响，通过聚合工艺调控及产品后处理工艺优化，实现对聚丙烯分子链结构的控制，形成高熔体强度、低析出、窄分布的聚丙烯中试生产技术。同时考察了助剂体系及其配伍关系对固体药物包材用聚丙烯熔体强度及析出性能的影响，形成高稳定、耐析出的助剂体系，开发了固体药品包装瓶专用料 H02M。产品性能见表 6-6。

表 6-6　固体药瓶专用料 H02M 性能

项　　目	H02M	对标产品	测试标准
熔融指数，g/10min	2.3	2.2	GB/T 3682—2000
弯曲弹性模量，MPa	1537	1864	GB 9341—2008
维卡软化温度，℃	156.0	154.8	GB/T 1633—2000
简支梁冲击强度，kJ/m²	5.0	3.8	GB/T 1043.1—2008
拉伸屈服应力，MPa	36.0	38.0	GB/T 1040.2—2006
正己烷溶出物质量，mg	50	51	YBB 00112002—2015

产品在广东省中山市汇丰医用包装科技有限公司完成了加工应用试验。试验结果显示，产品加工性能及加工后产品的物理性能满足厂家使用要求。中试产品正己烷溶出物质量满足 YBB 00112002—2015 标准要求。厂家添加色母粒加工后正己烷溶出物测试情况见表 6-7。

表 6-7　厂家试用后产品正己烷溶出物数据

项　　目	正己烷溶出物质量，mg	标准要求，mg	判定结果
中试产品	49.7	≤75	合格
中试产品+色母粒	62.2	≤75	合格
对标产品	51	≤75	合格
对标产品+色母粒	62	≤75	合格

计划在兰州石化 $30×10^4t/a$ 聚丙烯工业生产装置开展 H02M 工业试验，目前正在进行工业试验前期准备工作。

第二节 聚丙烯车用料产品开发

塑料在汽车上的应用已有近 50 年的历史，其对汽车的减重、安全、节能、美观、舒服、耐用等功不可没。汽车工业发展到今天，塑料已经是汽车的重要组成部分。汽车用塑料量的多少，甚至已经成为衡量汽车设计和制造水平的一个重要标志。汽车工业较发达的国家，如德国、美国、日本等国，他们的汽车单车塑料平均使用量超过 150kg，占汽车总质量的 12%～20%，我国单车塑料使用量占汽车自重的 7%～10%，汽车材料塑料化仍有较大空间[3]，汽车材料塑料化依然是汽车产业发展的重要方向之一。聚丙烯以其质轻价廉、易回收、改性技术成熟的优势已逐渐成为车用塑料中用量最大、发展速度最快的品种之一。2012 年，中国汽车产量达到了 1927 万辆，根据中国汽车发展研究中心的研究结果，2012年国内汽车塑料用量 $174×10^4t$，其中聚丙烯用量 $104×10^4t$。到 2019 年，中国汽车产销均超过了 2500 万辆，以 2012 年的汽车使用聚丙烯的比例换算，2019 年国内汽车聚丙烯改性用量达到了 $135×10^4t$[4]。随着节能环保要求的升级，车用塑料单一化成为车用塑料的发展趋势，聚丙烯生产技术的发展使得聚丙烯产品性能调整手段越来越多，品种越来越丰富，部分品种已可代替工程塑料，这也使得聚丙烯在车用塑料中的可替代性越来越强。为了适应车用塑料单一化的要求，车用聚丙烯产品也向着多元化和系列化方向发展。

车用聚丙烯产品大多为抗冲共聚聚丙烯产品，它的多元化离不开釜内合金技术。釜内合金技术是指通过在反应釜内实现聚丙烯与乙烯-α-烯烃共聚物（如乙丙无规共聚物）的合金化，从而进一步拓展聚丙烯的性能范围，是目前聚丙烯高性能化的重要手段[5]。随着汽车轻量化技术的发展，汽车配件企业对聚丙烯产品的要求越来越高，传统工艺条件下已无法获得所需要的产品，2014 年以来，中国石油石化院围绕抗冲共聚聚丙烯生产技术，突破引进装置工艺条件限值，开展了一系列攻关，形成生产控制技术，并利用此技术，成功开发了高抗冲和高模量两个系列 7 个牌号的车用料产品。

一、高抗冲系列车用料开发

高抗冲车用聚丙烯是车用聚丙烯产品开发的一个重要方向，在汽车改性配方中，可显著降低配方中聚烯烃弹性体的加入量。一般而言，要获得较高的冲击性能，首先要提高产品的乙烯含量及橡胶相含量，而橡胶相含量高于 20%（质量分数）时，在现有生产工艺条件下，要实现稳定生产难度非常大。因为随着产品中橡胶相含量的提高，气相反应器中聚合物粒子表面形成的橡胶相含量也增加，聚合物流动性降低，易于结块，影响装置长周期稳定运行，对挤压机平稳运行也会带来很大风险。为解决这一难题，项目组通过系统研究关键聚合工艺参数对产品中乙烯丙烯无规共聚物（EPR）和乙烯丙烯嵌段共聚物（EbP）的含量、序列分布及相态结构的影响规律如图 6-9 所示，实现了产品中较为完善的核壳结构及均匀的相态分布，在低乙烯含量下（乙烯含量降低 20%）实现产品最佳的刚韧平衡[6-12]，在中试装置上形成了一系列中试控制技术。采用这些技术，同时通过对催化剂体系及聚合工艺参数的调整，优化了橡胶相与连续相的相容性，形成了高抗冲系列产品的中试生产技术。设计模拟了系列产品的转产方案，并在工程放大技术研究的基础上，兰州石化实现了中试技术到工业装置的精准转化。该系列产品已成为兰州石化主力牌号（产品指标见表6-8），产品获得了用户普遍认可，其中高抗冲产品SP179已成为国内王牌产品。高抗冲聚丙烯制品如图6-10所示。

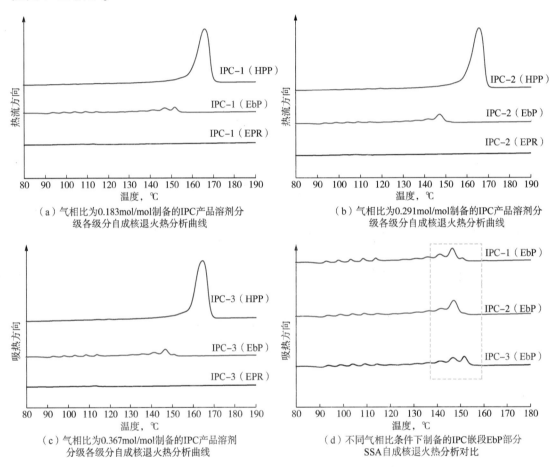

（a）气相比为0.183mol/mol制备的IPC产品溶剂分级各级分自成核退火热分析曲线

（b）气相比为0.291mol/mol制备的IPC产品溶剂分级各级分自成核退火热分析曲线

（c）气相比为0.367mol/mol制备的IPC产品溶剂分级各级分自成核退火热分析曲线

（d）不同气相比条件下制备的IPC嵌段EbP部分SSA自成核退火热分析对比

图6-9　气相反应器中气相比对产品中EPR、EbP的序列分布影响

表6-8　中国石油兰州石化高抗冲共聚聚丙烯系列产品性能[①]

项　目	SP179	SP181	EP531N	EP532N	测试标准
熔融指数，g/10min	9.2	17.5	24.5	29.5	GB/T 3682—2000
拉伸屈服应力，MPa	19.3	18.8	19.9	18.4	GB/T 1040.2—2006
简支梁缺口冲击强度，kJ/m²	49.3	58	50.3	55.2	GB/T 1843—2008
弯曲模量，MPa	1060	1007	899	875	GB/T 9341—2008
气味，级	3.0	3.1	3.0	—	PV 3900—2000
阶段	工业生产				

①典型值。

图 6-10　高抗冲汽车保险杠制品

目前，高抗冲共聚聚丙烯产品广泛用于汽车保险杠、风扇、电动机外壳、侧曲护板等零部件的制备。随着石化企业开发高性能聚丙烯产品技术能力的提升，将有更多石化企业涉足高熔指、高抗冲共聚聚丙烯产品开发。未来 5 年，高熔指、高冲击车用抗冲共聚聚丙烯将逐渐替代中低熔指产品，市场需求量可达到 20×10^4 t/a。

二、高流动高模量系列车用料开发

近年来，随着汽车轻量化技术的发展，汽车塑料件也越来越向大型化、薄壁化发展。而汽车上含有聚丙烯的塑料件中，除少量部件采用纯聚丙烯树脂加工外，大部分部件采用改性聚丙烯材料进行加工。随着改性技术的发展，对汽车用聚丙烯产品的要求亦越来越高，高流动高模量及刚韧性平衡成为聚丙烯向高性能化发展的重要方向。国外早在 20 世纪 80 年代就积极进行了高流动高模量抗冲聚丙烯的开发，我国高端车用料市场长期被进口产品占领，国产化攻关迫在眉睫。为打破这一僵局，中国石油石化院和兰州石化在中国石油重大科技专项等项目的支持下于 2013 年开始进行高流动高模量抗冲共聚聚丙烯 EP533N 的开发。

研发团队针对抗冲共聚聚丙烯产品高流动性与刚韧平衡性的兼顾和现有工艺生产条件下实现长周期平稳运行等科学与技术问题进行研究。在高流动性与刚韧平衡性的兼顾方面，由于高流动性聚合物在生产过程中聚合物链转移和链终止速率较快，产品等规度一般较低，而高模量则需要聚合物分子链具有高的等规度和低乙烯含量，这又与抗冲共聚聚丙烯中高抗冲要求产品中含有较多乙烯共聚单体相悖，因而高流动高模量和高抗冲间的平衡控制是开发高流动高模量抗冲共聚聚丙烯的一个技术难题。在实现长周期平稳运行方面，由于在现有常规聚合工艺技术条件下对通用的丙烯聚合催化剂而言，在大量氢气存在的丙烯均聚段，为提高反应器内氢气浓度，需提高反应压力，工艺控制难度大，设备损耗大，同时大量氢气的存在使得活性会大量释放，而到乙烯丙烯共聚段，催化剂活性较弱，乙烯结合率较差，因此，如何在常规操作条件下稳定生产出同时具有高流动性、高乙烯含量及高橡胶相含量的抗冲共聚聚丙烯是该项目的另一技术难题。

1. 研发复合外给电子体技术调控催化剂的氢调敏感性及等规立构性

开发了直链、环烷烃基硅氧烷外给电子体复配技术(3 种外给电子体的 Lewis 碱性,第三种>第二种>第一外给电子体),实现了不同位阻配体硅氧烷类外给电子体协同作用,如图 6-11 所示,解决了 Z-N 催化剂氢调敏感性与立构规整性之间矛盾的技术难题,在均聚聚丙烯基体等规度保持 97.5%(质量分数)以上的基础上,氢调敏感性提高了 242%[13]。

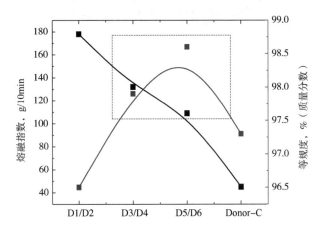

图 6-11 不同结构和配比的复合外给电子体对等规度和熔融指数的影响

D1 至 D6 为不同的外给电子体,出于保密,不写明具体名称;

Donor-C 为常用的外给电子体甲基环己基二甲氧基硅烷

2. 开发出共聚物含量、序列分布及相态结构的可控制备技术

研究掌握了聚合工艺参数影响抗冲共聚聚丙烯结构和性能的关键因素,揭示了抗冲共聚聚丙烯产品中的乙烯含量、HPP(环管反应器生成的聚丙烯基体)、EPR、EbP、单体序列结构、相态结构及其对抗冲共聚聚丙烯(IPC)产品性能的影响规律如图 6-12 所示,形成了先进的工艺调控技术,HPP 中嵌入的长序列聚乙烯链段(EEE)的含量控制在 4%~8%(质量分数),橡胶相粒子尺寸为 0.25~1.0μm,均匀地分布在 HPP 中。产品中乙烯含量降低 1%~2%(质量分数)的同时,实现了产品最佳刚韧平衡。通过表 6-9 可以看到,EP533N 产品性能优于进口对比产品。如图 6-13 所示,EP533N 产品具有均匀的相态结构,有利于产品的刚韧平衡。高刚制品如图 6-14 所示。

表 6-9 EP533N 与进口对比产品力学性能对比结果

样品编号	产品指标	EP533N 产品	进口对比产品	执行标准
熔融指数,g/10min	26~31	29.7	28.1	GB/T 3682—2000
拉伸屈服应力,MPa	≥20	27.8	24.5	GB/T 1040.2—2006
弯曲模量,MPa	≥1000	1444	1204	GB/T 9341—2008
冲击强度,kJ/m²	≥8	10.3	8.8	GB/T 1043.1—2008
气味,级	—	2.85	3.2	PV 3900—2000

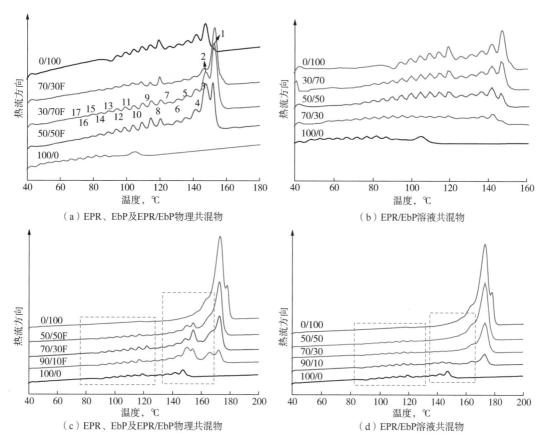

（a）EPR、EbP及EPR/EbP物理共混物　　　　　　　（b）EPR/EbP溶液共混物

（c）EPR、EbP及EPR/EbP物理共混物　　　　　　　（d）EPR/EbP溶液共混物

图6-12　抗冲共聚聚丙烯产品各组分间结晶行为的相互作用规律

70/30F 指物理共混物中 EPR 占 70%，EbP 占 30%；30/70 指溶液共混物中 EPR 占 30%，EbP 占 70%；
尾号 F 指非共混物。物理共混指两者间不发生作用，只是放在坩埚中不接触进行测试；溶液共混指两者间
通过溶剂完全溶解共混，两者间发生分子间的作用

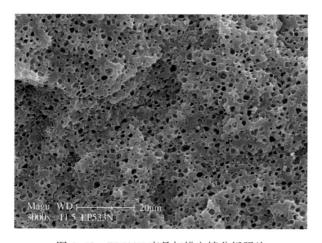

图6-13　EP533N 产品扫描电镜分析照片

图 6-14 高刚聚丙烯 EP533N 制品产品

在攻克了上述技术难题后，项目组成功开发了高流动高模量抗冲共聚聚丙烯车用料 EP533N，产品逐步获得用户认可。

在此基础上，研发团队持续攻关，通过对聚合工艺参数的调整进一步优化了橡胶相与连续相的相容性，形成了高模量系列产品的中试生产技术，设计模拟了系列产品的转产方案，并在工程放大技术研究的基础上，兰州石化实现了中试技术到工业装置的精准转化，该系列产品亦已逐渐成为兰州石化主力牌号(产品指标见表 6-10)，得到了以普利特为代表的车用料改性企业的高度认可。

表 6-10 中国石油兰州石化高模量共聚聚丙烯系列产品性能①

项　　目	EP533N	EP408N	EP508N	EP100N	测试标准
熔融指数，g/10min	29.7	47.8	61.6	101	GB/T 3682—2000
拉伸屈服应力，MPa	27.8	24.4	25.1	26.0	GB/T 1040.2—2006
冲击强度，kJ/m²	10.3	7.73	7.2	5.6	GB/T 1843—2008
弯曲模量，MPa	1444	1422	1511	1562	GB/T 9341—2008
气味，级	2.8	≤3.5	3.5	≤3.5	PV 3900—2000
阶段	工业产品				

①典型值。

近年来，在日益严苛的节能减排以及环保要求和汽车轻量化要求升级的推动下，中国石油朝着"三高一低"(高流动、高抗冲、高模量、低气味)聚丙烯方向进行持续开发，产品逐渐被用户认可，在汽车零部件原料单一化和汽车零部件薄壁化、轻量化过程中得到了广泛应用。

第三节　聚丙烯管材料产品开发

聚丙烯管材，简称 PP 管，是以专用聚丙烯树脂为原料，经高温塑化、挤出定型而成的新型塑料管材，主要表现为质轻，表面光滑，有较好的耐热稳定性，力学性能优异，主要用于化工、石油、氯碱、制药、染料、农药、食品、冶金、电镀、环保和水处理等行业。2016 年，全球聚丙烯管道市场价值为 98.39 亿美元，预计到 2022 年底将达到 119.197 亿美元，2016—2022 年的复合年增长率为 3.27%。聚丙烯管材和管件已广泛用于家庭和商业场所，在这些应用中，冷热水供应占最大份额，2016 年接近 63.5%。

我国十分重视塑料管道的发展，特别是在国家政策的指导下，自国家化工建材行业制定发展规划纲要以来，我国塑料管道行业实现了历史性跨越。产量由 2010 年的 840×10⁴t 增加到 2020 年底的 1980×10⁴t，年均增长 10.43%。我国实现了 85% 的建筑供水、热水供应和采暖管道为塑料管替代，且主要为无规共聚聚丙烯管。我国已成为最大的塑料管材生产和应用国家，行业持续稳定发展。

未来 5 年是塑料管道工业发展的重要时期，增长速度将进一步提升，行业竞争将加剧，产业结构调整将继续深化。预计塑料管道年增长率仍会保持在 3% 左右，到 2022 年，全国塑料管道产量有望达到 2100×10⁴t。给排水是管材料的主要应用领域，尤其是市政给排水管道，预计塑料管道长度在各类材料管道中的平均市场份额将超过 55%。

聚丙烯管材料按照聚合方式可分为无规共聚聚丙烯管材料(PPR)、嵌段共聚聚丙烯管材料(PPB)和均聚聚丙烯管材料(PPH)三大类。无规共聚聚丙烯管材料是目前需求量较大的聚丙烯产品之一，力学性能良好，抗冲击能力强，以其为原料制备的管材，机械强度高，质量轻便，耐磨耐腐蚀，方便进一步加工，目前已被广泛应用于冷热水输送。据统计数据显示，无规共聚聚丙烯管材料年需求量平均约为 20×10⁴t。嵌段共聚聚丙烯管材料属于抗冲共聚物，具有良好的韧性、抗腐蚀性能和耐磨性能，在较宽的温度范围内(-20~40℃)力学性能良好，管材连接安装方式简单可靠，适合我国北方的寒冷气候，可很好地弥补无规共聚管材的不足和市场空缺，广泛应用于制备建筑给排水管道。新型的高模量嵌段共聚聚丙烯管材料不仅具有更高的模量，而且能保持优异的抗冲性能，能高质量地应对苛刻的埋地排水排污环境，还可以生产更大口径的管道，具有优异的长期耐用性能，因此高模量嵌段共聚聚丙烯管材料在市场上极具竞争优势。均聚聚丙烯管材料是经过改性而具有均匀细腻的 β 晶型结构的高分子量、低熔融指数的均聚聚丙烯，不但具有优良的耐化学性、耐高温性以及良好的抗蠕变性，而且在低温下还具有优异的抗冲击性，广泛用于钢铁冶金、石油化工、电子、药品、食品、半导体等工业领域。

一、系列无规共聚聚丙烯管材专用料开发

无规共聚聚丙烯管材具有耐腐蚀、内壁光滑不结垢、接口牢固、使用寿命长、外形美观、施工和维修简便等优点，应用于建筑给排水、工业流体输送等，尤其在冷热水管领域应用最为广泛[14]。目前，国内市场容量约 60×10⁴t/a，国内主要产品有大庆炼化的 PA14D 和 PA14D-2 以及燕山石化的 C4220 等，但产量有限，仍需大量进口满足市场需求[15]，进口产品主要有北欧化工公司的 RA130E 和韩国晓星公司的 R200P 等[25]。与通用料相比，无规共聚聚丙烯管材专用料售价高出 1000 元/t 以上，市场前景广阔。

中国石油大庆炼化先后引进了两套 30×10⁴t/a 聚丙烯生产装置，一套采用巴塞尔公司的 Spheripol-Ⅱ 生产工艺；另一套采用巴塞尔公司最新开发的多区循环反应器技术的 Spherizone 工艺。大庆炼化和石化院通过无规共聚聚丙烯管材专用料的分子结构设计、聚合

工艺条件研究、高性能助剂体系开发等技术攻关，在两套装置上自主研发了高性能无规共聚聚丙烯管材专用料 PA14D 和 PA14D-2。

PA14D 和 PA14D-2 管材专用料既具有高强度，又具有优异的长期抗蠕变性能和耐液压性能，产品综合性能达到国外同类产品水平，得到了下游用户的高度认可。

北欧化工公司的 RA130E 采用 Borstar 聚丙烯工艺，以丙烷为溶剂在超临界条件下聚合生产无规共聚聚丙烯管材料产品，由于高温催化剂和超临界工艺技术封锁，国内尚未有同类聚丙烯热水管材产品生产。

韩国晓星公司的 R200P 和燕山石化的 C4220 均采用液相本体法 Hypol 工艺技术生产，占据国内一定的市场份额。

为了满足国内市场对于无规共聚聚丙烯管材不断增长的市场需求，以及占领国内高端牌号市场、实现企业挖潜增效的发展布局，中国石油于 2007 年开始进行技术攻关，从工艺装置的工艺技术特点研究作为切入点，进行无规共聚聚丙烯管材的生产技术研发。

1. 关键技术开发

1）不对称乙烯无规分布及分段循环控制技术

PA14D-2 采用巴塞尔公司先进的 Spherizone 聚丙烯工艺技术，通过 Spherizone 聚合工艺—乙烯序列分布—管材耐压性能关系研究，创新地采用不对称乙烯无规分布技术，并协同聚合温度分段循环控制技术，实现聚合物类似"洋葱"状的均匀混合，使专用料形成类似"钢筋—混凝土式"的聚集态结构，既具有高强度，又具有好的抗蠕变性能，大幅提升了 PA14D-2 产品的耐液压性能，产品综合性能达到国际先进水平。

采用核磁分析表征方法对国内外典型产品及 PA14D-2 进行了结构单元表征，具体结果见表 6-11。

表 6-11　各样品 ^{13}C-NMR 分析结果

项　　目	进口对标产品	国内对标产品	PA14D-2
$w(P)$,%	96.42	96.66	96.30
$w(E)$,%	3.58	3.34	3.70
$y(EEE)$,%	1.36	1.56	1.44
$y(PEP)$,%	3.78	3.53	3.86
RMD,%	84.90	83.96	83.23

注：$w(P)$ 为丙烯单元的质量分数；$w(E)$ 为乙烯单元的质量分数；$y(EEE)$ 为聚合物链段上连续 3 个乙烯单元的质量分数；$y(PEP)$ 为聚合物链段上乙烯单元间隔插入丙烯单元的质量分数；RMD 为相对单体分布。

从核磁结果可以看出，3 个牌号产品中，PA14D-2 共聚单体乙烯含量最高，且 $y(EEE)$ 较低，说明乙烯长链数量少；乙烯单分子插入率为 3.86%，为 3 个样品中最高，表明无规共聚单体含量高且分布好，对无规共聚聚丙烯管材料综合性能贡献最大。

如图 6-15 所示，3 个牌号产品在 1167cm^{-1}、997cm^{-1}、895cm^{-1} 和 840cm^{-1} 等处都出现了一系列尖锐的中等强度的吸收峰，这些吸收峰与聚丙烯分子链的螺旋状排列结构有关，表征了聚丙烯的等规结构。

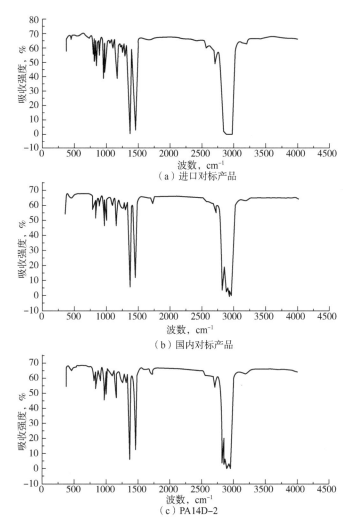

图 6-15　各产品的红外光谱图

均聚聚丙烯和共聚聚丙烯之间最主要的区别表现在 740～700cm^{-1} 区间。均聚聚丙烯在该区间没有吸收峰，而共聚聚丙烯在上述区间出现吸收峰，并且随共聚类型不同吸收峰位置有所差别。乙丙无规共聚聚丙烯在 733cm^{-1} 或 731cm^{-1} 处有吸收峰，乙丙嵌段共聚聚丙烯的该吸收峰在 719cm^{-1} 处。该吸收峰是由共聚聚丙烯分子链上乙烯链段的存在引起的。

从表 6-12 中可以看出，3 个牌号的无规共聚聚丙烯管材料重均分子量均大于 50×10^4，PA14D-2 分子量分布为 4.51，表明加工性能最好。

表 6-12　产品分子量及分布

名　　称	重均分子量	分子量分布
进口产品	62.2504×10^4	4.23
国内产品	63.1310×10^4	4.32
PA14D-2	60.3029×10^4	4.51

3个牌号产品在732cm⁻¹附近均有一无规共聚物的特征吸收峰，PA14D-2在721cm⁻¹和719cm⁻¹附近没有吸收峰，说明PA14D-2有乙烯丙烯无规共聚链段存在，没有乙烯长链存在，有利于抗冲击性能的提高。

PA14D-2的重均分子量最高，高分子量比例增多及分子量分布加宽共同促进系带分子数量增加，系带分子数量的增加有利于提高管材的使用性能(图6-16)。

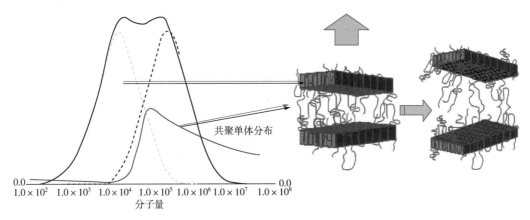

共聚单体分布

图6-16 分子量与系带分子数量

2）乙丙无规共聚控制技术

PA14D采用巴塞尔公司Spheripol-Ⅱ液相本体法工艺技术，通过乙烯与丙烯无规共聚而成的管材料，实现了无规共聚聚丙烯管材料的力学性能和加工性能之间较好的平衡；创新了PA14D管材料乙丙无规共聚控制技术，较好地平衡了材料的刚性与韧性之间的关系；创新了PA14D管材料造粒控制技术，实现了高负荷、无降解、无粘连粒生产。无规共聚聚丙烯管材料力学性能见表6-13。

表6-13 无规共聚聚丙烯管材料力学性能

项 目		PA14D	PA14D-2	对标样品	测试标准
熔融指数(2.16kg)，g/10min		0.20~0.35	0.20~0.35	0.22	GB/T 3682—2000
拉伸屈服应力，MPa		≥22.0	≥22.0	22.6	GB/T 1040.2—2006
断裂标称应变，%		≥400	≥400	402	GB/T 1040.2—2006
弯曲模量，MPa		>600	>630	631	GB/T 9341—2008
简支梁冲击强度，kJ/m²		>40	>40	40	GB/T 1043.1—2008
静液压强度	20℃，环应力16MPa，1h，S3.2标准制样	不破裂、不渗漏	不破裂、不渗漏	不破裂、不渗漏	GB/T 18742.2—2002
	95℃，环应力4.2MPa，22h，S3.2标准制样	不破裂、不渗漏	不破裂、不渗漏	不破裂、不渗漏	GB/T 18742.2—2002
	95℃，环应力3.8MPa，165h，S3.2标准制样	不破裂、不渗漏	不破裂、不渗漏	不破裂、不渗漏	GB/T 18742.2—2002
	95℃，环应力3.5MPa，1000h，S3.2标准制样	不破裂、不渗漏	不破裂、不渗漏	不破裂、不渗漏	GB/T 18742.2—2002

2. 专用料加工及市场应用情况

聚合物流变性能是材料在熔融状态下响应外部应力所表现的特性，在一定程度上可以近似代表材料的加工性能。材料流变性能测试可为产品开发研制与加工成型提供理论支持，还可以在产品原料检验、加工工艺设计和产品加工性能预测方面提供技术指导。

从图 6-17 中可以看出，相同剪切速率下，PA14D-2 随着温度增加剪切黏度逐渐降低；220℃为敏感温度点，低剪切速率区剪切黏度较高，进入高剪切速率区时剪切黏度下降较快，表明 PA14D-2 具有良好的加工性能。

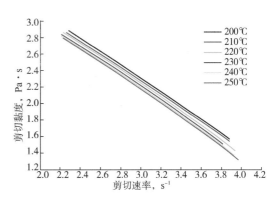

图 6-17　不同温度条件下 PA14D-2 剪切速率与剪切黏度的关系曲线

下游用户进行了管材加工应用，试产了 DN20mm 管，与进口的同类产品进行对比。试验结果表明，PA14D-2 管材内外表面光泽度高，与进口的同类产品管材性能相当。

制品的力学性能检测结论见表 6-14。

表 6-14　PA14D-2 管材性能评价

项　目	试验条件	结　果		
静液压试验	20℃、1h	10%的余量		
	95℃、22h	15%的余量		
	95℃、165h	通过		
熔融指数，g/10min	2.16kg、230℃	物料	管材	变化率
		0.24	0.26	8.3%
纵向回缩率试验	135℃±2℃、1h	收缩率为 0.47%		
简支梁冲击试验	15J、0℃±2℃	合格		
重锤冲击试验	质量 0.526kg，高度 2.5m	2/8 开裂		
		3/8 开裂		

生产过程中，没有模口膨胀现象，管材尺寸很稳定，也没有其他异常现象出现。成品管外观正常，内外表面光滑平整，与进口的同类产品管材无明显差异；静液压试验，20℃、1h 的余量有 10%，95℃、22h 的余量有 15%，95℃、165h 测试合格；管材与原材料熔融指数相比，变化率为 8.3%，纵向回缩率为 0.47%，简支梁冲击试验合格；重锤冲击试验中，PA14D-2 和进口的同类产品的管材各 8 个样品，在冰水混合物中浸泡 30min，开裂情况比较接近，两种管材的耐低温冲击性能相当（图 6-18）。

无规共聚聚丙烯管材得到了国内知名管材企业的高度认可，通过引领示范作用，PA14D-2 及 PA14D 在国内各大管材企业迅速推广使用，产品供不应求，市场的占有率逐年提高。无规共聚聚丙烯管材料的成功开发，打造出中国石油王牌无规共聚聚丙烯产品，提升了中国石油聚丙烯产品的档次和企业竞争力。

（a）PA14D-2生产的管材　　　　　　　　（b）进口的同类产品生产的管材

图 6-18　PA14D-2 与进口的同类产品生产的管材

大庆炼化的无规共聚聚丙烯管材系列产品在市场中已经形成较高的知名度，并形成了一定的规模，市场反馈良好，占据了国内 30% 以上的市场份额。随着国内建筑和住宅业中对环保和绿色要求的提高，以及建筑节能管理办法的出台，无规共聚聚丙烯管材的市场前景更加广阔，需求量将不断扩大。

由于国外对中国聚丙烯技术转让政策的调整，国内各大化工企业纷纷引进巴塞尔公司先进的 Spherizone 工艺装置，预计到 2025 年生产能力超过 $150 \times 10^4 t/a$。在多区循环反应器技术 Spherizone 工艺装置上无规共聚聚丙烯生产技术的成功开发，将为未来引进装置的工艺技术消化吸收提供宝贵的生产经验和技术支撑，推广应用前景广阔。

二、高模量聚丙烯结构壁管材专用料 H2483 开发

随着国家对于水污染的加快治理及智慧城市（城市海绵体）建设，排水设施工程已经成为旧城改造及新城建设的热点[17]。根据国家相关部委部署，在未来 5 年，国家对于城市排水将投资 6 万亿元。大口径埋地聚丙烯排水管材具有高强度、耐腐蚀、质轻易施工等优点，现已成为城市排水设施改造升级的首选材料。

目前，国内高模量聚丙烯结构壁管材专用料年需求量达 $30 \times 10^4 t$，全部依赖进口，牌号主要有巴塞尔公司的 H2483 和北欧化工公司的 BA212E[18-19]，售价高出通用料 2000 元/t 以上。2018 年，GB/T 35451—2018《埋地排水排污用聚丙烯（PP）结构壁管道系统》首次发布实施，大口径埋地聚丙烯管材专用料用量显著增加，因此开发该专用料具有广阔的市场前景和良好的经济效益。

埋地排水管由于深埋地下，需具备高刚性抵抗来自上方土壤的高压静负载，以及良好的韧性来承受来自外界（如汽车运行）的冲击负载。为实现埋地管材的综合性能要求，通常选择乙烯嵌段聚丙烯进行生产，但大口径（1m 以上）埋地聚丙烯管材要求更高的承压强度（即环刚度）和更加优异的冲击强度，现有的乙烯嵌段聚丙烯难以达到大口径管材苛刻的性能要求，生产技术开发难度高。

大庆炼化生产的 H2483 专用料采用巴塞尔公司 Spheripol-Ⅱ 液相本体法工艺技术，根据大口径埋地管材对材料高模量及高抗冲的综合性能要求，结合 Spheripol-Ⅱ 聚丙烯装置工艺特点，进行了乙烯橡胶相的分子小尺寸调控技术以及基体相定向结晶细化控制技术研究。

采用嵌段共聚物微相分离及相形态分布控制技术，设计和优化乙烯橡胶相尺寸，实现了小尺寸橡胶相和均匀分布的精准控制，降低了乙烯橡胶相对基体相的影响，达到了低乙烯橡胶相含量下，材料冲击强度的有效提升；同时，采取多官能团构象匹配技术，通过定向增刚调节剂的筛选和应用，有效调控了基体相的结晶行为，生成更多的带状链分子结构并形成互穿网络，降低了乙烯橡胶相对基体相增强结晶的影响，在保证材料韧性满足要求的情况下，显著提高材料的承压强度（表6-15），解决了专用料的高承压能力和良好韧性有效平衡的技术难题，产品性能达到进口产品水平。

表6-15　结构壁管材专用料 H2483 力学性能

项　　　目	H2483	对标产品	测试标准
熔融指数（2.16kg），g/10min	0.3~0.5	0.39	GB/T 3682—2000
弯曲模量，MPa	≥1200	1260	GB/T 9431—2008
拉伸屈服应力，MPa	≥26.0	26	GB/T 1040.2—2006
简支梁冲击强度，kJ/m²	≥80	85	GB/T 1043.1—2008

高模量聚丙烯结构壁管材专用料 H2483 专用料在国内大口径管材龙头企业进行了专用料的加工应用试验。试验结果表明：（1）H2483 达到了厂家大口径管材的生产需求，管材的环刚度远高于国家标准（8.0kN/m²）的规定要求；（2）管材的外观颜色、平滑度、手感均优于进口产品；（3）H2483 可满足不同企业对于管材加工口径、焊接方式、结构壁形式等复杂加工条件的要求，在产品的加工性能、加工设备的适应性等方面也要明显优于国外进口产品，得到了用户的高度认可。

全国城市市政公用设施普查结果表明，我国运行的城市排污管网总长度约为 18×10^4 km，其中有60%以上的是20世纪80年代以前敷设的，材质主要为混凝土管、铸铁管、陶制管以及暗渠等，大部分年久失修，管道腐烂、接头渗漏严重，管道破损、塌陷、堵塞时有发生，造成城市地下水不符合饮用水标准。另外，由于过去城市排水管网设计的口径普遍较小，相对于日益增多的城市人口，显然不能满足其排水要求。这种现状已引起国家各级政府的高度重视，对落后的城市排污管道的改造已纷纷列入议事日程。今后20年内，我国将进入建设排水管网的高潮，为大口径埋地排水管创造了空前的发展机遇，因此该专用料的需求量将出现跨越式增长。

三、均聚聚丙烯管材专用料开发

β 晶型均聚聚丙烯（β-PPH）是一种高分子量、低熔融指数的均聚聚丙烯[20]，其核心技术指标为熔融指数、冲击强度和热变形温度。由于该材料经过 β 结晶改性，具有较高的结晶度及均匀细腻的 β 晶型结构，晶片之间通过卷曲联系在一起，改善了普通均聚聚丙烯韧性差的缺点，使其不但具有优良的耐化学性、耐高温性以及良好的抗蠕变性，而且在低温下还具有优异的抗冲击性；同时，β 晶型均聚聚丙烯管道具有优良的抗腐蚀性、突出的耐长期蠕变性和抗应力开裂性、优异的耐压性、耐表面磨损和易焊接（熔接性）等特性。可用于化工流体的输送和储存系统，广泛用于钢铁冶金、石油化工、电子、药品、食品、半导体等工业领域，使用温度可达到95℃。20世纪80年代，β 晶型均聚聚丙烯材料就已应用于承压管道系统，目前使用情况良好[21]。

均聚聚丙烯管材专用料国内市场消费量约为 $5×10^4$t/a，目前仍处于增长态势，用户主要集中在华东地区，如江苏兴隆防腐设备有限公司等。国产原料主要为燕山石化生产，价格约 1.5 万元/t，进口产品价格更高。国内最典型的进口均聚聚丙烯产品为北欧化工公司的混配料 BE60-7032(灰色)，售价约 1.9 万元/t，还有部分巴塞尔公司的 Beta-PPH-4011。燕山石化从 2006 年开始率先在聚丙烯装置上开发了 β 晶型均聚聚丙烯专用料 K-PPH-灰-174-M，工业化产品填补了国内空白，但生产能力较小，远不能满足市场需求。中国石油在 2018 年成功开发出均聚聚丙烯管材专用料 HT03B，在江苏镇江德瑞帕克塑胶有限公司、山东景津环保公司完成了加工应用，其性能满足用户要求。

β 晶型均聚聚丙烯管材专用料开发的技术难点主要体现在：在低氢聚合条件下，催化剂活性较低导致生产装置负荷降低；产品高冲击性能要求优选成核效果良好的 β 成核剂；β 成核剂的添加将导致产品的模量降低，需要提高产品的刚韧平衡；低熔指聚合物加工造粒困难。

为了解决低氢聚合条件下催化剂活性较低及 β 成核剂的添加降低产品模量等问题，中国石油通过研究不同催化剂体系的活性及立构规整性，获得了适用于开发 β 晶型均聚聚丙烯管材专用料的高活性、高立构规整性的催化剂体系，在 75kg/h Spheripol 聚丙烯中试装置上开发出熔融指数为 0.20~0.30g/10min、等规度为 99.0% 的低熔指聚合物粉料，形成了低熔指均聚聚丙烯中试生产技术。

中国石油研究了不同种类 β 成核剂对聚丙烯结晶行为和微观形态的影响，通过聚丙烯结晶的微观形态控制改善聚丙烯的力学性能，开发出一类成核效率高的均聚聚丙烯管材专用助剂体系，解决了均聚聚丙烯冲击性能低的技术难题，获得了冲击强度及热变形温度均优于目前市场在售产品的 β 晶型均聚聚丙烯管材专用料。

通过研究熔体温度、螺杆转速等因素对低熔指聚丙烯挤出加工的影响，解决了低熔指均聚聚丙烯加工过程中易引起造粒机电流过高、熔体温度过高以及聚合物降解等加工难题，形成了适用于低熔指 β 晶型均聚聚丙烯的加工工艺技术。

采用上述技术在 75kg/h Spheripol-Ⅱ 工艺聚丙烯中试装置上开发出熔融指数为 0.20~0.30g/10min 的低熔指、高冲击、高热变形温度均聚聚丙烯管材料关键性能指标见表 6-16。

表 6-16　均聚聚丙烯管材料关键性能指标

项　　目	中试产品	HT03B	对标产品
熔融指数，g/10min	0.20	0.18	0.23
简支梁缺口冲击强度，kJ/m²	104.8	120	80.5
弯曲模量，MPa	1444	1410	1247
热变形温度，℃	109.9	112	95

利用 β 晶型均聚聚丙烯管材专用料中试生产成套技术，在中国石油呼和浩特石化 $15×10^4$t/a 聚丙烯装置成功完成工业试验，装置稳定生产牌号为 HT03B 合格产品 750t，产品关键性能指标超越市场同类产品。均聚聚丙烯管材料 HT03B 的成功开发，填补了中国石油在 β 晶型低熔指均聚聚丙烯领域的空白，为双环管工艺装置生产高端均聚聚丙烯产品提供了经验。HT03B 制品如图 6-19 所示。

图 6-19　HT03B 制品

目前，我国化工用 β 晶型均聚聚丙烯管材专用料才刚刚起步，且化工用 β 晶型均聚聚丙烯行业发展并不规范，首先是缺乏相应的国家标准，其次是国内缺少 β 晶型均聚聚丙烯管材原材料；同时，许多生产厂家为降低成本，使用普通的嵌段共聚聚丙烯管材料代替，相对于化工管道的应用要求存在较大差距，用此管道输送 80~95℃ 化学流体，存在安全质量隐患。因此，β 晶型均聚聚丙烯管材专用料应用前景较好。

呼和浩特石化均聚聚丙烯管材专用料生产技术可在中国石油 Spheripol 工艺聚丙烯装置进行转化。与 T30S 相比，均聚聚丙烯管材专用料助剂成本增加 700 元/t，而售价高出约 2400 元/t，产品增效约 1700 元/t，将为企业带来巨大的经济效益。

四、嵌段共聚聚丙烯管材专用料开发

嵌段共聚聚丙烯管材专用料属于抗冲共聚物，具有良好的韧性、抗腐蚀性能和耐磨性能，在较宽的温度范围内(−20~40℃)力学性能良好，管材连接安装方式简单可靠，适合我国北方的寒冷气候。嵌段共聚聚丙烯可很好地弥补无规共聚管材的不足和市场空缺，广泛应用于制备建筑给排水管道。

聚丙烯冷热水管专用料属较高端的聚丙烯产品，生产难度较大，国内只有个别企业有能力生产，主要牌号有大庆炼化的 PPB4228、燕山石化的 PPB8101，但仍有大部分市场依赖进口产品，如韩国晓星公司的 PPB240P 等[22]。国内嵌段共聚聚丙烯管材市场呈现快速发展的态势，需求量和产量逐年递增[23]，开发嵌段共聚聚丙烯管材专用料具有广阔的市场前景。

大庆炼化的 PPB4228 采用巴塞尔公司的 Spheripol-Ⅱ聚丙烯工艺技术，利用来自环管反应器中均聚物的残余活性，在气相反应器内加入乙烯和补充的丙烯及氢气实现乙丙共聚，共聚物的生成使最终产品的抗冲性能大大提高，尤其是低温下的抗冲性能。通过聚合工艺条件优化以及对橡胶相含量和序列分布等研究，实现了小尺寸橡胶相均匀分布的精准控制，成功生产出管材专用料 PPB4228。该专用料不仅具有较高的抗冲击强度，而且具有良好的刚性、加工性能和优良的介电性能，产品综合性能达到国内外同类产品水平，得到了下游用户的高度认可。管材料 PPB4228 的力学性能见表 6-17。

表 6-17　管材料 PPB4228 的力学性能

项　　目	PPB4228	测试标准
熔融指数（2.16kg），g/10min	0.25～0.5	GB/T 3682—2000
弯曲模量，MPa	≥700	GB/T 9431—2008
拉伸屈服应力，MPa	≥18.0	GB/T 1040.2—2006
黄色指数	≤2.0	GB/T 1043.1—2008

近年来，随着人们生活水平的提高和建筑行业的发展，建筑业的大量工程证实了地面采暖的优越性与超前性，嵌段共聚聚丙烯管作为地面采暖的优质材料在建筑市场上即将得到广泛应用。

第四节　聚丙烯膜料产品开发

聚丙烯薄膜按制法、性能和用途可分为双向拉伸聚丙烯薄膜（BOPP）、流延聚丙烯薄膜（CPP）和吹胀聚丙烯薄膜（IPP），是仅次于注塑和纤维的第三大聚丙烯应用方向。双向拉伸聚丙烯薄膜是一种非常重要的软包装材料，应用非常广泛。双向拉伸聚丙烯薄膜无色、无味、无毒，具有较高的拉伸强度、冲击强度、刚性、韧性和良好的透明性。双向拉伸聚丙烯薄膜的表面能较低，在涂胶或印刷前需要进行电晕处理。双向拉伸聚丙烯薄膜经过电晕处理后具有良好的印刷适应性，可以通过套色印刷获得美观的外观，因此常被用作复合薄膜的表面材料，广泛用于食品和服装的包装，以及香烟、书籍的封面包装。涂有自黏剂的双向拉伸聚丙烯薄膜可生产密封带，是双向拉伸聚丙烯薄膜用量较大的市场。流延聚丙烯薄膜具有透明性好、光泽度高、刚度好、防潮性好、耐热性好、易热封等特点，适用性优于聚乙烯薄膜，在包装薄膜领域占有一定的地位。流延聚丙烯薄膜经过印刷和成袋后，可用于食品、文具、日用品和纺织品的包装。流延聚丙烯薄膜与其他薄膜复配后也可用作复合薄膜的内外材料。吹胀聚丙烯薄膜因生产速度慢、能耗高已逐渐被双向拉伸聚丙烯薄膜和流延聚丙烯薄膜替代。

中国石油是国内最早进行双向位伸聚丙烯薄膜、流延聚丙烯薄膜专用料开发的企业之一，兰州石化的高速双向拉伸聚丙烯薄膜专用料 T28FE 和大庆石化的流延聚丙烯薄膜专用料 CP35F 都曾受到用户的高度认可。随着"十三五"中国石油聚丙烯装置的结构调整，四川石化、抚顺石化和广西石化三家企业是中国石油最主要的双向拉伸聚丙烯薄膜专用料的生产企业。独山子石化乙丙二元无规和乙丙丁三元无规共聚产品在流延聚丙烯薄膜芯层和热封层持续受到用户的追捧。

一、双向拉伸聚丙烯膜专用料

双向拉伸聚丙烯薄膜是 20 世纪 60 年代发展起来的一种综合性能优良的新型软包装材料，具有质轻、无毒、无臭、防潮、力学强度高、尺寸稳定性好、印刷性良好等特点，而且透明度高，阻隔性好，抗冲强度高，耐低温，可广泛应用于医药、食品、香烟、茶叶、液体软包装、纺织品、洗衣粉等的包装。以双向拉伸聚丙烯薄膜的应用来分,大致可分为普通型双向拉伸聚丙烯薄膜、消光膜、珠光膜、烟膜、复合膜、镀铝膜、电容电工膜以及其他特种双向拉伸聚丙烯薄膜。中国石油在双向拉伸聚丙烯薄膜专用料的开发方面着手较早,兰州石化、大连石化、独山子石化、大庆炼化、抚顺石化、广西石化和四川石化等企业均有双向拉伸聚丙烯薄膜专用料牌号,其中兰州石化的 T38F、T28FE 和广西石化的 L5D98 系列产品均在客户中有较好的声誉。

中国石油兰州石化 30×10^4 t/a 聚丙烯装置采用巴塞尔公司双环管工艺,2006 年开工投产,其生产的 T38F 牌号产品作为聚丙烯薄膜表层和芯层使用,大量应用在双向拉伸聚丙烯薄膜的生产。双向拉伸聚丙烯薄膜生产线的挤出机一般都是单螺杆挤出机,对挤出机的要求是:挤出量高,挤出量稳定,不能存有气泡。为适应多层共挤薄膜生产,通常设置一台主机和若干辅助机组。为加强原料树脂的混炼效果,高速生产线通常使用串联式挤出机,两台挤出机的螺杆形式各有不同,所起作用也不同,挤出机温度控制在 230~270℃ 之间。由于双向拉伸聚丙烯薄膜生产中加入了大量"回料"以及各类添加剂,并且单螺杆挤出机混炼能力不强,这就要求所使用的原料必须洁净、干燥、粒形均一、熔融指数一致。如果原料粒型不规整,波动大则会影响混炼塑化效果,给后续工艺带来不便(铸片出现波纹,拉膜出现晶点、鱼眼)。如果原料不洁净,杂质过多,则会频繁堵塞机头滤网。针对要求,T38F 产品采用了重载膜包装的方法,有效地避免了运输途中对产品的污染。为满足双向拉伸聚丙烯生产对产品粒型的要求,兰州石化装置更换了挤压造粒机组的造粒模板,严格控制了粒型筛分和成品淘洗工序,保证了单个粒子 2~3.5mm 的均一尺寸以及每千克大小粒子不超过 10g 的严格质量标准。

中国石油兰州石化通过调整环管反应器的氢气含量以及生产分配率,有效地控制了产品的分子量及其分布。通过研究探索发现,使用测试产品熔流比的方式来间接表征产品的分子量分布,比凝胶色谱法(GPC)测试更加简便,而且具有指导意义。生产经验证明,T38F 牌号聚丙烯树脂的熔融指数控制在 2~4g/10min 之间,熔流比控制在 18~20 之间,较适合双向拉伸聚丙烯薄膜生产加工。T38F 主要技术指标见表6-18。

表 6-18 双向拉伸聚丙烯薄膜专用料 T38F 主要技术指标

名 称	T38F	名 称		T38F
黑粒和色粒,个/kg	≤10	粒料灰分,%(质量分数)		≤0.02
熔融指数,g/10min	2.8~3.2	黄色指数		2.0
等规指数,%	94~97	鱼眼 个/1520m²	0.8mm	≤5
拉伸屈服应力,MPa	≥33		0.4mm	≤20
悬臂梁冲击强度,kJ/m²	≥3.5			

随着国内双向拉伸聚丙烯薄膜产业的快速发展和技术进步,国内引进的双向拉伸聚丙烯薄膜生产设备越来越先进,可实现对聚丙烯原料的快速加工制造,例如从德国引进的布鲁克纳设备,其加工速度可达 500m/min 以上。然而,国内可提供用于高速加工的聚丙烯原料不能满足设备的需求,在加工过程中容易出现破膜、断膜等异常情况,严重影响工厂的正常生产能力和生产效率。如图 6-20 所示,兰州石化通过微量乙烯作为共聚单体,在聚合

物中引入有利于高速拉伸的结晶缺陷，将产品的拉伸速度提升至 520m/min，自 2010 年开发成功以来，累计生产 T28FE 超过 50×10⁴t。T28FE 技术指标见表 6-19，T28 的高速拉伸如图 6-21 所示。

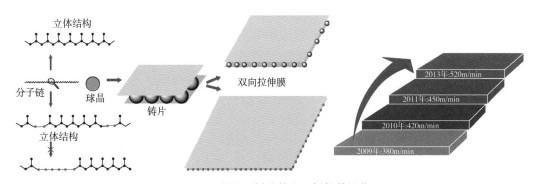

图 6-20　微量乙烯改善聚丙烯拉伸性能

表 6-19　高速双向拉伸聚丙烯薄膜专用料 T28FE 技术指标

项　　目		T28FE	测试标准
熔融指数，g/10min		3.0±0.2	GB/T 3682—2000
等规指数，%		94~97	GB/T 2412—2008
灰分，%		≤0.02	GB/T 9345—2008
乙烯含量，%		0.3~0.45	MA 15852
二甲苯溶出物指标(25℃)，%		2.0~4.5	自建
拉伸屈服应力，MPa		≥32	GB/T 1040.2—2006
弯曲弹性模量，MPa		≥1250	GB/T 9341—2008
鱼眼 个/1520cm²	0.8mm	<5	GB/T 6595—1986
	0.4mm	<15	

图 6-21　高速双向拉伸聚丙烯薄膜
专用料 T28FE 的高速拉伸

高清晰双向拉伸聚丙烯薄膜主要用于对薄膜清晰度有较高要求的产品，例如水晶膜、烟膜等消费产品，给用户提供极佳的视觉和感官体验。广西石化与中国石油石化院、华南化工销售及广东德冠新材料有限公司(国内高端薄膜专业生产商，下游用户)联合攻关，针对现有技术和产品存在的杂质含量高、雾度高、产品端面发黄、加工窗口窄等问题，从催化剂开发、聚合工艺优化、助剂配方开发和产品加工工艺等多方面开展基础研究和创新，重点解决了上述技术难题，经过下游用户多次试验和终端使用验证，产品性能优异，完全满足加工和用户使用需求。

中国双向拉伸聚丙烯薄膜行业在未来相当一段时间内都会存在如下问题[15]：（1）行业产能过剩，产品结构单一，高端品类紧缺；（2）行业高开工率情况不复存在，行业开工率维持在50%~65%之间；（3）价格走势无律可循，淡旺季特征不明显；（4）行业新增投产不断，落后产能面临淘汰；（5）走势完全依赖原料聚丙烯，双向拉伸聚丙烯薄膜厂定价话语权不强；（6）双向拉伸聚丙烯薄膜微利时代长期持续。

以上为近几年中国双向拉伸聚丙烯薄膜所面临的普遍问题，而追根溯源均为行业供需失衡引起。制膜厂已认识到当前所处的行业环境，初步尝试去扭转当前困境：（1）优胜劣汰，淘汰落后产能；（2）产品差异化、功能化；（3）产业链一体化；（4）规模化发展；（5）高端化战略。

综上，针对中国双向拉伸聚丙烯薄膜产品结构单一、低端化、国际市场竞争力优势不明的情况，中国双向拉伸聚丙烯薄膜行业在未来产品的研发上可朝向多元化、功能化及高端化的方向发展。从行业角度来看，优胜劣汰为未来很长一段时间内中国双向拉伸聚丙烯薄膜要走的路；除此之外，产业链一体化发展，地域分布由集中变为广泛，亦为接下来双向拉伸聚丙烯薄膜行业可探寻的发展方向；再有，关注下游领域发展，力求得到供需平衡。针对双向拉伸聚丙烯薄膜行业发展的未来趋势，中国石油在双向拉伸聚丙烯薄膜专用料的开发方面也要做出相应的调整，减少低附加值的双向拉伸聚丙烯薄膜表层和芯层原料的供应，在特种薄膜专用料上加大开发力度，利用技术优势引导市场升级，实现双向拉伸聚丙烯薄膜专用料的供给侧改革。

二、流延聚丙烯膜专用料开发

流延聚丙烯薄膜是通过将熔体流延骤冷生产的一种无拉伸、非取向的平挤薄膜，具有质轻、优异的透明性、良好的热封性、厚度均匀性、防潮、耐油性及耐较高温度等特性。另外，抗刮性和包装机械适用性好，广泛地应用于服装、针纺织品以及食品包装；同时也可用作高温蒸煮膜、复合膜内层热封材料和金属化基膜。近年来，流延聚丙烯薄膜由于具有良好的透明性、耐热性、高光泽度、高挺度、高阻湿性和易于热封合等特点，应用领域不断扩大，获得了快速的发展，已成为包装薄膜领域不可缺少的成员之一。

然而，由于其加工产品规格和品种的多样性，对原料树脂的要求很高，致使我国流延聚丙烯膜行业对进口料的依赖程度较双向拉伸聚丙烯膜及吹塑膜高，进口专用料比例高达60%，特别是新型高档流延聚丙烯膜专用料几乎完全依赖进口，这严重制约了我国高档膜包装材料领域的发展。

中国石油呼和浩特石化在$15×10^4$t/a Spheripol 聚丙烯装置上进行了均聚流延聚丙烯流延膜的开发，成功开发出流延膜专用料 HT07FC 产品，满足了华北、华东地区用户的使用要求，产品技术指标见表6-20。

表6-20　呼和浩特石化的 HT07FC 产品指标

项　　目	HT07FC	测试标准
熔融指数，g/10min	7.5~9.5	GB/T 3682—2000
等规度，%	≥96.5	GB/T 2412—2008

项　　目	HT07FC	测试标准
灰分，μg/g	<200	GB/T 9345.1—2008
拉伸屈服应力，MPa	≥33	GB/T 1040.2—2006
弯曲弹性模量，MPa	≥1200	GB/T 9341—2008
悬臂梁冲击强度，kJ/m²	≥3	GB/T 1843—2008
黄色指数	<4	GB/T 39822—2021

目前，国内生产流延聚丙烯的主要设备以三层共挤流延线为主，流延聚丙烯膜的结构分为热封层、芯层和电晕层。其中，热封层要进行热封合加工，要求材料的热封温度低、开口性好，一般使用二元或三元共聚流延聚丙烯原料，所占比例为15%~20%；芯层材料决定了薄膜力学性能，一般使用均聚流延聚丙烯原料，所占比例为60%~70%；电晕层经过表面处理后具有适当的表面张力，以便进行印刷、复合或金属化处理，一般使用二元共聚聚丙烯，所占比例为15%~20%[24]。我国流延聚乙烯薄膜专用料的品种相对单一，半蒸煮膜、镀铝膜、高温蒸煮膜等流延聚乙烯薄膜牌号主要依赖进口，并且依赖程度较双向拉伸聚丙烯膜、吹塑膜等都高。更为精细化、专用化和更高性能流延膜专用料的开发是我国树脂研发和生产企业的迫切任务[25]。

近几年，中国石油下属的炼化企业则不断地加大流延聚乙烯薄膜专用料的开发力度。中国石油大庆炼化联合石化院针对市场不同用途薄膜的性能要求，通过聚合工艺—产品结构—产品性能关系的研究，创新地采用乙烯加入方式变化等聚合方法，解决了乙烯序列单元均匀分布、长周期稳态操作等技术难题，同时采用助剂复配技术，解决了功能助剂易迁移等难题，自主开发了 Spherizone 工艺生产无规共聚聚丙烯的生产技术。该生产技术在大庆炼化 30×10⁴t/a Spherizone 工艺聚丙烯装置上应用，工业化生产了 RP210M 专用料产品，其性能见表 6-21。RP210M 生产过程平稳，产品质量均一，并选取典型用户完成了产品加工应用试验（图 6-22），RP210M 成品膜的拉伸强度和延伸率比同类二元无规产品好，加工线速度高，树脂成膜稳定。RP210M 成品膜的晶点分布均匀，晶点小，成品膜面情况良好。RP210M 作为复合膜电晕层使用可以有效减少小分子析出物，完全满足电晕工艺需求，产品性能满足用户要求，RP210M 成品膜检测数据见表 6-22。近年来 RP210M 产品产量逐年增长，产品质量获得下游厂家一致认可，市场占有率稳步提高，成为大庆炼化又一高附加值产品。

图 6-22　RP210M 用于流延
聚丙烯复合膜的生产

表6-21　RP210M工业化产品检测数据

分析项目		质量指标	实测结果	试验方法
颗粒外观	黑粒，个/kg	0	0	SH/T 1541—2006
	大粒和小粒，g/kg	≤15	7.7	
熔融指数，g/10min		7~9	7.2	GB/T 3682—2000
拉伸屈服应力，MPa		>20	23.7	GB/T 1040.2—2006
弯曲模量，MPa		>650	752	GB/T 9341—2008
简支梁冲击强度(23℃)，kJ/m²		≥3.0	4.7	GB/T 1043.1—2008
灰分，%(质量分数)		实测	0.016	GB/T 9345.1—2008
鱼眼 个/1520cm²	0.8mm	≤5	4	GB/T 6595—1986
	0.4mm	≤20	5	

表6-22　RP210M成品膜检测数据

检测项目		质量标准	100% RP210M
厚度，μm		≤70	60
拉伸强度，MPa	纵向	≥35	50
	横向	≥25	38.2
断裂伸长率，%	纵向	≥350	510
	横向	≥450	852
雾度，%		≤5	2.54
表面张力		≥38	38
摩擦系数	热封面	≤0.3	0.12/0.22(纵向/横向)
	电晕面	—	0.62/0.77(纵向/横向)
热封强度 (0.2MPa，1s)，N	热封面	≥8	9.25(109℃)
	电晕面	—	12.1(126℃)

DY-W0723F/DY-W725EF为乙丙无规共聚聚丙烯产品，在独山子石化14×10⁴t/a聚丙烯装置采用Spheripol液相本体工艺生产，分别用于流延聚丙烯流延薄膜的热封层和电晕层，具有速度快，质量高，薄膜透明性、光泽性和厚度均匀性好的特点。由于是平挤薄膜，后续工序如印刷、复合等极为方便，故而广泛应用于纺织品、鲜花、食品、日用品的包装。自2006年开发至今，已累计生产近40×10⁴t/a。DY-W0723F/DY-W725EF产品通过了RoHS、FDA、GB 4806.6—2016《食品安全国家标准　食品接触用塑料树脂》、GB 31604.30—2016《食品安全国家标准　食品接触材料及制品邻苯二甲酸酯的测定和迁移量的测定》等资质检测认证。产品在西南、华南、华北及江浙一带包装材料厂家批量应用，下游用户对产品认可度较高。

DY-W0723F/DY-W725EF为丙烯、乙烯二元无规共聚聚丙烯，DY-W0723F作为热封层，具有熔点较低、热熔性较好、热封强度较高、加工成型性能好及薄膜物理性能较优的特点；DY-W725EF作为电晕层，具有一定的抗粘连性和较少的低分子量物质析出的特点，电晕后印刷效果较优。乙烯单体的引入，破坏了分子链的规整性，降低了聚合物的结晶度，无定形区增加，熔点有所下降，其制品的热封温度降低。一般而言，共聚单体含量越高，分子链规整性受到破坏程度越高，等规链上引入的缺陷越多，使树脂的平均等规度和等规序列长度下降，使分子链的柔顺性增加，玻璃化转变温度、结晶度及熔点均呈下降趋势。DY-W0723F/DY-W725EF 采用双环管生产，通过调整两个环管乙烯进料比，从而达到乙烯分子较为均匀分布在聚丙烯链中的目的，使得最终产品既具有良好的物理机械性能，又具有较低的热封温度及良好的加工性能。

为了适应高速加工，下游客户对热封层的爽滑性和开口性均有要求。而对电晕处理层，既要求有一定的抗粘连性，又要严格控制低分子量组分的含量，因此聚丙烯复合平膜电晕层专用料对添加剂体系和树脂中小分子组分含量都有很高的要求。DY-W0723F/DY-W725EF 添加剂配方体系适应实际需求而设计，既能够快速成型，又能满足后处理要求，在印刷性能和加工性能方面均具有优异的性能。

针对多层复合膜的热封层材料，2012 年中国石油石化院进行了乙丙丁三元热封料的中试开发，使用 Z-N 催化剂和 C 型外给电子体，开发熔融指数为 6~10g/10min、维卡软化温度为 115~125℃的 3 种三元热封专用料，并将 3 种专用料在双向拉伸聚丙烯和流延聚丙烯厂进行应用。2013 年，依托中试技术，中国石油兰州石化 30×10⁴t/a 聚丙烯装置首次排产三元热封专用料 EPB08F，生产的产品熔点为 135℃，能够满足流延聚丙烯膜热封层的使用要求。EPB08F 生产过程中，聚合物干燥系统出现片料在造粒机入口处架桥，导致造粒机频繁停车，无法实现长周期生产。根据出现的问题，石化院和兰州石化分别从聚合工艺和设备改造两方面入手解决了这一问题，在 2016 年再次排产三元热封料 EPB08F 和 EPB08FA，产品分别应用于普通流延聚丙烯膜热封层和镀铝膜的热封层，得到了用户的认可，产品性能见表 6-23。

表 6-23　三元共聚聚丙烯 EPB08F 和 EPB08FA 产品技术指标

项　　目	工业产品 1	工业产品 2	测试标准
	EPB08F	EPB08FA	
熔融指数，g/10min	8.0±1.0	8.0±1.0	GB/T 3682—2000
拉伸屈服应力，MPa	≥16	≥16	GB/T 1040.2—2006
弯曲弹性模量，MPa	≥500	≥500	GB/T 9341—2008
断裂伸长率，%	≥500	≥500	GB/T 1040.2—2006
维卡软化温度，℃	115~125	115~125	GB/T 1634.1—2004
熔点，℃	125~135	125~135	自建
起始热封温度，℃	≤115	≤115	自建

TF1007 为三元无规共聚聚丙烯产品，在独山子石化 55×10⁴t/a 聚丙烯装置采用 Innovene 气相工艺生产，主要用于高等级流延聚丙烯流延薄膜的热封层。TF1007 的加工成膜性能优良，热封温度低，抗粘连，抗静电，成膜透明度高，光泽度好，并有良好的物理机械性能。自 2016 年开发至今，TF1007 已累计生产 12 万余吨。TF1007 产品通过了 RoHS、FDA、GB 4806.6—2016《食品安全国家标准　食品接触用塑料树脂》、GB 31604.30—2016《食品安全国家标准　食品接触材料及制品邻苯二甲酸酯的测定和迁移量的测定》等资质检

测认证。产品在河北泰达、汇源包装、慧狮塑业、恒德贾隆塑业、成都中包壮大和远定塑业等下游厂家批量应用，下游用户对 TF1007 产品认可度较高，产品的量产有效降低了行业的进口依赖度。

随着包装材料不断地推陈出新，流延聚丙烯薄膜应用领域更加广泛，其下游主要通过复合、印刷、制袋等工艺广泛地应用于食品包装，其次为服装以及进行金属化处理之后的薄膜应用。此外，在食品外包装、糖果外包装(扭结膜)、药品包装、文件夹包装等方面也不断发展壮大。市场需求量持续增长，市场前景广阔。由于流延聚丙烯薄膜行业发展空间巨大，对流延聚丙烯薄膜专用料的质量要求会逐步提高，作为国内的石化企业，需深入做好市场调研，加大研发力度，开发出高端流延聚丙烯薄膜专用料，并大力推广到下游厂家，保持资源供应的稳定，不断占领高端流延聚丙烯薄膜专用料市场。

三、锂电池隔膜料的开发

电池工业中近年来发展较快的锂离子电池，是 21 世纪理想的绿色环保电源，现已广泛用作移动电话、便携式电脑、摄像机、照相机等的电源。我国每年仅手机用锂离子电池就约 10 亿只，而且还在增长。另外，电动车的发展也将带动锂离子电池的更大需求，并已在航空航天、航海、人造卫星、小型医疗、军用通信设备领域中得到应用，逐步代替传统电池。锂电池由电池正极、电池负极、电池隔膜和电池外壳组成，其中电池隔膜又被称为第三极，在锂电池中起到隔离正负极防止短路、充放电时锂离子通道及电池过热时关闭孔道以保护电池的作用。锂离子电池的巨大发展前景表明，隔膜的市场和发展前景是十分可观的。

隔膜是锂电池中关键的内层组件之一，采用塑料隔膜制品。锂电池隔膜在锂电池组件中是技术含量最高的，导致锂电池隔膜成本占电池成本的 1/3 左右。中国锂电池隔膜主要依靠进口，年需求量超过 $20 \times 10^8 m^2$，届时锂电池隔膜聚丙烯专用料年需求量在 $3 \times 10^4 t$ 以上。

时至今日，商品化的锂离子电池隔膜仍然是聚丙烯微孔膜。一般国内中低档锂电池隔膜产品使用市售的聚丙烯 F401、T38F 原料代替，大量的高档锂电池隔膜都依赖进口，因此必须开发一种适合生产锂电池隔膜的聚丙烯专用料，提高锂电池隔膜产品质量，打破国外市场对该领域的垄断。国内企业扬子石化、盘锦石化、兰州石化、中原石化和独山子石化都曾尝试开发和生产。

T98 系列产品为中国石油独山子石化 2016 年开始着手研发的锂电池隔膜专用料，该系列产品依托于独山子石化 $14 \times 10^4 t/a$ 聚丙烯装置二线生产。该装置设计生产能力为 $7 \times 10^4 t/a$，采用 Spheripol-Ⅱ 工艺生产聚丙烯粒料。采用高效催化剂生产的粉料颗粒大而均匀，聚合物粒径分布宽窄可调，可以生产全范围、多用途的各种产品，其均聚和无规共聚产品的特点是纯净度高，光学性能好，无异味。

T98 系列产品自 2016 年首次生产以来，已生产 T98F 产品共约 2077t，T98G 产品共约 900t，T98D 产品共约 183t。3 种产品经过不断优化，以达到客户使用要求。尤其是 T98G 产品，在推广过程中受到了下游客户的高度认可，各项性能满足要求，已实现批量、稳定采购。

合成树脂技术

在国内外市场上，主流的聚丙烯锂电池隔膜专用料主要是以液相本体聚合技术进行生产，以后续的脱灰步骤达到产品低灰分的要求，所以国内的厂家均选择较低负荷的生产装置。T98 系列产品虽然也采用了液相本体聚合工艺，但采用了超高活性催化剂，与其他催化剂相比，在生产相同产品时，外给电子体、三乙基铝用量大大减少，且加工性能与市售同类产品无较大差异。

T98D、T98F 和 T98G 3 个产品的熔融指数依次升高，这是由下游的加工工艺所决定的。聚丙烯锂电池隔膜专用料一般采用干法工艺加工，干法工艺分为干法双拉和干法单拉，两种工艺的主要区别在于提高结晶度的方式不一样，单拉法主要靠流延膜基膜进行高温退火，双拉法则是加入成核剂改性后直接生产。熔融指数相对较低的 T98D 产品适合单拉工艺，由于小分子组分含量较低，基膜经过高温退火不会产生变形发黏的现象，同时产品本身的结晶度进一步提高，此时进行单向拉伸，使聚合物中的分子链在单一方向取向并定形，生产出合格的薄膜产品。这种薄膜产品抗氧化性好，化学稳定性高，拉伸方向无收缩，生产成本低，生产工艺环保。与之相反，熔融指数较高的 T98F 和 T98G 产品更适合双拉工艺，由于其流动性较 T98D 产品更好，且具有较高的结晶度，所以可使基膜同时或先后向两个方向拉伸，形成满足要求的薄膜制品。这种薄膜产品同样具有抗氧化性好、低成本、生产工艺环保的特点，同时还具备拉伸宽度大、双向强度大的优点。

第五节　聚丙烯纤维料产品开发

聚烯烃纤维广泛应用于装饰服饰、线缆编织、医疗卫生、土工与工程等领域，聚丙烯纤维料的一个重要用途是用作无纺布，应用于包括农业织物、建筑材料、汽车吸音材料、土工布、过滤介质、医疗卫生材料等许多产品[26]。

2019 年，中国聚丙烯纤维料产量约为 172×10^4t，同比增长 7.5%。其中，中熔指聚丙烯纤维料约为 77×10^4t，相比往年产量基本持平；高熔融指数聚丙烯纤维料为 95×10^4t，同比增长 15.8%。

聚丙烯纤维一般可分为长纤维、短纤维、纺黏无纺布和熔喷无纺布等，纤维的类型不同，加工方法也不同。专用料开发是聚丙烯纤维技术发展的重要环节，随着纤维市场的不断细分，原料的专用化成为聚丙烯纤维技术发展的重要方向[27]。聚丙烯纤维料的制备方法主要包括氢调法、茂金属催化剂直接聚合法和可控降解法[28]。

氢调法是指利用氢气作为链转移剂控制丙烯的聚合，生产出分子量较低、分子量分布较窄的聚丙烯纤维。氢调法不添加降解剂，减少了聚丙烯纤维料残存气味较大的问题[29]。

茂金属催化剂直接聚合法是指通过茂金属催化剂直接制备聚丙烯纤维料产品[30]。目前，茂金属催化剂技术主要被国外几大化工巨头所掌握，国内茂金属催化剂研究起步较晚，但是经过多年攻关，取得了一定的成果。2017 年，中国石油石化院自主研发的茂金属聚丙烯催化剂 PMP-01，首次应用于哈尔滨石化 8×10^4t/a 间歇式液相本体聚丙烯装置上，成功生产出高透明茂金属聚丙烯 MPP6006，标志着中国石油填补了茂金属催化剂和茂金属聚丙烯的空白[31]。

可控降解法是指在聚丙烯后加工过程中添加降解剂等助剂，制备分子量分布较窄、熔融指数较高、纺丝性能较好的聚丙烯纤维料[32]。可控降解法开发聚丙烯纤维专用料的关键在于基础粉料的选定、过氧化物降解剂的选择、加工温度以及助剂配方优化。此外，还需结合过氧化物的反应动力学研究，明确不同过氧化物的最佳作用条件，来优化生产工艺。

聚丙烯纤维具有许多优良的性能，但也存在触感和柔韧性差、亲水性较差、染色困难、容易集聚静电等问题。因此，开发新产品专用料和专用料改性技术，已成为聚丙烯纤维发展的主要方向。目前，已经开发的聚丙烯专用料主要有熔喷无纺布专用料、纺黏纤维专用料、双组分纤维专用料、高强度纤维专用料、细旦纤维专用料、混凝土纤维专用料等[33-39]。

一、聚丙烯纤维专用料开发技术

高熔指聚丙烯是生产无纺布的关键原料，随着卫材、滤材、土工布行业的快速发展，市场对于高熔指聚丙烯专用料的需求日益增大。国内高熔指聚丙烯专用料的技术开发整体上落后于国外先进企业，出口产品大多采用进口原料，以满足出口的技术指标[29]。2017年之前，聚丙烯纤维料高端市场主要被埃克森美孚公司垄断；陶氏化学公司的6D43、7956和PPH10080等高熔指聚丙烯纤维料也占据较高的市场份额。

2020年新冠疫情的爆发，拉动了高熔指聚丙烯熔喷专用料的需求，推动了熔喷聚丙烯专用料的技术发展。目前，高熔指聚丙烯专用料的制备主要是氢调法和可控降解法。熔喷聚丙烯专用料要求树脂具有较高的熔融指数，大多采用可控降解法制备熔融指数为1000~2000g/10min的产品。随着市场对低气味产品要求的提高，需要对可控降解法助剂配方和加工工艺进行优化，以减少树脂中挥发性有机物含量。

近年来，国内众多聚丙烯装置先后开发了高熔指纤维料产品，纤维料的市场竞争日趋激烈。中国石油大连石化、广西石化、独山子石化、庆阳石化、大庆炼化、抚顺石化、宁夏石化、呼和浩特石化等都推出了自己的纤维料产品。

中国石油从2010年开始，陆续开发了系列聚丙烯纤维料产品，如大连石化的H39S-2和H39S-3、广西石化的LHF40P/LHF40P-2、独山子石化的S2040、庆阳石化的QY36S、大庆炼化的561S/565S、抚顺石化的共聚聚丙烯纤维料HF40R、宁夏石化的NX40、呼和浩特石化的HT40S等；产品逐步实现了系列化和高端化，品牌影响力逐步增加。

中国石油的高熔指纤维料发展经历了两个阶段；2010—2017年，各装置开发出了熔融指数在35~45g/10min之间的第一代高熔指纤维料产品；从2018年开始，部分装置陆续对纤维料的分子量分布、气味、加工性能进行优化，开发出用于第二代高熔指纤维料产品H39S-3、LHF40P-2等，实现了产品的系列化和高端化。中国石油的纤维料稳固了纤维料中端市场，开拓了纤维料高端市场，产品的品牌影响力逐步增强。在第二代纤维料的开发过程中，中国石油的科研团队在如下领域取得技术进展，形成了高端纤维料开发过程中的系列共性关键技术。

1. 纤维料多级结构调控技术

随着纤维加工设备的革新，无纺布生产速度逐步提升；纤维料在高速纺丝条件下，稳定的加工性能是客户衡量产品的关键因素。纤维料的研发团队，在确定了影响纤维料高速纺丝加工性能关键因素的基础上，根据不同装置生产特点，进行基础粉料的分子结构设计，通过主/助催化剂和给电子体的调控及聚合工艺优化，反应挤出系统的改造及工艺优化，实现了纤维料的高等规度、窄分子量分布、高结晶序列分布，确保了纤维料连续稳定地高速纺丝及快速成型性能。

传统的结晶分析，对于纤维料结晶性能的差异分辨度较低，如图 6-23 所示，对中国石油典型纤维料产品的熔融结晶过程进行分析，结果表明，产品的性能较为接近。

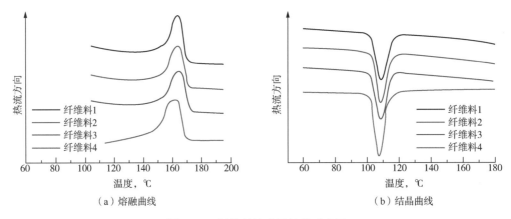

（a）熔融曲线　　　　　　　（b）结晶曲线

图 6-23　纤维料熔融及结晶示意图

用分级解析的方法，协助进行纤维料有序结构调控，可以实现纤维料结构的精细化设计。如图 6-24 和图 6-25 所示，H39S-3 的高等规结晶序列分布较高，分子链结晶能力较强，所以有利于在高速纺丝过程中固定成丝形态。表 6-24 列出了第一/二代纤维料性能对比，从表中可以看出，H39S-3 和 LHF40-2 第二代纤维料有效控制了分子量分布，进一步保证了产品高速纺丝的稳定性。

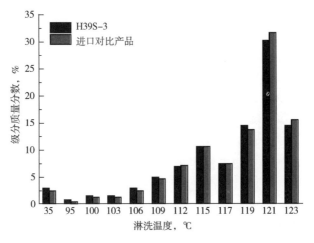

图 6-24　聚丙烯纤维料淋洗温度—级分质量分数曲线图

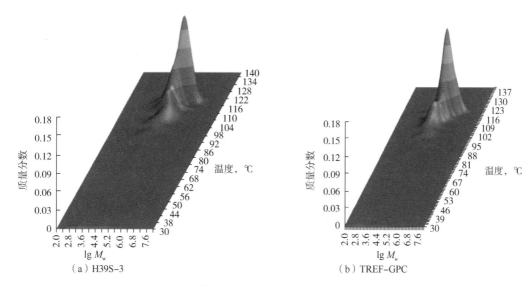

（a）H39S-3　　　　　　　　　　　　　（b）TREF-GPC

图 6-25　H39S-3 与进口对比产品 TREF-GPC 交叉分级数据三维立体图

表 6-24　第一/二代纤维料性能对比

技术指标	第一代纤维料	进口对标料	H39S-3	LHF40P-2	测试标准
熔融指数（2.16kg），g/10min	36~48	34~38	34~38	33~39	GB/T 682—2000
等规度,%	>96	>97.5	>97.5	>97.5	GB/T 2412—2008
分子量分布	>2.90	2.50	2.50	2.60	实验室参考指标
气味，级	3.5~4	3.0	3.0	3.0	PV 3900—2000
灰分，μg/g	<300	220~260	120~150	220~240	GB/T 9345.1—2008
拉伸屈服应力，MPa	≥29.0	≥30.0	≥30.0	≥30.0	GB/T 1040—2006
拉伸弹性模量，MPa	>1050	>1100	>1100	>1100	GB/T 1040—2006
拉伸断裂应变,%	>200	>400	>400	>400	GB/T 1040—2006
氧化诱导时间（200℃），min	4~6	7	>10	>10	实验室参考指标

2. 高端应用领域系列化纤维料的助剂配伍技术

研发团队对纤维料助剂进行筛选复配，对过氧化物的种类、浓度、添加方式等进行优化，在此基础上通过发挥助剂协同作用，对基础抗氧体系进行升级，达到助剂配方成本和效率的最佳结合，同时实现了过氧化物的精确添加。在降低灰分和有效控制成本的同时，系列产品热氧稳定性能优于进口产品，由表 6-24 可见，二代纤维料的氧化诱导时间有了较大提升，均大于进口产品，保证了连续高速纺丝状态下纤维料的加工稳定性和制品的均一性。

3. 纤维料气味解析及消减技术

中国石油的科研团队针对纤维料开发过程的气味问题这一共性难题，以及目前行业标准中所使用的人工嗅辨分级法存在的局限性，建立了纤维料气味解析和消减技术，对气味进行定性定量、定向溯源和消减。该技术将原位气味捕集、高分辨率质谱以及风味识别技术相结合；在国内率先通过高分辨率质谱法来对纤维料中的挥发性有机物（VOCs）进行全组分定性、定量，建立高分辨率数据库，并将挥发性有机物对于人嗅觉的贡献进行量化，在人的嗅觉反应和纤维料的挥发性有机物之间建立了联系；原位捕集和高分辨率质谱捕集及解析到纤维料的挥发性有机物达到150余种，高于现行通用低分辨率技术捕捉到的纤维料挥发性有机物100种左右的水准，并可不依托标准物质进行全组分定性，提高了数据库的精确度和可靠性。表6-25显示了某纤维料中挥发性气味及其对嗅觉贡献值的分析数据。在气味中，含氧物质对于嗅觉的贡献较大，因此在采用可控降解法生产纤维料时，对于过氧化物降解剂的精确加入和助剂复配调控，对于控制产品气味具有重要意义。

表6-25 纤维料气味解析示例

类型	中文名称	阈值，mg/kg	结构	含量，μg/g	活度值
烃类	间二甲苯	5.5	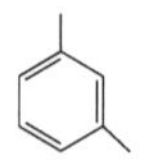	17.76	3.23
醛酮类	辛醛	0.0001	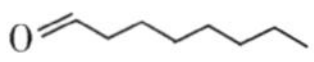	0.13	1300.0
	壬醛	0.0035	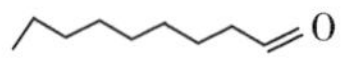	0.32	91.43
	正癸醛	0.005	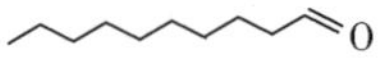	31.56	6312.0
醇类	芳樟醇	0.0015	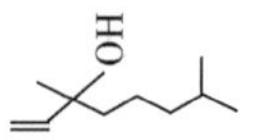	1.67	1113.33
	1-癸醇	0.023	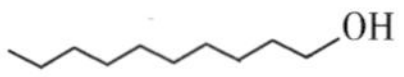	0.12	5.22
	十一醇	0.5	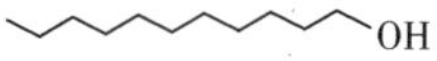	0.16	0.32
酯类	辛酸乙酯	0.0001	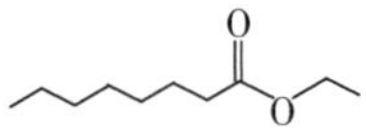	1.13	11300.0
酸类	丙酸	11.2	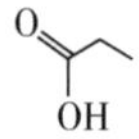	0.27	0.02
	二乙二醇丁醚	22	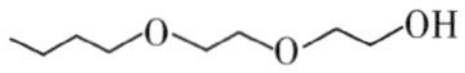	5.73	0.26

4. 纺丝性能快速评价技术

中国石油的科研团队针对现代无纺布高速生产对纤维料纺丝性能要求较高，而纤维料开发过程中加工应用评价依靠下游用户试验的试验周期长、评价标准不统一的问题，通过将分子结构层面的分子量及其分布/等规度分布、聚集态层面的结晶性能/流变性能和应用层面的加工性能相结合，通过关键技术参数和纺丝中试验相结合，对纤维料的高速纺丝加工性能进行快速评判，对产品性能进行快速定位和反馈，预判使用性能，为工业生产提供解决思路，为下游用户提供指导意见，提高纤维料新产品开发的效率。

与第一代纤维专用料相比，二代高端纤维料分子量分布变窄，等规度提升，熔体指数波动范围较小。技术应用后，在中国石油高端纤维料产品质量跃居国内领先水平，达到国外同类高端产品的水准，打破了垄断；同时提高了纤维料的开发效率，建立了系统的纤维料全流程质量控制机制。

目前，二代纤维料已成为中国石油王牌产品，成为国内高端纤维专用料开发的对标产品，处于国内领先水平：生产技术成熟定型；产品自从投放到市场以来，下游无纺布用户广泛应用于高端卫材无纺布领域；产品无异味、制品无异味，高速纺丝性能稳定，制品品质优良；打破了进口产品在华南地区高端卫材无纺布领域的垄断地位。特别是在 2020 年新冠疫情爆发以来，中国石油的二代纤维料产品全力稳定生产，持续为防疫物资的生产提供了优质的原料(图 6-26)，为稳定国内市场做出了突出贡献。

（a）2020年2月，中国石油纤维料产品　　　　　　（b）中国石油纤维料防疫及卫材制品示例
稳定生产供应国内防疫材料市场

图 6-26　中国石油二代纤维料产品生产应用情况

今后，聚丙烯纤维的生产加工和改性技术不断更新，对树脂原料性能的要求日益提高，低气味、高柔韧、高纺速、高过滤效率、多功能的专用树脂成为重点攻关对象。随着聚丙烯市场发展的多元化，尤其是民营企业的加入，使得市场竞争加剧，这将极大地促进新型聚丙烯纤维专用料技术的开发[31]。

二、聚丙烯专用料系列化产品开发

中国石油大连石化是国内最早进行纤维料开发的单位之一。大连石化有两套聚丙烯装置，分别是 $7×10^4$t/a 聚丙烯装置和 $20×10^4$t/a 聚丙烯装置。$7×10^4$t/a 聚丙烯装置于 2009 年进行技术准备及改造，于 2010 年生产出 H39S-2 产品；$20×10^4$t/a 聚丙烯装置于 2016 年开发生产 H39S-2 产品，2018 年开发生产 H39S-3 产品。

H39S-3 在 2018 年进行工业试生产，关键指标确定，工艺优化之后逐步量产；H39S-3 产品性能指标与进口品牌的对标产品非常接近(表 6-24)，能够满足下游企业的使用要求，已成为中国石油的王牌产品。

中国石油广西石化 $20×10^4$t/a 聚丙烯装置是中国石油引进的第一套美国陶氏化学公司(现归属为 Grace 公司)的 Unipol 气相法流化床聚丙烯装置，也是国内第一家引进 Unipol 气相法流化床聚丙烯生产工艺的装置。2013 年，广西石化和石化院联合开发具有自主知识产权的纤维料技术，在 Unipol 聚丙烯工艺装置上开发熔融指数为 35~45g/min 的高熔指聚丙烯纤维专用料 LHF40P，产品累计产量 100 余万吨。广州新辉联无纺布有限公司等用户使用 LHF40P 专用料制作无纺布，加工性能良好，无断丝现象，使用 LHF40P 生产的产品无气味，产品强力较好，可以满足环保健康高熔融指数聚丙烯纤维产品的需要。

2018 年，广西石化、石化院联合华南化工销售公司，在广西石化 20×10⁴t/a 的 Unipol 气相法聚丙烯生产装置上开发了低气味高熔指纤维料专用料 LHF40P-2，在国内首次实现了在 Unipol 装置上稳定连续生产低气味高熔指纤维料，截至 2020 年 12 月，累计产量达到 16469t。卫材用高端无纺布客户佛山市拓盈无纺布有限公司试用反馈：LHF40P-2 生产的产品无气味，满足卫材使用要求；产品加工性能稳定，通用性好；手感柔顺性好，制品质量达到厂家要求。

中国石油庆阳石化聚丙烯装置采用巴塞尔公司 Spheripol 气相本体法工艺，产能为 10×10⁴t/a，于 2010 年投产，因无乙烯来源，装置设计只能生产均聚产品，常年生产拉丝级牌号 T30S。庆阳石化的高熔指纤维料 QY36S 产品，通过优选高效催化剂及低气味的降解剂和助剂体系，开发出氢调与降解结合工艺，于 2018 年实现首次工业试生产，共生产 460t，产品的各项性能均达到技术指标要求，但气味略高。通过更换丙烯精制单元脱硫催化剂，进一步降低原料丙烯杂质，提高闪蒸系统的蒸汽流量和温度，降低基础粉料的挥发性有机物值后，在 2019 年进行工业生产，累计生产 1300t。QY36S 产品在郑州豫力新材料科技有限公司 SS 双层无纺布生产线试用，产品的纺丝性能及物性指标均达到厂家要求。

HP561S 产品是在中国石油大庆炼化 30×10⁴t/a Spherizone 聚丙烯装置上工业化生产的高熔指纤维料。2018 年，大庆炼化通过聚合催化剂优选、工艺优化、挤压机降解助剂加入方式的改进等措施，首次工业化生产了 1755t HP561S 产品，产品的各项性能均达到技术指标要求，并通过了 RoHS、FDA、塑化剂、食品安全等质量认证，与进口产品性能相当，同年扩产 3044t/a，截至 2020 年 12 月，累计生产 13510t 产品。在山东华业无纺布有限公司、东营市神州非织造材料有限公司、佛山市拓盈无纺布有限公司、必得福无纺布公司等企业应用。在 HP561S 应用过程中，纺丝情况正常，没有明显的断丝、滴浆问题，主料无特殊气味。从多批次的测试结果来看，应用效果良好。

中国石油独山子石化 55×10⁴t/a Inoes 气相工艺聚丙烯装置生产的纤维聚丙烯 S2040 采用 Z-N 催化剂和低气味降解剂。2014 年，独山子石化完成了 S2040 的开发，产品自推出后，成功实现了在纺黏无纺布等卫材领域的成功应用。纺黏无纺布是医用口罩、防护服、一次性鞋套等制品的重要材料。对于卫材领域来说，纺黏无纺布是重要组成部分。特别是在 2020 年新冠疫情期间，S2040 在口罩等防疫物资上被大规模应用。截至 2020 年 12 月，S2040 成功生产超过 72×10⁴t，在国内华中地区、华北地区的几个无纺布生产基地均被大规模应用。目前，S2040 已通过 RoHS、邻苯二甲酸酯、FDA、GB 4806.6—2016《食品安全国家标准 食品接触用塑料树脂》四项认证。产品自推出后，经无纺布企业进行纺黏无纺布加工的结果表明，S2040 加工成无纺布制品后，产品克重、力学性能、纤维尺寸等各项性能指标完全能够满足厂家要求，原料各项性能指标处于国内先进水平。

中国石油抚顺石化在 Spheripol 聚丙烯装置进行了共聚高熔指聚丙烯纤维料产品的开发。

通过调整加工工艺参数，产品表现出了较好的柔性，于 2019 年进行工业试生产，产品产量为 1500t。产品体现出了良好的柔性，生产过程平稳，产品性能达到客户要求(图 6-27)。

图 6-27　HF40R 生产应用情况

　　均聚/共聚聚丙烯纤维具有很高的市场潜力，逐渐单一功能的聚丙烯树脂已经不能满足市场需求，开发多功能、高性能聚丙烯纤维势在必行。随着人们环保观念和健康理念的提升，安全、环保、健康的聚丙烯纤维料产品必将迎来高速发展。研发高端聚丙烯专用料既是竞争日趋激烈的市场要求，也是实现中国石油化工业务转型和高质量发展的推动力。

第六节　聚丙烯透明产品开发

　　透明聚丙烯所具有的良好的透明性和表面光泽度以及质轻、价廉、卫生、耐高温、易加工成型等优点，使其具有明显优于聚苯乙烯(PS)、聚氯乙烯(PVC)、聚对苯二甲酸乙二醇酯(PET)、聚碳酸酯(PC)、聚甲基丙烯酸甲酯(PMMA)等透明树脂的性价比，在透明包装、医疗器械、家庭用品、一般工业制品等领域得到广泛应用，随着聚丙烯工业的快速发展，我国透明聚丙烯成为聚丙烯产品中增速最快的品种。国内透明聚丙烯需求占聚丙烯总需求的 5.12%，市场容量超过 $100 \times 10^4 t$，如图 6-28 所示。中国石油兰州石化和独山子石化的透明聚丙烯开发相对较早，其中兰州石化已形成以 RP340R 为代表的系列化产品，产销 20 余万吨，已形成特色优势系列产品。

　　BP 阿莫科公司与美国美利肯公司合作，利用 Millad 3988 透明成核剂推出了 Acclear 系列透明聚丙烯树脂。其中，牌号 8649X 透明聚丙烯的熔融指数为 23g/10min，透明性能接近透明聚酯树脂，可用于生产注—拉—吹成型聚丙烯瓶；而牌号 8940X 透明聚丙烯为高流动性树脂，其熔融指数达到 55g/10min，可用于高速注射成型生产光盘盒、磁带盒、食品容器以及其他硬包装材料[40]。该系列

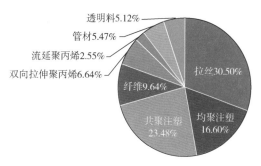

图 6-28　2019 年聚丙烯下游需求占比

是透明性能最好且最早商品化的透明聚丙烯产品。目前，国内进口较多的主要有韩国大林和韩国 SK 公司生产的透明聚丙烯。韩国大林的 RP344R 具有良好的透明性和光泽度，可用于食品医用领域，适用于薄壁制品的加工成型。韩国 SK 公司开发的 R370Y 具有优异的透明度和良好的流动性，可用于食品包装容器及大型薄壁透明制品的成型加工。

国外的一些大公司也在积极开发茂金属透明聚丙烯产品，巴塞尔公司处于领先地位。该公司推出的茂金属系列透明聚丙烯产品不仅具有高透明、高刚、高流动、高光泽、易加工以及分子量分布窄等特性，而且能够耐环境应力开裂和化学腐蚀，已在纤维及注塑等领域得到广泛地用。埃克森美孚公司也推出了茂金属均聚透明聚丙烯（AchieveEXPP-68），其透明性、刚性以及流动性均非常突出，可广泛应用于食品包装和薄壁注射成型等领域。

国内于 20 世纪 90 年代开始研究和开发透明聚丙烯树脂，起步较晚。中国石化燕山石化早期用添加透明成核剂方法开发透明聚丙烯产品，主要产品有 K4808、K4818、K4902 等，可用于热成型、注塑等领域。中国石化上海石化早期的透明聚丙烯主要牌号有 M250T、M250E、M450E、M800E、M1200E 和 M3000E，后期又成功开发了丙烯/丁烯无规共聚透明聚丙烯系列新产品 M850B、M1200B 等。兰州石化开发的系列透明聚丙烯产品具有正己烷溶出物含量低、刚韧平衡性好等特点，在医疗用品和食品接触包装领域具有明显优势。

一、共聚单体含量及其分布控制技术

共聚单体含量及其分布对透明聚丙烯结晶性能、热性能和加工性能均有重要影响，中国石油研发团队考察了不同共聚单体含量下 RP340R 产品性能，形成了单体加入方式、加入量及工艺条件对共聚单体含量的控制规律认识。开发了特色透明聚丙烯产品 RP340R，透明性及刚韧平衡性能更好，物理性能优于国外某公司高端透明聚丙烯牌号，性能见表 6-26。

表 6-26　RP340R 性能情况

性　能	RP340R	某公司高端透明聚丙烯牌号	测试标准
熔融指数，g/10min	22	22	GB/T 3682—2000
雾度，%	12	12.4	GB/T 2410—2008
透光率，%	84.1	85.2	GB/T 2410—2008
弯曲模量，MPa	1034	950	GB/T 9341—2008
拉伸屈服应力，MPa	27.5	28	GB/T 1040.2—2006
冲击强度（23℃），kJ/m²	5	4	GB/T 1043.1—2008

二、RP340R 加工性能对比

通过单体含量及其分布控制，有效提升了 RP340R 加工性能，由图 6-29 可以看出，在相同的加工温度下，RP340R 与进口同类产品相比具有更低的黏度及剪切应力，RP340R 产品加工温度更低、能耗更低，具有更好的加工性能和设备适应性。

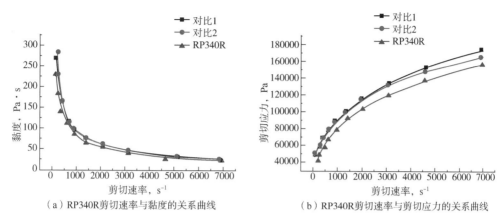

（a）RP340R剪切速率与黏度的关系曲线　　　　（b）RP340R剪切速率与剪切应力的关系曲线

图 6-29　RP340R 与市场上同类产品加工性能对比

三、RP340R 的应用

家用整理箱、奶茶杯等方面的应用是透明聚丙烯重要的应用方向之一，兰州石化生产的 RP340R 与同类对标产品相比，加工温度可降低 20℃，加工后透明家居制品的雾度、刚性等性能相当，满足企业质量要求（图 6-30）。

图 6-30　RP340R 在家用整理箱方面的加工应用

塑料医用注射器作为一次性医用塑料耗材，其市场用量和生产规模都在医用塑料产品中占主导地位，其中以医用透明聚丙烯生产的一次性注射器最具代表性。RP340R 由于优良的透明性及加工性能，在一次性注射器方面得到广泛应用（图 6-31），其透明度、加工性、印刷性及环氧乙烷灭菌试验均表现优异，制品能够满足医疗器械行业标准 YY/T 0240—2007 要求。RP340R 产品已在国内大部分一次性注射器加工企业实现规模化应用，累计产销 20 余万吨，已成为中国石油的拳头产品之一。

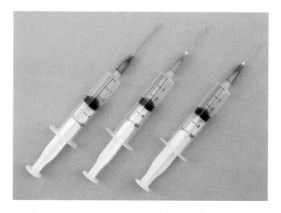

图 6-31　RP340R 在注射器方面的加工应用

四、系列产品开发

中国石油已经成为国内主要的透明聚丙烯供应商之一，其中兰州石化已实现熔融指数从 2g/10min 到 60g/10min 的全覆盖。在 $30×10^4$t/a 聚丙烯工业生产装置实现了系列产品 RPE02B、RP342N、RPE16I、RP340R、RPE40I 和 RPE60I 的工业化生产，产品弯曲模量、冲击强度及雾度均优于同类市售产品。

低熔透明无规透明聚丙烯 RPE02B，产品熔融指数为 1.6~2.2g/10min，冲击强度达到 20~26kJ/m^2，雾度小于 15%，弯曲模量达到 850MPa 以上，产品用于农夫山泉透明瓶盖、浙江纳爱斯透明消毒瓶，性能得到用户认可。

中高流动透明聚丙烯产品包括 RP342N、RPE16I 和 RP340R，产品熔融指数为 9~24g/10min，雾度小于 15%，弯曲模量大于 900MPa，冲击强度大于 5kJ/m^2。中高流动透明聚丙烯产品自 2012 年工业化生产以来，通过不断地对冲击强度、雾度和脱模性能的改进，产品性能持续提升。其中，RPE16I 与医用输液瓶外盖进口产品相当，通过科伦君健的加工应用研究，实现了产品在医用输液瓶外盖的应用。

2020 年开发了高流动透明聚丙烯 RPE40I 和 RPE60I，产品熔融指数分别达到 40g/10min 和 60g/10min，弯曲模量达到 1000MPa 以上，冲击强度达到 5.0kJ/m^2 以上，雾度小于 11%。RPE40I 在大容积透明整理箱和医用注射器上使用效果良好，RPE60I 在奶茶杯上的应用得到了用户的普遍认可。中国石油的透明聚丙烯产品已实现系列化，产品性能在国内处于领先地位，在华东和华南等区域销量持续增长。

第七节　聚丙烯高熔体强度产品开发

随着全球汽车轻量化、节能和新能源汽车的快速发展，发泡材料在汽车行业中的应用越来越多，欧美、日本等发达国家竞相研发高性能化产品。其中，聚丙烯泡沫材料因为具有良好的热稳定性、优异的耐应力开裂及高温尺寸稳定性、较高的力学性能，并且可回收，成为近几年研发的热点。聚丙烯泡沫材料可用于汽车的内饰、外饰、引擎盖等部件和轨道交通系统的结构底板、车顶、侧板、车尾部等部件，有助于减轻车重，并起到降噪、减震和保温等功能。

目前，我国聚丙烯连续挤出发泡行业发展迟缓，存在两大问题：一是连续挤出发泡工艺开发及产业化迟缓，进口挤出发泡设备昂贵，工艺对树脂性能要求高；二是普通聚丙烯熔程窄、熔体强度低，连续挤出发泡难，挤出发泡用高熔体强度聚丙烯（HMSPP）专用料主要依赖进口。

高熔体强度聚丙烯最早是由 Himont 公司（现并入巴塞尔公司）于 20 世纪 80 年代开发的，并实现了商业化生产。高熔体强度聚丙烯的生产工艺主要有两种，即后加工改性和催化聚合法。后加工改性技术主要是对聚丙烯树脂进行改性，使聚丙烯具有长支链结构，主要的代表技术有巴塞尔公司的电子辐射技术和北欧化工公司的后反应器内长链支化技术。催化聚合法是通过直接生产超高分子量聚丙烯或生产具有长支链的聚丙烯获得高熔体强度聚丙烯，主要的代表技术有引入非共轭双烯烃聚合的长链支化技术和中国石化的复合外给电子体技术，催化聚合法是目前获得高熔体强度聚丙烯的最直接、最适宜工业化大生产的技术。

一、高熔体强度聚丙烯专用料 HMS1602 技术开发

中国石油石化院从 2012 年起关注高熔体强度聚丙烯的生产技术，经过查阅文献、市场调研和技术交流，决定与中国科学院化学研究所合作，共同开发工业应用成熟、适合于大规模丙烯聚合工艺的原位长支链聚合技术。该技术通过新型功能催化体系，在聚合过程中实现了聚丙烯大分子链的长链支化。

研发人员完成了发泡聚丙烯实验室小试、中试和工业化多个环节技术开发，进行了 200 多个样品的结构表征和性能测试，完成了 1000 多次的助剂配方优化实验，多次转战宁波、青岛、烟台和嘉兴等地进行加工应用实验，分析总结了 3000 多个数据。2017 年，在抚顺石化、中国科学院的大力支持下，取得阶段性的成果，成功开发出高熔体强度聚丙烯专用料 HMS1602，性能见表 6-27。

表 6-27 高熔体强度聚丙烯 HMS1602

项　　目	HMS1602	测试方法及标准
熔融指数，g/10min	1.67	GB/T 3682—2000
弯曲弹性模量，MPa	1198	GB/T 9341—2008
简支梁冲击强度，kJ/m^2	3.1	GB/T 1043.1—2008
熔体强度，cN	15	200℃，$2.4s^2/mm$

二、高熔体强度聚丙烯关键技术

1. 功能性 Z-N 催化剂体系反应器内直接生成高熔体强度聚丙烯技术

采用新型 Z-N 催化剂体系，在丙烯聚合过程中加入功能性助剂（CFC-B1），原位产生可控的长链支化结构。反应原理如图 6-32 所示。

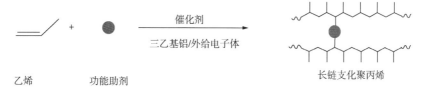

图 6-32 反应原理图

长链支化造成聚合物缠结，链松弛慢，松弛时间延长，聚合产物表现出明显不同于线型聚丙烯的流变行为。小振幅振荡剪切流变实验结果如图 6-33 所示，低频区高熔体强度聚丙烯储能模量（G'）均高于普通聚丙烯，损耗角正切值（tanδ）低于普通聚丙烯树脂，熔体的 η''—η' 关系曲线（Col-Col 曲线）半径较大。随着功能助剂加入量的增加，低频区 G' 随着长链支化结构的增加而提高，tanδ 减小以及 Col-Col 曲线半径增大。

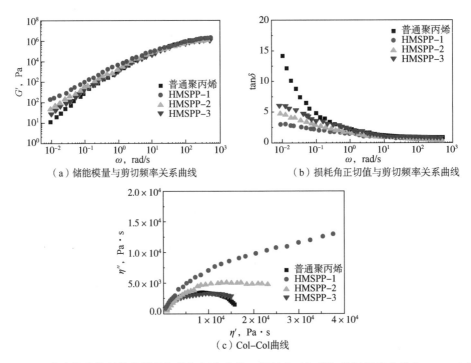

（a）储能模量与剪切频率关系曲线　　　　　（b）损耗角正切值与剪切频率关系曲线

（c）Col-Col曲线

图 6-33　聚合产物熔体的储能模量与剪切频率曲线、损耗角正切值与剪切频率曲线和 Col-Col 曲线

2. 开发高熔体强度聚丙烯专用助剂体系

　　高熔体强度聚丙烯的粒料与粉料间熔体强度有相当大的差异，因此挤压造粒工艺及助剂配方对高熔体强度聚丙烯的熔体强度有很大影响，不添加助剂体系或未选择合适的助剂体系，熔体强度会有所下降，而添加相当的助剂体系，粉料的熔体强度会得到保持。研发团队进一步研究发现，通过助剂配方及造粒工艺调整，可以在一定范围内调控基础树脂的熔体强度及可拉伸性。研发团队设计了 10 个不同的助剂配方，根据熔体强度及可拉伸性下降程度，结合经济成本，最终优选了助剂配方体系，结果如图 6-34 和图 6-35 所示，其熔体强度十分接近进口料，且可拉伸性更优。

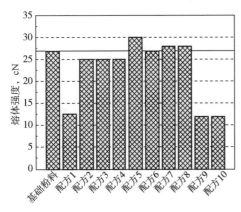

图 6-34　配方与熔体强度

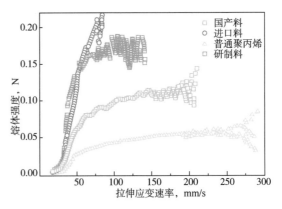

图 6-35　不同配方体系拉伸应变速率与
熔体强度关系曲线

三、高熔体强度聚丙烯专用料 HMS1602 的优化及加工应用情况

HMS1602 在模压发泡领域获得工业应用，产品成功应用于汽车顶棚板、通信天线和新能源汽车电池组之间的减震缓冲片，发泡倍率比国内同类产品高 5~10 倍，大大缩短了成型周期，获得用户认可。

2018—2020 年，研发团队在石化院兰州中心 75kg/h 聚丙烯液相本体法中试装置上先后进行了两次中试试验，通过提高功能助剂效率，优化 HMS1602 生产工艺，并开发共聚型 HMSPP 专用料 HMS1602E。2019 年，在石化院兰州中心 50kg/h 聚丙烯气相法中试装置上开发了气相法均聚高熔体强度聚丙烯专用料 HMS02，尝试将高熔体强度聚丙烯生产技术向气相法推广。

优化后的中试产品在超临界 CO_2 挤出片材应用试验中表现出优异的工艺适应性，成品发泡倍率为 7~9 倍，片材表面均匀，片材厚度为 2.01mm，生产过程平稳，片材外观和力学性能接近著名国外公司的发泡片材（图 6-36）。

图 6-36　超临界 CO_2 挤出片材应用试验

优化后的 HMS1602 除了具有较高的熔体强度外，还具有在熔体拉伸时熔体黏度急速上升的特点，如图 6-37 所示。这特有的延伸流变性能，使其在聚丙烯发泡过程中，可生产出细小可控气泡结构，并且可有效改善热成型制品厚度不均、挤出涂覆或压延时边缘卷曲等问题。另外，普通聚丙烯抗熔垂性能较差，吹塑时容易发生熔体破裂，很难进行吹塑加工。若使用或添加高熔体强度聚丙烯可以防止吹塑过程中型坯下垂，容易得到壁厚均匀的管坯。聚丙烯中空制品强度和耐热性能比聚乙烯更优异，开发可用于吹塑加工的高熔体强度聚丙烯专用料具有可观的市场价值和前景。下一步中国石油将继续推广 HMS1602 新产品，为新产品拓宽市场，并为后续的衍生产品打好基础。

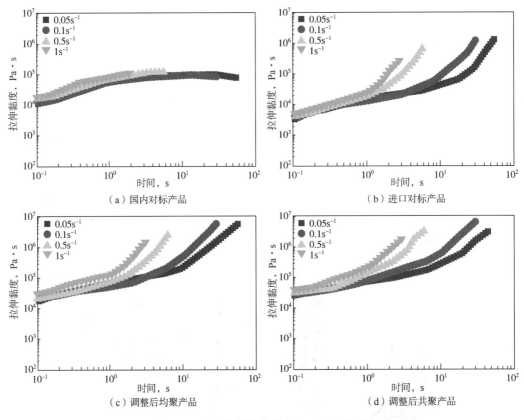

图 6-37　产品熔体拉伸黏度与时间的关系图

第八节　聚丙烯薄壁注塑产品开发

聚丙烯注塑制品已经在包装、运输、家电、汽车、办公、日常消费用品、医疗制品等领域得到广泛应用。近年来，随着计算机类、通信类和消费类电子产品应用领域不断拓宽，产品向"短、小、轻、薄"方向深入发展，薄壁注塑有减小产品重量及外形尺寸、便于集成设计及装配、缩短生产周期、节约材料和降低成本等优点，成为塑料消费行业追求的目标，已成为塑料成型行业中新的研究热点。

随着人们越来越注重食品卫生和环保，一次性聚丙烯餐盒、方便面碗等食品包装容器逐步进入生活领域。用高流动性、高刚性聚丙烯进行快速注射已成为一种发展新趋势。该类产品在生产过程中可采用一模多腔注射成型，替代以往采用的挤压片材再热成型的两次成型工艺技术，降低生产成本，缩短加工成型周期。

高流动薄壁注塑专用料主要用于汽车改性料、一次性餐盒等领域。我国一次性餐盒市场消费量超过 $40×10^4$ t/a。薄壁注塑聚丙烯消费市场主要集中在华南、华东和华北三地，占比分别为 40%、28% 和 26%，价格比普通拉丝聚丙烯高约 600 元/t，其总需求超过 $100×10^4$ t/a。

国内高流动薄壁注塑聚丙烯产品主要有兰州石化的 H9018/H9018H、洛阳石化的 MN60/M90B、广州石化的 S980、海天石化的 HP648T、联泓石化的 PPH-M600N 等，国内高流动薄壁注塑聚丙烯产品主要生产厂家及牌号见表 6-28。与进口原料相比，国产料存在着熔融指数波动大、杂质含量高等不足，部分高档产品生产所用的专用树脂仍需要从国外进口。

表6-28　国内高流动薄壁注塑聚丙烯产品主要生产厂家及牌号

生产企业	产能，10^4t/a	牌号	生产企业	产能，10^4t/a	牌号
兰州石化	11	H9018/H9018H/H9068	广州石化	40	S980
抚顺石化	20	HPP1860	茂名石化	67	PPR-M55-S
洛阳石化	14	MN60/MN90B	海天石化	20	HP648T
镇海炼化	50	M60T	联泓石化	20	PPH-M600N
台塑宁波	45	1450T			

目前，国内薄壁注塑聚丙烯生产装置主要采用三井油化公司的 Hypol 工艺和 Himont 公司的 Spheripol 工艺。自 2012 年以来，兰州石化采用高氢调敏感性 Z-N 催化剂在 $11×10^4$t/a Hypol 工艺聚丙烯装置上进行了系列高流动薄壁注塑专用料的开发，牌号包括 H9018、H9018H 和 H9068。H9018 熔融指数为 55g/10min，冲击强度大于 2.2kJ/m^2，弯曲模量为 1700MPa，产品具有流动性好、结晶度高的优势，用于车用改性领域，以提高改性产品的刚性，在金发科技、聚隆科技等改性企业均有应用，已经成为该领域的王牌产品。为满足客户对更高加工速度薄壁注塑聚丙烯产品的需求，兰州石化开发出熔融指数约为 70g/10min、100g/10min 的 H9018H 和 H9068。产品的刚韧平衡性可以通过聚丙烯分子链结构来调控。通常等规度增加，熔融熵及结晶度增加，产品弯曲模量及拉伸强度增加，但冲击强度降低，可通过略微降低聚丙烯等规度改善产品韧性。图 6-38 为高流动薄壁注塑聚丙烯 H9068 的温升淋洗分级（TREF）测试结果，通过产品中常温可溶和高温洗脱峰含量及分布来改善产品的刚韧平衡性。

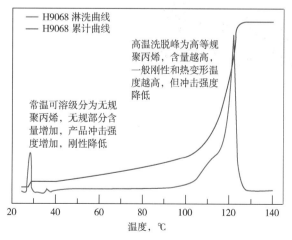

图6-38　薄壁注塑聚丙烯 H9068 热溶剂分级曲线

表6-29为兰州石化的 H9018/H9018H/H9068 树脂原料性能指标。为解决高流动薄壁注塑聚丙烯专用料产品低温发脆的问题，兰州石化在 $11×10^4$t/a Hypol 工艺聚丙烯装置上进行了改造，引入乙烯管线，在聚合过程中加入少量乙烯，提高产品的韧性，可将产品的冲击强度提高到 2.5kJ/m^2 以上。此外，由于少量乙烯的加入，产品的透明性也得到改善，雾度降低。H9068 制品如图 6-39 所示。

表6-29　兰州石化的 H9018/H9018H/H9068 树脂原料性能指标

项　目		技术指标			实验方法
		H9018	H9018H	H9068	
颗粒外观	黑粒，个/kg	0	0	0	SH/T 1541—2006
	色粒，个/kg	≤10	≤10	≤10	
熔融指数，g/10min		45~60	58~70	85~110	GB/T 3682—2000
等规指数，%(质量分数)		≥96.0			GB/T 2412—2008
粒料灰分，%(质量分数)		≤0.05	≤0.05	≤0.05	GB/T 9345.1—2008
拉伸屈服应力，MPa		≥31.0	≥31.0	≥31.0	GB/T 1040.2—2006
简支梁冲击强度，kJ/m^2		≥1.5			GB/T 1043.1—2008
维卡软化温度，℃		≥150			GB/T 1633—2000
洛氏硬度(R标尺)		≥100	≥102	≥102	GB/T 3398.2—2008
弯曲模量，MPa		≥1500	≥1600	≥1600	GB/T 9341—2008

图 6-39　薄壁注塑聚丙烯 H9068 制品

2013 年，中国石油利用聚丙烯催化剂 PSP-01 在 75kg/h 环管工艺聚丙烯中试装置完成薄壁注塑聚丙烯专用料的中试试验，成功制备出满足性能指标和加工应用要求的合格产品。2014 年，在中国石油抚顺石化 $9×10^4$t/a Spheripol 环管工艺上成功开发出薄壁注塑专用料 HPP1850，形成包括催化剂、聚合工艺及助剂配方在内的成套生产技术，实现了首次自主技术开发，自主命名牌号。该产品取得的主要技术成果如下：

（1）氢调法高熔指均聚聚丙烯生产用催化剂配方技术。所用催化剂是中国石油石化院自主研发的新型高效球形聚丙烯催化剂 PSP-01，充分利用其催化活性高、氢调敏感性强等优点，完全采用氢调方式调控聚合物的分子量，将熔融指数控制在 50g/10min 以上。

（2）氢调法高熔指聚聚丙烯聚合工艺技术。在国内 Spheripol 装置上首次开发出薄壁注塑产品，通过优化聚合工艺参数，平稳控制环管氢气进料浓度，在高氢浓度下环管压力、环管密度保持长期稳定，结合聚合反应温度和外给电子体进料量等的控制，得到具有特定分子链结构的聚合物粉料。

（3）高刚性薄壁注塑料助剂配方技术。针对自主聚丙烯催化剂 PSP-01 所得聚丙烯产品的微观结构特点，采用高性能国产成核剂替代进口成核剂，形成独有的助剂配方体系，合理设计调控基础树脂的聚集态结构，提高了弯曲模量和结晶温度，并赋予其良好的透明性，在满足性能要求的前提下成本降低40%。

（4）氢调法高熔指均聚聚丙烯造粒工艺技术。高熔指产品在切粒时极易出现粒形差、颗粒粘连等问题，经优化挤压造粒系统的部分关键工艺参数，成功避免了以上问题，得到了粒形好、外观满足要求的高熔指粒料产品。

在此基础上，中国石油充分收集下游客户对产品超高流动性需求的建议，以缩短注塑产品的加工周期和满足聚丙烯制品高质量、高延展性、高负荷的加工要求为重点，对生产过程中涉及的操作参数和助剂配方等进行了优化完善，分别于2017年和2020年开发出熔融指数为60~70g/10min和70~80g/10min的升级牌号HPP1860和HPP1870。由于薄壁注塑专用料的冲击韧性比较低，会对制品的使用性能造成一定的不利影响，通过添加少量的乙烯共聚单体，开发出无规共聚型薄壁注塑专用料HPP1860E，简支梁缺口冲击强度提高到2.0kJ/m²以上，有效改善了产品的刚韧平衡性。2019年，利用自主开发的薄壁注塑专有技术在庆阳石化开发出性能优异的系列薄壁注塑聚丙烯专用料QY66G和QY80G系列。抚顺石化和庆阳石化Spheripol工艺聚丙烯装置已开发的薄壁注塑聚丙烯牌号及其物理机械性能指标见表6-30。

表6-30　薄壁注塑聚丙烯专用料的物理机械性能指标

项　　目	HPP1850	HPP1860	HPP1860E	QY66G	QY80G	测试标准
熔融指数，g/10min	40~55	60~70	60~70	60~70	78±8	GB/T 3682.1—2018
等规指数，%（质量分数）	—	≥95.0	≥95.0	≥96.0	≥96.0	GB/T 2412—2008
弯曲模量，MPa	>1800	>1800	>1800	>1800	>1800	GB/T 9341—2008
拉伸屈服应力，MPa	>37.0	>37.0	>37.0	>37.0	>37.0	GB/T 1040.2—2006
简支梁缺口冲击强度（23℃），kJ/m²	≥1.2	≥1.2	≥2.0	≥2.0	≥2.0	GB/T 1843—2008

为适应市场对更高加工速度薄壁注塑聚丙烯专用料的需要，呼和浩特石化在$15×10^4$t/a Spheripol（双环管）聚丙烯装置上进行了熔融指数为75~90g/10min的高流动薄壁注塑聚丙烯HT60G和HT80G的工业开发。采用氢调法，使用Grace公司的Lynx1000HA催化剂，生产出熔融指数为60~70g/10min以及80~90g/10min的合格HT60G和HT80G产品，产品具有良好的刚韧平衡性，其弯曲模量大于1700MPa，冲击强度大于2.5kJ/m²，性能见表6-31。产品在华北地区进行了应用，结果表明，产品性能良好，单个餐盒克重比现有产品降低约1g，得到用户认可。

表6-31　呼和浩特石化HT80G物性指标

项　　目	HT80G	HT80G	测试标准
熔融指数，g/10min	60~70	80~90	GB/T 3682—2000
拉伸弯曲强度，MPa	≥37	≥37	GB/T 1040.2—2006
弯曲模量，MPa	≥1700	≥1700	GB/T 9341—2008
简支梁冲击强度，kJ/m²	≥2.4	≥2.4	GB/T 1843—2008

伴随快递和外卖行业的快速发展，薄壁注塑聚丙烯专用料的市场需求依然旺盛，国内市场需求量超过 $100×10^4t/a$，出口量亦日渐增长。同时，因附加值较高、经济效益可观，薄壁注塑专用料为国内聚丙烯生产企业调整产品结构、走差别化路线提供了一个良好选择。通过成功开发 HPP1850 产品所形成的高刚性薄壁注塑聚丙烯专用料成套生产技术，对于充分挖掘和拓展聚丙烯催化剂 PSP-01 的使用范围、开发新型高附加值聚丙烯专用料，以及提升中国石油聚丙烯业务的核心竞争力具有重要意义。石化院将与抚顺石化、庆阳石化、兰州石化和呼和浩特石化等地区公司继续开展合作，进一步提高专用料的流动性能和刚韧平衡性，形成完善的聚丙烯薄壁注塑专用料，并将该技术向其他 Hypol 工艺和 Spheripol 工艺聚丙烯装置进行推广应用。

第九节　聚丙烯耐热产品开发

注塑级耐热聚丙烯由于其在负载条件下具有耐热温度高、光泽度好、弯曲模量和硬度高等特点，近年来市场需求强劲。由于耐热聚丙烯产品通常需要进行 CQC 认证、美国 UL 认证等一系列认证，其产品质量要求高，附加值也高，下游企业用料相对固定。国内耐热聚丙烯专用料以进口为主，如大韩油化的 HJ4012，韩国三星的 HJ730、HJ730L 等。中国石油兰州石化与石化院进行了耐热聚丙烯的攻关，采用复合外给电子体技术在兰州石化 $11×10^4t/a$ Hypol 装置开发出 H8020 和 H8010 两个牌号耐热聚丙烯专用料，并取得了 CQC 认证、美国 UL 认证等系列认证，填补了国内空白，产品在新宝电器、美的等企业大量使用，产品获得用户的认可。

现有技术认为，聚合物的结晶度直接决定其刚性及耐热性，而结晶度又取决于等规度，因此高结晶聚丙烯又称为高刚聚丙烯或高等规聚丙烯。升温淋洗分级分析表明，高等规度级分(高温级分)的含量高，且高等规度级分的链段越长对提高聚丙烯的刚性越有利。从聚合物凝聚态角度看，结晶度和球晶尺寸直接影响聚丙烯刚性。聚合物的等规度、分子量及其分布等是通过影响聚合物的结晶度和球晶尺寸而影响到聚合物的刚性，聚丙烯弯曲模量与其结晶度呈对数线性关系，与聚丙烯的等规度呈一次线性关系。聚丙烯的弯曲模量随分子量分布的变宽而增大，当分子量分布加宽到 10 以上时，其弯曲模量可达到 2.0GPa 以上。加宽分子量分布除了能提高聚丙烯的刚性外，还能提高聚丙烯的熔体强度(改善加工性能)，还可使聚丙烯晶粒细化(改善树脂的韧性和光学性能)，宽分子量分布产品的一个典型代表是双峰聚丙烯。

国内外生产耐热聚丙烯的技术主要为：(1)改进聚合催化剂和聚合技术，从而改善聚丙烯的分子量分布，提高聚丙烯的等规度，可得到结晶度达 70% 的聚丙烯(理论上聚丙烯结晶度可达到 75%)；(2)加入成核剂，可得到结晶度更高的聚丙烯，而且成核剂的引入使聚丙烯球晶晶粒细化，材料透明度也得到改善。一般均聚聚丙烯与耐热聚丙烯力学性能对比见表 6-32。

表 6-32 一般均聚聚丙烯与耐热均聚聚丙烯的力学性能

项 目	弯曲模量，MPa	热变形温度，℃	拉伸强度，MPa
一般均聚聚丙烯	1200~1400	105~115	30~34
耐热均聚聚丙烯	1800~2300	120~130	33~36

中国石油兰州石化从耐热聚丙烯分子结构与性能设计、耐热聚丙烯生产工艺调控技术、复合助剂增刚增韧调控技术等方面展开攻关，突破技术壁垒，在国内首次创新性地开发出一种宽分子量分布的催化剂体系，并结合外给电子体及非对称加氢技术对产品结构和性能进行调控，解决了耐热聚丙烯所面临的多项技术问题，制备得到刚韧平衡性良好的耐热聚丙烯专用料 H8010 和 H8020。产品通过了 RoHS、《食品包装聚丙烯树脂卫生标准》及不含 19 种邻苯二甲酸类物质含量的测试，并取得 CQC 认证、美国 UL 认证（国内唯一）。产品顺利通过耐热家电龙头企业广东新宝电器股份有限公司系列评价，进入了高端市场，填补了国内空白。产品弯曲模量超过 1800MPa，缺口 Izod 冲击强度超过 $3.0kJ/m^2$，维卡软化温度高于 155℃，耐热聚丙烯 H8020 性能见表 6-33。产品的性能可以通过聚丙烯分子链结构来调控。在生产过程中，通过外给电子体及氢调等工艺对聚丙烯分子量和分子量分布以及等规度进行精细调控，为产品的刚韧平衡性奠定了基础。图 6-40 为耐热聚丙烯 H8020 的温升淋洗分级（TREF）测试结果，通过产品中常温可溶和高温洗脱峰含量及分布来调控产品的刚韧平衡性。H8020 制品如图 6-41 所示。

表 6-33 耐热聚丙烯 H8020 性能

项 目	指 标	H8020 产品	对标产品
熔融指数，g/10min	9~13	11.2	20
简支梁冲击强度（23℃），kJ/m²	≥3.0	3.2	1.9
维卡软化温度，℃	≥150	158	158
弯曲模量，MPa	≥1800	1820	1701

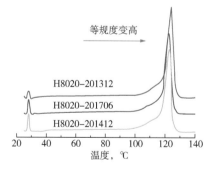

图 6-40 耐热聚丙烯 H8020 TREF 分级曲线　　　图 6-41 耐热聚丙烯 H8020 制品

耐热聚丙烯由于其具有热变形温度高、光泽度好、弯曲模量和硬度高等特点，广泛应用于耐热家电、汽车改性等领域。2020 年，全国市场容量约 $16×10^4t/a$，进口量超过 80%，产品售价比普通产品高约 500 元/t。未来几年，受基础建设及小家电的推进，汽车、家电的注塑将仍是聚丙烯下游增长最为迅速的两大应用领域。

参 考 文 献

[1] 张友根. 我国塑料医药瓶成型设备的现状及发展方向[J]. 上海包装, 2009(10): 38-40.

[2] 李忠德, 夏庆. 塑料瓶大输液生产车间设计[J]. 医药工程设计杂志, 2003(2): 7-10.

[3] 杨挺. 汽车工业中塑料材料应用的现状及展望[J]. 化工新型材料, 2013, 41(5): 1-4.

[4] 高春雨. 我国车用改性塑料的发展趋势[J]. 上海塑料, 2017(2): 1-7.

[5] Liu Xiaoyan. Effect of feed composition in gas-phase polymerization reactor on structure and properties of in situ impact polypropylene copolymer[J]. Journal of Polymer Materials, 2019, 26(2): 121-132.

[6] 刘小燕, 陈旭, 姜明, 等. 具有长序列乙丙嵌段结构的聚丙烯釜内合金的制备[J]. 合成树脂及塑料, 2013, 30(1): 10-13.

[7] 刘小燕, 陈旭, 冯颜博, 等. 抗冲共聚聚丙烯的组成、结构与性能[J]. 石油化工, 2013, 42(1): 30-33.

[8] 刘小燕, 陈旭, 朱博超, 等. 聚合釜内制备聚丙烯合金的工艺、组成及性能[J]. 合成树脂及塑料, 2015(2): 28-30.

[9] 刘小燕, 侯景涛, 王海, 等. 气相比及氢气用量对聚丙烯合金性能的影响[J]. 合成树脂及塑料, 2017, 34(3): 56-60.

[10] 赵东波, 熊华伟. 车用抗冲聚丙烯产品气味控制[J]. 石化技术与应用, 2018, 36(1): 58-61.

[11] 王相, 刘小燕, 赵新亮, 等. SSA热分级技术在表征IPC各组分相互作用中的应用[J]. 合成树脂及塑料, 2020, 37(2): 72-77, 89.

[12] 王福善, 赵爱利, 高艳, 等. 汽车用EP 533 N聚丙烯结构表征及性能分析[J]. 石化技术与应用, 2018, 36(5): 291-294.

[13] 刘小燕, 陈旭, 张春雨, 等. 一种丙烯共聚催化剂及其由该催化剂制备聚丙烯合金的方法: ZL201210077908.3[P]. 2013-03-22.

[14] 李馥梅, 邓如生. 新型绿色环保管材——无规共聚聚丙烯管材[J]. 塑料科技, 2003(5): 29-33.

[15] 王洪涛, 杨宝柱, 王剑, 等. 无规共聚聚丙烯管材专用料的研制开发[J]. 合成树脂及塑料, 2001, 18(4): 21-23.

[16] 张玉川. 塑料埋地排水管及其在我国的发展前景[J]. 中国塑料, 2001, 15(3): 5-15.

[17] 傅勇, 徐振明. 聚丙烯树脂在大口径双壁波纹管中的应用[J]. 现代塑料加工应用, 2003, 15(6): 31-32.

[18] 李国林, 吴水珠, 曾钫. 高抗冲高模量聚丙烯的研究进展[J]. 合成材料老化与应用, 2009, 38(4): 40-43.

[19] 鲍光复, 傅勇, 姚斌, 等. β晶型成核剂改性聚丙烯管材料研究[J]. 现代塑料加工应用, 2006, 18(6): 32-35.

[20] 李卫华. β-PPH树脂在气相法装置上的开发[J]. 合成树脂及塑料, 2011, 28(5): 33-35.

[21] 吴炳印. 抗冲聚丙烯管材专用树脂的结构与性能[J]. 合成树脂及塑料, 2006, 23(3): 51-55.

[22] 于建明, 袁春海, 成卫成, 等. 管材用抗冲共聚聚丙烯的研制[J]. 合成树脂及塑料, 2007, 24(5): 25-29.

[23] 叶昕, 王洪国. 国内BOPP高速料发展状况及分析[J]. 齐鲁石油化工, 2003, 31(2): 139-140.

[24] 郭述禹, 刘东立, 李凤岭. 国内CPP薄膜生产现状及其专用料开发[J]. 石化技术与应用, 2001, 19(4): 257-259.

[25] 吴志生. CPP生产状况及专用料开发进展[J]. 广州化工, 2013, 41(9): 34-37.

[26] 柯勤飞, 靳向煜. 非织造学[M]. 上海: 东华大学出版社, 2004.

[27] 王素玉. 聚丙烯纤维现状及发展趋势[J]. 合成树脂及塑料，2011，28(5)：73-77.

[28] 田正昕. 氢调法与降解法生产高 MFR 聚丙烯结构对比[J]. 石化技术，2011，18(2)：12-16.

[29] 郑宁来. 聚丙烯纤维料生产新技术[J]. 合成纤维，2014(3)：55.

[30] 陈彦模，朱美芳，张瑜. 聚丙烯纤维改性新进展[J]. 合成纤维工业，2000(1)：22-27.

[31] 中国石油报. 中国石油茂金属聚丙烯催化剂填补国内空白[J]. 工程塑料应用，2017，45(8)：111.

[32] 朱光宇，陈商涛，陈兴锋，等. 熔体流动速率快速表征降解法聚丙烯纤维料分子质量[J]. 石化技术与应用，2018，36(1)：10-13.

[33] 祖维. 无纺布聚丙烯专用料加工特性研究[D]. 南京：南京工业大学，2006.

[34] 陈龙，潘丹. 先进的聚丙烯纤维生产发展趋势[J]. 当代石油石化，2017，25(11)：8-14.

[35] 张思灯，王兴平，孙宾，等. 聚丙烯纤维细旦、可染及功能化改性研究进展[J]. 高分子通报，2013(10)：52-61.

[36] 王红，斯坚. ES 纤维的发展及在非织造布领域的应用[J]. 非织造布，2008，16(2)：37-38.

[37] 郝建淦，贾润礼，刘志伟. 高熔体流动速率聚丙烯[J]. 塑料助剂，2012(3)：45-47.

[38] 叶翔宇. 聚丙烯超细纤维的电纺制备与功能化[D]. 杭州：浙江大学，2014.

[39] 陈龙，李增俊，潘丹. 聚丙烯纤维产业现状及发展思考[J]. 产业用纺织品，2019，37(7)：12-17，35.

[40] 肖静. 国外聚丙烯新产品的开发动向[J]. 现代塑料加工应用，2006，18(1)：58-61.

第七章　聚烯烃表征技术与标准化

聚烯烃是由许多个单个的高分子链聚集而成，因而其结构有两个方面的含义：单个高分子链的结构；许多高分子链聚集在一起表现出来的聚集态结构。高分子链的结构是影响材料性能的最根本因素，在加工方式确定的情况下也决定了聚合物聚集态结构。高分子链结构和加工方式共同决定了材料的聚集态结构，聚集态结构决定了材料最终的性能优劣。因此，在聚烯烃材料的研发工作中，结构与性能的关系研究发挥了至关重要的作用，是实现分子链结构剪裁、凝聚态结构调控、聚合工艺控制和加工成型工艺调整的必要研究手段，是整个研发链条中的眼睛，是该领域的核心技术问题，聚烯烃的结构与性能关系研究在该研究领域起到关键的承上启下的作用。

在聚烯烃结构与性能关系研究中，性能表征手段多为标准方法，结构表征研究随着聚合科学研究进步，对材料结构研究越来越精细，结构表征方法不断推陈出新，因此聚合物结构表征研究显得尤为重要。基础树脂结构是影响制品性能的最根本因素，结构与性能关系研究是高效地开发新产品和产品质量升级的基础和必备手段。聚烯烃结构与性能关系研究是一切产品开发和质量升级的基础，新产品的设计、生产和应用离不开产品的结构与性能关系研究的理论指导。深入研究现有产品的结构与性能关系，准确地找出影响产品质量的主要因素和改进措施，对提高产品质量有着重要的指导意义。通过结构与性能研究找到专用料结构、性能快速评价方法是产品生产质量监控、应用问题快速响应、快速调节产品质量的必要手段。开发更新换代产品更需要在深厚的理论研究积累基础上提出科学的分子结构设计。

下面就从不同层级结构表征技术和标准化两个方面具体介绍中国石油重组改制以来，尤其是"十二五"和"十三五"期间中国石油在该领域的研究技术进展。

第一节　聚烯烃的链结构表征技术

链结构是影响专用料和制品性能的最根本的结构因素，详细地剖析专用料链结构可以帮助人们更好地进行催化剂、专用料的结构设计，提高催化剂、新产品的开发效率。中国石油在升温淋洗分级技术、高温凝胶渗透色谱技术、基于示差扫描量热仪的热分级技术、高温核磁表征技术、红外光谱及共聚单体含量表征技术等链结构表征研究领域做了大量的研究工作，在管材料、车用料、医用料、膜料等专用料的开发中发挥了重要作用[1-9]。

一、升温淋洗分级技术

聚烯烃链结构具有多重的不均匀性，这种结构的非均匀性极大地影响了聚烯烃的结晶性能、流变性能及其他物理性能，通过合理的物理分级可以得到聚烯烃的化学组成和各组分的相对含量，然后综合利用[13]C-NMR、FT-IR、高温 GPC、DSC 和 XRD 等手段对其链结构进行表征[1-11]。升温淋洗分级技术(Temperature Rising Elution Fractionation，TREF)是一种根据聚合物结晶能力进行分级的分离技术，是近年来发展比较迅速的聚烯烃物理分级的方法，目前已发展出具有多个检测器的 TREF，如 3D-TREF，具有红外检测器、黏度检测器和光散射检测器，利用 3D-TREF 对聚合物进行分析，从中可以得到有关样品更多的信息。TREF 包括制备型和分析型两种类型。制备型升温淋洗分级(P-TREF)可以分离较多样品，级分收集后可进一步进行 GPC、DSC、^{13}C-NMR 等表征。而分析型升温淋洗分级(A-TREF)通过检测器直接进行分析，得到升温淋洗分级曲线，但不能得到级分。

中国石油石化院先后引进了分析型升温淋洗分级仪、制备型升温淋洗分级仪和交叉淋洗分级仪(CFC)等多套分级仪器。从 2008 年至今，中国石油利用分析型升温淋洗分级仪、制备型升温淋洗分级仪等分级仪器，进行了多种抗冲共聚聚丙烯、无规共聚聚丙烯、各类聚乙烯及弹性体的升温淋洗分级，并与国内外同类牌号的聚烯烃产品进行了对比分析，建立了各类聚烯烃的系统表征方法，并制定了中国石油企业标准 Q/SY 1387—2011《塑料共聚聚丙烯组成分布的测定》。

中国石油石化院在聚丙烯催化剂 PSP-01 和抗冲共聚聚丙烯产品开发项目中，采用制备型升温淋洗仪对两种市售汽车保险杠专用料 M1 和 M2 进行制备分级，把样品分成 7 个级分，并分别采用分析型升温淋洗分级仪(A-TREF)、核磁共振波谱仪(^{13}C-NMR)、高温凝胶渗透色谱仪等分析技术对样品及各级分进行了组成和链结构的表征，从微观层次深入研究抗冲共聚聚丙烯的组成和结构性能的关系。汽车专用料 M1、M2 本体的 A-TREF 曲线如图 7-1 所示。M1、M2 及其分级级分的 A-TREF 曲线和 FT-IR 曲线分别如图 7-2 和图 7-3 所示。经综合研究表明，样品橡胶相(EPR)组分含量增加，乙丙嵌段共聚物中各级分含量分布均匀，有利于提高共聚产品的冲击性能。

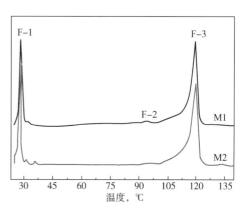

图 7-1　M1、M2 本体的 A-TREF 曲线

F-1—35℃以下室温可溶级分；

F-2—95℃左右可溶级分；

F-3—120℃左右可溶级分

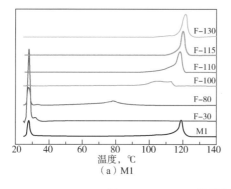

（a）M1

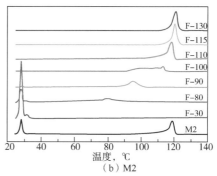

（b）M2

图 7-2　M1、M2 及其分级级分的 A-TREF 曲线

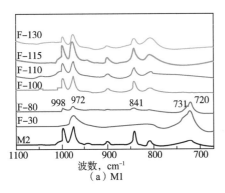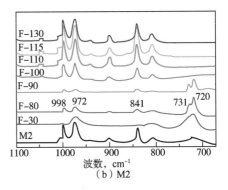

图 7-3　M1、M2 及其分级级分的 FT-IR 曲线

无规共聚聚丙烯（PPR）管材料主要应用于建筑领域的冷热水管，无规共聚聚丙烯成分复杂，其化学结构及乙烯/丙烯共聚物的化学组成分布极大地影响了聚合物整体的物理力学性能及最终的使用性能。中国石油石化院利用制备型升温淋洗分级仪，对中国石油大庆炼化开发的 PA14D 及商品化无规共聚聚丙烯管材料进行了分级，无规共聚聚丙烯制备型分级温度分别为 30℃、80℃、90℃、100℃、130℃，收集的级分记为 F-30、F-80、F-90、F-100、F-130。为了更全面地解析 PPR 管材料的微观结构，对各级分进行了 FT-IR、GPC、^{13}C-NMR 等系统的表征。通过全面系统的微观结构表征和力学性能对比，发现 PA14D 与其他国内外无规共聚聚丙烯管材料名牌产品各级分微观结构类似，各级分组成含量具有相同的规律，达到了优质管材料的标准。中国石油无规共聚聚丙烯管材料 PA14D 各分级级分的 A-TREF 曲线和 DSC 曲线如图 7-4 所示。

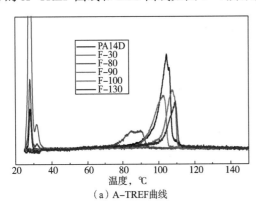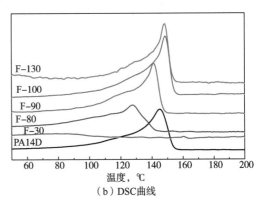

图 7-4　PA14D 和分级级分的 A-TREF 曲线和 DSC 曲线

升温淋洗技术现已广泛应用到聚乙烯催化剂 PSE、聚丙烯催化剂 PSP-01 等中国石油自主催化剂开发，以及高性能聚乙烯管材料、聚丙烯薄膜料、注塑料等新产品开发工作中，对于提升中国石油聚烯烃产品质量、开发更加适合用户需求的产品具有重要意义[1-9]。

由于化学组成和链结构的复杂性，高性能高附加值聚烯烃微观结构与宏观性能的关系一直是高分子界研究的热点。通过对产品进行物理分级，才能精准剖析各组分的链结构信息。升温淋洗分级技术既可在线表征聚烯烃的链结构信息，又可制备窄结构分布的级分，与其他现代先进的分析仪器联用，可提供聚合物精确详细的结构信息，因此 TREF 已成为表征聚乙烯、聚丙烯非均匀性和研究结构与性能关系的有力手段之一，将来会在新产品开发中发挥越来越重要的作用。

二、高温凝胶渗透色谱技术

高聚物的分子量及分子量分布是研究聚合物及高分子材料性能的最基本结构参数之一。它涉及高分子材料及其制品的力学性能、高聚物的流变性质、聚合物加工性能和加工条件的选择，也是在高分子化学、高分子物理领域对具体聚合反应和具体聚合物的结构研究所需的基本参数之一。

凝胶渗透色谱（Gel Permeation Chromatography，GPC）也称作体积排阻色谱（Size Exclusion Chromatography，SEC），是按分子体积大小进行分离的液相色谱法。GPC 与多检测器的联用技术不仅能使分子量及分子量分布测试结果更加准确，还能够提供更丰富的聚合物的结构信息，如黏度检测器可测定聚合物的支化度及黏度系数，红外检测器可测定聚合物的功能基团（如短链支化），激光光散射检测器可得到聚合物的绝对分子量及回转半径等。

GPC 是测定高分子分子量及其分布最常用、快速和有效的手段。在中国石油新型催化剂和产品开发过程中，GPC 结合熔融指数等宏观分析数据，可直观跟踪催化剂的放大效果及产品开发过程。由于 GPC 测试所需聚合物样品量少，测试条件固定，测试时间短，产品的分子量和分子量分布为催化剂负载条件的确定，提供了重要的基础数据。

中国石油引进的高温凝胶渗透色谱仪，以红外检测器作为浓度检测器，同时配备黏度检测器及光散射检测器，实现了多检测器的联用。图 7-5 是中国石油开发的集输油用耐温聚乙烯管材专用料与典型 PE100 级管材料的短支链随分子量分布的曲线，仅仅从分子量及分子量分布来看，样品没有发现差异性，但从短支链（SCB）分布显示，黑色曲线低分子量部分 SCB 含量较少，高分子量部分 SCB 含量较多，高分子量上高支化意味着该材料具有良

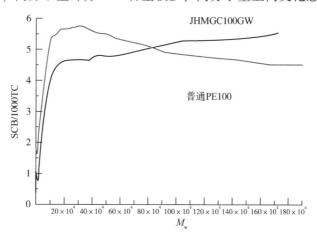

图 7-5　集输油耐温聚乙烯管材专用料的短链支化及分布

SCB/1000TC—总碳原子数为 1000 的短链支化度

好的综合性能。因此，高温凝胶色谱技术不仅提供了分子量和分子量分布信息，还可提供更多的短链支化度信息，是进行聚烯烃产品开发的有力工具。另外，高温 GPC-IR 与黏度检测器及光散射检测器联用，并结合^{13}C-NMR、DSC 等其他表征技术，可以得到分子量及其分布、长短支链及分布、结晶性能等信息，用来表征样品性能的差异性，从而为开发新产品提供技术支持。

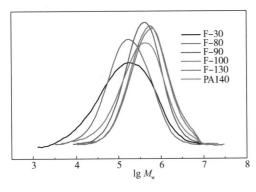

图 7-6　无规共聚聚丙烯管材料
及其分级级分 GPC 曲线

如前所述，中国石油利用制备型升温淋洗分级仪，对中国石油 PA14D 及商品化无规共聚聚丙烯管材料进行了分级，收集的级分记为 F-30、F-80、F-90、F-100、F-130，并对各级分进行了 FT-IR、GPC、^{13}C-NMR 等系统的结构表征。从图 7-6 可以看出，无规共聚聚丙烯管材不同温度淋洗级分分子量及分子量分布有较大差异，30℃ 以下级分（F-30）分子量较小，分子量分布最宽（在 6 左右）；30~80℃ 级分（F-80）重均分子量最小，但分子量分布较 F-1 级分窄；80~90℃ 级分（F-90）重均分子量较 F-1 及 F-2 级分有较大提高，但分子量分布变窄；随着淋洗温度提高，F-90、F-100、F-130 级分分子量逐渐增大，且分子量分布在 3 左右。这组曲线进一步确定了 PPR 管材是由无规乙丙共聚物、均聚聚丙烯、一系列含不同乙烯丙烯序列长度的乙丙共聚物组成。共聚聚丙烯精细微观结构的测定，对于产品结构和性能关系的建立，对于中国石油催化剂开发和高性能产品开发，具有重要的指导意义[5]。

随着 GPC 技术的不断成熟和完善，GPC 由示差（RI）、紫外（UV）等单一的浓度检测器迅速发展到多检测器联用。多检测器联用使 GPC 获得较之 RI 单检测器更为丰富的重要信息：对于线型均聚物，可获得重均分子量及其分布、均方旋转半径、特性黏数分布和 Mark-Houwink 方程的有关参数；对于支化高分子，可获得有关支化和支化分布的信息。分子链的支化结构是影响聚合物材料性能的重要因素之一，高聚物支化度的测定在理论和实际应用上都具有重要的现实意义，它必将在聚烯烃催化剂研究及新产品开发方面起到越来越重要的作用。

三、基于示差扫描量热仪的热分级技术

基于示差扫描量热法（Differential Scanning Calorimetry，DSC）通过程序控制温度，测得传输到样品和参比样的功率差与温度的关系，可以据此测得聚合物样品的多种热力学和动力学数据。热分级技术是一种经由精心设计热循环测试步骤快速评估热塑性半结晶材料的分子链结构异质（Chain Heterogeneities）程度的一种新技术。这种新技术对考察乙烯/α-烯烃共聚物的短链支化度和短链支化分布尤其有效。其中，连续自成核退火热分级（Successive Self-nucleation and Annealing，SSA）技术是一种更具有时效性的更有发展潜力的一种新型热分级技术[12]。该技术利用可结晶性链段在熔体中的重组织和重结晶行为是具有温度依赖性

的相分离过程，通过对聚合物施加一系列自成核和退火热处理，使其按照分子结构规整程度由高到低充分结晶，依次形成厚度由厚到薄的一系列晶片，最后将分子链规整程度的分布情况反映在熔融曲线上，就可得到与传统分子结构表征方法[如升温淋洗分级法(TREF)、结晶分级法(CRYSTAF)]可比较的分级结果。热分级技术已经广泛应用于考察线型低密度聚乙烯的短链支化度和短链支化分布[13]，在等规聚丙烯、聚丁二酸丁二醇酯等聚合物中的应用有少量文献报道[14-15]。这种可以表征聚合物分子间或分子内异质情况的热分级技术具有制样简单、无须溶剂、测试耗时较短、设备较廉价等优点，符合当今方法发展的趋势与潮流。

2008年，中国石油石化院将连续自成核退火热分级技术(以下简称SSA热分级技术)引入聚烯烃新产品开发中，目前已有效应用于聚烯烃管材专用料(PE100级管材专用料)、耐热聚乙烯管材专用料(PE-RT)、双向拉伸聚丙烯(BOPP)和抗冲共聚聚丙烯的新产品开发和技术服务工作中。

管材专用料快速高效评价是国内外的一个研究热点。管材专用料评价的长期性和管材料的常规短期测试无法有效表征出管材结构的差异，导致原料生产厂不能对管材原料的性能进行及时有效的调控。这种情况大大影响了管材专用料新产品的开发效率，导致产品出现批次间的波动，严重影响了管材专用料的质量提升、监测和市场推广。中国石油石化院通过管材专用料结构与性能的系统研究找到了影响管材性能的关键结构因素——短链支化分布，并将SSA热分级技术引用到管材专用料的研究中来，首次建立了管材专用料的关键结构——短链支化分布的易操作、低成本剖析方法，已取得授权发明专利1项、企业标准1项。还研究建立了分子链微观结构与PE100级管材专用料性能的相关性，在可控地调整或开发特定性能的聚乙烯管材专用料中具有重要的指导意义和参考意义。

该项技术可在10h内完成树脂原料关键结构监测，大大提高了专用料的开发效率。2009年，应用该方法为JHMGC100S做了可结晶序列分布和短链支化分布评价，发现JHMGC100S产品试生产初期短链支化分布与国外进口相比极不均匀，与国外料差异较大，找到了该专用料加工性差且性能不好的根本原因，为中国石油吉林石化提供了微观结构调整的目标结构。2010年，生产企业通过生产工艺微调，实现了对专用料的微观结构调整，调整后的专用料的可结晶序列分布和支化度分布与进口料相当(图7-7)。该专用料在下游用户管材生产厂加工应用后，专用料的性能得到好评，专用料的加工性能得到明显改善，加工后的管材内外壁光滑，且专用料的抗熔垂性能优异，与国外料相当，应用该原料完成了加工难度大的SDR11规格、1200mm大口径厚壁管的顺利生产。2011年，应用该方法联合管材专用料生产企业完成了管材专用料质量升级以及市场推广工作，工作得到了管材料下游客户的好评。2012—2014年，应用该项技术为抚顺石化耐热聚乙烯管材专用料DP800的开发和结构调整提供了技术支持，该产品性能得到下游用户认可。

2015年，中国石油石化院应用该项技术针对四川石化聚乙烯管材专用料HCRP100N开发初期出现的制品破管、表面质量差、加工困难等问题进行技术攻关。项目攻关小组应用可结晶序列分布表征及调控技术等多项技术对四川石化问题料进行分析，快速锁定质量不过关的结构缺陷，提出结构优化调整方向和建议，为企业对改善与提高产品的性能提供了重要依据，完成了HMCRP100N生产聚合工艺的固化。中国石油结构剖析和调控技术的应用解决了专用料样品无法短期高效评价、质量提升效率低下的技术难题，有效提高了产品的质量和稳定性，使调整后的产品结构与性能与市场上典型的 PE100 级管材专用料相当，产品的合格率由 2015 年的 92.7% 提高到 2019 年的 99.0%。由于质量及稳定提升，减少了装置的停车次数，增加了装置长周期运行时间，产量提高明显，合格率和产量提升为生产企业创造了显著的经济效益。

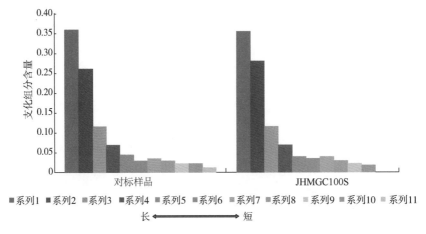

图 7-7　通过生产工艺调控实现了对 JHMGC100S 的微观结构精准调控

　　由于抗冲共聚聚丙烯在工程材料领域的广泛应用，几十年来取得了飞速发展，抗冲共聚聚丙烯体系结构及结构与性能关系的研究也取得了很大进展。然而，由于该体系组成的多相性，分子链间及链内结构组成的非均一性，需要应用多种手段及采用多个物理量对该体系进行描述，使结构表征过程变得复杂而冗长。目前，还未找到一种行之有效的单一测量表征抗冲共聚聚丙烯材料结构的有效手段以及直接决定材料综合性能的单一物理量参数[1]。针对这一难点，中国石油对抗冲共聚体系的结构和性能进行系统研究，发现了抗冲共聚聚合物体系中丙烯可结晶序列和乙烯可结晶序列分布与抗冲共聚体系之间的关联关系[2-3]。乙烯可结晶序列的分布均一性可作为表征抗冲共聚体系相态分布一个有效的物理参数。以两个抗冲共聚聚丙烯样品 IPC-1 和 IPC-2 为例，在 IPC 样品乙烯含量和橡胶含量都不高的情况下，由于该样品中含有相对较高的乙丙共聚嵌段共聚物，且该样品乙烯可结晶序列长度相对比较均一（表 7-1），使橡胶相在整个基体中分布比较均匀，橡胶尺寸相对均一（图 7-8），赋予了 IPC-1 样品良好的刚韧平衡性，综合性能优异。

表 7-1　IPC-1 和 IPC-2 样品中聚乙烯组成的序列分布信息对比

样品名称	亚甲基序列长度，nm			晶片厚度，nm		
	L_n	L_w	I	L_n	L_w	I
IPC-1	12.23	17.59	1.438	7.94	9.03	1.137
IPC-2	6.58	10.28	1.566	5.274	6.563	1.245

　　注：L_n 和 L_w 中的 n 和 w 分别指数均和重均；I 为分散性系数，$I=L_w/L_n$。

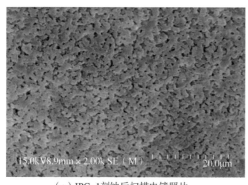

（a）IPC-1刻蚀后扫描电镜照片

（b）IPC-2刻蚀后扫描电镜照片

图7-8　IPC-1和IPC-2样品经室温下二甲苯刻蚀后扫描电镜照片对比

SSA热分级技术在双向拉伸聚丙烯（BOPP）产品牌号开发中也发挥了重要作用。随着国内双向拉伸聚丙烯膜需求量的增加和多层共挤技术的发展，双向拉伸聚丙烯薄膜加工技术向高线速、高产率的方向发展，因此双向拉伸聚丙烯膜的专用料能适应的加工速度备受关注。制约双向拉伸聚丙烯膜专用料加工速度的主要是拉伸过程，成型铸片在一定温度下进行纵向拉伸，分子中的球晶熔融同时受到剪切变形，球晶中片晶熔融解缠，拉伸取向。生产线速度提高要求片晶熔融加快，使得分子活动能力增强，便于取向，否则会造成分子间取向运动不均匀，造成破膜。在一定温度下，片晶厚度越厚，熔融需要热量越多，熔融速度越慢，越容易导致晶点和破膜。在实际制模生产中，各家的双向拉伸聚丙烯原料在熔融指数和等规度相近的情况下，专用料的加工性能却存在明显差异。这是因为常规检测物理量熔体指数和等规度都是一个平均的物理量。在等规度相同的情况下，专用料的等规度分布却不相同，其分布存在多分散性。等规度（可结晶等规序列）分布的多分散性表现在具有相近或相同的共聚组成样品的成型加工和使用性能会有明显差别。因此，这种微观结构的多分散性使专用料在熔融指数和等规度甚至是分子量都相同的情况下，专用料的可加工性能存在明显差异。应用SSA热分级技术考察了双向拉伸聚丙烯薄膜专用料的微观结构与材料加工速度之间的关联关系，发展了双向拉伸聚丙烯薄膜专用料关键结构表征的快速表征技术，构建了微观结构和加工性能的关联关系，在此基础上完成了可高速加工双向拉伸聚丙烯薄膜专用料进行结构设计，还研究了减少晶点、鱼眼等缺陷的产品结构控制技术。研究发现，双向拉伸聚丙烯可结晶序列分布直接决定了双向拉伸聚丙烯加工成膜的加工速度，可通过给电子体的选择、共聚单体加入量控制和聚合工艺参数的控制来实现对双向拉伸聚丙烯样品的微观结构进行调控（图7-9、图7-10）。

中国石油在利用SSA热分级技术分析聚烯烃树脂可结晶序列分布结构参数上走在国内前列，形成了聚烯烃可结晶序列系列表征技术。该技术的实际效果已经在PE100级管材料［吉林石化的JHMGC100S、独山子石化的TUB121N3000（B）、四川石化的HMCRP100N］、耐热聚乙烯管材料（抚顺石化的DP800）的开发以及抗冲共聚聚丙烯和双向拉伸聚丙烯薄膜专用料的开发上得到验证，表现为专用料产品的性能和质量稳定性得到有效提升，赢得了下游用户认可，使中国石油树脂产品的售价得到明显提高。该项技术还在集输油用耐温聚乙烯管材专用料开发中发挥了重要作用，根据应用需求对产品结构进行设计，大大提高了该产品的开发效率。应用该项技术对聚乙烯和聚丙烯链结构与力学性能、加工行为的关联性基础研究的成效已初步显现。

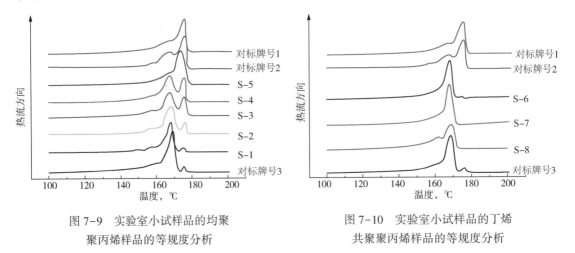

图 7-9　实验室小试样品的均聚
聚丙烯样品的等规度分析

图 7-10　实验室小试样品的丁烯
共聚聚丙烯样品的等规度分析

目前，SSA 热分级技术已经被应用于多个领域，主要包括乙烯-α-烯烃共聚物短链支化分布、聚丙烯及共聚物的等规序列分布、乙烯基聚合物降解与老化、纳米复合材料的结晶行为、高聚物共混体系相容性的研究等。在聚烯烃领域树脂及制品面临比较严峻的同质化竞争，不管是原料新产品的开发还是制品新产品的开发，都需要对聚乙烯和聚丙烯关键链结构因素进行深入研究，明确支链的形成机制及其与合成体系的相互关系，探索链结构—聚集态结构—制品性能之间的关联关系。因此，针对聚乙烯、聚丙烯结构和结晶的特点设计并优化 SSA 热分级技术，具有十分重要的理论意义和实际意义。聚烯烃可结晶序列系列表征技术可在同类聚烯烃管材、双向拉伸聚丙烯薄膜专用料、抗冲共聚专用料生产装置上推广应用，在产品品质提升和新型高性能新产品开发中继续发挥重要的支撑作用。

四、红外光谱及共聚单体含量表征技术

红外光谱学是光谱学中研究电磁光谱红外部分的分支。它包括了许多技术，吸收光谱学是最常用的技术之一。红外光谱又称红外分光光度分析，是分子吸收光谱的一种，是利用物质对红外光区的电磁辐射的选择性吸收来进行结构分析，并对各种吸收红外光的化合物进行定性和定量的一种分析方法，是鉴别化合物和确定分子结构的常用手段之一。红外光谱法的制样和实验技术比较简单，适用于各种物理状态的样品。因此，红外光谱法已成为对高聚物材料分析和鉴定工作的重要手段之一。目前，在聚烯烃研究工作中，红外分析主要应用在聚烯烃结构的测定，聚烯烃共混和共聚的组分分析，聚烯烃中添加剂和不纯物质的分析以及聚烯烃某些特征结构分析（如晶型、取向或端基）[16-19]。红外光谱法在共聚单体及含量测定中应用比较多，相较于核磁共振法，红外光谱法具有更快速、更方便、更经济的特点。

中国石油石化院采用红外光谱法与核磁法对管材料样品支化度测试结果进行对比，一致性较好（图 7-11），线性相关系数为 92.7%。测试方法在进一步完善中。对于 α-烯烃共聚的高密度聚乙烯和线型低密度聚乙烯来说，通过测定聚合物中甲基含量（支化度，每1000

个 C 中的支链含量)可以得到共聚单体含量。通过用不同共聚单体含量的样品做标准曲线，可以使结果更准确。

中国石油开展了针对共聚聚丙烯共聚单体含量的测试方法标准化研究，先后起草了 Q/SY SHY 0007—2012《聚丙烯中乙烯含量的测定 红外光谱法》、Q/SY SHY 0085—2015《乙烯—丙烯—1-丁烯三元共聚物中乙烯、丁烯含量的测定　红外光谱法》。Q/SY SHY 0007—2012 与 Q/SY SHY 0085—2015 两个方法标准的制定和实施，应用于聚丙烯生产企业的快速检测，

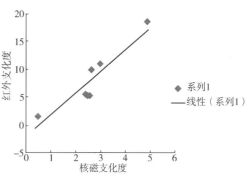

图 7-11　红外支化度和核磁支化度结果对比图

助力中国石油开发出了第一个三元共聚聚丙烯专用料牌号 EPB08F，共生产 3096t 高档包装材料，在西南和华南市场得到了广泛应用和认可。近几年，这两个方法标准为透明聚丙烯、医用聚丙烯、车用聚丙烯等 40 余万吨新产品的开发、中试及工业化生产提供了参数调整依据。同时，紧跟市场需求，为 28 个国内外牌号的质量对标分析提供了支撑数据，缩短了装置空转时间，降低了能耗，实现了企业降本增效，产生了间接经济效益。

红外技术是在检测聚乙烯共聚物和聚丙烯共聚物中共聚物含量时相对比较便捷高效的方法，有望在石化生产企业的质量控制方面得到广泛的应用，同时也将是与聚烯烃新产品开发和质量提升有关的重要研究手段之一。未来在线红外检测技术将是该领域一个重要的发展方向，该项技术的开发将为催化剂的开发及聚合工艺的调整发挥重要作用。

第二节　聚烯烃聚集态结构研究

聚合物的聚集态结构是指聚合物分子链间的几何排列和堆砌状态，通常包括晶态结构、非晶态结构、液晶态结构、取向态结构和织态结构等多种形式。聚集态结构主要受聚合物链结构、共混/合金体系组成、成型工艺和外场条件等因素的影响，通过对上述因素进行优化调整可以构筑不同的聚集态结构，从而实现制品性能的有效调控。反之，通过对聚集态结构进行深刻剖析，揭示其与宏观物理机械性能之间的关系，可以为分子链结构、共混/合金体系、成型工艺和外场条件的设计提供科学依据，加快聚烯烃新产品的开发进程。目前，研究聚集态结构的主流方法包括差示扫描量热技术、X 射线衍射技术(小角/广角)和显微学技术(光学、原子力、电子)等。本节重点介绍近年来中国石油利用上述手段在聚烯烃聚集态结构研究方面取得的主要进展。

一、差示扫描量热技术

差示扫描量热仪(DSC)通过测量样品与参比之间的热流速率差与温度和时间的关系，可以提供物理、化学变化过程中有关的吸热、放热、热容变化等定量或定性信息。常见用途包括科研、质量控制和生产应用中材料的研究、选择、比较和最终使用性能评估。差示

扫描量热技术可测量的性质包括玻璃化转变、冷结晶、相变、熔融、结晶、比热容、氧化稳定性以及反应动力学等[20-29]。

中国石油应用差示扫描量热技术开展了气相和淤浆工艺聚乙烯管材料结晶动力学研究，并与国外同类产品进行对比，得到不同管材料的结晶行为与其微观结构的关系，从而指导实际生产过程结构与性能的调控。同时，牵头起草了 GB/T 19466.1—2004《塑料差示扫描量热法(DSC) 第 1 部分：通则》、GB/T 19466.2—2004《塑料差示扫描量热法(DSC) 第 2 部分：玻璃化转变温度的测定》、GB/T 19466.3—2004《塑料差示扫描量热法(DSC) 第 3 部分：熔融和结晶温度及热焓的测定》和 GB/T 19466.6—2004《塑料差示扫描量热法(DSC) 第 6 部分：氧化诱导时间(等温 OIT)和氧化诱导温度(动态 OIT)的测定》4 项国家标准。

图 7-12 是 PE100 级管材料 UHXP4806 在不同温度下(119.5~122.5℃)的等温结晶曲线。等温结晶峰越尖锐，结晶速率越快，由此可知，该样品的结晶速率随等温温度的降低逐渐增大。通过 Avrami 方程可以详细剖析该产品的等温结晶动力学，得到不同温度等温结晶时的晶体成核和生长信息，指导聚集态结构的调控和成型温度的选择。

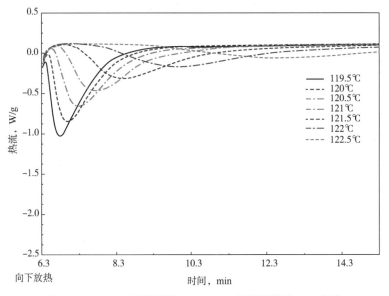

图 7-12　PE100 级管材料 UHXP4806 的等温结晶 DSC 曲线

聚乙烯管材料在真实的加工成型过程中，其结晶多是在非等温的条件下进行的，因此对材料的非等温结晶动力学进行考察具有更重要的现实意义。图 7-13 为 PE100 级管材料 JHMGC100S 在降温速率分别为 5℃/min、10℃/min、15℃/min、20℃/min 和 25℃/min 时的非等温结晶动力学曲线。随着降温速率变慢，结晶峰向高温部分偏移，起始结晶温度也同样向高温方向偏移，这是由于降温速率越慢，就有越多的时间来克服结晶成核活化能，也就能在更高的温度条件下进行结晶。另外，在较大的降温速率条件下，高分子链的迁移运动滞后于降温速率，导致在较低温度下开始结晶。

随着新型温度调制 DSC(TMDSC)技术、闪速 DSC(Flash DSC)技术和高压 DSC 技术的出现及设备的更新换代，差示扫描量热技术在聚烯烃领域的应用范围将会进一步拓展，应用将会变得更加广泛。

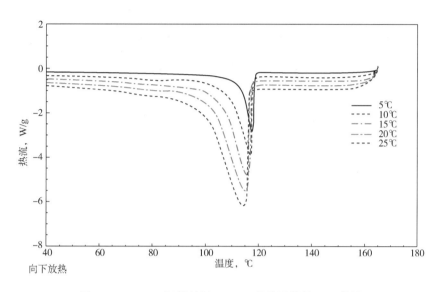

图 7-13　PE100 级管材料 GC100S 非等温结晶 DSC 曲线

二、X 射线衍射技术

X 射线散射，包括广角 X 射线散射与衍射（WAXS-WARD）和小角 X 射线散射（SAXS），是研究各类物质结构的重要而有力的手段，当然对高分子体系也不例外。但是高分子体系的特殊性在于高分子是由长链构成的，由于各种高分子的结晶性与相容性相差很大，而同种高分子体系的结晶度受到制样与加工时动力学过程的影响，因此高分子体系的结构层次往往比小分子体系和金属体系要复杂丰富得多。X 射线散射可以研究高分子体系中复杂而多样的各个层次的结构，从高分子链结构一直到高分子的聚集态结构。其中，高分子的一级结构如链段的直径和长度，顺式和反式等构型结构；高分子的二级结构如高分子链的尺寸与各种可能的构象（例如，伸直链、折叠链、螺旋链和无规线团链等）；高分子的三级结构，如晶态、液晶态、非晶态和中间态等；高分子的高级结构即由上述三级结构所可能形成的各种复杂的织构。X 射线散射所研究的高分子体系可以从溶液、熔体到固体，从非晶、液晶到结晶，从均相均聚物到多相共混物，从各向同性高分子体系到择优多轴取向的高分子体系等，它已成为研究复杂的高分子多层次结构必不可少的重要手段。

为了研究聚乙烯管材专用料的慢速开裂现象的机理，中国石油石化院联合高校合成了结构不同的聚乙烯样品，应用同步 SAXS 与 WAXS 技术，研究了分子量和系带分子含量不同的 3 种聚乙烯在高温拉伸时的结构变化（图 7-14），希望能从微观结构变化层面理解分子量对拉伸行为的影响，并进而在一定程度上建立微观结构变化与表观性质的联系。高温下的成孔起源于部分取向系带分子或缠结分子的断裂，随着分子量提高，系带分子含量相应提高，由系带分子形成的网络更加稳定，可以对成孔起到一定抑制作用。

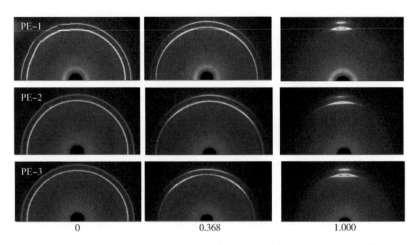

图 7-14　聚乙烯样品 75℃ 拉伸不同应变下的同步二维 WAXS 图谱

中国石油还利用 XRD 技术研究了均聚和无规共聚聚丙烯添加 β 成核剂前后结晶行为的变化情况（图 7-15），分析了降温速率对不同聚丙烯中 β 晶相形成的影响，结果证明了较低的降温速率有利于 β 晶相形成。此外，还考察了降温速率对无规共聚聚丙烯 β 晶相形成的影响，证明了与均聚聚丙烯体系类似，在无规共聚聚丙烯中，降温速率对于体系中 β 晶的含量也有一定的影响。

中国石油还利用原位 WAXD 技术探究了无规共聚聚丙烯复合材料在熔融冷却结晶过程和升温熔融过程中的晶型变化（图 7-16），探索 α 晶和 γ 晶之间的竞争关系，更加深入地研究材料的结晶行为。

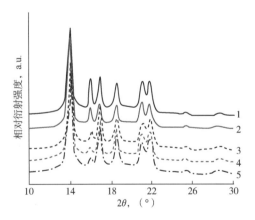

图 7-15　不同降温速率所得聚丙烯
样品的 XRD 图谱

降温速率：1—2℃/min；2—5℃/min；
3—10℃/min；4—20℃/min；5—30℃/min

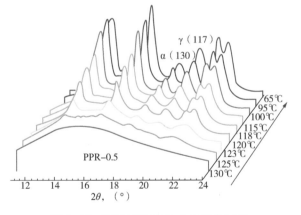

图 7-16　降温过程 PPR-0.5 复合材料
的原位 XRD 图谱

此外，中国石油利用二维 SAXS 技术，对比分析了多种高密度聚乙烯注塑树脂的片晶厚度、晶区与非晶区的分数（图 7-17），在此基础上构建了聚集态结构与性能的关联关系，为产品开发、解决下游用户问题发挥了重要作用。

图 7-17　不同高密度聚乙烯注塑样品的 SAXS 图谱

高分子材料，尤其是结晶性高分子材料，是一个多尺度结构的复杂体系，链结构是决定高分子性能的主要因素，聚集态结构是分子链结构和加工工艺共同作用的结果，是决定制品性能的最直接因素。X 射线衍射技术是研究多尺度复杂结构的最重要手段。近年来，高时间分辨和空间分辨的同步辐射 X 射线原位检测技术的飞速发展，使得有条件原位跟踪高分子材料不同尺度结构在加工过程中的结构演化，系统地研究外场条件对高分子材料结构与性能的影响，在贴近工业加工生产条件的基础上，建立半结晶高分子材料的加工相图，有望用于指导工业生产，实现特定高性能材料的精准加工。

三、偏光显微技术

根据聚合物聚集态结构的不同，可将聚合物分为结晶和无定形聚合物，绝大多数聚烯烃类产品属于半结晶性聚合物。结晶聚合物材料的实际使用性能与其结晶度和结晶形态密切相关，通常结晶度越高，晶体尺寸越大，材料的刚性越好。高分子晶体和其他晶体一样，也是对光各向异性的，因此会呈现光的双折射和光的干涉现象，可以利用偏光显微镜(Polarized Optical Microscopy，POM)进行观察和研究[30-31]。偏光显微镜是利用偏振光的干涉原理研究物质结构的手段之一，是研究高分子结晶的有力工具。将偏光显微镜与冷热台相结合，可以原位研究不同温度程序下聚合物晶体的成核、生长、熔融以及晶型转变等[32-36]；将偏光显微镜与相差物镜相结合，可以同时观察样品的结晶和相分离行为，研究二者的竞争关系。

中国石油利用偏光显微技术观察了聚烯烃不同晶型的晶体形态及其转变，考察不同温度、外力和助剂等外界条件对晶型的影响。图 7-18 显示了 β 成核剂的加入对聚丙烯 F401 非等温结晶形貌的影响。可以看出，β 晶比 α 晶具有更强的双折射，直观视觉上表现为更"亮"，很容易在偏光下将这两种晶型区分开来。在聚丙烯的实际应用中，通过诱导 β 晶的生成、合理调控其与 α 晶的相对比例，可以有效改善产品的刚韧平衡性和耐热性能。

在开发双向拉伸聚丙烯新产品时，利用偏光显微镜对比研究了典型双向拉伸聚丙烯薄膜专用料在相同热处理条件下的结晶演变，如图 7-19 和图 7-20 所示。在非等温结晶过程中，T36F 和 HP425J 在降温至 130℃时视野中仍然是一片漆黑；继续降温至 120℃，视野中开始出现晶核，由于 T36F 的等规度高于 HP425J，其成核密度更大；随着温度的继续降低，晶核不断生成，晶体逐渐生长，到 110℃时 T36F 的结晶基本结束，HP425J 结晶尚不完全。

通过原位研究晶体的成核和生长过程，揭示原料等规度与结晶行为间的关系，有利于选择最佳的成型温度区间，从而合理优化双向拉伸聚丙烯的拉伸工艺参数。

（a）未添加β成核剂　　　　　　　　　（b）添加β成核剂

图 7-18　聚丙烯 F401 非等温结晶偏光显微镜照片

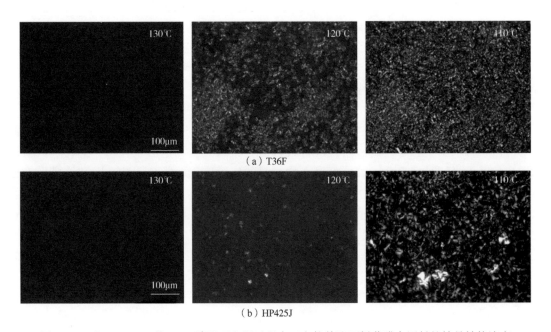

（a）T36F

（b）HP425J

图 7-19　以 10℃/min 从 210℃降温至室温过程中双向拉伸聚丙烯薄膜专用料的结晶结构演变

图 7-20 显示了典型双向拉伸聚丙烯薄膜专用料在 140℃等温结晶过程晶体结构随时间的演变情况，可以清晰地观察到球晶的成核及其径向生长的整个过程。在等温的开始阶段由于没有晶体生成，视野中为暗场；一段时间（诱导期）后，开始出现晶核，为一亮点，并逐渐长大为球晶。由于等规度略高，T36F 先于 HP425J 成核，在相同的等温时间里，成核密度和晶核数量更大；在径向生长速率相同情况下，表现出更快的总结晶速率；等温 90min后，T36F 的视野中几乎布满晶体，而 HP425J 尚有大片空白区域，且晶体尺寸较大。在等温结晶过程中，每个球晶在没有和另一球晶相碰时，其各方向生长是相同的，呈球状结构，球晶的半径随时间增长而增大，且呈线性关系。当球晶相碰后，球晶的生长变缓，全部相

碰后球晶将停止在径向的生长。用镜头记录球晶直径随时间的变化，求得该温度时球晶的径向生长速率，可以得到球晶生长的动力学参数。

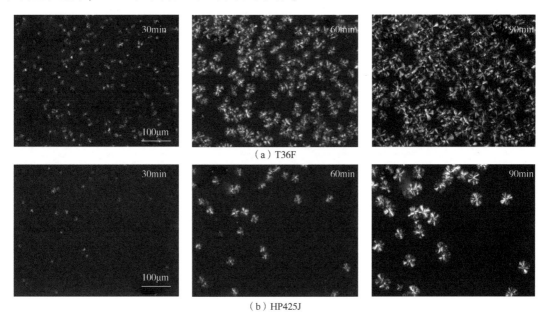

图 7-20　双向拉伸聚丙烯薄膜专用料在 140℃ 等温结晶的晶体结构演变

（a）T36F

（b）HP425J

在开发无规共聚聚丙烯(PPR)透明料时，中国石油石化院利用偏光显微镜考察了透明成核剂的加入对无规共聚聚丙烯结晶形貌的影响[37]，如图 7-21 至图 7-23 所示。由图 7-21 可知，在 250℃ 时纯无规共聚聚丙烯处于熔融状态，视野中无晶体出现；随着温度的逐渐降低，视野中陆续出现零散的大小不一的晶核，处于熔融状态的分子链沿着球晶径向不断生长，直至碰到另一球晶为止，形成明显的球晶边界；当降温至 105℃ 时，结晶基本结束，视野中长满球晶。由于在非等温过程中，晶体在不同的温度成核，因此生成的球晶尺寸不一、分布较大，直径为 50~200μm。

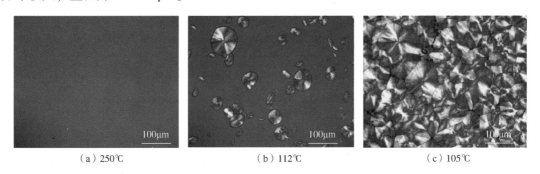

（a）250℃　　　（b）112℃　　　（c）105℃

图 7-21　从 250℃ 降温至室温过程中纯无规共聚聚丙烯的偏光显微镜照片(降温速率为 2.5℃/min)

选取山梨醇类透明成核剂来改善无规共聚聚丙烯的透明性能，当添加量为 0.5%（质量分数）时，其对无规共聚聚丙烯非等温结晶形貌的影响如图 7-22 所示。当温度降至 200℃ 左右时，所选成核剂即结晶析出，并发生自组装形成三元网络结构；然后作为异相成核点诱导无规共聚聚丙烯在较高温度下结晶(比纯无规共聚聚丙烯高15~20℃),当降温至125℃时视野已经被无规共聚聚丙烯晶体铺满。成核剂的加入大大提高了成核点的数量,使得无规共聚聚丙烯的结晶密度增大,在冷却过程中大量晶体同时生长,晶体在较短时间内就会碰到其他球晶而停止生长,球晶尺寸显著减小且没有明显的边界,减小了对可见光的散射和折射。同时,由图7-22(c)可以看出,无规共聚聚丙烯在结晶过程中复制了成核剂的自组装结构,整体呈网片状出现。

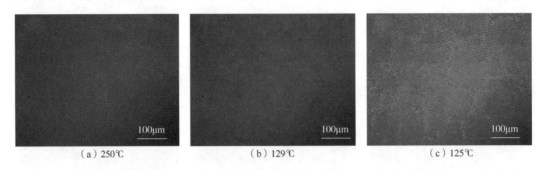

| (a) 250℃ | (b) 129℃ | (c) 125℃ |

图7-22 从250℃降温至室温过程中PPR-0.5的偏光显微镜照片

此外,考察了成核剂添加量对无规共聚聚丙烯在110℃等温结晶晶体形态的影响,结果如图7-23所示。未添加成核剂的无规共聚聚丙烯球晶尺寸最大,受到共聚单体的影响,晶体尺寸大小不一,边界较为明显;随着成核剂含量的增加,晶体尺寸逐渐减小,结构更加细致均匀;当成核剂含量达到0.3%(质量分数)时,成核密度大幅增加,视野变"暗";当含量为0.4%(质量分数)和0.5%(质量分数)时,晶粒尺寸实在太小,在同等放大倍数下无法分辨出晶界。偏光显微镜结果证实了成核剂优异的细化晶粒作用和均质化作用,且随着成核剂含量的增加该作用愈发显著。

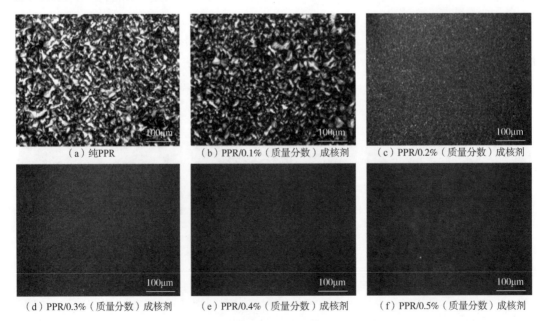

| (a) 纯PPR | (b) PPR/0.1%(质量分数)成核剂 | (c) PPR/0.2%(质量分数)成核剂 |
| (d) PPR/0.3%(质量分数)成核剂 | (e) PPR/0.4%(质量分数)成核剂 | (f) PPR/0.5%(质量分数)成核剂 |

图7-23 无规共聚聚丙烯(PPR)/成核剂填充体系在110℃等温结晶完全时的偏光显微镜照片

　　在开发抗冲共聚聚丙烯时，将偏光和相差显微镜相结合研究了聚丙烯/乙丙无规共聚物（PP/EPR）釜内合金在 135°C 等温结晶时的结晶和相态结构，并考察了 EPR 含量的影响，结果如图 7-24 所示。球晶中的点状黑色区域对应相差显微镜的浅色区域，是无法结晶的 EPR 相区。在球晶生长过程中，PP 分子链绕过 EPR 相区继续生长，将 EPR 液滴包裹在球晶中。与纯等规聚丙烯相比，EPR 的存在导致聚丙烯釜内合金球晶尺寸及其完善程度下降，黑十字消光现象变得不再明显。当 EPR 含量较低时[图 7-24(a)至图 7-24(d)]，球晶结构相对完善，织构还比较清晰，EPR 相区较小、均匀地分散在球晶内部并在球晶边界富集，形成比较宽的球晶边界成为应力集中点。当 EPR 含量增加至 31.8%（质量分数）时，球晶织构受到明显影响，在其内部分散着很多颗粒较大的 EPR 颗粒，而且球晶边界比较模糊，在相差显微镜上甚至难以分辨，呈现比较均匀的两相相态结构。样品的结晶和相态结构与其力学性能密切相关，这 3 个聚丙烯釜内合金的室温冲击强度分别为 $6.4 kJ/m^2$、$5.4 kJ/m^2$ 和冲不断，弯曲模量依次为 591MPa、694MPa 和 360MPa。

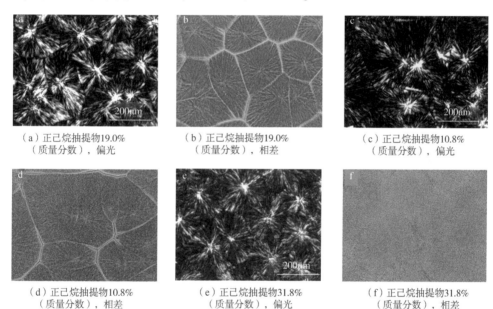

（a）正己烷抽提物19.0%（质量分数），偏光　　（b）正己烷抽提物19.0%（质量分数），相差　　（c）正己烷抽提物10.8%（质量分数），偏光

（d）正己烷抽提物10.8%（质量分数），相差　　（e）正己烷抽提物31.8%（质量分数），偏光　　（f）正己烷抽提物31.8%（质量分数），相差

图 7-24　不同橡胶相含量聚丙烯釜内合金在 135℃ 等温结晶时的偏光和相差显微镜照片

　　在前期的研究中，利用偏光显微镜主要研究了聚烯烃的结晶形态，包括等温或非等温条件下晶体的成核、生长、熔融和晶型转变，以及填充或共混体系第二组分对结晶和相形态的影响等。利用偏光显微镜还可以测定纤维的取向度及非晶取向态的玻璃化转变温度等结构参数，结合拉伸热台还可以研究聚合物在不同温度和应力场下的取向过程。除常用的偏光和相差功能外，将光学显微镜与红外、紫外、X 射线等分析技术进行联用，综合利用多种表征手段，可以实现对样品微区组成和结构的定性和定量分析。总体而言，原位研究技术和多手段联用技术是充分发挥光学显微镜功能的重要发展方向，这些联用技术将促使偏光显微镜技术在新产品开发中的进一步应用，其重要性将得到进一步的提升。

四、电子显微技术

电子显微镜(Electron Microscopy，EM)具有很高的放大倍数和分辨能力，可以观察到在普通光学显微镜下所看不见的微小物质。根据收集信号的不同，电子显微镜主要包括扫描电子显微镜(简称扫描电镜，Scanning Electron Microscopy，SEM)和透射电子显微镜(简称透射电镜，Transmission Electron Microscopy，TEM)两大类。SEM 的基本原理：入射电子轰击样品表面，利用激发出的二次电子、背散射电子和 X 射线等物理信号，可以对样品进行表面形貌和成分分析。与 SEM 不同，TEM 的样品非常薄，入射电子与试样原子发生碰撞后能够穿过，电子运动方向的改变程度与样品的密度、厚度和结构相关，能够观察到更细微的结构。电子显微技术在高分子材料结构研究的诸多领域发挥了重要作用，广泛应用于载体结构、催化剂形貌、聚合物初生态粒子形态、晶态/非晶态结构、共聚物和共混物相态、填充体系的分散、表界面和断面、制品形貌等的观察与研究。

中国石油石化院利用喷雾干燥法将镁粉与乙醇反应成功制备颗粒均匀的乙氧基镁微球，利用 SEM 可以清晰地观察到这些微球的形貌、粒径及其分布等信息，其扫描电镜照片如图 7-25(a)所示。这些乙氧基镁微球粒径分布相对较窄，大多介于 30~35μm 之间，每个微球均由 1~2μm 的规则晶片堆砌而成，确保微球内部含有丰富的孔道，有助于催化剂的负载和反应介质的进入。由此可以推测乙氧基镁微球的形成机理，用于指导其堆砌结构的优化和反应条件的改进，从而满足催化剂负载和聚合反应的需要。将得到的乙氧基镁微球与四氯化钛反应制备了催化剂前体颗粒[图 7-25(b)]，负载后微球形貌发生了较大改变，晶片结构被掩盖，但仍然保持了均匀的椭球状。通过前体颗粒的 SEM 照片可以了解乙氧基镁微球与四氯化钛的反应情况，为改进反应条件提供依据。

（a）镁粉与乙醇反应制备的乙氧基镁微球

 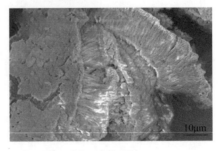

（b）乙氧基镁微球与四氯化钛反应制备的催化剂前体颗粒

图 7-25　聚乙烯催化剂载体及其前体颗粒扫描电镜照片

利用球形 Z-N 催化剂制备的聚丙烯釜内合金初生粒子绝大多数为球形颗粒，直径介于
1~3mm 之间，颗粒间无黏结，流动性非常好，应用 SEM 得到其表面形貌和内部结构，如
图 7-26 所示。刻蚀前，初生粒子表面比较柔和，存在少量的孔隙；由横断面可见初生粒子
由次级粒子组成，次级粒子尺寸大多在 50~100μm 之间，表面比较圆滑且相互粘连，次级
粒子之间存在较多的孔道。在聚合反应中，催化剂的多孔结构为丙烯均聚和乙丙共聚合提
供了良好的反应场所，聚合物将"复制"这些多孔结构，但并不能将内部的孔道完全填满。
经二甲苯刻蚀后，聚丙烯釜内合金的橡胶相将被溶解，其表面和内部孔道变得更加清晰，
同时次级粒子间的粘连程度也随之降低。此外，发现次级粒子由更小尺度的颗粒组成，像
多个结点的笼状结构，这种更小尺度的粒子直径为 200~500nm，粒子间存在橡胶相溶解后
留下的微孔，这也说明橡胶相是以非常细小的结构均匀分散在聚丙烯基体中的。通过观察
初生态聚合物粒子的形貌和结构，有助于理解聚合反应机理，指导催化剂的制备和聚合工
艺参数的优化，从而提高改善产品的性能。

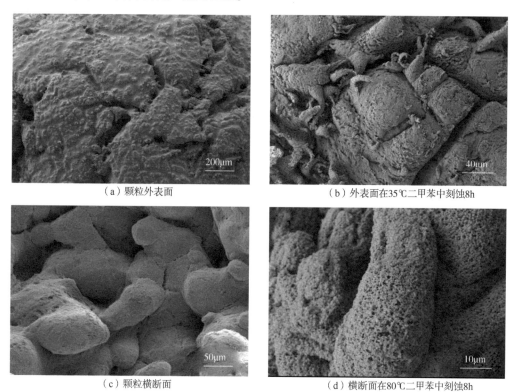

（a）颗粒外表面　　　　　　　　　　　　（b）外表面在35℃二甲苯中刻蚀8h

（c）颗粒横断面　　　　　　　　　　　　（d）横断面在80℃二甲苯中刻蚀8h

图 7-26　以 MgCl$_2$ 为载体的球形 Z-N 催化剂制备的聚丙烯釜
内合金初生粒子［正己烷抽提物含量为 31.8%（质量分数）］扫描电镜照片

聚丙烯增韧体系中橡胶的增韧效果与其分散相粒子的大小、形态以及粒子之间的距离
等密切相关[38-41]。在开发抗冲共聚聚丙烯产品时，选取一种具有较高橡胶相含量［59%（质
量分数）］的热塑性聚烯烃产品（TPO）用来改善等规聚丙烯（iPP）的冲击韧性[38]。利用 SEM
对不同组成 iPP/TPO 共混物的相态结构进行了研究，如图 7-27 所示。共混物的淬断面呈
现典型的"海岛状"结构，"海"和"岛"分别对应聚丙烯基体和橡胶相，可以看出橡胶相均匀

地分散在基体中。随着共混物中TPO含量的增加，分散相的数量逐渐增多，粒间距随之下降，但相畴尺寸及尺寸分布并没有发生明显变化，这可能归因于TPO体系中乙丙嵌段共聚物的增容作用。对于传统聚丙烯增韧体系而言，如PP/EPR和PP/EPDM等，分散相的尺寸、尺寸分布及数量等均强烈地依赖于橡胶相的含量，因此相同添加量下TPO可能会有更佳的增韧效果。

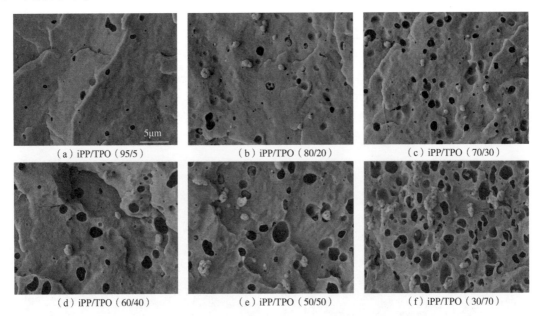

（a）iPP/TPO（95/5）　　　　（b）iPP/TPO（80/20）　　　　（c）iPP/TPO（70/30）

（d）iPP/TPO（60/40）　　　　（e）iPP/TPO（50/50）　　　　（f）iPP/TPO（30/70）

图7-27　iPP/TPO共混物液氮淬断面二甲苯刻蚀后的扫描电镜照片

图7-28是上述iPP/TPO共混物室温冲击断面的SEM照片。可以看出，纯聚丙烯的冲击断面较光滑，表现为典型的脆性断裂特征。当TPO含量低于30%（质量分数）时，在共混物的分散相与基体之间可以观察到明显的纤维状物，表明两相间存在良好的界面黏附，相互作用力较强，有助于提高聚丙烯的冲击抵抗性。当TPO含量达到40%（质量分数）时，共混物发生从脆性断裂向韧性断裂的转变，在冲击断面沿裂缝发展方向可以观察到条带状的突起，在突起物之间存在很多精细且规则的褶皱。在这些断面上没有观察到空穴和银纹，表明具有较高的空穴应力和界面黏附，因此，剪切变形和剪切屈服是这些共混物主要的增韧机理。当受到外力冲击时，橡胶相颗粒首先沿外力方向伸展，起到分散和传递应力的作用，所引发的引力场发生叠加，进而引起聚丙烯基体的屈服，聚丙烯基体与橡胶相的协同运动吸收了大量的能量，促进其韧性的增加。

聚丙烯熔喷布主要用于口罩的中间过滤层，由熔喷专用料从模头的喷丝孔挤出后，经高速热空气牵伸，然后被周围环境空气快速冷却固化而成。熔喷布的纤维粗细和纤度的均匀性，对口罩的透气性、透湿性和过滤效率等性能有重要影响。石化院采用SEM观测了熔喷布纤维的形貌，从图7-29可以看出，4个不同熔喷布均由粗细不一的纤维组成，纤维直径为1~8μm；个别纤维纤度不均匀，存在打结和分叉现象。其中，1号和3号熔喷布纤维相对较粗，直径主要集中在4~6μm范围内，纤维丝中夹杂少许未成丝的片状聚丙烯；2号和4号熔喷布纤维相对较细，直径主要集中在2~4μm范围内。

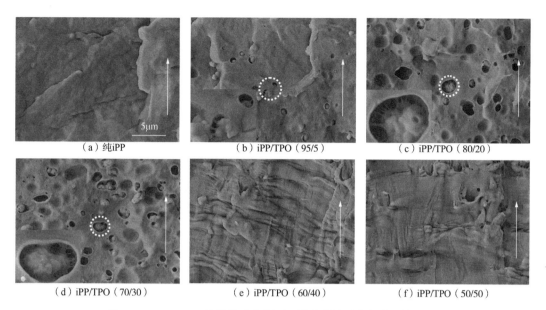

（a）纯iPP   （b）iPP/TPO（95/5）   （c）iPP/TPO（80/20）

（d）iPP/TPO（70/30）   （e）iPP/TPO（60/40）   （f）iPP/TPO（50/50）

图 7-28   iPP/TPO 共混物冲击断面二甲苯刻蚀后的扫描电镜照片

（a）1号熔喷布   （b）2号熔喷布

（c）3号熔喷布（驻极）   （d）4号熔喷布

图 7-29   聚丙烯熔喷布的扫描电镜照片

通过组装其他功能的表征仪器可以实现样品的综合分析，如将扫描电镜与能谱仪联用，在观察样品表面形貌的同时可以实现微区成分分析。原位表征技术的需求促进了大样品仓、低真空、高通量表征电镜的发展，通过配备不同类型的样品台可满足样品在不同环境条件下的实验需求，如表面形态、力学、磁学、电学性能测试，高低温条件下的相变及形态变化等。此外，样品快速加工技术与计算机图像三维重构技术的发展与应用，使电镜实现了样品三维结构信息采集。电子显微技术、多手段联用技术、原位技术与快速加工技术等相结合，使扫描电镜逐渐转变为一个综合性平台，具备组织形貌观察、成分分析、可视加工与原位结构性能研究等功能，将成为高分子材料研究的有力工具。

第三节 聚烯烃标准化技术

聚烯烃产品和检测方法的标准化工作，不仅是促进行业内技术交流和技术进步的需求，也是产品市场推广和提升企业话语权和行业影响力的需要。因此，需要在重点聚烯烃产品和涉及核心技术参数的表征方法等领域开展标准化研究。中国石油重组以来，特别是"十二五"和"十三五"期间，中国石油在聚烯烃领域的标准化工作中取得了一系列的研究成果。在管材料表征技术、体积排除(高温凝胶)色谱技术方面制定了系列国家标准，初步建立了挥发性有机物测试方法、气味评价和溶出物评价的方法，为管材料、低气味纤维料和医用料的开发和应用推广起到了积极的推动作用。

一、聚乙烯管材回收料鉴别方法及标准化

中国管道行业近些年来持续高速发展。自 2013 年以来，每年保持着约 6.7% 的增长速度，中国已成为塑料管道最大的生产和应用国家。全国塑料管道生产企业数量超过 5000家，产量约 $1500×10^4t$，其中约 45% 为聚烯烃管道，产量达到 $675×10^4t$。市场上个别生产厂存在着掺混再生料或回收料生产压力管道的情况。由于使用过的管材回收料和未使用过的管材专用料的物理性能，如熔融性能[42]、可迁移物质[43]、流变性能[44]等存在巨大差异，因此，这种不法行为会埋下巨大的安全隐患。中国石油石化院受全国塑料制品标准化技术委员会管材管件及阀门分会(SAC/TC48/SC3)委托，开发塑料管道领域中回收料(再生料)的鉴别技术。牵头制标单位中国石油石化院通过对管材专用料、管材及管件等制品结构和性能的系统对比研究发现，对制品中金属元素含量的测定可以有效鉴别制品中是否掺混有再生料或回收料[45-46]，形成发明专利 1 项。经过国内外文献检索和标准调研发现，在管材领域还没有相关的测试方法标准。中国石油石化院牵头制定了国家标准 GB/T 39994—2021《聚烯烃管道中 6 种金属(铁、钙、镁、锌、钛、铜)含量的测定》。

该方法规定了聚烯烃管道及原料中铁、钙、镁、锌、钛、铜元素含量的测定方法，适用于各种聚烯烃管材、管件、阀门中金属元素含量的测定，也适用于混配料、回用料和回收料(再生料)中金属元素的测定。该方法采用两种试样的前处理方法，即干灰化法和微波消解法。该方法测定待测溶液中金属离子含量的仪器有电感耦合等离子体发射光谱仪(ICP-OES)、电感耦合等离子体质谱仪(ICP-MS)和原子吸收光谱仪(AAS)。

三种设备均是先配制标准溶液，再绘制标准曲线，测定空白样品，最后测定待测溶液。试样中待测元素的含量按式(7-1)进行计算：

$$w = \frac{(c-c_0)VF}{m}\qquad\qquad(7-1)$$

式中　　w——被测元素含量，$\mu g/g$；

　　　　c——测试液中某元素浓度，$\mu g/mL$；

　　　　c_0——空白溶液中某元素浓度，$\mu g/mL$；

　　　　V——样品消解后定容体积，mL；

　　　　F——测试溶液的稀释倍数；

　　　　m——样品的质量，g。

应用该测试方法对聚烯烃管道、原料及再生料中金属含量进行测定，给出了聚乙烯管道及新料中典型金属含量限值，已经在 GB/T 13663—2017《给水管道聚乙烯（PE）管道系统》系列标准中得到应用。该测试标准的方法制定与实施将有望起到引导或指导塑料管道行业合理使用再生料，限定其在承压管道领域的应用，从而起到规范聚乙烯管材行业并促进行业健康发展的作用。

二、聚烯烃应变硬化模量测试方法及标准化

耐慢速裂纹扩展性能是影响聚乙烯原料及管材使用寿命的重要因素。管材在生产运输和施工中经常会造成各种形式的缺陷，这些缺陷在聚乙烯管材受外力时容易产生应力集中，进而促使慢速裂纹扩展（SCG）发生，最终导致管材发生断裂破坏。因此，必须严格评价管材的耐 SCG 性能以保证其使用寿命。当前评价聚乙烯原料及管材的耐慢速裂纹增长性能的试验方法主要包括切口管试验（Notched Pipe Test，NPT）、宾夕法尼亚切口拉伸试验（PENT）、全缺口拉伸实验蠕变（FNCT）试验、锥体（Cone）试验、缺口环试验（NRT）、点负荷试验（PLT）、应变硬化模量法（SH）和缺口圆棒拉伸试验（CRB）。其中，NPT 试验、PENT 试验、FNCT 试验、Cone 试验、NRT 试验和 PLT 试验方法的特点是时间漫长，针对不同的原料评价时间 500~10000h 不等，成为原料开发的瓶颈。耐慢速开裂性能的快速评价方法成为聚烯烃管道领域的一个研发热点。应变硬化模量法（SH）和缺口圆棒法（CRB）就是在这种背景下开发的两种快速评价方法。SH 法由沙特基础工业公司开发，该方法具有试验时间较短、耗材较少的优点，2015 年 SH 法和 CRB 试验被国际标准化组织（ISO）采纳，分别成为评价聚乙烯管材耐 SCG 性能的正式标准 ISO 18488：2015 和 ISO 18489：2015。两种方法出现后，大量研究人员做了该方法与传统慢速开裂方法测试结果之间相关性研究，确定该方法与传统测试方法之间线性相关性较好[47-50]。这两种试验均是用简单快速的拉伸试验在很短的时间内实现耐慢速开裂扩展性能的评价，使试验从几千小时缩至只需要几小时，试验费用也大为降低。

国内没有耐慢速开裂性能快速评价方法的标准，中国石油石化院在 2017 年向国家标准化委员会管材分技术委员会提交了国际标准 ISO 18488：2015 的转化申请，2018 年获得了国家标准化管理委员会的批准，牵头制定了国家标准 GB/T 40919—2021《管道系统用聚乙烯材料　与慢速裂纹增长相关的应变硬化模量的测定》，开展了该方法的标准化研究，该标准已经发布。

该标准方法规定了一种测定聚乙烯慢速裂纹增长的应变硬化模量的方法。应变硬化模

量从压塑试样的应力—应变曲线测试得到。标准文本给出了应力—应变曲线测试以及从应力—应变曲线确定应变硬化模量的方法。标准文本对所需设备、精确度和样品制备进行了详细描述。该标准规定的试验方法适用于各种管材和管件用聚乙烯材料，与聚乙烯的生产技术、共聚单体和催化剂类型无关。试样几何尺寸见图 7-30 和表 7-2。为避免试样在夹具内发生滑移，夹持时应尽量保持较大的夹持面积，从而准确测量应变硬化动态过程。

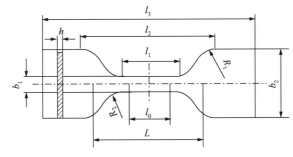

图 7-30　试样尺寸

表 7-2　试样尺寸要求

项　目	尺寸，mm	项　目	尺寸，mm
夹具之间的初始距离 L	30.0±0.5	半径 R_1	10.0±0.5
标距长度 l_0	12.5±0.1	半径 R_2	8.0±0.5
窄平行边部分长度 l_1	16.0±1.0	窄平行边部分宽度 b_1	4.0±0.1
夹区的平行部分长度 l_2	46.0±1.0	末端宽度 b_2	20.0±1.0
总长度最小值[①]l_3	70	厚度 h	$0.30^{+0.05}_{-0.03}$ 或 1.0±0.1

①更大的总长度可以确保只有宽的末端处与夹具接触，从而避免肩部断裂。

　　根据表 7-3 给定的压塑条件，将聚乙烯颗粒压塑成 0.30mm 或 1.0mm 厚度试片。仲裁时应选择压塑成 0.30mm 试片。

表 7-3　试片压塑条件

厚度 mm	压塑温度 ℃	平均冷却速率[①] ℃/min	预热时间[②] min	全压压力 MPa	全压时间 min
0.30 或 1.0	180	15±2	5~15	5	5±1

①脱模温度<40℃。
②预热压力与接触压力相同。

　　压塑成型后，在 120℃±2℃ 的烘箱中恒温保持 1h，关掉加热开关，以不超过 2℃/min 的平均冷却速率缓慢冷却至室温，完成试片的退火。5 个测试试样应使用模具从同一压制的薄片冲压制备。冲压工艺应确保样品无变形、无裂纹或其他造成试样不符合规格的破坏。试样的厚度应在试样平行区内取 3 个点进行测量。将测量值的最小值用于数据分析。

　　拉伸比 λ 由长度 l 和标距 l_0 按式(7-2)计算。

$$\lambda = \frac{l}{l_0} = 1 + \frac{\Delta l}{l_0} \qquad (7-2)$$

式中　Δl——两端标记处之间的样品长度增加量。

真应力 σ_{true} 按式(7-3)计算，式(7-3)是在标距之间试样体积守恒的假设下导出的。

$$\sigma_{\text{true}} = \lambda \frac{F}{A} \qquad (7\text{-}3)$$

式中　F——测试的力值，N；

　　　A——试样初始横截面积，每个试样均应准确测算。

Neo-Hookean 本构模型如式(7-4)所示，用来拟合和外推得到拟合曲线。$<G_p>$（MPa）由 $8<\lambda<12$ 之间拟合曲线计算。

$$\sigma_{\text{true}} = \frac{<G_p>}{20}\left(\lambda^2 - \frac{1}{\lambda}\right) + C \qquad (7\text{-}4)$$

式中　C——一种描述屈服应力拟合到 $\lambda = 0$ 时的 Neo-Hookean 本构模型的数学参数。

数据的拟合精度（R^2）应大于 0.9。应变硬化模量 $<G_p>$ 根据式(7-5)计算得到。

$$<G_p> = \frac{\left(12^2 - \frac{1}{12}\right) - \left(8^2 - \frac{1}{8}\right)}{12-8}G_p \approx 20G_p \qquad (7\text{-}5)$$

该方法的国家标准的实施与应用，将为国内的原料生产企业提供有效的研发工具，也将为管材生产厂家提供有效筛选管材原料的一个有效工具，将进一步推动国内的高抗慢速开裂聚乙烯管材原料的开发与应用。

三、聚烯烃管材管件、混配料炭黑及颜料分散测试方法与标准化

近些年来，聚烯烃管材在我国发展较快，广泛应用于燃气输送、给水、排污、农业灌溉、集输油等民用和大型能源工程领域。颜料和炭黑在聚烯烃管道中的分散对于保证其物理性能、使用寿命、力学性能和表面防护性能具有非常重要的作用。因此，检测炭黑及颜料在塑料中的分散性至关重要。给水用管道系统、燃气用管道系统系列国家标准都对颜料分散提出了技术需求。

在早期研究中，炭黑及颜料分散性的测试方法主要有分光光度法、显微镜法、挤出屏网法及压力降法等[51]。2000 年，我国参照 ISO 18553 制定了 GB/T 18251—2000《聚烯烃管材、管件及混合料中颜料或炭黑分散的测试方法》，给出了基于粒子和粒团最大尺寸的试样等级确定表。对应该表，得出试样等级数，再通过计算得出分散的尺寸等级结果，这样得出的结果更科学地报告了粒子的分散性。该标准自 2000 年实施以来一直没有修订，现标准已无法满足当前要求。随着对聚烯烃原料和产品质量、生产工艺和检验设备、标准化体系建设和系统适用性等方面的长足进步和深入研究，我国现行的国家标准其技术内容、编写形式都已不适应当前的形势要求。尤其是我国加入世界贸易组织（WTO）后，对标准的采用提出了更高的要求。2017 年 1 月，中国石油开展了炭黑分散表征方法的标准化研究，采标 ISO 18553：2002 制定了国家标准 GB/T 18251—2019《聚烯烃管材、管件和混配料中颜料或炭黑分散度的测定》。

在 GB/T 18251—2019《聚烯烃管材、管件和混配料中颜料或炭黑分散度的测定》中采用的是显微镜法。该标准规定了聚烯烃管材、管件和混配料中颜料或炭黑粒子和粒团的尺寸和分散度的测定方法，适用于聚烯烃管材、管件和混配料，测定炭黑时，质量分数应小于 3%。

在显微镜载玻片之间加热压缩制备试样，也可以使用切片机切片制备试样，测定粒子和粒团的尺寸并确定等级。

新版标准与 2000 年旧版标准相比，主要技术性变化如下：

将"显微镜最小放大倍率为×70"修改为"具有适当的放大倍率"，增加了分散尺寸等级使用×100 的显微镜和分散表观等级使用放大倍数至少为×70 的显微镜的要求；

根据验证试验结果修改了试样质量要求，增加了试验制备压片方法的注意事项，并修改了试样幅宽和厚度要求；

在试验报告要求中删去了显微镜型号、放大倍数，增加了试样的厚度，每组试样的平均等级和每个试样的等级，每组试样中的最具代表性的表观等级和每个试样的表观等级，任何偏离试验方法的细节，以及可能影响结果的任何因素，如制样中产生的气泡、杂质等；

修改了附录 A 的表 A.1，并加注进行说明。

此外，GB/T 18251—2019 与 ISO 18553：2002 相比，结构和技术要求基本相同。主要技术性差异为：对规范性附录 A 增加了"注 4：粒径大小取整数，小数点后第一位非零数字进位"这一规定。对粒子或粒团树脂在不同尺寸范围边界的归属做了统一规定，明确归属，减少了不同实验室之间的计数差异，提高了该标准实际操作的可行性。

中国石油牵头制定的 GB/T 18251—2019《聚烯烃管材、管件和混配料中颜料或炭黑分散度的测定》在技术内容上与 ISO/DIS 18553：2002 完全符合，在试样制备、分散的尺寸等级测定、分散的表观等级测定中，在国际标准的基础上，提出了更为明确的要求。为聚烯烃混配料开发和评价提供了可靠的评价手段。因聚烯烃管材、管件及混配料中炭黑粒团、颜料的尺度、形态以及散布情况会对塑料材料的品质产生极大的影响，所以生产企业掌握了测定炭黑分散度的方法，对改善加工工艺、提高产品性能等具有很大的实际意义。

四、总挥发性有机物测试方法及标准化

挥发性有机物简称 VOC，研究人员通常把所有被测量的 VOC 总称为总挥发性有机物，即 TVOC。关于挥发性有机物，不同国家和组织给出的定义不同，总的来说，VOC 是指化学性质活泼、具挥发性、会产生危害的一类有机物，主要包括烃类化合物（烷烃、烯烃、炔烃、芳香烃）、卤代烃类化合物、含氧的有机化合物（醛、酮、醇、醚等）、含氮的有机化合物及含硫的有机化合物等。

VOC 对环境和人体健康具有很大的影响，主要体现在：（1）诱发雾霾天气，破坏臭氧层，造成温室效应。（2）气味难闻且具有刺激性和毒性，会伤害呼吸道系统，损害中枢神经系统，造成记忆力下降。（3）具有致癌、致畸和致突变等毒害作用。因此，世界卫生组织（WHO）、美国国家科学院/国家研究理事会（NAS/NRC）等机构一直强调 TVOC 是一类重要的空气污染物。

合成树脂在生产阶段引入的残留单体、残余溶剂、低分子聚合物以及后加工过程中使用的助剂和高温分解产物均是大气中 VOC 的重要来源。鉴于上述原因，合成树脂中 TVOC 已经受到越来越多的关注。目前，TVOC 的检测方法主要有热失重法、热脱附气相色谱法（TD-GC-FID 或 TD-GC-MS）和顶空气相色谱法（HS-GC-FID 或 HS-GC-MS）。鉴于汽车内部含有较多合成树脂类材料，参照德国汽车工业的行业标准（VDA 277）进行合成树脂中总挥发性有机

碳的检测具有一定的合理性和可行性。基于这一考虑，中国石油参照 VDA 277 建立了聚丙烯熔喷专用料中总挥发性有机碳释放量的测试方法，该方法的简要测试技术要求如下。

1. 仪器准备

分别按表 7-4 和表 7-5 中规定准备顶空进样器和气相色谱仪。

表 7-4　顶空进样器参数

参数	数值	参数	数值
加热炉温度	120℃	压力化时间	3min
进样针温度	150℃	进样时间	0.05min
传输线温度	150℃	加热保温时间	样品：5h
载气压力	25psi		校准溶液：1h

表 7-5　气相色谱参数

检测器类型	FID
色谱柱类型	DB-WAX（30m×0.25mm×0.25μm）
载气类型	He
进样口温度	200℃
分流比	0.834027778
载气流量	1.0mL/min
色谱柱温度	50℃起，保持3min，以12℃/min升至200℃，保持5min
检测器参数	温度：250℃
	氢气：30mL/min
	空气：300mL/min
	尾吹气（N_2）：20mL/min

2. 配制校准溶液

以正丁醇为溶剂配制丙酮校准溶液，浓度为 0.1g/L、0.5g/L、1g/L、5g/L、10g/L、50g/L 和 100g/L。

3. 建立校准曲线

用 10μL 的进样针吸取 2μL 校准溶液，加入体积为 20mL 的顶空瓶中，迅速密封。每个浓度的校准溶液平行测定两次，结果取平均值。以峰面积对溶液浓度（单位：g/L）作图，得到定量校准曲线，记录斜率 K，线性相关系数需大于 0.995。

4. 样品测试

称取 2.000g±0.002g 单个质量小于 10mg 的熔喷料颗粒，放入体积为 20mL 的顶空瓶中密封，每个样品平行测定两次，结果取平均值。

5. 结果计算

按式（7-6）计算总挥发性有机碳的释放量 E，单位为 μg/g。

$$E = \frac{\sum A_i}{K} \times 0.62 \tag{7-6}$$

式中　$\sum A_i$——各挥发物组分面积总和；

　　　　K——定量校准曲线的斜率；

　　　　0.62——丙酮中碳元素占比。

该方法建成以后，在口罩用熔喷料方面开展了大量的检测工作，市场上熔喷料的 TVOC 释放量大多位于 50~200μg/g 之间，针对不同 TVOC 含量的样品，方法的相对标准偏差 3%~5%，具有很好的重复性。

五、气味测试方法

人类所能嗅到的非离子的、在环境温度下可挥发物质的分子量小于 300[52]。这些物质一般为含有有限官能团的疏水有机物。然而，一般不含官能团的物质同样也会产生气味。比如，烷烃也可致嗅，典型的例子为有着樟脑气味的 2,4,4-三甲基戊烷和环辛烷。此外，疏水的氨基物质也带有典型气味。

聚烯烃的原料及其加工生产的制品所散发出的气味同样属于挥发性有机物（VOC）的范畴。Karen[53]研究认为，聚烯烃的气味与某些添加剂的析出和溶解有关，也与聚烯烃自身的氧化降解有关。另外，制品使用过程中被外部物质污染也是导致气味的重要原因，产生气味的主要物质为醛类和酮类。具体的聚烯烃气味来源归纳为以下三个方面：

（1）聚合工艺残留物质。

（2）加工以及使用过程中产生的气味。

（3）添加剂的影响[54-56]。

人工嗅闻仍是测试气味的主要方法，如欧盟框架法规（EC）No 1935/2004、德国框架法规 LFGB Sec.30&31，以及大众、沃尔沃、福特等企业均采用人工嗅闻的方法对气味进行测试。各汽车厂家制定了内饰件材料的气味限定标准，如大众汽车的 PV 3900—2000，福特汽车的 BO131-03 与通用汽车的 GMW3205 等。这些标准的评价测试方法基本相同，只是评价级别有所不同。PV 3900—2000 与 BO131-03 采用 1~6 级评价，级别越高，气味越大，而 GMW3205 采用 1~10 级评价，级别越高，气味越低。国内聚烯烃生产企业及改性厂一般采用德国大众 PV 3900—2000 标准[57]。人工嗅觉评价存在主观差异大、检测效率低且危害人体健康的问题。目前，确定影响聚烯烃气味的关键物质并有效消减是新方向。

随着现代仪器分析技术的迅猛发展，挥发性成分与非挥发性基质分离、异味来源物质与非异味贡献干扰物质分离、仪器的检测限低于异味来源物质的浓度等问题得以圆满解决。在此基础上，研究人员采用热解吸、顶空法、自动吹扫捕集—气相色谱—质谱联用、固相微萃取—质谱联用法等方法，对聚烯烃树脂中 VOC 开展了大量研究工作。由于各 VOC 气味阈值差异较大，并不能真实地反映聚丙烯的气味，电子鼻作为一种新兴的气味检测技术，通过气体传感器阵列的响应图案模拟人类嗅觉器官来识别气味，既可有效地避免人工嗅觉评价的缺点，更重要的是可以在一定程度上模拟鼻子给样品气味的整体判断结果和指纹信息[58]。

中国石油石化院与兰州石化合作，通过建立顶空—固相微萃取（HS-SPMS）、气相色谱—质谱联用（GC—MS）分析技术，提出了异味物质理论，初步建立异味物质数据库，推测出醛类、苯环类、醇类、酯类、酸类、烃类化合物是导致抗冲共聚聚丙烯产生异味的关键来源物质。还参照德国大众 PV 3900—2000 标准建立了对聚烯烃产品气味评价的方法。该气味评价技术对催化剂体系、聚合工艺、助剂体系及后处理工艺参数进行优化，初步建立了低气味、低 VOC 聚丙烯产品开发平台技术。气味评价方法的关键技术要求如下：

（1）气味测试环境。要求测试环境的背景气味中性，不大于 2 级。

（2）气味评价人员要求。按照大众 PV 3900—2000 标准要求，气味评价人员应为经选拔培训合格的评价员。

（3）气味感官比较评价过程。

① 准备 18 个 125mL 的广口瓶，洗净、烘干、编号、备用。编号随机选择，每组三联样由 3 个样品组成(一个或两个样品是被测样品)，每个样品用不同的编码。

② 分别称取标准样品(标样 A)9 份，每份质量为 12.5g±0.5g，将每份样品装入已准备好的广口瓶中，盖上盖子。

③ 同样将待测样品称量 9 份(待测 B)，装瓶待用。

④ 将装有样品的气味瓶放入 80℃±2℃烘箱，开始计时，将样品烘 2h±10min。

⑤ 完成烘料前 15min 通知本次评价人员集合(至少 6 名)。

⑥ 烘料时间到后，取出气味瓶，在室温下冷却至 60℃±5℃。

（4）气味感官比较评价。

① 检验前准备好工作表和评分表，使标准样品和待测样品的 6 种可能序列出现的次数相等，如 ABB、AAB、ABA、BAA、BBA、BAB，6 组样品随机分发给评价员辨别。

② 每位评价员通过嗅觉做出判别。评价员将气味瓶瓶盖旋松，将瓶盖平移，闻 2~5s，重新盖上瓶盖，将玻璃瓶传给第二个评价人员，以此类推。每个评价人员依据感受完成评分表。

基于低气味平台技术，兰州石化开发的系列车用聚丙烯(SP179、SP18I、EP531N、EP532N、EP533N、EP408N、EP508N、EP100N)气味等级均低于 3.5 级，成为国内气味控制水平最好的车用系列产品。下一步将进一步开展标准化研究，制定企业标准，将提出的异味物质理论及采取的产品开发低气味措施运用在中国石油其他石化企业。

六、溶出物/析出物测试方法

研究药物系统中的溶出物(Extractables)/析出物(Leachables)，可以确认可能迁移进入药品中的化合物，用以评估药品质量、效能和安全。药物组成成分复杂，往往含有高浓度非挥发性物质，且析出物含量极低，分析会受到药物组分的干扰(比如掩盖析出物)，分离和检测方法受限，通常药品中的析出物很难被定量或定性。目前，通常采用模拟药物性质的合适溶剂，研究合理的最差条件下的溶出物数据，用以评估析出物水平。但溶出物并不能包括所有析出物，部分药品中的某些成分与接触材料发生反应可形成新化合物，在溶出物研究中则可能被忽略，当然这类物质是非常罕见的[59]，但仍需开展析出物分析。

溶出物分析试验通常是根据药品及其包材特性和生产制备条件，确定溶剂和试验条件(如温度、时间、接触面积或样品质量、pH 值、预处理方式步骤等)，保证溶剂与系统或包装材料的充分接触(如抽提、浸泡、振摇等)，获得溶出物样品；对溶出物样品做必要的预处理后，采用合适的分析仪器进行定性和定量分析，检测溶出的化合物种类和含量。析出物分析试验与溶出物分析试验的主要区别在于：一是采用药液作为试验流体；二是采用实际生产或储存条件作为试验参数。如果药液中的组分比较复杂，还需采用合适的预处理方法，定量或定性分析的试验手段则类似。由于溶出物/析出物的组分非常复杂，单一的分析方法不能满足检测出所有目标化合物的要求，需多种仪器设备及分析方法联合应用。随着分析表征技术的发展，目前溶出物/析出物检测主要用到液相色谱—质谱联用分析法（LC-PDA-MS）、气相色谱—质谱联用分析法（GC-MS）、电感耦合等离子体质谱法（ICP-MS）/电感耦合等离子体发射光谱法（ICP-OES）、离子色谱法（IC）、紫外光谱法（UV）、傅里叶变换红外光谱法（FT-IR）、核磁共振波谱分析（NMR）、非挥发性残留物（NVR）、总有机碳（TOC）法、pH 值和电导率的测定。其中，LC-MS、GC-MS、ICP-MS 和 IC 均可用于定性和定量分析，UV、FT-IR、NMR 主要用于定性分析，NVR 用于常规定量分析，TOC、pH 值和电导率测定则作为辅助分析[60]。

溶出物的分析在药包材检测中应用广泛，《国家药包材标准》中，与聚丙烯、聚乙烯相关的标准共 24 项，均对溶出物有明确技术要求，溶出物分析采用的溶剂为水、正己烷和65%乙醇，根据药包材各标准的具体要求，选择单一溶剂水进行分析，或者采用三种溶剂分别进行分析。在这些标准中，溶出物试验的分析项目包括澄清度、颜色、吸光度、pH值、易氧化物、不挥发物、重金属（包括铵离子、钡离子、铜离子、铬离子、铅离子、镉离子、锡离子、铝离子）等，同时析出物分析在液体药品包装材料研究中应用较多[60-61]。总体而言，国内医药包材行业中，对药品包装容器的溶出物/析出物的检测和研究较多，对用于药包材的医用级聚烯烃树脂的溶出物/析出物研究较少。2016 年 5 月 1 日，《美国药典》〈661〉总章做了重大修订，对塑料材料和塑料包装系统均提出了 TOC 要求。因此，开发医用药包材聚烯烃材料，需要建立对溶出物/析出物的检测方法。

在医用聚烯烃树脂国产化的技术研发过程中，中国石油石化院为支持产品开发，在进行上述广泛调研的基础上建立了医用聚烯烃树脂浸出液中 TOC 含量的测定方法。该方法的关键技术要求如下[60]：

将压好的片材裁成 0.45mm×5mm×50mm 的样片约 60 片，称重至 0.1mg，用 0.9%氯化钠溶液经高压灭菌处理，在 115℃下灭菌 30min，制备树脂浸出液，测定树脂浸出液中总碳（简称 TC）含量和无机碳（简称 IC）含量，总碳含量减去无机碳含量即为树脂浸出液总有机碳（TOC）含量，注意整个制样过程尽量不要引入外界的二氧化碳或其他的有机物。

医用聚烯烃树脂浸出液中 TOC 含量的测定方法，在医用聚烯烃树脂国产化技术开发过程中发挥了很大的作用，从聚烯烃产品的研发到规模化工业生产中，树脂浸出液中 TOC 含量作为产品的重要监控指标，保证了医用聚烯烃树脂的产品质量，也为医用聚烯烃材料的TOC 含量测定提供了技术标准。在今后的医用聚烯烃树脂产品开发及医用聚烯烃药包材研发过程中，该方法仍将发挥重要作用。

七、体积排除（高温凝胶）色谱标准化

从 2012 年开始，中国石油石化院与广州质量监督检测研究院等相关企事业单位合作，进行了 GB/T 36214—2018 国家标准制定工作。中国石油石化院先后主持或参与了该国家标

准全部 5 个体积排除色谱国家标准的制定工作，该标准 2018 年 5 月 14 日发布，2018 年 12 月 1 日实施。中国石油主持了其中两个部分：（1）GB/T 36214.2—2018/ISO 16014-2：2012《塑料 体积排除色谱法测定聚合物的平均分子量和分子量分布 第 2 部分：普适校正法》；（2）GB/T 36214.3—2018/ISO 16014-3：2012《塑料 体积排除色谱法测定聚合物的平均分子量和分子量分布 第 3 部分：低温法》。

中国石油制定该国家标准的主要工作包括国内外现行的标准调研及分析、国内仪器调研、实验用聚苯乙烯（PS）标样调研、条件试验、精密度试验及标准制定文本编写工作。在前期调研及试验过程中，发现影响 GPC 试验结果的技术因素有：仪器设备因素，包括不同厂家仪器、泵的流速控制精度、温控精度、色谱柱等；试验条件因素，包括样品溶解过程控制、进样方式、试验温度选择、流速以及校准的方式；另外，还有试验人员的主观因素等。以上因素造成不同仪器、不同实验室间的实验结果差距较大，无可比性。此外，中国石油还调研了现行的高温凝胶色谱国内外标准，发现具有普适指导意义的标准是 ISO 16014，已被欧美、日本等转化采用；聚烯烃领域较实用的标准是 ASTM D6474—1999（Reapproved 2006）和 ASTM D5296—2005；ASTM D6474—1999 不足是只适用线型聚烯烃，ASTM D5296—2005 已转化为国家标准，因此国内缺乏具有普适指导意义的体积测定聚合物的平均分子量和分子量分布标准。为了排除仪器设备、数据处理方法及操作人员等主客观因素对聚合物分子量及分子量分布试验结果的影响，统一技术要求，急需将国际标准 ISO 16014 转化制定为国家标准。

GB/T 36214—2018 体积排除色谱国家标准包括 5 部分。

GB/T 36214.1—2018 通则部分，规定 GB/T 36214—2018 其余 4 个国家标准的通用规则。GB/T 36214.2—GB/T 36214.4 描述的 SEC 方法假设样品是线型均聚物，然而因为它是相对方法，因此也适用于非线型均聚物，例如支化、星形、梳形、立体规则和立体无规的聚合物及其他类型的聚合物，例如无规、嵌段、接枝和多相共聚物。GB/T 36214.5—2018 描述的 SEC-LS 法适用于线型均聚物和支化、星形、梳形、立体规则和立体无规等类型的非线型聚合物，也可适用于分子组成不变的异相聚合物。然而，GB/T 36214.5—2018 不适用于分子组成能变化的嵌段接枝和异相聚合物。GB/T 36214.1—GB/T 36214.5 所有方法适用的分子量范围从单体到 3×10^6，但不推荐用于分子量低于 1000 的组分含量超过 30% 的样品。

中国石油、中国石化等单位牵头制定的 GB/T 36214—2018 分为通则、普适校正法、低温法、高温法及光散射法 5 部分，现在，以上 5 个国家标准已经广泛应用到单检测器或多检测器联用体积排除色谱（高温凝胶色谱）测定聚合物平均分子量及分子量分布实验中，为国内科研院所和各相关企业在科研开发和产品开发过程中获得准确的实验结果，实现不同实验室间的分子量及分布实验结果的可比性，并为中国石油聚烯烃催化剂 PSE-100、PSP-01、PMP-01 及茂金属催化剂等自主催化剂和聚乙烯管材料、双向拉伸聚丙烯薄膜料等高性能产品开发发挥了重要作用。

中国石油聚乙烯催化剂 PSE-100 在 PE100 级管材料的开发过程中，利用国家标准 GB/T 36214.4—2018 高温凝胶色谱标准高温法，通过与市售高性能聚乙烯管材料分子量大小及分布的对比，并结合高温核磁等分析结果，开发的产品具有良好的物理和力学性能，达到 PE100 级管材料指标要求，分子量及分子量分布如图 7-31 所示。中国石油聚丙烯催化剂 PSP-01 在大连石化开发高速双向拉伸聚丙烯薄膜料的开发过程中，利用国家标准 GB/T 36214.4—2018 高温凝胶色谱标准高温法，通过与市售高性能产品分子量大小及分布的对比，并结合等规度等关键技术参数的综合分析结果，开发出高速双向拉伸聚丙烯薄膜专用料，新牌号 T36FD 应用于双向拉伸聚丙烯薄膜生产，加工速度达到 504m/min，达到国际先进水平，分子量及分子量分布如图 7-32 所示。

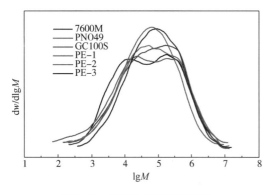

图 7-31　PE100 级管材料开发　　图 7-32　聚丙烯双向拉伸聚丙烯薄膜料的开发

中国石油石化院开发茂金属聚乙烯催化剂过程中，利用国家标准 GB/T 36214.4—2018 高温凝胶色谱标准高温法，通过不同配体的研究对比，开发茂金属聚乙烯催化剂。从图 7-33 可以看出，中国石油茂金属聚乙烯催化剂氢调性能好，分子量和分子量分布保持在 2~3 之间，可用于高性能茂金属聚乙烯产品的开发。中国石油聚丙烯催化剂 PSP-01 在抚顺石化开发抗冲聚丙烯共聚料 EPS30R 的过程中，利用国家标准 GB/T 36214.4—2018 高温凝胶色谱标准高温法，通过与市售高性能产品分子量大小及分布的对比，并结合升温淋洗分级、二甲苯可溶物等关键技术参数的综合分析结果，开发出抗冲共聚聚丙烯专用料膜专用料 EPS30R。产品开发过程中通过控制均聚物的等规指数和分子量及其分布，控制二元共聚物产率和组成以及二元共聚物分子量，使 EPS30R 产品具有良好的刚性和韧性，达到了国内同类先进产品的水平，分子量及分子量分布如图 7-34 所示。

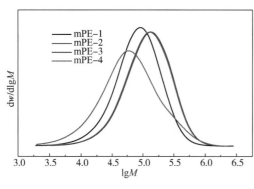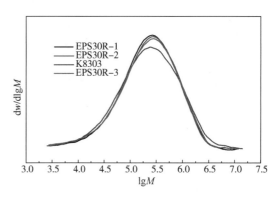

图 7-33　茂金属聚乙烯催化剂开发　　图 7-34　EPS30R 产品开发

催化剂 PSP-01 在 75kg/h Spheripol-Ⅱ工艺中试装置上进行了中试试验，考察了催化剂活性释放行为、氢调敏感性、共聚性能。通过不同时间催化剂进料量与产量的对应关系计算催化剂的活性，通过改变第一环管与第二环管加氢量考察催化剂的氢调敏感性，通过改变气相反应器中乙烯量考察催化剂的共聚性能，并对中试产品进行结构与性能的分析测试，考察了共聚聚丙烯组成与聚合工艺参数之间的关系。

GB/T 36214—2018 既包括相对法，又包含绝对法，因此既适用于线型均聚物，又适用于非线型均聚物和共聚物的开发，现已广泛应用到中国石油聚烯烃催化剂 PSP-01，PSE-100、PMP 系列茂金属催化剂等自主催化剂和聚乙烯、聚丙烯、聚苯乙烯等各类新产品开发过程中，为中国石油自主催化剂和各炼化企业高品质产品开发提供了重要的支撑作用。聚合物分子量和分子量分布方法现已成为聚合物测试的常规分析方法，因此 GB/T 36214 系列国家标准的制定具有更加广泛的意义。

八、聚丙烯等规指数的快速测试方法标准化研究

等规指数是聚丙烯尤其是均聚聚丙烯重要的产品指标之一，广泛应用于产品的中控及出厂检测。传统的测试方法是采用国家标准 GB/T 2412—2008《塑料 聚丙烯(PP)和丙烯共聚物热塑性塑料等规指数的测定》，通过化学溶剂对样品进行抽提，通过抽提前后样品重量差异计算得到等规指数。传统化学抽提法分析时间长，需制样、样品抽提、干燥及恒重等多个实验步骤，全过程要 30h 左右，且对操作人员的技能熟练程度要求较高。同时，在测试过程中需要使用正庚烷、丙酮等有机溶剂，可能会对环境和测试人员形成危害。随着聚丙烯装置产能和生产效率的快速增长，等规指数的快速测试方法也在不断发展。

基于聚丙烯样品中等规结晶结构和无规非晶结构在核磁共振测试中弛豫过程不同的原理，中国石油于 2012 年建立了行业标准 SH/T 1774—2012《塑料 聚丙烯等规指数的测定 低分辨率脉冲核磁共振法》。该标准方法使用台式低分辨率核磁共振仪对样品进行无损检测（图 7-35）。通过聚丙烯样品的核磁信号值与抽提法的等规指数值拟合建立工作曲线，计算得到样品的等规指数。SH/T 1774 的方法样品测试时间小于 3h，极大地提高了测试效率，降低了人员和时间成本，可以对生产工艺和产品质量控制提供快速反馈。同时，该方法只有在工作曲线建立阶段需要使用有机溶剂，在样品测试阶段只需直接检测固体样品的核磁信号，避免了有机溶剂的大量使用，实现了测试方法的绿色环保。该方法已于 2021 年发展为 ISO 国际标准 ISO 24076。

图 7-35 台式低分辨率核磁共振仪

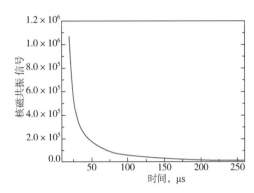

图 7-36 聚丙烯台式低分辨率核
磁共振仪的典型信号

该方法的测试步骤为，首先选取数量不少于 5 个、具有一定等规指数分布的聚丙烯标样，按照国家标准 GB/T 2412—2008 测定标样的等规指数。然后，将干燥后的标样恒定到核磁共振探头温度，测试标样的核磁共振信号。通过标样的等规指数和核磁共振信号建立工作曲线，如图 7-36 所示。最后，对样品进行核磁共振信号测试，通过工作曲线计算得到样品的等规指数。

该方法可将聚丙烯样品等规指数的测试时间减少 90%，从而在工业生产中实现聚丙烯等规度的快速分析并指导工艺参数的及时调整，对于牌号切换过程及稳定产品质量具有重要意义。同时，该测试方法避免了测试中有机溶剂的使用，提高了测试过程的安全环保性。该方法已在聚丙烯生产厂家得到了广泛的应用。

参 考 文 献

［1］卢晓英，义建军. 抗冲共聚聚丙烯结构研究进展［J］. 高分子通报，2010（8）：7-18.

［2］Lu X Y, Yi J J, Chen S T, et al. Characterization of impact polypropylene copolymers by solvent fractionation［J］. Chinese Journal of Polymer Science，2012，30（1）：122-129.

［3］Lu X Y, Qiang H, Zhang Y J, et al. The study of multi-scale structure of impact polypropylene copolymers［C］. Shanghai：6th International Conference on Polyolefin Characterization（ICPC），2016.

［4］祖凤华，李荣波，王莉，等. 乙丙抗冲共聚物的分级与性能［J］. 合成树脂及塑料，2016，33（5）：53-57.

［5］祖凤华，李荣波，王莉，等. 无规共聚聚丙烯组成与结构研究［J］. 石油化工，2012，41（增刊）：457-459.

［6］祖凤华，李荣波，王莉，等. 高抗冲共聚聚丙烯的结构与性能［J］. 石油化工，2015，44（7）：877-881.

［7］Lodefier P, Jonas A M, Legras R. Chemical heterogeneity of poly（ethylene terephthalate）as revealed by temperature rising elution fractionation and its influence on polymer thermal behavior：A comparison with poly（ethylene terephthalate-co-isophthalate）［J］. Macromolecules，1999，32（21）：7135-7139.

［8］Zheng W P, Du D L, He A H et al. Temperature rising elution fractionation and fraction compositional analysis of polybutene-1/polypropylene in-reactor alloys［J］. Materials Today Communications，2020，23：100868.

［9］祝文亲，陈商涛，杜斌，等. 烯烃嵌段共聚物分子链结构非均匀性的研究［J］. 现代塑料加工应用，2019，31（6）：41-43.

［10］Randall J C. Sequence distributions versus catalyst site behavior of in situ blends of polypropylene and poly（ethylene-co-propylene）［J］. Journal of Polymer Science Part A Polymer Chemistry，1998，36（10）：1527-1542.

［11］Sacchi M C, Fan Z Q, Forlini F, et al. Use of different alkoxysilanes as external donors in $MgCl_2$-supported Ziegler-Natta catalysts to obtain propene/1-butene copolymers with different microstructure［J］. Macromolecular Chemistry and Physics，1994，195（8）：2805-2816.

[12] Müller A J, Hernández Z H, Arnal M L, et al. Successive self-nucleation/annealing (SSA): A novel technique to study molecular segregation during crystallization[J]. Polymer Bulletin, 1997, 39(4): 465-472.

[13] Fillon B, Lotz B, Thierry A, et al. Self-nucleation and enhanced nucleation of polymers. Definition of a convenient calorimetric "efficiency scale" and evaluation of nucleating additives in isotactic polypropylene (α phase)[J]. Journal of Polymer Science Part B: Polymer Physics, 1993, 31(10): 1395-1405.

[14] Kang J, Yan F, Wu T, et al. Polymerization control and fast characterization of the stereo-defect distribution of heterogeneous Ziegler-Natta isotactic polypropylene[J]. European Polymer Journal, 2012, 48(2): 425-434.

[15] 罗发亮, 张秀芹, 李荣波, 等. 聚丁二酸丁二醇酯的自成核结晶行为[J]. 高等学校化学学报, 2010, 31(6): 1274-1279.

[16] 杨素, 杨苏平, 周正亚, 等. 用FT-IR红外光谱法快速测定聚乙烯共聚物中的甲基含量[J]. 红外, 2005(9): 9-14.

[17] 王秀绘, 高飞, 王亚丽, 等. 无规共聚聚丙烯的研究进展[J]. 塑料工业, 2010, 38(9): 6-10.

[18] 笪文忠, 屠宇侠, 徐宏斌, 等. 高抗冲聚丙烯结构与性能分析的最新进展[J]. 化工学报, 2016, 67(2): 397-403.

[19] 唐庆余, 李宏宇. 红外光谱法测定高压低密度聚乙烯支化度[J]. 国外分析仪器, 2002(4): 45-47.

[20] Ramkumar D H S, Bhattacharya M. Effect of crystallinity on the mechanical properties of starch/synthetic polymer blends[J]. Journal of Materials Science, 1997, 32(10): 2565-2572.

[21] 胡文兵. 高分子结晶学原理[M]. 北京: 化学工业出版社, 2013.

[22] 解云川, 张乾, 范晓东. 热分级及退火控制聚乙烯结晶态的研究[J]. 中国塑料, 2003, 17(2): 20-24.

[23] Flory P J, Vrij A. Melting points of linear-chain homologs. The normal paraffin hydrocarbons[J]. Journal of the American Chemical Society, 1963, 85(22): 3548-3553.

[24] Howard P R, Crist B. Unit cell dimensions in model ethylene-butene-1 copolymers[J]. Journal of Polymer Science Part B: Polymer Physics, 1989, 27(11): 2269-2282.

[25] Kuwabara K, Kaji H, Horii F, et al. Solid-state ^{13}C NMR analyses of the crystalline-noncrystalline structure for metallocene-catalyzed linear low-density polyethylene[J]. Macromolecules, 1997, 30(24): 7516-7521.

[26] Hoffman J D, Miller R. Kinetic of crystallization from the melt and chain folding in polyethylene fractions revisited: theory and experiment[J]. Polymer, 1997, 38(13): 3151-3212.

[27] Keating M, Lee I H, Wong C S. Thermal fractionation of ethylene polymers in packaging applications[J]. Thermochimica Acta, 1996, 284(1): 47-56.

[28] 刘晓舟, 李荣波. 管材专用高密度聚乙烯的热分级研究[J]. 合成树脂及塑料, 2012, 29(5): 62-65.

[29] 齐欣. 单釜单峰与双釜双峰高等级聚乙烯管材料结晶行为的研究[D]. 上海: 华东理工大学, 2011.

[30] 朱诚身. 聚合物结构分析[M]. 北京: 科学出版社, 2004.

[31] 陈厚, 郭磊, 李桂英. 高分子材料分析测试与研究方法[M]. 2版. 北京: 化学工业出版社, 2018.

[32] Sauer J A, Pae K D. Structure and thermal behavior of pressure-crystallized polypropylene[J]. Journal of Applied Physics, 1968, 39(11): 4959-4968.

[33] Lovinger A J, Chua J O, Gryte C C. Studies on the α and β forms of isotactic polypropylene by crystallization in a temperature gradient[J]. Journal of Polymer Science Part B: Polymer Physics, 1977, 15(4): 641-656.

[34] Norton D R, Keller A. The spherulitic and lamellar morphology of melt-crystallized isotactic polypropylene

［J］. Polymer, 1985, 26(5): 704-716.

［35］ Hu J S, Sun J, Su D, et al. Effect of a nematic liquid crystalline polymer as highly actice β-nucleator on crystallization structure and morphology of isotactic polypropylene［J］. International Journal of Polymer Analysis and Characterization, 2014, 19(7): 661-668.

［36］ Busse K, Kressler J, Maier R D, et al. Tailoring of the α-, β-, and γ-modification in isotactic polypropene and propene/ethene random copolymers［J］. Macromolecules, 2000, 33(23): 8775-8780.

［37］ 洪柳婷. 无规共聚聚丙烯结晶性与其透明性关系的研究［D］. 北京: 中国石油大学(北京), 2018.

［38］ Li R B, Zhang X Q, Zhao Y, et al. New polypropylene blends toughened by polypropylene/poly(ethylene-co-propylene) in-reactor alloy: Compositional and morphological influence on mechanical properties ［J］. Polymer, 2009, 50(21): 5124-5133.

［39］ Yi D K, Kim D Y. Novel approach to the fabrication of macroporous polymers and their use a satemplate for crystalline titania nanorings［J］. NanoLetters, 2003, 3(2): 207-211.

［40］ Heckmann W, McKee G E, Ramsteiner F. Structure-property relationships in rubber-modified styrenic polymers［J］. Macromolecular Symposia, 2003, 214(1): 85-96.

［41］ Jin F L, Lu S L, Song Z B, et al. Effect of rubber contents on brittle-tough transition in acrylonitrile-butadiene-styrene blends［J］. Materials Science and Engineering: A, 2010, 527(15): 3438-3441.

［42］ Schultz-Falk V, Agersted K, Jensen P A, et al. Melting behaviour of raw materials and recycledstone wool waste［J］. Journal of Non-Crystalline Solids, 2018, 485: 34-41.

［43］ Huber M, Franz R. Identification of migratable substances in recycled high density polyethylene collected from household waste［J］. Journal of Separation Science, 2015, 20(8): 427-430.

［44］ Al-Mulla A, Shaban H. Study on compatibility of recycled polypropylene/high-density polyethylene blends using rheology［J］. Polymer Bulletin, 2014, 71(9): 2335-2352.

［45］ 卢晓英, 王宇杰, 徐春燕, 等. 回收料对聚乙烯管材专用料及制品性能的影响研究［J］. 中国塑料, 2018, 33(8): 89-94.

［46］ Lu X Y, Wang Y J, Xu C Y, et al. The test method of metallic elements for polyethylene plastic pipes or materials for pipes and its application［C］. Las Vegas, Nevada: Proceedings of the 19th Plastic Pipes Conference, 2018.

［47］ Carlos D, Álvaro P, Nuria R, et al. Evaluation and comparison of standard and accelerated slow crack growth dtermination emthodologies: effect of the comonomer type influence［C］. Las Vegas, Nevada: Proceedings of the 19th Plastic Pipes Conference, 2018.

［48］ van der Stok E J W. Testing parameters influencing the strain hardening modulus［C］. Las Vegas, Nevada: Proceedings of the 19th Plastic Pipes Conference, 2018.

［49］ Adib A, Dominguez C, Rodriguez J, et al. The effect of microstructure on the slow crack growth resistance in polyethylene resins［J］. Polymer Engineering & Science, 2014, 55(5): 57-62.

［50］ 陈国华, 黄晓之. 基于应变硬化和循环载荷的 PE 管材慢速裂纹增长试验新方法评述［J］. 高分子通报, 2018(2): 22-30.

［51］ 谭洪生, 王建民, 沈琳. 塑料中炭黑分散性的测试评价方法: CN1063939A［P］. 1992-08-26.

［52］ 张玉军, 姚晨光. 汽车用低散发聚丙烯复合材料的研制［J］. 化学工程与装备, 2018(9): 21-23.

［53］ Karen J R. Structuer-odor relationships［J］. Chemical Reviews, 1996, 96(8): 3201-3240.

［54］ 刘玉善. 聚丙烯粉料异味产生的原因分析及对策［J］. 石化技术与应用, 2013, 31(5): 434-436.

［55］ 薛山, 姜平, 慕雪梅, 等. 聚烯烃气味的来源、检测及消除［J］. 石化技术与应用, 2013, 31(2): 65-167.

［56］田刚，武伟，冯勇．关于高熔指聚丙烯低气味生产技术研究［J］．山西化工，2017，37（2）：71-73.

［57］罗忠富，李永华，杨燕，等．车用聚丙烯复合材料气味分析研究［J］．工程塑料应用，2010，38（7）：51-53.

［58］康鹏，金滟，石胜鹏，等．基于电子鼻技术的聚丙烯气味识别研究［J］．塑料工业，2015，43（3）：119-122.

［59］洪海燕．除菌过滤器验证（三）：溶出物/析出物验证［J］．中国新药杂志，2011，201（4）：1266-1269.

［60］陈瑜．HPLC 测定三层共挤输液用袋中抗氧剂 PEPQ 的含量［J］．中国现代应用药学，2015，32（8）：963-965.

［61］吴艳．多层共挤输液用膜制袋中双酚 A 的迁移试验研究［J］．解放军药学学报，2018，34（3）：251-253.

第八章 ABS 树脂新产品开发及工艺技术优化

ABS 树脂自 20 世纪 40 年代问世以来，该工业取得了快速发展，在塑料行业发展中起到举足轻重的作用，现已成为继聚乙烯、聚丙烯、聚氯乙烯和聚苯乙烯之后的世界第五大通用塑料。由于其兼有聚丙烯腈的耐化学性、聚丁二烯的抗冲击性和聚苯乙烯的流动性，因而具有强度高、韧性好、易于加工成型等优异的综合性能，被广泛用于汽车工业、电子、电器、器具和建材等领域。

ABS 树脂有多种分类方法。按照 ABS 树脂的冲击强度高低，通常可分为超高抗冲、高抗冲、中抗冲、低冲击等产品类型；按照产品成型加工工艺方法，一般可分为注射级、挤出级、压延级、吸塑级、吹塑级等品种；根据产品用途和性能的特点，一般可分为通用级、耐热级、电镀级、阻燃级、透明级、抗静电级、挤出板材级、管材级等品种。

随着 ABS 树脂生产工艺核心技术、自动化控制水平、生产装备水平的持续发展和家电行业、新能源汽车及配套产业、医疗行业、熔融沉积成型（FDM）3D 打印技术、无人机、家用机器人等产业的快速发展，ABS 树脂产品不断完善发展，新产品技术正向着产品品质提升和适合不同应用需求的特色产品等方向发展。

第一节 ABS 树脂新产品开发

伴随着家电、汽车、日用品等工业的快速发展，中国已成为世界 ABS 树脂生产和消费中心，中国石油也成为 ABS 树脂的重要生产商及科研主力军。近年来，中国石油高度重视 ABS 树脂新产品技术开发，以市场需求为导向，以用户满意为标准，开发成功白色家电专用 ABS 树脂技术、喷涂专用 ABS 树脂技术、电镀专用 ABS 树脂技术、高流动 ABS 树脂技术、板材级 ABS 树脂技术、超高冲击 ABS 树脂技术、通用 SAN 树脂技术、专用 SAN 树脂技术等十余项 ABS 及 SAN 树脂生产技术，大大提高了中国石油 ABS 树脂产业竞争力和市场影响力，增强了中国石油 ABS 树脂可持续发展能力。

一、白色家电专用 ABS 树脂开发

白色家电专用 ABS 树脂（又称白色家电料）是 ABS 树脂行业高端产品牌号，市场份额主要集中在格力、美的、海尔、奥克斯等白色家电类大型集团企业，年需求量约 $180 \times 10^4 t$，占国内 ABS 树脂市场消费量的 30% 左右，用以生产空调、冰箱、洗衣机等家电的外观件和结构件。这些部件对 ABS 树脂产品的杂质、白度、色差、冲击强度等产品指标有着苛刻要求，市场准入门槛较高。同时，白色家电大客户对产品的质量稳定性、供货稳定性以及相关售后技术服务要求也比较高，市场大多被合资企业与外资企业的产品占领。白色家电料

产品作为高端 ABS 树脂，对市场具有引领和示范作用，对增强企业产品竞争力及市场占有率、提升企业品牌形象具有决定性作用。

作为家用电器外观件 ABS 树脂原材料供应商，2013 年中国石油主打市场的 0215A 牌号 ABS 树脂通用料(简称 0215A)产品，因为外观存在直径 0.1mm 的黑点，被迫退出国内高端家电市场。2014 年，中国石油全力组织 ABS 树脂产品质量攻关工作，针对与合资企业白色家电专用料的产品性能差距，攻关团队开展了大量实验研究，开发出白色家电料 0215H。

1. 重点开展的研发工作

(1) 与白色家电厂家进行对标，确定现有 ABS 树脂产品与市场主流产品的质量差距，明确 0215H 技术指标。

(2) 调整工艺、优化配方，将 ABS 树脂产品冲击强度提高至 24kJ/m^2。

(3) 开展杂质攻关，将 ABS 树脂产品的杂质由 50 个降低到 7 个(企业标准)，并将 0215H 杂质严格控制在 7 以下。

(4) 开展提高白度攻关，白度由 58 提高至 64 以上。

(5) 建立完善白色家电料 0215H 产品标准。

(6) 应白色家电厂家要求，开展 CQC 和 FDA 等产品认证。

(7) 进行深度市场开发，反复沟通产品应用技术问题，产品顺利打进格力、美的、志高、海尔等白色家电市场。

2. 中国石油白色家电料开发成果

中国石油通过开展"产销研用"一体化攻关工作，ABS 树脂产品质量显著提升，开发出的高端白色家电料 0215H 产品的各项性能指标达到国内一流产品水平(中国石油 0215H 与其他同类产品性能比较见表 8-1)，通过欧盟儿童玩具 EN71 安全检测认证、CQC 认证及 FDA 认证，符合 RoHS 标准，产品迅速打开了高端白色家电行业市场。

中国石油申请了一项发明专利《高抗冲白色家电 ABS 复合材料及其制备方法》。2015 年，0215H 产品荣获中国石油和化学工业联合会"中国石油和化学工业知名品牌产品"称号。

表 8-1　0215H 与市场同类产品性能比较

序号	项目	0215H	市场同类产品	测试标准
1	冲击强度，kJ/m^2	24.5	22.4	ASTM D256—2018
2	熔融指数，g/10min	21.3	23.1	ASTM D1238—2020
3	维卡软化温度(B50)，℃	95.2	95.3	ASTM D1525—2017
4	拉伸强度，MPa	43.5	44.2	ASTM D638—2014
5	弯曲强度，MPa	77.5	79.1	ASTM D790—2017
6	弯曲弹性模量，MPa	2700	2763	ASTM D790—2017
7	洛氏硬度(R 标尺)	107	109	ASTM D785—2015
8	白度	65.5	64.5	GB/T 2913—1982

随着中国白色家电企业产能的进一步扩大和终端用户对白色家电质量的要求越来越高，白色家电专用 ABS 树脂需求量将越来越大。而作为 ABS 树脂生产商，能够大批量稳定生产白色家电专用 ABS 树脂，则是技术能力和管理水平的综合体现。中国石油吉林石化作为白

色家电专用 ABS 树脂供应商，将以市场为导向不断提高白色家电专用 ABS 树脂产品质量，未来将在白色家电领域展现更大的作为。

二、喷涂专用 ABS 树脂开发

喷涂专用 ABS 树脂(又称喷涂料)广泛应用于电动车配件、摩托车配件、玩具模型以及其他涂装产品行业，市场需求量约为 $10×10^4$t/a。在满足不同下游用户对材料强度要求的基础上，喷涂料要求树脂与涂料分子间结合力要强，使涂层达到良好的遮盖效果。另外，在涂装过程中溶剂对树脂有很强的腐蚀作用，因此要求喷涂料耐化学性能优良。

针对下游用户提出的 0215A 产品喷涂性能差的问题，中国石油组织实施了喷涂专用料 PT-151 新产品的开发[1]。为获得喷涂料所需的特殊性能，根据国内涂装产品行业实际情况，对产品性能结构及组成进行优化设计，提高产品耐化学性能，并实现冲击性能与加工性能的平衡。2014 年 7 月，PT-151 产品实现工业化生产，产品经检测符合 RoHS 标准，申请了一项发明专利《一种适用于涂装件的 ABS 树脂组合物》；2015 年，PT-151 产品在华东地区及西南地区实现了稳定销售。中国石油 ABS 树脂喷涂专用料 PT-151 与其他产品性能比较见表 8-2。

表 8-2　PT-151 与市场同类产品性能对比

序号	项目	PT151	市场同类产品	测试标准
1	冲击强度，kJ/m²	24.3	22.5	ASTM D256—2018
2	熔融指数，g/10min	20.6	23.3	ASTM D1238—2020
3	维卡软化温度，℃	94.5	95.5	ASTM D1525—2017
4	拉伸强度，MPa	43.3	43.9	ASTM D638—2014
5	弯曲强度，MPa	76.5	79.6	ASTM D790—2017
6	弯曲弹性模量，MPa	2400	2763	ASTM D790—2017
7	洛氏硬度(R 标尺)	106	109	ASTM D785—2015

喷涂料 PT-151 在保证产品的涂装性能以及应用性能的同时，还兼顾了产品生产成本及应用成本，与国内外同类产品相比较，在价格上有较强的竞争优势。PT-151 的成功开发，是中国石油 ABS 树脂产品向专用化迈出的第一步，拓展了 ABS 树脂在涂装产品行业的应用，为未来开发更高端的喷涂专用料奠定了基础，也为开发其他品种 ABS 树脂专用料产品积累了经验。通过开展专用料的开发，中国石油形成了以中高端通用级 ABS 树脂产品为主、专用级 ABS 树脂产品为辅的产品格局，ABS 树脂高端产品市场份额扩大，更好地满足了目标市场的需求。

三、电镀专用 ABS 树脂开发

ABS 树脂是优异的非金属电镀材料，电镀镀层与基材的黏结力比其他塑料要强。2020 年，市场上 90%以上的塑料电镀件以 ABS 树脂或其与其他高分子材料的共混物为基材，材料的应用领域已经发展到电子、高档卫浴、汽车等行业[2]。

中高端电镀产品对 ABS 树脂原料的品质要求越来越高。由于电镀产品的生产成本与电镀过程良品率密切相关，因此为降低不良率，多数用户使用指定品牌的电镀专用 ABS 树脂产品(又称 ABS 电镀专用料)。ABS 电镀专用料国内需求量约 $8×10^4t/a$，国内高端电镀产品普遍使用进口电镀专用料，成本比国内通用型电镀料产品高 $500\sim1500$ 元/t。

为满足 ABS 电镀专用料产品市场需求及较高的品质要求，中国石油开发了电镀专用料 EP-161，并申请了一项发明专利《一种具有优异电镀性能的 ABS 树脂及其制备方法》。电镀专用料 EP-161 主要开发内容包括：(1)调整配方提高产品的加工性能，利于成型后制品内应力的消除；(2)提高产品的丁二烯橡胶含量，提高电镀制品的镀层结合力；(3)减少工艺过程中间产品的凝固物含量，减少电镀制品表面缺陷，保证表面光洁度；(4)降低产品的低挥发分含量，提高电镀制品表面外观质量。中国石油电镀专用料 EP-161 与进口产品的性能比较见表 8-3。

表 8-3 EP-161 与市场同类产品的性能比较

序号	项目	EP-161	市场同类产品		测试标准
			1	2	
1	冲击强度，kJ/m^2	24.7	22.6	29.7	ASTM D256—2018
2	熔融指数，g/10min	21.1	16.9	19.2	ASTM D1238—2020
3	弯曲强度，MPa	74.3	74.7	76.5	ASTM D790—2017
4	弯曲弹性模量，MPa	2760	2511	2687	ASTM D790—2017

ABS 电镀专用料应用在高端电镀制品领域，用户对电镀产品性能、质量以及服务等要求较高，市场准入门槛较高。EP-161 产品已经被国内知名企业九牧集团使用，标志着 EP-161 产品的成功开发和推广应用。未来，随着 EP-161 被越来越多的用户熟悉和认可接受，应用前景十分看好。

四、高流动 ABS 树脂开发

随着 ABS 树脂应用领域的拓展和对产品加工效率的提升，加工过程中熔体流动性好的 ABS 树脂产品(简称高流动 ABS)越来越受到用户的青睐。相比于力学性能相近的通用级 ABS 树脂，高流动 ABS 具有提升制品成型质量、降低加工成本等优势，能够满足大型薄壁制品的成型和使用要求。国内外 ABS 树脂生产厂商均开发出高流动 ABS 产品，市场需求量在 $30×10^4t/a$ 左右。

中国石油在引进技术的基础上，经过消化吸收再创新，通过采用多种 SAN 树脂调配共混技术，成功开发了高流动 ABS 树脂 HF-681，并申请了一项发明专利《一种高流动 ABS 树脂及其制备方法》。经过用户测试，HF-681 产品性能达到用户要求。中国石油高流动 ABS 树脂 HF-681 产品性能与市场同类产品的比较见表 8-4。

表 8-4 HF-681 与市场同类产品的性能比较

序号	项目	HF-681	市场同类产品	测试标准
1	冲击强度，kJ/m^2	24.5	26.4	ASTM D256—2018
2	拉伸强度，MPa	40.9	38.8	ASTM D638—2014

续表

序号	项目	HF-681	市场同类产品	测试标准
3	熔融指数，g/10min	45.6	46.2	ASTM D1238—2020
4	弯曲强度，MPa	63.6	61.8	ASTM D790—2017
5	弯曲弹性模量，MPa	2320	2260	ASTM D790—2017
6	洛氏硬度（R标尺）	106	105	ASTM D785—2015

高流动ABS对提高制品成型质量、降低加工成型成本具有一定贡献，同时，在大型制件、薄壁制品以及复杂结构制件的加工应用方面，具有不可替代的优势。由于ABS树脂的主要成分是SAN树脂，因此SAN树脂的流动性能决定了ABS树脂的流动性能。而高流动SAN树脂的生产效率高，故高流动ABS生产成本更具优势，未来竞争优势将更加明显，应用前景更加广阔。

五、板材级ABS树脂开发

板材级ABS树脂主要应用于冰箱内衬、箱包箱体等产品。板材级ABS树脂在国内市场的用量大、产品附加值高，而目前板材级ABS树脂产品市场主要被进口专用料占有，因此开发板材级ABS树脂专用料具有重要意义。

板材级ABS树脂产品需具有一定熔体强度及适宜的加工流动性，故开发板材级ABS树脂产品，需要开发特殊的SAN树脂和ABS接枝聚合物。2015年，中国石油大庆石化开展了高腈SAN及板材ABS树脂工业化项目建设，建成国内第一套利用自主技术生产高腈SAN及板材ABS的装置，具备了板材ABS树脂的生产能力，为中国石油提高ABS树脂产品的差别化率、开发高附加值ABS树脂专用料打下了坚实的基础。

2019年，根据箱包领域的市场需求和技术要求，中国石油吉林石化开发出箱包用板材级ABS树脂产品ST-571，经用户测试达到指标要求。该产品在华东、华南市场实现推广，产品成功应用在"新秀丽"等知名品牌箱包产品上，其性能见表8-5。

表8-5　ST-571与市场同类产品的性能比较

序号	项目	ST-571	市场同类产品		测试标准
			1	2	
1	冲击强度，kJ/m²	36.5	35.0	34.5	ASTM D256—2018
2	熔融指数，g/10min	8.0	7.5	6.0	ASTM D1238—2020
3	拉伸强度，MPa	38.7	41.5	43.0	ASTM D638—2014
4	热变形温度，℃	85.3	83.5	84.3	ASTM D648—2018
5	断裂伸长率，%	37	36	35	ASTM D638—2014

随着人们生活水平的不断提高和休闲旅游文化的快速发展，冰箱和旅行箱需求量将进一步扩大，板材级ABS树脂的需求量也将不断增加。同时，国产板材级ABS树脂的入市，将改变板材级ABS树脂依赖进口的格局，对提升国内ABS树脂生产企业市场竞争力具有重要意义。

六、通用 SAN 树脂开发

ABS 树脂的中间产品包括 SAN 树脂和聚丁二烯的丙烯腈、苯乙烯接枝共聚物(G-ABS) 粉料。其中，SAN 树脂既是 ABS 树脂的中间产品，也是一种塑料原料，具有优异的透明性、刚性、耐油性等优点，在化妆品包装、容器、家电、轻工产品等领域广泛应用，年需求量在 50×10^4t 以上。

根据市场需求，中国石油结合吉林石化 ABS 装置能力和特点，开发出 SAN-2437 牌号产品。SAN-2437 作为通用商品 SAN 树脂，具有广泛的适用性，产品经玻璃纤维增强后可直接作为空调风扇叶片的原料。中国石油通用型 SAN 树脂 SAN-2437 与市场同类产品的性能比较见表 8-6。

表 8-6　SAN-2437 与市场同类产品的性能比较

序号	性能项目	SAN-2437	市场同类产品	测试方法
1	熔融指数，g/10min	30.5	32.4	ASTM D1238—2020
2	冲击强度，kJ/m^2	1.8	1.7	ASTM D256—2018
3	拉伸强度，MPa	75.2	71.6	ASTM D638—2014
4	弯曲强度，MPa	130.5	100.8	ASTM D790—2017

通用 SAN 树脂 SAN-2437 具有流动性与刚性之间良好的平衡性能，生产工艺过程具有操作简便、生产效率高等特点。中国石油开发通用 SAN 树脂对于增加装置产能、降低生产成本、满足市场需求具有重要意义。

七、打火机外壳专用 SAN 树脂开发

中国是全球最大的打火机生产基地和出口基地，打火机外壳专用 SAN 树脂需求量很大，产品市场主要集中在湖南、浙江等地，年需求量在 8×10^4t 左右。打火机外壳专用 SAN 树脂与普通 SAN 树脂的性能差异较大，因打火机必须经过高温检测、跌落检测等一系列安全检验，各项检测指标对其外壳材料的耐高温和抗冲击性能有很高的要求，同时还要具有较好的耐化学品性能。

2014 年，中国石油吉林石化在通用型 SAN 树脂基础上，调整配方设计，通过中试装置进行工艺试验验证，成功开发出适用于一次性打火机外壳的 SAN-1825 产品[3]。SAN-1825 产品结构具有两大特点：一是键合丙烯腈含量及分子量高；二是通过严格生产工艺控制保证产品分子量分布不能过宽。中国石油打火机用 SAN 树脂产品 SAN-1825 与市场同类产品的比较见表 8-7。

表 8-7　SAN-1825 产品与市场同类产品的比较

序号	性能项目	SAN-1825	市场同类产品	测试方法
1	键合丙烯腈含量,%(质量分数)	≥32.5	32.5~33.5	裂解法
2	雾度	<2	<2	GB/T 2410—2008
3	黄色指数	≤6	≤6	HG/T 3862—2006

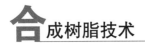

续表

序号	性能项目	SAN-1825	市场同类产品	测试方法
4	熔融指数，g/10min	12~16	16~20	ASTM D1238—2020
5	冲击强度，kJ/m²	≥1.8	≥1.8	ASTM D256—2018
6	拉伸强度，MPa	≥78	≥78	ASTM D638—2014
7	维卡软化温度，℃	≥93	≥93	ASTM D1250—2017

SAN-1825 工业化产品在湖南等地打火机加工企业应用，产品通过高温耐压、跌落试验等性能测试，获得用户认可，打开了打火机专用 SAN 树脂市场，年产量在 2000t 左右。限于吉林石化 SAN 装置生产负荷和产能，目前还没有批量连续生产打火机专用 SAN 树脂。通过 SAN-1825 工业化产品的开发，吉林石化积累了特种 SAN 树脂产品设计和生产经验，为开发新型、功能特殊的 ABS 系列新产品奠定了基础。

八、高腈 SAN 树脂开发

在 ABS 组成中，SAN 树脂作为基材，占比通常在 60% 以上。而 SAN 树脂的组成和分子量及其分布等，又是其自身性能的决定性因素，进而对 ABS 的性能产生重要影响。高腈 SAN 树脂具有优异的尺寸稳定性、耐候性、耐热性、耐油性、刚性、抗震动性和化学稳定性，是生产板材级 ABS 树脂不可缺少的中间原料，其制备水平成为决定板材级 ABS 树脂质量水平的重中之重。

中国石油大庆石化高腈 SAN 生产技术研发能力不断提升，在连续比值混合配料聚合物组成控制技术、热引发本体聚合技术、两级脱挥降膜蒸发技术及特殊的冷凝和撤热等 5 项技术上取得重大突破，形成了热引发、引发剂引发生产高腈 SAN 生产技术。2011 年 4 月，热引发本体聚合高腈 SAN 树脂生产技术顺利通过中国石油组织的审核鉴定。大庆石化高腈 SAN 产品与同类产品的性能比较见表 8-8。

表 8-8　SAN355 与市场同类产品的性能比较

序号	性能项目	SAN355	市场同类产品	测试方法
1	熔融指数，g/10min	5.0	6.3	GB/T 3682—2018
2	冲击强度，J/m	21.6	21.2	ASTM D256—2018
3	拉伸强度，MPa	73.5	75.0	ASTM D638—2014
4	维卡软化温度，℃	110.6	108	ASTM D1525—2017
5	黄色指数	5	10	HG/T 3862—2006
6	残留单体，mg/kg	275	642	Q/SY DH0549—2020
7	键合丙烯腈含量，%（质量分数）	32.96	33.77	裂解法

中国石油大庆石化热引发本体聚合高腈 SAN 树脂生产技术的成功开发，可有效解决制约板材级 ABS 树脂不能实现规模化生产的实际问题，有效控制 SAN 树脂中丙烯腈含量及化学组成的均一性，改善 ABS 树脂的加工性、抗冲击性、表面光滑性和强度性能等，为大庆石化后续开发高附加值 ABS 树脂专用料打下坚实的基础。

九、超高冲击 ABS 树脂开发

超高冲击 ABS 树脂具有高冲击强度和高拉伸强度，广泛应用于需要高冲击强度的部件，例如办公室设备、厨房用品、旅行箱、工具箱、公文箱、鞋跟、机车零件等，同时还是生产改性 ABS 树脂的最佳基础原料。高冲击高刚性 ABS 树脂市场潜在需求量巨大，其中华南地区年用量达到 $4 \times 10^4 t$。

超高冲击 ABS 树脂的产品具有较高韧性、良好的低温冲击性能、优异的刚性等特点，其技术核心是优化产品组成和结构，发挥橡胶相增韧作用，提高耐寒性能，同时，通过引入高分子量 SAN 树脂，来提高材料的整体性能，平衡冲击与刚性的矛盾。

中国石油吉林石化通过对标市场超高冲击 ABS 树脂的性能和结构，结合用户加工应用需求和吉林石化 ABS 树脂的技术特点，进行产品设计，顺利完成了超高冲击 ABS TH-191 研究开发工作，2019 年 10 月在吉林石化 ABS 树脂生产装置完成 500t 工业化生产。工业化产品在兰溪市野马摩托配件有限公司完成加工应用试验，生产的车用头盔制品经耐穿刺性能和耐撞击性能测试，产品各项性能指标（表 8-9）满足用户要求，产品获得用户认可。

表 8-9　TH-191 与市场同类产品的性能比较

性能指标	TH-191	市场同类产品		测试方法
		1	2	
冲击强度，kJ/m^2	44.5	44.6	42.5	ASTM D256—2018
熔融指数，g/10min	8.6	9.4	7.3	ASTM D1238—2020
拉伸强度，MPa	44.8	42.5	39.9	ASTM D638—2014
弯曲强度，MPa	69.6	69.3	70.1	ASTM D790—2017
弯曲模量，MPa	2240	2405	2300	ASTM D790—2017
硬度	104	103	103	ASTM D785—2015

超高冲击 ABS 树脂属于特殊用途牌号，与通用牌号产品价差 1500~3000 元/t，附加值较高。开发超高冲击 ABS 树脂，对于满足特殊用户需求、扩大产品应用领域、提高中国石油 ABS 市场影响力具有重要意义。

十、抗菌 ABS 树脂开发

现代生活中人们常常受到细菌、病毒等微生物困扰，为此世界各国投入了大量科研力量研发抗菌剂以及抗菌材料。从国内外抗菌材料的发展情况来看，抗菌塑料是发展最快、应用最广泛的抗菌材料，已广泛应用于家电、食品包装、文化用品、厨卫用品、汽车配件等多个领域，具有杀菌时效长、经济、使用方便等特点。发展和研究具有抑菌性能的新型塑料制品，对于改善人们的生活环境、减少疾病发生率、保护人类身体健康等方面都具有十分重要的现实意义。

ABS 树脂的抗菌功能可以通过添加一定量的抗菌剂来实现。常用抗菌剂中的天然抗菌剂主要来自天然植物的提取物质；有机抗菌剂主要包括杀菌剂（乙醇、四价铵盐等）、防腐剂（有机卤素化合物等）以及防霉、防藻剂（吡啶、卤代烷等）；无机抗菌剂主要利用银、铜、锌、钛等金属的抗菌能力，通过物理吸附、离子交换和多层包覆等技术手段，将银、铜、钛等金属(或其离子)固定在沸石、硅胶、磷盐等多孔材料或层状晶体材料中，再通过一定加工工艺与 ABS 树脂复合制成抗菌 ABS 树脂。

中国石油吉林石化与吉林化工学院合作，利用无机银系、银-锌系抗菌剂、锌系抗菌剂，通过共混法制备抗菌 ABS 树脂。与目前市场上其他银-无机抗菌剂相比，开发了木质素载银技术，在赋予 ABS 树脂抗菌作用的同时，对 ABS 树脂基础物性的负面影响很小，尤其是产品冲击强度，可维持添加前试样冲击强度的 98.2%[4]。同时，木质素载银抗菌剂具有着色稳定剂的作用，可提升 ABS 树脂抗变色性能。广州工业微生物检测中心对开发的抗菌 ABS 树脂进行了检测，具体结果见表 8-10。

表 8-10　抗菌 ABS 树脂的抗菌性能

试样	抗菌率,%	试样菌种	备注
ABS-Ag-SR	60.03		添加 0.6%银系抗菌剂
ABS-Ag-Zn-SR	96.06	金黄色葡萄球菌	添加 0.7%银-锌系抗菌剂
ABS-Ag-Zn-ZK	>99.99		添加 0.6%银-锌系抗菌剂
ABS-Ag-Zn-SR	>99.99		添加 0.7%银-锌系抗菌剂

注：(1)检验方法依据 QB/T 2591—2003《抗菌塑料　抗菌性能试验方法和抗菌效果》。
(2)根据标准阐述结论，抗菌率≥90%的抗菌塑料有抗菌作用；抗菌率≥99%的抗菌塑料有强抗菌作用。

抗菌 ABS 树脂的用量逐年增加，年需求量以 20%的速度增长。与通用牌号的价格相比，抗菌 ABS 树脂的价格高出 16000~18000 元/t，主要原因是抗菌剂成本较高，但抗菌 ABS 树脂的附加值仍比通用牌号高 500~2000 元/t。

我国在塑料抗菌方面也在快速跟进发展，GB 21551.2—2010《家用和类似用途电器的抗菌、除菌、净化功能抗菌材料的特殊要求》的颁布，进一步规范了抗菌塑料在家电行业的应用。在家电用抗菌塑料中，ABS 树脂的用量居首位，主要用于制作冰箱的内衬、电视机、计算机、空调、吸尘器、电话机及其他小家电的壳体和内部构件。随着人们生活水平的进一步提高和抗菌意识的不断增强，抗菌 ABS 树脂在我国将有跨越式发展。

十一、高光黑色 ABS 树脂开发

高光黑色 ABS 树脂是一种表面光亮度高的黑色 ABS 专用料产品，具有融流指数高、光泽度高、易于加工成型等特点，适用于表面光泽度要求高的电器设备外壳、边框、底座等部件制品，市场应用前景广阔。

目前，ABS 黑色料市场需求较大，通常采用 0215H、PA-757 等产品与黑色母粒或回用料染色料共混生产。在 ABS 树脂生产过程中，由于工艺波动等原因，会出现色度指标偏离的产品，通常作为副牌号比正品价格低 400 元/t 进入市场出售，而这部分产品用于生产黑色料则通常没有影响。因此，开发 ABS 黑色专用料，可以消耗产品中的副牌号产品及部分通用产品，在降低副牌号产品和通用料销售压力的同时，可提高装置综合创效能力。

ABS 树脂着色有色粉着色法、色浆着色法和色母粒着色法 3 种。随着塑料制造业的发展，色母粒着色法以其诸多优势已为越来越多的 ABS 塑料加工企业所采用。

中国石油吉林石化结合市场需求，研究符合自身生产特点的工艺路线，依托吉林石化ABS树脂生产装置，通过优选高光黑色母粒，采用不同熔融指数SAN树脂复配，开发出具有自主知识产权的GE系列ABS黑色料新产品，其中GE-100为高光黑色ABS专用料[5-6]。GE系列高光黑色ABS对比测试结果见表8-11。

表8-11 高光黑色ABS树脂与市场同类产品的性能比较

性能指标	GE-300	GE-200	GE-100	市场同类产品	测试方法
冲击强度，kJ/m²	20	18	13	21.4	ASTM D256—2018
熔融指数，g/10min	20	22	30	19.0	ASTM D1238—2020
拉伸强度，MPa	47	46	39	43.7	ASTM D638—2014
弯曲强度，MPa	79	76	65	67.0	ASTM D790—2017
弯曲模量，MPa	2610	2530	2370	2297	ASTM D790—2017
硬度	108	104	101	101	ASTM D785—2015
光泽度	87	89	89	89	
黑度	23.2	22.5	22.5	22.4	

吉林石化的黑色料GE-300在浙江天能集团公司完成了加工应用试验，产品成型工艺与国内同类产品相近，具有成型容易、韧性好、黑度高等优点。经过注塑制品应用性能测试，产品各项性能达到同类产品水平，完全满足蓄电池外壳应用要求。黑色料GE-200在合肥会通新材料有限公司（以下简称会通公司）完成了应用测试试验，原料的各项性能指标均满足要求。配合会通公司要求，开展定制化产品3070H黑色料生产。根据海尔新材料公司的要求，开发了高光黑色料GE-100，实现批量工业化生产，累计生产和销售700t。

开发高光黑色料等着色ABS树脂产品对于延伸ABS树脂产业链、提供定制化产品，以及增强企业与市场的密切结合具有重要意义，该技术可为ABS装置扩能或新建改性生产线提供支持。

十二、耐油电瓶壳ABS树脂开发

近年来，随着新能源汽车行业的迅猛发展，耐油型电瓶壳ABS专用料需求日益增加。ABS、注塑级聚丙烯、注塑级高密度聚乙烯、聚碳酸酯（PC）等树脂均可以生产制造汽车电瓶壳。但是，由于气候影响制约了聚丙烯等脆性塑料材料制品在北方的应用，制品在室外低温环境使用容易发脆，发生冻裂漏液等现象，因此，具有耐低温性能的ABS树脂成为最佳选择。开发一种耐油电瓶壳ABS专用料，既符合市场发展需求，也具有相当可观的经济效益，有利于拓宽中国石油ABS树脂应用领域。

针对耐油电瓶壳ABS专用料的特殊性，需要从ABS树脂产品结构、理化性能及加工性能等方面全面考量产品的技术需求，全面掌控新产品特性。ABS树脂受冰乙酸、植物油等有机物侵蚀会产生应力开裂，在高温天气或发生交通事故时，电池燃烧的可能性很大。因此，通过引入耐油性更好的PET树脂作为改性材料，提升耐油电瓶壳ABS专用料产品的耐油性能。

中国石油吉林石化依托ABS树脂生产装置，以ABS高胶粉与SAN树脂为基料，用结晶型聚合物 PET 或 PBT 与 ABS 树脂共混改性，通过优选及调节相容剂用量改善两种体系相界面的结合力，提高共混物的力学性能和加工性能，开发出具有自主知识产权的耐油电瓶壳 ABS 专用料[7]，耐油 ABS 树脂性能测试结果见表 8-12。

表 8-12 吉林石化耐油电瓶壳 ABS 专用料性能

检测项目	耐油 ABS-1	耐油 ABS-2	耐油 ABS-3
拉伸屈服应力，MPa	43.4	47.3	37.1
悬臂梁冲击强度，kJ/m²	17.5	15.7	20.5
弯曲屈服强度，MPa	67.3	70.2	54.3
弯曲弹性模量，MPa	2096	2130	1912
硬度	106	110	97
白度	58.5	55.9	60.0
黄色指数	18.1	18.4	16.5
维卡软化温度，℃	100.2	104.0	96.1

随着电动汽车的飞速发展，汽车电池和电瓶的应用愈加广泛。耐油电瓶壳 ABS 专用料技术的成功开发，对于拓展 ABS 树脂在车用零配件领域应用具有重要意义，该产品生产技术适合中小型改性厂开展定制化产品的开发应用。

十三、3D 打印用 ABS 树脂开发

3D 打印技术突破了产品设计受生产工艺水平制约这一传统思维模式。ABS 树脂作为一种通用塑料，其综合性能优异，是熔融沉积成型（FDM）3D 打印工艺应用最广的耗材，更适合增材制造领域。经由 ABS 丝材 3D 打印成型制品的性能可以达到注塑制品的 80%，但是 ABS 材料进行熔融沉积成型时仍存在易翘曲、易变形、精度不足等问题。因此，需要采用多种材料和工艺对 ABS 材料进行改性，提升 ABS 材料的 3D 打印工艺性能与制品性能，以扩宽 3D 打印的应用范围。

3D 打印用 ABS 材料主要用于 FDM 工艺，而 FDM 工艺的基本原理是利用加热喷嘴将塑料丝材原料熔融，并通过电动机精确控制堆积的方位，将目标制品层层叠加成型。因此，ABS 需制备成丝材才能用于 3D 打印。3D 打印用 ABS 丝材的制备工艺包括干燥、混料、挤出造粒和拉丝收卷几个步骤。中国石油吉林石化捕捉未来 3D 打印市场对于 ABS 打印材料的市场需求，调研 ABS 树脂 3D 打印行业应用及发展趋势，通过搭建小试 3D 打印平台，利用吉林石化 ABS 产品完成了打印耗材配色、拉丝挤出、模型设计到成品打印全套工艺流程，并成功开发出低挥发 3D 打印 ABS 树脂，满足 3D 打印工艺要求。

ABS 树脂是最适合于 3D 打印的高分子材料之一。特别是在制备复杂制件方面，3D 打印可以解决传统注塑工艺无法实现的难题，并在制备单个备选样件时无须为制备样品而开发磨具，因此，在各方面展现了独特的优势。3D 打印技术展现出极大的发展前景，也必将为 ABS 树脂及其改性材料迎来一个全新的发展机遇。

十四、石墨烯改性 ABS 树脂开发

自 2004 年石墨烯（Graphene）被以机械剥离的方法制备并被揭示出独特的物性以来，世

界上物理、化学、材料、电子以及工程领域的科学家都对其投注了巨大的研究兴趣。石墨烯是一种由单层碳原子组成的二维平面结构，有极高的强度和热导性，实验测得石墨烯的杨氏模量可达近1×10^{12}Pa，热导率可达3000W/（m·K），与金刚石十分接近。另外，石墨烯还具有良好的导电性、极高的电子迁移率等，石墨烯浆料的扫描电镜照片如图8-1所示。

图8-1　石墨烯浆料的扫描电镜照片

将石墨烯与ABS树脂共混，有望提高共混物的刚性、耐热性能、抗静电性能、热传导性能等，是一个具有探索性、前沿性的研究课题。中国石油吉林石化与宁波墨西公司、中国科学院重庆绿色智能技术研究院等单位合作开展石墨烯/ABS合金技术研究。宁波墨西公司提供的石墨烯，吉林石化制备共混合金，中国科学院重庆绿色智能技术研究院开展结构剖析。

吉林石化ABS树脂研发团队通过共混挤出、胶乳分散凝聚共混、本体SAN聚合共混等不同的石墨烯与ABS树脂复合工艺研究，制备的石墨烯改性ABS树脂共混样品性能测试结果见表8-13。

表8-13　石墨烯改性ABS小试样品测试结果

石墨烯含量%	熔融指数 g/10min	拉伸强度 MPa	弯曲强度 MPa	弯曲模量 MPa	硬度	冲击强度 kJ/m²	维卡软化温度 ℃
0	19.9	46.6	80.7	2854	112	20.1	93.2
0.1	15.1	41.7	70.6	2446	105	13.2	87.7
0.3	12.4	40.6	79.6	2772	104	10.4	96.5

石墨烯从真正走进人们视野的那一刻开始，就受到了科学界的高度关注，同时也被赋予了无限期待。石墨烯应用于ABS树脂改性，并赋予石墨烯/ABS合金特殊性能也被材料界寄予厚望。相信通过更加细致和系统的研究开发，石墨烯/ABS合金将在未来成为特殊而有用的材料。

第二节　ABS树脂工艺技术优化

伴随着产业的快速发展，ABS树脂生产技术也在不断优化发展。近年来，中国石油通过自主开发，形成了以小粒径聚丁二烯胶乳（PBL）附聚工艺技术、凝聚工艺优化技术、湿法挤出工艺技术、色差控制技术为核心的一系列工艺优化技术，为提高中国石油ABS树脂产业市场竞争力和实现ABS树脂产业的进一步发展提供了技术保障。

一、小粒径PBL附聚工艺技术

在采用乳液接枝—本体SAN掺混工艺生产ABS树脂的过程中，控制PBL粒径的大小对

ABS 树脂冲击强度有着决定性影响，对产品加工流动性和光泽度也有重要影响。

小粒径 PBL 附聚工艺技术就是先合成小粒径 PBL，再将小粒径 PBL 附聚成大粒径 PBL。该技术以其灵活的粒径及其分布控制能力正在成为合成新型橡胶结构 ABS 树脂(如双峰 ABS 树脂)的主要手段和热点合成技术之一。

附聚就是控制性凝聚，即通过使胶乳在一定程度上去稳定化而使胶乳粒子聚并，实现胶乳粒径增大。常用附聚方法主要有化学附聚、压力附聚和高分子附聚 3 种方法。附聚技术在增大基础胶乳粒径的同时，还达到了缩短 ABS 树脂生产周期和提高生产效率的目的。传统的乳液接枝—本体 SAN 掺混工艺制备 PBL 的聚合时间一般在 26h 以上，采用附聚技术可使 PBL 合成时间大大缩短。

醋酸附聚是典型的化学附聚，即向小粒径 PBL 中加入醋酸，使胶乳因 pH 值降低而降低体系稳定性，导致粒子间迅速聚并。当 PBL 粒子的尺寸达到要求时，向胶乳粒子中加入氢氧化钾、乳化剂，提高胶乳的 pH 值，使附聚后胶乳重新稳定。该技术因成本低廉、采购便捷、附聚效果明显、粒径控制精确等优点日益受到生产企业青睐。

中国石油大庆石化采用化学法附聚后的 PBL，通过改进聚合反应条件，极大地缩短了接枝聚合时间。例如，以脱盐水—葡萄糖—焦磷酸钠—七水硫酸亚铁为引发剂，在原有的乳化体系中加入了十二烷基硫酸钠，并调整三段升温方式，使接枝聚合时间缩短到 6h，并可制得胶含量达到 65% 以上的 ABS 接枝粉。

中国石油吉林石化通过调整化学法附聚剂种类、附聚操作工艺，得到稳定大粒径的附聚胶乳[8-9]；通过优化后续接枝、凝聚、干燥等工艺操作，制备出性能稳定的 ABS 树脂，确定了附聚法生产 ABS 树脂全流程工艺参数。

中国石油小粒径 PBL 附聚工艺技术已经达到国内领先、国际先进水平。该技术已经应用到吉林石化现有 60×10^4t/a ABS 装置、吉林石化揭阳新建 60×10^4t ABS 装置以及吉林石化吉林新建 40×10^4t ABS 装置。因小粒径 PBL 附聚技术工艺设备简单，易于实施，该技术的转化能使现有 ABS 装置的 PBL 生产能力提高 40%。

二、凝聚工艺优化技术

ABS 高胶粉是工业上生产 ABS 树脂的重要组成部分，通过将其与 SAN 树脂以不同比例共混可制得力学性能不同的 ABS 树脂。其合成方法是在聚丁二烯(PB)橡胶粒上接枝共聚丙烯腈(AN)单体和苯乙烯(ST)单体得到 G-ABS 胶乳(G-ABSL)，然后通过加入凝聚剂促使 G-ABSL 快速沉降析出，再经过离心、洗涤、干燥得到 ABS 高胶粉。凝聚工艺优化需要从 G-ABS 胶乳破乳凝聚机理出发，对 G-ABS 胶乳的凝聚过程进行分析，对比工业化装置上主流连续凝聚工艺的优缺点，找出 ABS 生产装置凝聚单元工艺优化技术的关键点。

1. ABS 胶乳凝聚机理

设法破坏悬浮粒子在体系中的稳定性，促使 G-ABSL 粒子相互碰撞、聚集，体积增大，达到快速沉降的目的。以使用阴离子乳化剂的 G-ABSL 粒子为例，其表面吸附了一层阴离子乳化剂，因静电斥力而阻碍粒子相互接近，避免聚集。G-ABSL 粒子带有负电荷，而在所形成双电层中的阳离子又会和周围的水分子发生强烈的水化作用，分别在吸附层和扩散层内形成黏结水化层和黏滞水化层，因水化层具有较大的黏滞性、弹性和抗剪切强度，而阻碍与过多的阳离子结合以及粒子聚集。一般来说，粒子带电荷越多，ζ 电势越大，扩散层就越厚，层内的反荷离子也越多，水化作用也越强烈，形成的（水）溶剂化壳层也越厚，分散体系就越稳定。要想使粒子聚集或凝聚，就需要从外界加入凝聚剂，压缩双电层厚度，降低 ζ 电势。

根据经典的 DLVO 理论，影响胶体分散体系稳定性的主要因素有颗粒表面电位、反荷离子浓度和价数。改变 G-ABSL 体系中乳化剂和反荷离子的浓度能够影响其稳定，实现 G-ABS 聚合物的破乳分离。在 G-ABS 生产中，通常是加入电解质实现这一过程。加入不同类型的电解质可以使 G-ABSL 发生不同类型的破乳凝聚。

2. G-ABSL 凝聚过程分析

除了凝聚剂与乳化剂发生化学反应外，G-ABSL 的凝聚过程基本上可以看作物理过程，是一种微粒由于碰撞而凝集的过程，没有真正意义上的化学反应。

在破乳凝聚阶段，G-ABSL 和凝聚剂同时加入凝聚釜中，在釜内瞬间完成破乳，在凝聚剂的作用下 G-ABSL 粒子的双电子层被破坏，胶乳粒子失去了水化层的保护而瞬间形成聚集体，聚集体进而互相贯穿，形成了中间包含介质的三维网络结构，这种现象称为胶凝作用。随着分散体系的稳定性降低，凝聚颗粒接触更紧密，并将介质挤出，最后形成絮凝结构体——凝胶，凝胶可以看作 G-ABSL 部分失去稳定性的产物[10]。

G-ABSL 完成破乳后，形成的具有絮凝体结构的破乳凝聚物，实际是一种软凝胶。在搅拌器的强烈剪切作用下，大块的凝胶被破碎成小块，当温度升高时，小块凝胶快速收缩脱水，体积变小，表观黏度迅速降低，形成初级凝聚颗粒。在此过程中，颗粒的结构和形态不会发生变化。在熟化釜中的高温和搅拌作用下，初级凝聚颗粒开始互相碰撞、黏结、粒径增大。当粒径增大到一定程度时，受到搅拌桨剪切作用而破碎，破碎后的小颗粒会再次碰撞、黏结，凝聚颗粒的粒径和硬度逐渐提高。在此过程中，凝聚颗粒会形成大量微孔，被包裹凝聚颗粒中的介质能够通过这些微孔在后续的脱水、洗涤和干燥过程中排出[10]。

3. G-ABSL 凝聚工艺优化需求分析[11-16]

1）产品质量提升的需求

中国石油 ABS0215H 应用于白色家电领域，该领域对产品的杂质含量要求严格。0215H 生产过程中曾存在杂质的困扰，ABS 凝聚过程中偶尔会产生红色杂质，生产过程不受控。

2）消除制约产能的瓶颈

影响 0215H 产能的因素包括两方面：一方面，0215H 作为高端产品，对产品质量要求较高，工厂严格控制产品质量。在生产工艺、原料、公用工程条件等都没有变化的情况下，产品杂质数量有时会突然增加，导致无法产出 0215H 产品，生产能力被迫下降。因此，开展凝聚过程研究，了解杂质产生的机理及控制方法是确保 0215H 质量和产量的关键。另一方面，凝聚干燥工序是 ABS 树脂生产的瓶颈。吉林石化 ABS 生产装置接近满负荷生产时，凝聚干燥是制约产能的瓶颈工序，时常出现粉料产量影响 ABS 产量的问题。

0215H 产品应用在大型白色家电产品中，用户对冲击强度要求较高。0215H 是吉林石化通用型 ABS 中冲击强度最高的，达到 $24kJ/m^2$，比普通 ABS 高 $4kJ/m^2$ 以上。因此，0215H 需要的 ABS 高胶粉量较大。随着 0215H 排产比例增加，凝聚干燥生产能力的瓶颈问题会更加突出。

3）凝聚单元运行过程中存在的其他问题

G-ABSL 凝聚后颗粒形态不佳，粒径分布偏宽，结构松散，孔隙率过高，易出现带式过滤机滤布堵塞和脱水机电流过载现象；干燥器干燥效率低，G-ABS 粉料干燥效果差，只能通过延长干燥时间降低含水率，严重制约了凝聚生产负荷；胶乳振动筛和干粉振动筛处废料多，物料损失大。凝聚系统生产不稳定，经常停车，引起生产波动的原因不清楚，处理措施不明确。以上问题严重制约了凝聚单元的连续稳定运行和白色家电料 0215H 的生产，应通过工艺优化加以解决。

4．技术攻关过程

（1）利用 10L 玻璃凝聚釜等仪器设备搭建了小试凝聚试验评价平台，结合粉体激光粒度分析仪建立具有量化指标的凝聚效果评价方法。

（2）开展了电解质辅助凝聚效果小试试验研究。

（3）通过开展显微镜热台微观凝聚实验，开展凝聚湿粉料杂质来源研究，推断出凝聚过程中红色杂质产生的原因。

（4）结合生产装置的工艺特点及运行情况，开展了电解质辅助凝聚工业化应用试验，并根据试验结果制订工业化改造实施方案。

（5）进行 ABS 装置凝聚工艺优化改造，完成工业化应用，实现成果转化。

5．凝聚工艺优化成果

（1）提出凝聚粒子致密度分析指标，开发凝聚效果表征技术，建立了凝聚效果分析标准。

（2）基于复合凝聚剂协同作用机理，开发成功复合凝聚新技术，凝聚效果显著提高。

（3）建立了带有自控程序的间歇凝聚试验评价装置，通过模拟生产装置连续凝聚状态研究，明确了浆液浓度、熟化温度和搅拌强度等工艺参数对凝聚效果的影响。

（4）查明了凝聚单元杂质来源及成因，提出了解决方案并实现生产工艺优化，解决了凝聚过程中产生红色杂质的问题。

（5）复合凝聚新技术在吉林石化第一、第三 ABS 装置上实现了工业化应用，装置长周期稳定运行，解决了制约 0215H 生产能力瓶颈问题。

聚合物乳液的凝聚技术是一项影响因素众多、过程极其复杂的工艺技术，其与聚合物乳液稳定技术刚好相反，是聚合物乳液去稳定的过程。也正因为其复杂性，故不论在 ABS 产业界，还是在高分子材料学术界，开展此项研究都是十分困难的。而以吉林石化 ABS 生产实践为依托开发成功的复合凝聚新技术，是一项十分难得的成果，必将在中国石油未来 ABS 新装置建设和老装置技术改造中展现广阔的应用前景。

三、湿法挤出工艺技术

在采用乳液接枝—本体 SAN 掺混工艺生产 ABS 树脂过程中，G-ABS 粉料需要经过脱水、洗涤和干燥后再与 SAN 树脂熔融共混制备 ABS 树脂产品。ABS 湿法挤出工艺是指 G-ABSL 经过凝聚洗涤后，G-ABS 湿粉料不需干燥，直接与 SAN 树脂进行挤出共混的生产工艺。

湿法挤出工艺又分为熔融 SAN 湿法挤出工艺(图 8-2)和颗粒 SAN 湿法挤出工艺(图 8-3)。

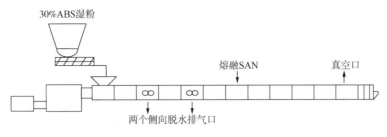

图 8-2　熔融 SAN 湿法挤出工艺

图 8-3　颗粒 SAN 湿法挤出工艺

熔融 SAN 湿法挤出工艺是指利用熔融 SAN 与 G-ABS 湿粉料进行共混挤出，即在 SAN 脱挥发分后，SAN 熔融树脂由齿轮泵计量直接送入挤出机与 G-ABS 湿粉料共混进行造粒。该工艺操作简单，产品色度好，由于没有 SAN 造粒和风送系统，装置能耗相对要低，但 SAN 聚合系统、熔融树脂输送和湿法挤出设备的连续化协调控制难度较大。

颗粒 SAN 湿法挤出工艺是指 SAN 脱挥发分后熔融树脂先进行冷却造粒，SAN 颗粒通过风送系统送进中间料仓，经过计量后送入 ABS 湿法挤出机中与 G-ABS 湿粉料进行挤出造粒。该工艺过程相对复杂，由于 SAN 树脂经过二次挤出造粒过程，ABS 产品色度相对稍差，装置能耗相比熔融 SAN 湿法挤出工艺要高。但 SAN 颗粒易于输送和精确计量，操作方式比较灵活。SAN 合成工序与挤出工序之间有料仓可以缓冲，生产过程容易控制。

世界 ABS 树脂产能前三的公司均拥有湿法挤出技术，其中苯领（原巴斯夫）装置采用熔融 SAN 湿法挤出工艺，奇美公司和 LG 化学公司采用颗粒 SAN 湿法挤出工艺。颗粒 SAN 湿法挤出工艺具有灵活性，对设备、控制系统要求相对较低，容易实现，因此，吉林石化 ABS 新项目采用该工艺生产 ABS 通用料。

1. 挤出工艺对比

干法挤出工艺过程是指 G-ABSL 经过凝聚洗涤后 G-ABS 湿粉料经过沸腾床干燥器干燥，形成 G-ABS 干粉料，送到中间料仓，SAN 树脂也经过挤出造粒，送到中间料仓，二者再经过计量混合后加入挤出机进行熔融共混。

与湿法挤出工艺相比，干法挤出工艺计量准确，控制灵活，产品质量稳定，具有很强的可控性和可操作性。但该法 G-ABS 湿粉需经脱水、干燥等过程，所以能耗高、工艺复杂。如果采用空气干燥，则干燥过程具有发生爆燃的安全隐患，且干燥过程的氧化作用会对 ABS 粉料质量产生影响。同时，干法挤出造粒工艺在干粉的输送和计量加料过程中，还会产生粉尘污染。

湿法挤出工艺因将未经过干燥的 G-ABS 湿粉料直接进入挤出机进行造粒，减少了因高温干燥和料仓储存引起的粉料氧化，提高了 ABS 产品的品质。其最大的优势是从根本上消除了 G-ABS 粉料发生燃爆的危险，还具有流程短、能耗低、生产环境友好等优点。

另外，湿法挤出工艺对设备精密程度要求较高；湿法挤出工艺对 G-ABS 湿粉中水含量阈值要求严格，限制了连续生产过程中 ABS 接枝粉料的加入比例，因此，阻燃、板材等特殊用途的 ABS 产品以及需要着色等小批量通用型产品不适合采用湿法挤出工艺，但对于大批量的通用型 ABS 产品，湿法挤出具有明显的技术优势。干、湿法挤出工艺优缺点对比见表 8-14。

表 8-14　干、湿法挤出工艺优缺点对比

工艺	优点	缺点	国内外应用情况
干法挤出工艺	(1)粉料干燥后有料仓缓冲，生产过程灵活。 (2)适合特殊产品的生产。 (3)可产出商品 G-ABS 粉料	(1)粉料干燥过程存在爆炸安全隐患。 (2)粉料在干燥过程中发生氧化。 (3)粉料输送过程存在安全隐患并污染环境，有损耗。 (4)工艺流程长，设备多。 (5)能耗大	应用广泛，吉林石化、大庆石化、三星第一毛织、沙特基础工业、朗盛、TPC 等
湿法挤出工艺	(1)省去干燥环节，能耗低，并从根本上避免 G-ABS 粉料爆炸安全隐患。 (2)减少 G-ABS 粉料氧化，ABS 产品质量提高，白度增加。 (3)避免 G-ABS 干粉料输送，降低物耗，改善操作环境。 (4)工艺流程短，设备少，适合大批量通用型产品的生产	生产控制要求高	适合通用料生产，LG 公司、巴斯夫公司、奇美公司

2. 中国石油湿法挤出技术需求

1）新建装置技术更新的需要

吉林石化配套中国石油广东石化项目，正在建设揭阳 $60×10^4$ t/a ABS 项目。该项目采用中国石油自主知识产权 ABS 成套技术，产品以高端通用料为主。为提高新建装置市场竞争力，需要更先进的 ABS 生产技术。新建装置计划采用湿法挤出等先进生产技术。

2）ABS 通用料生产降本增效的需要

通过干、湿法挤出工艺的比较可以看出，湿法挤出技术是更适合通用料生产的先进技术。湿法挤出工艺装置建设投资和运行成本更低，以单套装置产能 $20×10^4$ t/a 为基础测算，与传统的干法挤出相比，流程和设备配置优化后上下游工序总投资约可降低近 1 亿元。

3）提升产品市场竞争力的需要

镇江奇美与 LG 甬兴是国内 ABS 领域产能前两位的生产企业，两家公司均拥有湿法挤出工艺技术。吉林石化开发的高端通用料 0215H 产品综合性能已经达到国内领先水平，但生产工艺差异导致外观方面还略有差距，虽然产品白度相近，但黄色指数偏高。

3. 湿法挤出工艺需要解决的技术问题

1）优化 G-ABS 凝聚浆液脱水工艺

凝聚脱水工艺需要解决两个问题：一是开发不同形态的凝聚粒子脱水工艺，脱水机设

备结构设计及工艺优化，在保证凝聚浆液脱水效果的同时控制粉料损失率；二是提升脱水工艺操作窗口弹性，以适应不同凝聚粒子形貌、尺寸等参数变化，控制装置稳定运行，保证脱水后物料水含量稳定。

2）优化湿法挤出工艺配套设施

优化现有工艺及设备，解决高水含量 G-ABS 湿粉料的输送、储存、计量问题，保证 G-ABS 湿粉料顺利加入挤出机；设计排气设施，保证脱出的水汽顺利排出；优化生产工艺保证 ABS 产品质量；优化设备结构，提高湿法挤出工艺操作弹性，保证装置稳定运行。

3）湿法挤出工艺设备放大

根据现有湿法挤出工艺设备选型结论，需要开展设备结构及尺寸放大设计，以满足 $20×10^4$ t/a ABS 装置生产能力的需要。

4. 湿法挤出工艺研究采取的措施

（1）与国内外设备厂家开展技术交流。与多家湿法挤出工艺相关设备厂家开展多次技术交流，确定湿法挤出技术工艺路线及试验方案。

（2）完成离心脱水装置工业化试验。租用设备厂家连续推料式离心机，在现有装置上开展连续工业化试验，证明离心脱水工艺可行，确定离心脱水装置工业化技术方案。

（3）完成挤压脱水操作试验。与设备厂家合作开展挤压脱水试验，完成水含量为 10%~15% 的 ABS 湿粉料挤压脱水试验，为湿法挤出试验提供原料。

（4）与设备厂家合作完成 G-ABS 湿粉料风送试验，获得气力输送工程数据。

（5）完成湿法挤出试验。与设备厂家开展技术交流，讨论确定湿法挤出试验方案；到供应商现场开展湿法挤出试验，确定湿粉料挤出工艺。

（6）编制湿法挤出工艺包。与设备供应商家交流讨论形成 $40×10^4$ t/a ABS 湿法挤出技术工艺包。

5. 湿法挤出工艺研究取得的成果

（1）通过技术交流和考察比选，连续推料离心脱水设备是乳液接枝—本体 SAN 掺混法 ABS 生产过程中较先进的工艺设备。与现有挤压脱水机对比，$60×10^4$ t/a 装置投资费用减少 6000 万元，年运行费用减少 93 万元。

（2）通过现场工业化试验，证明连续推料离心机满足吉林石化 G-ABS 浆液离心脱水的要求，工业化试验过程设备运行稳定，试验生产的 G-ABS 湿粉料水含量稳定。

（3）通过技术交流和考察比选，湿法挤出工艺是乳液接枝—本体 SAN 掺混法生产 ABS 通用型产品的先进技术，在产品质量、装置投资、安全环保和运行成本方面具有优势。

（4）通过挤压脱水试验，吉林石化 G-ABS 湿粉料通过挤压脱水，水含量能够下降到 15% 以下。

（5）水含量 15% 以下的 ABS 湿粉料湿法挤出工艺可行，多家设备厂家具备湿法挤出工艺及设备的供应能力。

（6）湿法挤出试验获得的 ABS 样品性能与干法挤出产品相比，拉伸强度提高，冲击强度会略有下降，残余单体含量更低。

湿法挤出技术以其独特的技术优势，受到 ABS 产业界越来越多的重视。吉林石化与挤出机厂家密切合作，在湿法挤出工艺技术开发方面取得的各项成果，将在中国石油 ABS 新装置建设中得到产业化应用，对提升中国石油 ABS 核心技术水平具有重要的现实意义。

四、色差控制技术

在中国石油 ABS 产品技术服务过程中，有白色家电料 0215H 用户反馈，该产品的部分批次色差指标波动较大。通过对 2016—2017 年上半年出厂检测数据统计分析，在 1520 批次 0215H 瞬时检测样品中，能够满足高端用户要求（色差不大于 0.8）的产品批次占比为 81.3%，色差波动偏大问题急需解决。

1. 需要解决的技术问题

（1）建立表征 ABS 因热老化和光老化导致色差波动的评价方法，对 0215H 在生产、储运和应用过程的色差稳定性进行研究。

（2）结合白色家电料 ABS 生产装置工艺特点及对标同类产品色差稳定性，查找生产过程中影响产品色差稳定性的关键因素。

（3）评价生产助剂残留量对产品色差稳定性的影响，降低产品助剂残留，提高色差稳定性。

（4）评价产品中残余单体对 ABS 色差稳定性的影响，降低产品残余单体含量，提高色差稳定性。

（5）根据 ABS 热老化和光老化作用机理，合理使用稳定化助剂，使 0215H 的耐老化稳定性满足用户要求。

2. 色差控制技术研究采取的措施

（1）建立表征 ABS 色差稳定性评价方法，对标 0215H 产品与国内主流产品在色差稳定性方面的差异。

（2）评价残留助剂对 0215H 色差稳定性的影响，确定了粉料中助剂残留是导致产品色差波动的关键因素。通过优化 ABS 胶乳凝聚工艺等手段，降低产品助剂残留，提高 0215H 色差稳定性。

（3）评价紫外线吸收剂对 0215H 色差稳定性的影响，优化 0215H 紫外线吸收剂的应用。

（4）跟踪生产装置运行状况，确定影响 0215H 色差稳定性的关键工艺参数，结合色差稳定性评价结论提出工艺优化方案。

（5）针对 ABS 树脂应用地域广、使用环境复杂等实际情况，建立 ABS 色差稳定性评估体系以及在干/湿热氧老化和紫外老化条件下色差稳定性评价方法。

3. 取得的效果

（1）确定了 0215H 生产过程中影响色差稳定性的关键因素。

（2）建立了 ABS 色差稳定性评估体系，通过体系运作，能够评价从 ABS 产品储存运输过程到产品加工应用过程的色差稳定性。

（3）通过评价 0215H 生产过程残留助剂对产品色差稳定性的影响，掌握残留助剂的作用机理，在此基础上开发出 0215H 色差控制和色差稳定性提升集成技术，并进行了部分工程性验证。

（4）确定 0215H 色差稳定性控制生产工艺优化方案。

4. 产品技术指标

（1）0.35W/m² UVA，紫外累计辐照 160h，色差不大于 5.5。

（2）70℃干热老化240h，色差不大于1.8。

（3）70℃相对湿度85%，湿热老化240h，色差不大于1.8。

对于ABS树脂这种自身浅色而应用需要染色的材料来说，色差是应用过程中极其重要而关键的指标。掌握ABS树脂的色差控制技术，就是掌握了一项ABS树脂关键核心技术。中国石油吉林石化开发成功的ABS色差控制技术，将在中国石油现有ABS装置和未来新建装置上得到实践应用，对提升中国石油产品竞争力和品牌形象有重要意义。

第三节　中国石油 ABS 树脂成套技术

中国石油ABS树脂成套技术拥有四大系列14项特色技术，如图8-4所示。该成套技术以高分子附聚法600nm超大粒径PBL制备技术和双峰ABS合成技术为关键核心技术，以G-ABS湿粉料氮气循环干燥技术、SAN树脂改良本体聚合技术、混炼水下切粒技术等一系列先进工艺技术为基础，以双峰分布ABS产品为主导产品，以 $20×10^4$ t/a ABS树脂成套技术工艺软件包为成果体现，工艺指标先进，技术成熟可靠，产品质量优异。2016年，"ABS树脂成套技术开发及工业化应用"项目，荣获吉林省科技进步奖一等奖。

中国石油ABS树脂成套技术适用于国内外新建及改扩建ABS树脂生产装置，可生产ABS通用料和特色专用料。其单生产线 $20×10^4$ t/a ABS树脂，特别适合于具有丁二烯、苯乙烯和丙烯腈原料优势及家电工业比较发达的区域。利用该成套技术，可开发多牌号差别化ABS树脂系列产品，可以提高装置对市场的适应性和经济效益。

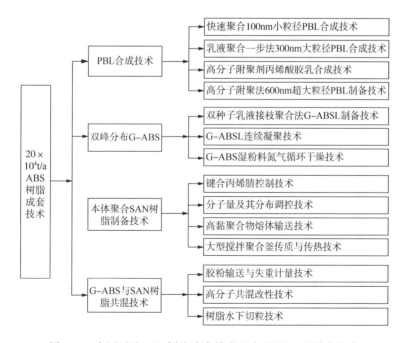

图8-4　中国石油ABS树脂成套技术四大系列14项特色技术

一、PBL 合成技术

1. 快速聚合 100nm 小粒径 PBL 合成技术

100nm PBL 通常因聚合速度快、粒子总表面积大，导致反应过程中传热困难大，体系的稳定性难以保持。该技术通过聚合配方的设计和稳定梯度控制，实现了快速聚合、高转化率和体系的高度稳定。该技术的特点是：聚合时间短，仅为 12h；聚合转化率高，达到 97% 以上；聚合体系稳定，聚合过程中产生的凝聚物少；聚合温度采用阶梯式控制方法，反应控制平稳。

2. 乳液聚合一步法 300nm 大粒径 PBL 合成技术

因粒子的体积以粒子直径的三次方倍增长，故直接通过乳液聚合合成 300nm 大粒径 PBL 是十分困难的。该技术采用氧化还原引发体系和特殊聚合配方，并采用高温乳液聚合，使得聚合时间在 26.5h，即可得到总固物含量（TSC）为 57% 的 300nm 大粒径 PBL。该技术的特点是：胶乳粒径大，一步乳液聚合得到 300nm 的 PBL；聚合时间短，仅为 26.5h；生产效率高，TSC 达到 57%；聚合过程采用绝热式温度控制方式，能量利用合理。

3. 高分子附聚剂丙烯酸胶乳合成技术

高分子附聚剂为聚丙烯酸胶乳，采用乳液聚合法，以丙烯酸丁酯、甲基丙烯酸和丙烯酸为共聚单体，于 60~80℃ 下共聚而成，通过调整配方组分用量可以调整所制备高分子附聚剂的附聚能力、pH 值、黏度等指标。该技术的特点是：制备工艺简单，聚合体系稳定；附聚能力强，可根据目标粒径调节制备配方和工艺。

4. 高分子附聚法 600nm 超大粒径 PBL 制备技术

如前述粒子体积与粒子直径的关系，直接合成 600nm 超大粒径 PBL 几乎是不可能的，因而必须采用附聚的办法。该技术采用的高分子附聚法，克服了传统附聚法过程不可控、重现性差的缺点，制备出 600nm 超大粒径 PBL。该技术的特点是：附聚过程温和；体系稳定，析胶少；目标粒径不受限，可以达到 600nm；粒径可控，并可在 350~600nm 范围内任意调节；生产效率高；存放稳定性好。

乳液聚合技术是生产高聚物的最重要的实施方法之一，中国石油 ABS 树脂生产技术的技术创新主要体现在 PBL 的乳液聚合技术上。

中国石油在 300nm 大粒径 PBL 的研制和引进 PBL 技术的消化吸收研究方面做了大量工作，聚合时间由引进技术的 72h 缩短为 32h，并形成工业化技术。在 100nm 小粒径 PBL 制备研究上，也申请并公开了其专利技术。

中国石油大庆石化自主开发了小粒径 PBL 聚合技术，形成了 100nm 小粒径 PBL 3 项专利[17-19]，同时开发了 300~320nm PBL 附聚技术，形成 1 项专利[20]，达到了国际先进水平[21]。

乳液法 ABS 树脂的生产通常采用直径为 250~350nm 的大粒径橡胶胶乳作为基础胶乳。为了提高 ABS 树脂的某些性能，可以采用 400~1000nm 超大粒径橡胶胶乳与 250~350nm 大粒径橡胶胶乳复合作为基础胶乳使用[9]。大庆石化配合中国石油"（10~18）×10^4t/a ABS 成套技术开发"科技攻关项目，开展了 600nm 大粒径附聚技术工业化研究，于 2009 年 12 月实现了工业试生产。

中国石油吉林石化对小粒径丁二烯胶乳制备、丁二烯胶乳附聚剂及附聚技术进行了深入研究，取得了显著成果，形成多项专利技术[22-26]和技术秘密，并通过与大庆石化紧密合作，完成了双峰分布 ABS 合成技术的小试研究和工业化试验。工业化试验表明，中国石油所开发的双峰分布 ABS 乳液接枝技术具有优异的聚合稳定性和良好的接枝效果；聚合反应条件温和，反应控制平稳；所制备的双峰分布 ABS 树脂性能优良[27-28]，达到了考核指标。形成了双峰分布 ABS 产品中国石油企业标准 Q/SY JH C108004—2010《0215 AH 丙烯腈-丁二烯-苯乙烯(ABS)树脂产品标准》。

附聚技术在控制胶乳粒径、缩短基础胶乳聚合时间、制备双峰分布 ABS 树脂、改善产品质量、丰富产品品种、赋予产品不同特性等方面具有灵活的技术优势，是实现 PBL 大粒径化的主要途径，给乳液法 ABS 生产带来了前所未有的发展契机。高分子附聚法——采用丙烯酸酯胶乳为附聚剂增大橡胶胶乳(PBL 和 SBRL❶ 等)粒径是近些年来新兴起的附聚技术，各研究机构都在争相研究其附聚机理，并在 ABS、ACR❷、MBS❸ 等的生产以及塑料增韧的生产中获得重要应用。中国石油小粒径 PBL 聚合、附聚技术的开发，对提高 ABS 装置生产效率、降低综合能耗和物耗、增加 ABS 产品牌号、提升市场占有率具有重要作用。

二、双峰分布 G-ABS 合成技术

1. 双种子乳液接枝聚合法 G-ABSL 制备技术

乳液接枝聚合采用 300nm 和 600nm 两种粒径的 PBL 作双种子，采用先混合后接枝工艺路线，所制备的双峰分布 ABS 树脂性能明显优于橡胶粒径单峰分布的传统 ABS 树脂。该技术的特点是：聚合温度低，聚合时间短，聚合转化率高，体系稳定性好；产品性能更优，韧性和刚性平衡性好，白度高。

2. G-ABSL 连续凝聚技术

采用稀酸无盐凝聚工艺，通过控制搅拌转数与凝聚温度，实现 G-ABSL 连续凝聚，并采用挤压脱水工艺，得到 G-ABS 湿粉。该技术的特点是：单螺杆脱水机脱水，能耗低、产能大；流化床干燥器结构简单，易操控，易于进行内部清理和维护。

3. G-ABS 湿粉料氮气循环干燥技术

湿粉料采用氮气循环干燥，彻底消除了粉尘爆炸或着火的危险，实现了本质安全，同时避免了在干燥过程中粉料与高温空气接触导致一定程度的老化变色，保证产品白度。该技术的特点是：采用氮气干燥，可以避免粉尘爆炸，保证本质安全，还可以延长干燥系统的清理周期。

乳液接枝聚合技术也是 ABS 树脂生产技术中最重要的合成技术之一。在乳液接枝聚合技术方面，中国石油取得了重要的创新性成果，总体技术处于国际先进水平。

大庆石化开展了缩短接枝聚合时间的研究和技术开发，并在 ABS 接枝胶乳凝聚和湿粉料氮气干燥方面做了创新性研究，申请了专利[29-30]。

吉林石化采用两种不同粒径的 PBL 胶乳作为基础胶乳，以双峰乳液接枝技术为核心，

---

❶ SBRL 为丁苯胶乳。

❷ ACR 为丙烯酸树脂。

❸ MBS 为甲基丙烯酸甲酯-丁二烯-苯乙烯三元共聚物。

开展了乳液接枝聚合技术创新。2010 年 10 月，吉林石化开发的双峰分布 ABS 合成技术通过中国石油科技评估中心的科技成果鉴定。该技术聚合温度低(峰值温度为 65℃)、聚合时间短(3.5h 以内)，形成多项专利技术[31-35]，整体技术达到国际先进水平，为公司建设年产 40×10⁴t ABS 装置提供了有力技术支持。吉林石化于 2012 年开展了提高通用 ABS 接枝聚合转化率技术研究，通过对装置生产工艺进行跟踪调研、小试模拟提高 ABS 接枝聚合转化率试验，验证小试技术的可靠性，考察高转化率胶乳的稳定性及凝聚效果。聚合转化率提高到 97.5%，产品性能及下游工艺条件与原生产过程相同，申请发明专利一项[36]，形成技术秘密一件。在 ABS 粉料干燥技术方面，吉林石化在新建 20×10⁴t/a 通用料 ABS 树脂装置上，应用了与大庆石化相同的 ABS 湿粉料氮气干燥技术。吉林石化于 2014 年开展了 ABS 接枝聚合混合单体工艺条件优化研究，缩短了聚合反应周期，提高了生产效率，降低了能耗，产品性能达到更高水平。

双峰分布 ABS 合成技术开发将为中国石油建设国内最大的 ABS 生产基地提供生产高档通用料产品的技术支持，使产品品种的选择更具灵活性，提高市场竞争力。开发的高转化率 ABS 接枝生产技术，可在吉林石化揭阳 60×10⁴t/a 及吉林石化吉林新建 40×10⁴t/a ABS 通用料装置上进行推广应用。

三、本体聚合 SAN 树脂制备技术

1. 键合丙烯腈控制技术

根据 ABS 产品抗化学性的需要，通过优化丙烯腈与苯乙烯的进料组成、调整聚合温度和停留时间等工艺参数，以及控制终点转化率等手段，达到控制 SAN 树脂键合丙烯腈含量的目标。

2. 分子量及其分布调控技术

通过调整分子量调节剂的投用比例，控制反应釜温度和液位的方式来调整分子量的大小及其分布范围，从而调节产品的熔融指数，可为生产不同牌号的 ABS 树脂提供中间原料。

3. 高黏聚合物熔体输送技术

本体 SAN 聚合产生高黏聚合物，而高黏聚合物熔体的输送是化工领域的一项技术难点。该技术利用该高黏聚合物在一定高温条件下具有一定流动性的特点，采用齿轮泵进行 SAN 熔体保温输送。齿轮泵采用变频防爆电动机，流量调节方便；采用斜齿轮，输出压力脉冲低。

4. 大型搅拌聚合釜传质与传热技术

高黏聚合物的传质与大型聚合釜传热技术均为聚合反应工程难点技术。该技术 SAN 聚合反应釜采用"锚式+桨式"组合型特殊搅拌器实现反应传质，通过控制反应温度和体系压力，控制反应单体的汽化—冷凝量，从而实现反应釜的汽化潜热传热。

大庆石化在 SAN 装置上通过引进技术消化吸收实现扩能改造，装置能力达到 7×10⁴t/a。2011 年，大庆石化自主研发的热引发本体聚合高腈 SAN 树脂生产技术，顺利通过中国石油专家组评审。2015 年，中国石油重大现场试验项目"高腈 SAN 及板材 ABS 树脂成套技术工业化试验"主体工程建设完成。

吉林石化于 2015 年完成了商品打火机专用 SAN 树脂的开发及市场推广工作，对工业化

生产 SAN-1825 树脂的专用料产品进行了应用试验，可以满足用户水口料掺混比例为 50%
情况下的应用，产品获得用户认可。

基于本体聚合 SAN 树脂制备技术开发的高腈 SAN 树脂是生产板材 ABS 树脂的主要原
料，具有优异的尺寸稳定性、耐候性、耐热性、耐油性、刚性、抗震动性和化学稳定性。
近年来，国内高腈 SAN 树脂和板材 ABS 树脂市场需求量大，进口量逐年递增，产品供不应
求。中国石油高腈 SAN 树脂生产技术的成功开发，增强了中国石油市场竞争力，具有广阔
的市场应用前景。

四、共混技术

1. 胶粉输送与失重计量技术

该技术胶粉通过风机以空气为载体进行输送，通过旋转阀和袋式过滤器进行气固分离，
通过恒定喂料器采取失重计量方式进行物料的计量。失重计量给料控制系统，根据单位时
间内料仓称重量的减少量，连续计算出投料量的多少，并根据投料量大小与投料量设定值
的比较结果，来控制调整给料螺旋的转速，从而使投料量与其设定值相符。

2. ABS 共混改性技术

将 ABS 粉料、SAN 树脂及其他助剂按照一定比例在混炼挤出机上进行混合、挤出、造
粒，即可得到 ABS 树脂产品。挤出机螺杆组合、长径比、螺杆转速是选择挤出机的关键。
通过调整物料比例，改变加工助剂的种类和用量，可以设计、制备出具有不同特性的 ABS
产品，从而适应不同领域的需要。

3. ABS 树脂水下切粒技术

ABS 树脂切粒采用水下拉条切粒加离心干燥的形式取代传统的风刷干燥加干式切粒。
此种切粒方式粒子切口更光滑、外观好，可以有效提高切粒效果，并且降低物料损失；同
时，因为是密闭形式的切粒工艺，取消了传统干式切粒所必需的水浴槽，混炼现场操作环
境改善，并大大降低了挤出机组的占地面积。

共混技术伴随着工艺技术和共混设备的发展而发展。共混工艺包括粉体与粉体、粉体
与颗粒、颗粒与颗粒等共混。随着材料的发展及市场需求的变化，聚合物与纤维、聚合物
与液体的共混工艺日渐成熟，例如生产玻璃纤维增强 ABS、液体助剂共混物等产品，相应
的纤维及液体的储存、输送、计量及共混技术得到发展。乳液法 ABS 生产过程中的湿法挤
出工艺是近年成熟起来的先进工艺技术，越来越成为通用型 ABS 产品的主流共混技术，其
允许 ABS 原料中带有少量的水分。近年来，随着 ABS 脱水设备的发展，ABS 湿粉料中水含
量由 30% 下降到 12%，相应的共混生产能力提高近 100%。共混设备包括开炼机、密炼机、
单螺杆挤出机和双螺杆挤出机。其中，双螺杆挤出机是 ABS 树脂等高分子材料共混的主要
设备。随着技术的发展，双螺杆挤出机的扭矩越来越大，对应的生产能力不断提高，例如
能力为 1t/h 的传统低扭矩挤出机，升级到高扭矩后生产能力可达到 4t/h。另外，挤出机的
长径比越来越大，可以满足脱挥发分、共混等多项功能，并使产品品质得到进一步提高。

共混技术是 ABS 树脂生产的关键技术之一，也是获得改性、合金类产品的重要手段。
随着共混工艺的发展，包括湿法挤出、挤出脱挥发分等新技术、新工艺将应用在 ABS 树脂
等高分子材料领域，从而可获得能耗物耗更低、产品品质更好的新材料。共混设备向高效

化和大型化两个方向发展，给高分子行业提供更加丰富的选择，既能满足炼化企业大规模化发展的需要，又能满足市场灵活应用、产品差异化、个性化的需要。因此，共混技术的发展对开发新产品、提升产品品质、降低生产成本具有十分重要的意义。

参 考 文 献

[1] 马晓坤，徐国华，胡慧林，等．适用于摩托车涂装件 ABS 产品性能分析[J]．弹性体，2014(6)：70-73.

[2] 陆书来，张春军，朱学多，等．ABS 电镀工艺及其常见问题[J]．弹性体，2013，23(3)：59-62.

[3] 张辉，王毅，王亮，等．打火机专用 SAN 树脂生产技术开发[J]．弹性体，2016，26(2)：49-52.

[4] 曹雪玲，陆书来，张东杰，等．纳米银作为抗菌剂的抗菌性能研究[J]．吉林化工学院学报，2017，34(11)：30-34.

[5] 胡慧林，陆书来，陶悦，等．影响高光黑色 ABS 树脂光泽度因素分析[J]．塑料工业，2017(2)：112-114.

[6] 谢洪涛，郝刚，尹大雨，等．免漆高光黑色 ABS 树脂的制备[J]．弹性体，2018，28(6)：35-38.

[7] 马晓坤，陆书来，康宁，等．耐油 ABS/PET/PBT 电瓶壳专用料的研制[J]．中国塑料，2017，31(10)：44-48.

[8] 庞建勋，李静宇，董朝晖，等．高分子附聚法 450nm 聚丁二烯胶乳的制备研究[J]．化工科技，2012(6)：39-41.

[9] 张春宇，张建军，孟凡忠，等．高分子附聚法制备超大粒径聚丁二烯胶乳[J]．化工科技，2012(1)：46-48.

[10] 刘姜，王亮，张辉，等．G-ABS 胶乳连续凝聚过程及工艺分析[J]．合成树脂及塑料，2017，34(5)：65-69.

[11] 刘姜，王亮，张辉，等．熟化工艺对 G-ABS 凝聚颗粒粒径和致密度的影响[J]．合成树脂及塑料，2017，34(3)：73-76.

[12] 王毅，孟博，张辉，等．G-ABSL 凝聚浆液 pH 值对 ABS 色度和抗氧化性的影响[J]．弹性体，2016，26(3)：69-72.

[13] 张东杰，兰苗宇，魏文财，等．G-ABS 胶乳后处理工艺对 ABS 产品白度与色差稳定性的影响[J]．弹性体，2016，26(1)：48-51.

[14] 李睿，刘姜，刘晓侠，等．辅助凝聚剂对 ABS 装置凝聚和脱水系统的影响[J]．合成树脂及塑料，2018，35(4)：57-60.

[15] 刘姜，李睿，宋振彪，等．辅助凝聚剂对 G-ABS 凝聚效果和产品质量影响研究[J]．塑料工业，2017，45(12)：29-32.

[16] 刘姜，岳胜伟，杨超，等．高胶粉中残留凝聚剂对 ABS 白度和色度稳定性影响研究[J]．塑料工业，2018，46(12)：37-40，131.

[17] 中国石油天然气股份有限公司．一种小粒径聚丁二烯胶乳的制备方法：200410080805[P]．2006-04-19.

[18] 中国石油天然气股份有限公司．一种制备小粒子聚丁二烯胶乳的反应温度控制方法：200410080804[P]．2006-04-19.

[19] 中国石油天然气股份有限公司．一种小粒径聚丁二烯胶乳的制备方法：2006101124295[P]．2008-02-20.

[20] 中国石油天然气股份有限公司．一种小粒径胶乳的附聚方法：200510059339[P]．2006-10-04.

［21］徐永宁.大庆ABS装置改造技术方案及综合评价［D］.大庆：大庆石油学院，2006.

［22］中国石油天然气股份有限公司.有附聚作用的丙烯酸胶乳的制备方法：011443375［P］.2003-07-02.

［23］中国石油天然气股份有限公司.聚丁二烯胶乳的制备方法：021312036［P］.2004-03-17.

［24］中国石油天然气股份有限公司.丁二烯-苯乙烯胶乳的制备方法：2004100885603［P］.2005-05-08.

［25］中国石油天然气股份有限公司.一种使用高分子附聚法制备超大粒径胶乳的方法：200910237011.0［P］.2011-05-11.

［26］中国石油天然气股份有限公司.一种丁二烯聚合反应自动控制方法：200910081975.0［P］.2010-10-20.

［27］Li G S, Lu S L, Pang J X, et al. Preparation, microstructure and properties of ABS resin with bimodal distribution of rubber particles［J］, Materials Letters, 2012, 66(32)：219-221.

［28］Li G S, Lu S L, Pang J X, et al. Preparation of acrylonitrile-butadiene-styrene resin with high performances by bi-seeded emulsion grafting copolymerization［J］. Polymeric Materials：Science & Engineering, 2012, 106：358-360.

［29］中国石油天然气股份有限公司.一种用于接枝后ABS胶乳凝聚成粉的方法：2005100661113［P］.2006-11-1.

［30］大庆石油化工设计院.ABS粉料的氮气干燥装置：01227172.1［P］.2002-07-10.

［31］中国石油天然气股份有限公司.用于ABS接枝乳液聚合的改良框式搅拌器：200820108519.1［P］.2009-05-20.

［32］中国石油天然气股份有限公司.一种ABS树脂的双峰乳液接枝制备方法：201010134724［P］.2011-09-28.

［33］中国石油天然气股份有限公司.一种双峰分布ABS的制备方法：200810105657.9［P］.2009-11-4.

［34］中国石油天然气股份有限公司.一种双峰分布改性ABS树脂的制备方法：201010609450.2［P］.2012-07-04.

［35］中国石油天然气股份有限公司.一种双峰分布改性ABS树脂的制备方法：201110035505.8［P］.2012-07-04.

［36］中国石油天然气股份有限公司.一种具有提高ABS接枝共聚物转化率的聚合方法：201310655887.3［P］.2015-06-10.

第九章 合成树脂技术及新产品展望

我国材料产业经过几十年的发展特别是近 20 年的发展，取得了巨大的进步和成绩，形成了不断增强的产业体系和规模竞争力，有力地支撑了我国的工业经济和国防建设。从当前到 2035 年这一段时期内，我国对先进材料数量和种类的需求将持续增加[1]。

未来，人们将拥有越来越多的通信终端保有量，汽车电子化趋势不断增强，智能家居、智能穿戴设备、医疗电子设备不断兴起，消费娱乐电子化不断增多，先进制造业强力推进，大数据时代来临，航空航天电子需求快速增长。新能源革命推动产业发展，绿色消费逐步被公众接受，绿色生产和制造被广泛重视。健康产业进入加速发展的新时期。高端装备制造支撑材料已经成为新材料产业发展的核心关键。军民两用材料成为关注的重点[2]。

中国工程院和国家自然科学基金委员会联合组织开展的研究提出了 27 个工程科技重点任务，包括碳纤维及其复合材料制备与应用技术、组织再生性材料和组织工程化制品设计及制备技术、新型心脑血管系统介/植入材料和器械、高技术骨(牙)科材料及植入器械、生物医用高分子材料及高值耗材、碳纳米管纤维及其复合材料、石墨烯纤维及其复合材料等，并认为应当设立生物医用材料产业化重大工程，高性能、低成本碳纤维重大工程，材料基因重大工程，材料制造关键设备重大工程。设立高性能树脂及其复合材料重大工程科技专项、新一代生物医用材料和植入器械重大工程科技专项、合成生物基材料重大工程科技专项、前沿新材料重大工程科技专项，着力解决新材料产品稳定性差、高端应用比例较低、关键材料保障能力不足等问题，进一步增强我国新材料产业的技术创新能力和产业化技术水平，实现我国从材料大国向材料强国的战略转变[2]。无论是先进材料还是新材料，合成树脂都在其中扮演着极其重要的角色。

从未来发展看，全球合成树脂产业方兴未艾，中国作为全球最大的合成树脂生产和消费国，仍将影响全球合成树脂生产、技术及产品的研发方向，未来几年我国合成树脂下游需求将面临重大机遇[3]。一是在碳达峰、碳中和绿色发展的时代大背景下，可降解树脂和有助于降低碳排放的生物基合成树脂和合成树脂循环利用日益受到更加广泛的重视；二是以新发展理念为引领，以技术创新为驱动，以信息网络为基础，面向高质量发展需要，提供数字转型、智能升级、融合创新等服务的基础设施体系的新型基础设施建设(简称新基建)，主要包括 5G 基站建设、特高压、城际高速铁路和城市轨道交通、新能源汽车充电桩、大数据中心、人工智能、工业互联网七大领域，涉及诸多产业链，新材料、高端消费用品对高端合成树脂的需求将快速增长；三是互联网发展，电商对包装膜的需求快速增长；四是现代农业生产提质，对农用膜的需求快速增长；五是我国在较长时期内还将继续保持制造大国地位，制品出口也将继续保持对需求增长的拉动；六是建筑替代材料、工程替代材料迎来发展。多个有利因素将支撑我国合成树脂行业前景向好。但是，我国中低端合成树脂已严重过剩，高端产品仍大量依赖进口[4]。未来，原料多元化、新产品研发及差异化生产将是我国合成树脂产业的发展趋势。

在五大通用合成树脂中，聚烯烃发展速度最快。聚烯烃是对人类最友好的材料之一，自问世以来就得到了快速发展，已成为消费量最大的高分子材料。随着人类社会的发展，人们对聚烯烃的性能提出了越来越高的要求，例如，家电和汽车中使用的聚烯烃需要抗菌且"塑料气味"（即挥发性有机物）要大幅度降低；使用的催化剂不得含有邻苯二甲酸酯（俗称"塑化剂"）等有害物质；用于食品和药品接触的透明聚丙烯中的可溶物含量要大幅度降低等。合成树脂产业格局正在发生深刻变化，行业内都面对着提升竞争力的内在挑战和满足下游需求的外延需要，均在进一步强化新技术、新型催化剂的自主开发能力。因此，必须做好技术优化和管理创新工作，稳定装置运行，降低装置消耗，提升产品性能，为下游行业提供更多高性能的差异化产品，为用户提供满意的产品与服务。

第一节　聚烯烃催化剂技术

一、聚乙烯催化剂技术展望

聚乙烯催化剂是聚乙烯工业的核心，主要包括 Z-N 聚乙烯催化剂[5-9]、茂金属聚乙烯催化剂[9-10]、非茂金属单活性中心聚乙烯催化剂[11-13]及其他功能性聚乙烯催化剂[15-17]等。

现在世界上约70%的线型聚乙烯生产使用钛基的 Z-N 催化剂，其催化效率高，生产的聚合物综合性能良好，成本低，因此在聚乙烯生产中占有重要的地位。国外公司产品有诺瓦（Nova）化学公司开发用于气相工艺的 Sclairtech Z-N 催化剂，生产高性能的"不发黏"树脂；Univation 公司开发的 UCAT-J 催化剂，生产透明性非常突出的薄膜产品；住友化学公司开发的用于生产线型低密度聚乙烯的新型 SN4 催化剂，可在一定程度上控制产物分子量并阻止低分子量聚合物的产生。国内公司产品有中国石化的 BCH、BCG、SCG、BCE、SLC 系列聚乙烯催化剂，中国石油的 PSE、PLE、PGE 和 PCE 等系列催化剂，营口市向阳催化剂有限责任公司的 XY 系列聚乙烯催化剂，极大程度地推进了国内聚乙烯的工业发展。

自从 20 世纪 90 年代埃克森公司首次成功将茂金属催化剂体系用于聚乙烯工业化以来，茂金属催化剂及其应用技术成为聚烯烃领域中最引人注目的技术进展之一，目前开发的茂金属催化剂具有非桥联茂金属结构、桥联茂金属结构和限制几何形状的茂金属结构等，其过渡金属主要涉及锆、钛和稀有金属，配体有茂基、茚基等。茂金属是单一活性中心，可以制备分子量分布很窄和结构非常规则的聚合物，生产物理性能和加工性能优异的聚烯烃树脂。处于领先地位的有埃克森、陶氏化学、BP、联碳公司、中国石化、中国石油等公司，市场典型茂金属聚乙烯催化剂产品主要有 HP-100、EZP-100、VPR-100、TH-5 系列、PME-18 等。

非茂金属单活性中心催化剂的发现是烯烃聚合领域的一次重大突破，选择 Ni、Pd、Fe、Co 等后过渡金属元素作为活性中心金属，该类催化剂可以和含有极性官能团的单体共聚反应。近年来，非茂金属单活性中心催化剂的开发相当活跃，杜邦、诺瓦、伊奎斯塔、BP、中国石化、中国科学院等公司均在该领域进行了大量投入研发，尚处于产业化攻关阶段。

双功能催化剂是近年来研发的一大热点,其活性中心在乙烯聚合反应器内,首先使乙烯二聚或三聚生产出 1-丁烯、1-己烯,而另一种活性中心则使这些共聚单体原位与乙烯共聚生产线型低密度聚乙烯。例如,有机铬与无机铬化合物组成的双功能催化剂、Ti(OR)$_4$/AlR$_3$ 与茂金属催化剂组成的双功能催化剂等。采用茂金属催化剂和 Z-N 催化剂相混合的复合催化剂也是聚乙烯催化剂的又一热点,复合催化剂可以在单反应器中生产双峰和宽分子量分布的高密度聚乙烯和线型低密度聚乙烯产品,国外大公司在这方面进行了研究。

与国外相比,我国在聚乙烯催化剂开发方面虽然还存在着一定的差距,但可以在传统聚乙烯催化剂的基础上,以生产和工业化应用为重点,积极研发新型聚乙烯功能性催化剂,特别是重视对茂金属和非茂金属等处于技术前沿的新型聚乙烯催化剂的开发,力争在这些新领域迅速赶上或超过世界先进水平。

二、聚丙烯催化剂技术展望

聚丙烯催化剂是聚丙烯工业的核心,主要包括 Z-N 聚丙烯催化剂[13-23]和茂金属聚丙烯催化剂[22-26]等。

目前,主要的 Z-N 聚丙烯催化剂供应商包括巴塞尔公司、中国石化、Grace 公司等。Basell 公司在 Z-N 聚丙烯催化剂的开发方面处于世界领先地位,该公司共开发了 5 代 Z-N 聚丙烯催化剂,分别涉及邻苯二甲酸酯、二醚、琥珀酸酯为内给电子体等系列催化剂,如 Avant ZN 系列、MCM 系列、ZN127/12X、ZN168/16X 等,引领世界 Z-N 聚丙烯催化剂的发展,其他国外公司如 Borealis 公司的 BC 催化剂,英力士公司的 CD 催化剂,TOHO 公司的 THC 催化剂,三井化学公司的 TK、RK 和 RH 催化剂等均有很高的市场认可度。我国聚丙烯催化剂自 20 世纪 70 年代以来,技术取得了长足进展,基本实现了对进口催化剂产品的替代,形成了全系列开发的局面,如中国石化的 N、NG、DQ、DQC 等系列聚丙烯催化剂,营口市向阳催化剂公司 CS-1、CS-2 聚丙烯催化剂,任丘市利和科技发展有限公司的 SPG、SUG、PG、SP、LID 等系列聚丙烯催化剂均具有较高的市场认可度。近年来,世界聚丙烯催化剂业务最为重要的事件莫过于 Grace 公司大举收购了陶氏化学公司的 SHAC 系列催化剂和 BASF 公司的 Lynx 系列催化剂,一举成为世界上最大的聚丙烯催化剂供应商,对世界聚丙烯工业有着深远影响。

茂金属催化剂具有单活性中心的特性,可以更精确地控制聚合物产品的分子量及其分布、晶体结构以及共聚单体在聚合物分子链上的插入方式。生产的茂金属聚丙烯(mPP)具有分子量分布窄、结晶度低、微晶较小、透明性和光泽度优良、冲击强度和韧性优异等特点,耐辐射和绝缘性能好,与其他树脂的相容性较好。近年来,茂金属催化剂在聚丙烯生产中的应用得到了较快发展,茂金属聚丙烯已经实现了工业化生产。采用茂金属催化剂可以合成出许多 Z-N 催化剂难以合成的新型丙烯共聚物,如丙烯-苯乙烯的无规和嵌段共聚物,丙烯与长链烯烃、环烯烃及二烯烃的共聚物等。埃克森美孚公司、巴塞尔公司、Grace 公司、道达尔公司是茂金属聚丙烯催化剂开发的领先者。然而,由于知识产权壁垒、催化剂价格昂贵以及传统 Z-N 催化剂的不断改进,茂金属聚丙烯催化剂发展还相当缓慢,尚未得到大规模推广应用。已工业化的茂金属聚丙烯催化剂为巴塞尔公司的 Avant M 系列催化剂、埃克森美孚公司的 Expol 茂金属催化剂、道达尔公司的茂金属催化剂 Lumicene 系列、

Grace 公司的 AC103 催化剂等，中国石油的茂金属聚丙烯催化剂 PMP‑01、MPP‑S01 和 MPP‑S02 等催化剂已成功开展工业试验。与单活性中心茂金属催化剂相似，非茂金属催化剂也可以通过配体取代基的裁剪对聚丙烯分子链结构和性能进行精确调控[27-29]。三井化学公司和 Cornell 大学科学家报道了采用酚氨基配体非茂金属催化剂体系制备间规聚丙烯。随后出现大量高活性非茂金属催化剂制备高等规度的聚丙烯的报道[30-32]。2004 年，陶氏化学公司基于 Symyx 技术，采用高温溶液法通过高通量手段筛选出吡啶氨基铪催化剂体系，制备得到 VERSIFY™丙烯基塑性体和弹性体，与其他单活性中心催化剂相比较，其产品具有很窄的分子量分布、较宽的化学组分分布和良好的弹性，广泛应用在许多领域[33]。

近年来，世界各大公司为了提高聚丙烯产品在市场中的竞争力，都在致力于新生产工艺和新型催化剂的研究开发。目前，催化剂仍是推动聚丙烯技术发展的主要动力，Z‑N 聚丙烯催化剂和单活性中心聚丙烯催化剂都将继续发展。Z‑N 聚丙烯催化剂将在高活性、高定向性的基础上向系列化、高性能化、专用化方向发展，不断开发出性能更好的新产品；进一步扩大茂金属和非茂金属单活性中心催化剂在聚丙烯领域的应用，开发出物美价廉、性能优异的聚丙烯新品种，这些将是聚丙烯催化剂研究人员今后必须要承担的任务。

第二节 聚乙烯新产品开发

一、聚乙烯生产供需变化趋势分析

2019 年，我国聚乙烯树脂产量为 1794×10^4 t，同比增长 10.4%；进口 1667×10^4 t，同比增长 18.9%；出口 28×10^4 t，同比增长 24.4%；表观消费 3432×10^4 t，同比增长 14.2%，自给率 52%。2010 年以来，我国聚乙烯树脂进口量年增速为 8.6%。

2010—2019 年，我国聚乙烯表观消费量年均增长 8.6%。在聚乙烯产品中，薄膜料、中空料、注塑料、管材料占据消费比例 89.3%，也是龙头聚乙烯生产企业的重点生产品种。近年来，聚乙烯树脂消费需求集中在包装和城市建设领域，主要用于满足流延膜、重包装膜、冷拉伸膜、热收缩膜、锂电池隔膜、缠绕膜、医用输液袋、高温蒸煮膜、镀铝膜、中小型中空容器、耐热管材、滚塑制品等的市场需求。根据终端客户对制品功能的个性化需求，会对提升开口爽滑性、增强拉伸强度和提高透明度，也会对抗破损、抗静电性能、抗紫外线、抗菌、阻燃性提出更高的要求[34-35]。

2020—2023 年，中国聚乙烯市场正处在扩能高峰期，尤其在 2021—2023 年产能增速尤为明显，平均增速为 8.6%。据卓创测算，未来 5 年国内产能平均增长率为 7.09%，产量平均增长率为 9.27%（考虑到产能投放时间节点、惯性延期及新增产能当年贡献率），总供应量平均增长率为 7.66%，总需求平均增长率在 7.95%左右。由于市场自身的调节、库存的增多以及市场资金量的扩大，短期内聚乙烯市场供需失衡现象并不明显。但随着全球经济增长放缓，市场总体难有向好预期。随着原料多元化和差异化的发展，原油或煤炭等成本单方面支撑力度有所弱化，考虑到未来国内外聚乙烯装置集中投产，聚乙烯行业竞争形势更加严峻，产品结构性过剩和缺口共存的局面难以突破，未来 5 年中国聚乙烯供需格局供应过剩问题依旧是市场参与者较为担心的问题。同时也应该看到，每年新业态新经济新增的消费热点，为聚乙烯的行业发展注入了新增动力，聚乙烯下游的需求依然会为聚乙烯行业的发展带来一定的支撑。

二、聚乙烯新产品开发主要方向展望

2020 年，国内新推聚乙烯产品 40 种牌号，重点集中在薄膜料、注塑料、吹塑中空料、管材料、纤维料和滚塑料。茂金属的开发热度明显高涨，兰州石化、茂名石化、扬子石化、大庆石化等都有新推茂金属聚乙烯产品。另外，天津石化的辛烯共聚聚乙烯，以及氯化聚乙烯、超高分子量聚乙烯、极低密度聚乙烯等得到市场高度关注。

未来国内聚乙烯树脂开发热点集中在薄膜料、中空料、管材料、注塑料、滚塑料方面。从催化剂角度来看，未来聚乙烯树脂开发倾向于茂金属聚乙烯、钛系聚乙烯和双峰聚乙烯产品。从共聚单体角度来看，未来聚乙烯树脂开发倾向于 1-己烯共聚和 1-辛烯共聚聚乙烯以及乙烯/丁烯/己烯三元共聚的工业化生产。

聚乙烯树脂差异化和高端化开发的加速，加上产品结构升级实施的力度加大，未来聚乙烯树脂开发重点包括以下方面：

（1）茂金属聚乙烯：薄膜、管材、滚塑领域。

（2）超高分子量聚乙烯及特高分子量聚乙烯：湿法锂电池隔膜、超强度聚乙烯纤维领域。

（3）高透明聚乙烯薄膜：医疗、食品领域。

（4）大中空聚乙烯：IBC 桶、光伏水上设施浮桶、工业大包装等。

（5）滚塑聚乙烯：交通路障、儿童游乐、异形灯饰。

（6）大口径 PE100+聚乙烯管材：市政管网、天然气管道等。

（7）交联聚乙烯：高等级绝缘电缆护套。

（8）氯化聚乙烯：汽车家电等的软质电缆护套等。

第三节　聚丙烯新产品开发

一、聚丙烯生产供需变化趋势分析

截至 2019 年底，我国已经建成投产聚丙烯装置规模达到 2737×10^4 t/a，我国每年进口聚丙烯总量不到 500×10^4 t。通过对官宣的拟在建项目信息统计，我国拟在建聚丙烯项目规模达 2120×10^4 t/a。预计 2024 年底，我国将有可能形成聚丙烯规模 4400×10^4 t/a。我国聚丙烯行业将迎来前所未有的竞争压力！

2020 年，我国聚丙烯表观消费量已突破 2800×10^4 t，恒力石化、浙江石化、利和知信、中科炼化相继投产，2020 年聚丙烯规模增加达到 500×10^4 t/a 左右，而聚丙烯月出口数量在 $(2.5 \sim 3.3) \times 10^4$ t 区间内震荡，国内聚丙烯市场正在走入产能绝对过剩阶段。

随着我国聚丙烯自给率逐步接近 90%，高性能产品将成为企业突出重围的关键。

二、聚丙烯新产品开发主要方向展望

近年来，我国聚丙烯技术和产品开发实现了快速发展，相继实现了系列高端聚丙烯产品的开发和生产，多项技术填补了国内空白，如医用料、车用料、管材料、高档薄膜料、高熔体强度专用料、透明专用料等[36-38]。但由于我国高端聚丙烯产品研发能力仍然不足，且同质化严重，一些高性能和特殊性能产品，如茂金属聚丙烯、特种双向拉伸聚丙烯膜、流延聚丙烯膜等仍需大量进口来满足国内市场需求。

我国茂金属聚丙烯年消费量约 $10×10^4t$，除燕山石化少量供应市场，基本依赖进口，主要用于生产医用或食品用高透明聚丙烯制品、食品包装薄膜、无纺布、超细旦丙纶纤维等领域。具有高拉伸速度与幅宽、超薄、超透及更好的低温热封性能的特种双向拉伸聚丙烯薄膜、电工膜、电容器膜、镀铝膜等聚丙烯薄膜料以及汽车和家电用聚丙烯注塑料的年进口量均超百万吨，聚丙烯管材料的年进口量约 $50×10^4t$。

由此看来，我国聚丙烯未来攻关应该围绕以下几个方向：

（1）抗菌聚丙烯：此次新冠疫情的肆虐，推动下游用户聚焦抗菌聚丙烯的应用，这或将成为聚丙烯下一个热点应用领域。

（2）长玻纤增强聚丙烯：用于汽车仪表骨架板、车门组合件、前端组件、车身门板模块、车顶面板、座椅骨架等汽车部件上，同时具有作为结构件所需的耐久性和可靠性[39]。

（3）低气味散发耐刮擦聚丙烯：制造高抗刮擦汽车内饰件等材料。

（4）"三高"聚丙烯：用于制造汽车的一些大型零部件，物流行业中使用的可折叠包装箱和周转箱，家电行业中的大型零部件[40-45]。

（5）发泡聚丙烯：注塑微发泡适用于各种汽车内外饰件，如车身门板、尾门、风道等；挤出微发泡适用于密封条、顶棚等；吹塑微发泡适用于汽车风管等。

（6）高透明聚丙烯：用于制备家庭日用品、医疗器械、包装用品、耐热器皿（微波炉加热用）等。

第四节　聚烯烃热塑性弹性体开发

一、无规共聚物弹性体

热塑性弹性体（Thermoplastic Elastomer，TPE）也称为热塑性橡胶，既具有橡胶的特性，又具有热塑性塑料的性能[46]。在室温下是柔软的，类似于橡胶，具有韧性和弹性，高温时是可流动的，能塑化成型。由于热塑性弹性体具有橡胶和塑料的双重性能，因此可用于胶鞋、黏合剂、汽车零部件、电线电缆、胶管、涂料、挤出制品等，涉及汽车、电气、电子、建筑及工艺与日常生活等各个领域。

聚烯烃弹性体（Polyolefin Elastomer，POE）为烯烃聚合组成的热塑性弹性体，与传统的弹性体材料相比，聚烯烃类弹性体有诸多优势[47]。比如，与三元乙丙橡胶（EPDM）相比，它具有熔接线强度极佳、分散性好、等量添加冲击强度高、成型能力好等优点；与丁苯橡胶(SBR)相比，它具有耐候性好、透明性高、价格低、质量轻等优点；与乙烯-醋酸乙烯共聚物(EVA)、乙烯-丙烯酸甲酯共聚物(EMA)和乙烯-丙烯酸乙酯共聚物(EEA)相比，它具有密度小、透明度高、韧性好、挠曲性好等优点；与软质聚氯乙烯(PVC)相比，它具有无须特殊设备、对设备腐蚀小、热成型良好、塑性好、密度小、低温脆性较佳和经济性良好等优点。

由于市场上常见的聚烯烃弹性体是乙烯与高级 α-烯烃(如 1-辛烯)的无规共聚物弹性体(如陶氏化学公司的 Engage 和埃克森美孚公司的 Exact)，因此人们常用聚烯烃弹性体来指代乙烯与高级 α-烯烃无规共聚的弹性体[48]。事实上，聚烯烃弹性体还包括丙烯基无规共聚物弹性体(如陶氏化学公司的 Versify 和埃克森美孚公司的 Vistamaxx)，乙烯-α-烯烃嵌段共聚物(陶氏化学公司的 Infuse)和丙烯-乙烯嵌段共聚物(陶氏化学公司的 Intune)[49]。如果将来出现商业化的丙烯均聚而成的等规聚丙烯-无规聚丙烯嵌段聚合物，也应该归属于聚烯烃弹性体[50]。

乙烯与高级 α-烯烃(如 1-辛烯)的无规共聚物弹性体(为行文方便，以下以 POE 代替)分子结构由均聚聚乙烯链段形成结晶区和导入较长支链的无定形共聚物形成的橡胶相组成，因此 POE 无须硫化，常温下表现出橡胶的高弹性，高温下则能像热塑性树脂那样塑化成型，是一种热塑性弹性体。POE 的分子链由稳定的饱和单键组成，且呈非极性，因此相较于其他热塑性弹性体，具有更好的耐候性和耐化学药品性。与传统化学交联的橡胶相比，POE 获得弹性所需的成本更低、密度更小、能耗更低、对环境更友好，目前已广泛应用于汽车零部件、电线电缆、机械工具、家居用品、玩具、娱乐和运动用品、鞋底、密封件、热熔胶等领域。

2019 年，我国对 POE 的市场需求量超过 20×10^4t/a，全部依赖进口，市场价格为 16000~22000 元/t，国内对 POE 的市场需求量逐年递增，年增长率约为 10%，预计到 2025 年将达到 30×10^4t/a。

目前，国内在售的 POE 产品主要来自美国陶氏化学公司和埃克森美孚公司、日本三井化学公司、韩国 LG 化学公司和 SK 集团，我国石化企业还不能生产 POE。

二、嵌段共聚物

烯烃嵌段共聚物(OBC)是陶氏化学公司以自主开发的链穿梭聚合技术(Chain Shuttling Polymerization)制备的乙烯/1-辛烯多嵌段共聚物[51]。陶氏化学公司随后将其工业化，并将聚烯烃弹性体的牌号命名为 Infuse。OBC 不仅有高的熔点，也有低的玻璃化温度。与 POE 相比，OBC 的结晶速率更高，结晶形态更规则，耐热性也更强，并且在拉伸强度、断裂伸长率和弹性恢复等方面均表现出更优越的性能。不仅具有聚乙烯易加工的特点，又具有烯烃无规共聚物和共混物难以实现的刚性与韧性平衡。OBC 在许多性能方面超过传统的 TPO 弹性体。OBC 比传统的 TPO 有更高的拉伸强度、伸长率和撕裂强度。另外，OBC 的邵氏硬度可以实现从个位数到 90 以上范围的调节。与应用广泛的苯乙烯类 TPE 相比，OBC 显示出优良的压缩变形及耐老化性能、耐化学性及可加工性，撕裂强度和拉伸强度达到相同或更高水平，是目前市场上广泛应用的聚苯乙烯类弹性体的真正替代品。而且，OBC 的产品触感良好，表面光滑，适用于软质材料表面。

烯烃嵌段共聚物 OBC 的结晶温度比普通乙烯-辛烯共聚物高出 50~60℃，并且加工速度更快。另外，这种 OBC 的回弹性可与苯乙烯-丁二烯共聚物（SBC）相比，且耐热性更好。其压缩变形性能优于聚氯乙烯（PVC）和乙烯-醋酸乙烯共聚物（EVA），几乎与热塑性硫化弹性体（TPV）持平。OBC 的黏性与苯乙烯-异戊二烯-苯乙烯（SIS）相似。同时，所有这些优异性能建立在材料较低的使用成本的基础上。该材料不仅具有优异的可加工性，而且在成本方面能够与热塑性硫化弹性体（TPV）、热塑性聚氨酯弹性体橡胶（TPU）和热塑性弹性体（TPE）一较高下，在众多应用领域中显示出独特的优势。

目前，市场在售的烯烃嵌段共聚物 OBC 产品，主要由陶氏化学公司供应，我国石化企业还不能生产 OBC。

烯烃嵌段共聚物 OBC 具有较好的成本优势，能够与 TPV、TPU 和 TPE 一较高下；可以应用在众多领域，如可应用于柔性成型制品、挤出型材、软管、发泡制品等，2020 年国内市场需求约 $20×10^4$ t，潜在需求超过 $40×10^4$ t。烯烃嵌段共聚物 OBC 生产工艺和装置简洁，可以在现有溶液聚合装置上进行生产。因此，我国聚烯烃类弹性体仍有很大的发展空间。

三、丙烯基弹性体

埃克森美孚公司和陶氏化学公司分别采用茂金属催化剂技术开发的丙烯-乙烯共聚物 Vistamaxx 和 Versify，是新型的热塑性聚烯烃弹性体材料，具有可控的分子结构、优异的力学性能和良好的加工性能，可广泛应用于薄膜和包装材料、聚合物及其纤维改性等领域。

Vistamaxx 具有更高的热封性能和黏合特性、内在的弹性和良好的韧性，并能与众多聚烯烃相容，这些将为各种软包装薄膜应用的创新和产品开发带来灵感。其应用领域包括流延聚丙烯薄膜、拉伸套管薄膜、聚丙烯拉丝编织、聚烯烃编织布及非织造布的挤出涂覆和复合、表面保护膜、流延拉伸缠绕膜和弹性卫生用品薄膜。Vistamaxx 的良好光学性能和耐化学性还可应用于高透明薄膜领域。

Versify 系列产品包括塑性体牌号和弹性体牌号。塑性体牌号具有优异的热封性、收缩性、光学和弹性模量等性能，适用于软包装。弹性体牌号具有良好的韧性、加工性和弹性模量，目标应用是要求加工流动性好的领域，如注塑和挤出涂覆制品。每种型号各具性能和加工优势，旨在满足特定的市场需求。

目前，市场在售的丙烯基弹性体 Vistamaxx 和 Versify 产品，主要来自埃克森美孚和陶氏化学公司，该类聚合物采用专有的双反应器溶液聚合（Insite）工艺生产，使用其自行开发的催化剂（几何限定结构）。目前我国石化企业还不能生产丙烯基弹性体。

POE、烯烃嵌段共聚物 OBC、丙烯基弹性体，作为综合性能良好的聚烯烃弹性体材料，主要采用溶液聚合工艺和特殊催化剂生产，技术难度大，生产要求高，产品主要针对高端市场应用，国内基本处于研发和起步阶段，尚不具备生产能力。但由于其优异的性能，市场成长性好，技术引领和需求导向明显，需要国内相关研发机构和企业加大投入力度，加快攻关速度。

第五节　聚烯烃结构性能表征与标准化技术

一、聚烯烃结构表征技术发展方向

随着烯烃聚合催化剂的深入研究和聚合工艺手段的不断创新，聚烯烃产品种类不断增加，也大大拓宽了聚烯烃产品的应用领域。由于聚烯烃品种和应用领域的多样性，其结构、性能、加工特性、助剂体系等各异，因此聚烯烃结构表征等共性技术的开发应以产品的最终应用为目标导向，进行各类别产品微观化学结构和聚集态结构的共性特征研究及其与宏观物理机械性能的关系研究；进行各类别产品的特定流变学表现和成型加工工艺的模拟优化研究；进行各类别产品的助剂体系优化设计及实时调控，建立催化剂和产品开发整体的解决方案[52]。

"十三五"期间，中国石油石化院拥有了 CEF❶、TREF、CFC、DSC、气质联用、多检测器 GPC、旋转流变、红外、变温拉力机、转矩流变仪等具有国际先进水平的现代分析仪器，初步建成了链结构、聚集态结构、组分分析及性能表征技术平台。

在"十三五"基础上，未来结构表征的发展方向是：完善聚烯烃化学结构表征平台(包括化学组成及分布、等规度及序列分布、共聚单体含量及分布、长/短支链含量及其分布和分子量及其分布等)和聚集态结构表征平台(包括从纳米级到微米级不同尺度下的结晶结构、相态结构和取向结构等)，揭示各类别聚烯烃产品的化学结构和聚集态结构共性特征，构筑微观结构与宏观性能之间的关系，设计高性能聚烯烃树脂所具有的特定结构，建立产品的关键指标，从分子水平指导聚烯烃新产品开发。同时，现代分析仪器的高性能化，多种现代分析技术的联用及原位技术开发，使快速、节能、环保成为未来的聚合物结构表征发展方向[53]。

通过共性关键技术研究，凝练高性能管材料、汽车专用料、医用专用料等高端新产品开发过程中的规律性认识，突破制约中国石油聚烯烃业务发展的技术瓶颈，形成理论技术原始创新，进行分子设计，实现产品高性能化，提高技术服务快速响应能力，大幅度提高中国石油聚烯烃业务自主创新水平。

进行流变及加工共性技术研究，建立聚烯烃流变性能研究平台(包括熔体黏弹特征、熔体加工流动性、熔体拉伸流变特征、流动场诱导结晶等)，确定各类别产品的特定流变学参数，指导分子结构设计和成型加工工艺参数的优化。形成对产品生产、加工存在问题的快速响应能力，为高性能或定制化产品提供目标结构，为现有产品质量提升提供结构调控方向，提高产品质量[54]。

建立常见聚烯烃成型加工工艺的软件模拟平台，根据产品的结构和流变特性，模拟其成型加工过程，优化工艺参数，为产品加工应用提供指导，解决推广中的难题。开发废旧塑料加工新技术，实现废旧塑料的高效回收利用。

---

❶　动态结晶快速 TREF 全自动分析仪。

开展助剂开发共性技术研究,建立聚烯烃助剂质量评价、成分剖析、配伍开发平台,剖析未知样品,监控现有产品质量,优化现有助剂配方,并开发新型助剂包,实现聚烯烃产品牌号多样化和高性能化。

结构表征及加工共性技术还应从炼化企业研究院的实际出发,根据企业需求,针对聚合评价和工业生产过程质量控制要求,建立聚丙烯等规指数、低分子析出物、橡胶相含量、灰分、挥发分及膜料晶点等的快速评价方法,同时为高性能高附加值新产品的快速高效开发提供坚实的研究基础。

另外,结合现有的仪器分析设备、大数据分析技术及能力、材料专家的特有组合,提高快速分析、在线控制及原位分析的能力,在成本不变的前提下提高产品的附加值,这些也是未来结构表征的发展方向[55]。

二、聚烯烃标准化发展方向

聚烯烃的标准化工作需结合中国石油的聚烯烃产品和产品核心指标,通过产品和方法的标准化工作提升自身的检测能力,通过检测能力的提升提高新产品的开发能力,支撑支持新产品的开发及推广应用工作。标准的制定与实施影响行业领域的发展方向,通过积极参与各级标准的制修订,可扩大中国石油在国内甚至于国际上的影响力,促进中国石油的产品市场开拓与应用。

在产品标准方面,需要积极跟踪大宗及特色产品(如管材料、纤维料、薄膜料、中空料、医用料等产品)的国际标准和国家标准制定进展,在做好新产品升级换代工作的同时,争取制定或修订产品标准,这将十分有利于中国石油新产品的市场推广应用。

在方法标准方面,在遵循环保化、高效、低成本国际发展趋势之余,需要有针对性、有取舍地开展方法的标准化研究,集中攻关与中国石油核心产品、核心指标相关的测试方法建立和标准化研究,做到标准化工作和产品开发工作完美融合,达到互相支撑、相得益彰的效果。

第六节　ABS 树脂新产品开发及工艺技术优化

一、ABS 树脂新产品开发方向

ABS 树脂作为合成材料中的一员,必将与整个合成材料融合发展。同时,ABS 树脂也在与其他合成材料不断竞争中快速发展。一方面,ABS 树脂既受到以聚碳酸酯为代表的高性能材料的向下挤压,又受到高抗冲聚苯乙烯、聚丙烯等相对低端材料的向上挤压,部分应用领域被其他材料替代;另一方面,ABS 树脂也在向聚碳酸酯和高抗冲聚苯乙烯、聚丙烯等材料的应用领域扩展,部分新产品替代其他材料。而竞争中取胜的法宝是不断通过技术创新丰富 ABS 树脂品种、降低生产成本和提升产品性能。

1. 通用级 ABS 树脂产品

目前,国内 ABS 树脂产品仍以乳液接枝法通用级产品为主。为适应不同领域需求,乳液接枝法 ABS 树脂通用级产品将形成以冲击强度为标志的系列化产品,包括高刚性、中冲击、中高冲击、高冲击、超高冲击等通用料产品，产品的综合性能更加优异。本体 ABS 产品与乳液接枝法产品外观有显著差异，其优势是低光泽、低挥发分等，价格相对较低，多用于改性产品。开发本体 ABS 系列化产品与乳液接枝—本体 SAN 掺混法产品形成互补将是未来发展方向。

随着 ABS 树脂生产企业数量增加，通用级 ABS 树脂产品的牌号数量不断增加，为提高各自企业的竞争力，通用级产品的特色化也将是其发展方向。一方面，市场竞争导致 ABS 生产企业提高通用级产品的品质、降低通用级产品的生产成本，逐步形成各自技术特点；另一方面，随着通用级产品的市场广泛应用，用户逐步认识到某些通用级产品具有某项专长，某牌号通用级产品耐热性能优于其他同类产品，其在耐热改性领域应用具有优势；某些产品适合聚碳酸酯改性，而某些产品适合生产高光产品等。这些专长性能在提高通用级 ABS 产品竞争力的同时，也必将促进通用级产品向特色化发展。

2. 高品质家电料

随着消费者对生活品质要求的不断提升，消费者对家电产品品质的要求已不再满足于简单的使用性能，在感官上并不希望大量单调的塑料制品充斥整个生活环境，因而对产品的外观品质、视觉效果也提出了更高的要求。因此，家电行业越来越关注如何设计出更多靓丽多样的外观效果，与之对应的 ABS 材料会根据消费者需求而不断发展变化。

1）免喷涂 ABS[56]

虽然 ABS 树脂具备良好外观的特性，但如何改善 ABS 树脂流动性能、提高表面光泽度、与特殊染料共混以及与模具设计及注塑工艺相配合，解决加工过程流痕、熔接痕等外观质量问题，开发高品质的免喷涂 ABS 树脂是未来重要发展方向。

免喷涂技术具有一次成型，无须抛光、喷涂、UV 罩光等后处理，工艺简单，成型周期短且综合成本相对较低等特点。免喷涂 ABS 产品节能环保，避免了油漆、溶剂等有毒有害物质危害操作人员的身体健康，解决了传统注塑后喷涂的原料浪费和环境污染问题，解决了产品使用过程中的橘皮、脱漆问题，靓丽多样的外观效果，色彩丰富，外观质感更特别，赋予产品更有竞争力的美丽外观，符合技术发展方向。

2）高光黑色 ABS

电视机外壳的"黑又亮"钢琴黑 ABS 材料属于高光黑色 ABS，该类产品应用广泛，代替传统的喷漆工艺，也属于免喷涂的一种，但与其他免喷涂产品相比，其具有用量大、用途广、对模具要求低、产品适应现有加工设备等特点。高光黑色 ABS 树脂根据应用领域不同将形成系列化产品，包括低熔流、中熔流、高熔流等产品，满足小型电子产品(玩具、饰品)、家用电器、大型电视等不同生活用品的需求。

3）抗菌 ABS

冰箱、空调、洗衣机等家电产品所用的传统 ABS 树脂材料零部件易滋生细菌、病毒等微生物。为获得洁净的生存环境，享受健康的生活，抗菌 ABS 树脂材料在家电产品中的应用也将成为必然趋势。此外，如吸尘器、微波炉、榨汁机等小家电与人体或食物接触的部分也非常容易滋生细菌、真菌等微生物。通过使用抗菌 ABS 制备家电产品零部件是解决家电抗菌的有效途径。抗菌 ABS 通过抑制微生物的繁殖来保持自身清洁，可起到抑菌、灭菌的效用。随着经济发展，人类生活水平越来越高，抗菌材料的用量会迅速增加，相应的抗菌 ABS 牌号也将成为发展方向。

3. 医疗专用料[57-58]

未来，随着医疗设备的发展，ABS 树脂将越来越多地应用在医疗领域，耐老化、低挥发、抗静电等符合医疗专业化技术要求的 ABS 树脂产品是发展的重要方向，包括产品设计、产品开发以及医疗应用测试等工作将越来越多。

ABS 树脂在医疗领域的应用包括医疗设备外壳、部分器具部件、一次性输液器等。目前，医疗材料专业要求 ABS 产品通过相关法规或认证，如 EN ISO 13485：2016 认证、ISO 10993 和 USP 第六类标准等。同时，医疗产品要求具备防划伤功能，通过减少划痕的出现来保持产品的视觉吸引力，帮助设备长时间保持良好的外观。部分医疗产品要求具备防静电功能，特别适用于药物递送装置，能有效降低表面电阻率，可迅速耗散电荷，从而消除了黏着性。

4. 食品级专用料[57-59]

食品级 ABS 经特定应用条件的迁移实验验证，满足欧盟和中国的法规要求，符合相关法规中对迁移限量的要求，为食品接触应用市场提供了更优越的材料解决方案。食品级 ABS 的品质更纯净，所以也是生产高端食品接触应用的理想材料。

食品级 ABS 树脂包括和食物直接接触和间接接触，直接接触例如餐具、餐盒、饮用水管道配件等，间接接触例如冰箱内胆、厨具把手等。受欧美发达国家相关标准影响，中国也制定了严格的食品相关法规，如 GB 4806—2016 等。控制 ABS 树脂产品中有毒有害物质含量和迁移速度，开发适应不同使用环境的食品级 ABS 将是 ABS 树脂专业化的重要发展方向。

5. 耐热专用料[60]

现阶段耐热 ABS 树脂是 ABS 品质的重要组成部分，未来，耐热 ABS 树脂专用化、特色化将是发展方向。开发方向包括低成本耐热 ABS、耐热温度系列化耐热 ABS、功能化耐热 ABS、耐老化耐热 ABS 产品等。

ABS 树脂本身存在耐热性能差等缺陷，使其在汽车耐热件和电子电气等领域的应用受到限制。目前，制备耐热型 ABS 树脂有 3 种常用方法：

（1）化学改性方法，即在合成 ABS 树脂时引入耐热组分。其优点是成本较低，但耐热温度提高不多，而且实践起来难度较大。

（2）添加无机填料方法。其在提高耐热温度的同时，损失了材料的加工流动性和冲击性能。

（3）共混耐热树脂改性方法，即采用与耐热性高的树脂共混。其工艺和设备都比较简单，投资少、见效快。目前，常用的耐热 ABS 改性剂为 N-苯基马来酰亚胺/苯乙烯/马来酸酐三元共聚物。

6. 高流动 ABS

随着 ABS 树脂应用领域的增加，一些大型制件或形状复杂的制件，需要高流动 ABS 树脂满足其加工需求。高流动 ABS 熔体指数通常在 40g/10min 以上（GB/T 3682.1—2018），能够提高成型制品的品质，改善加工条件，降低加工成本，越来越受到用户的欢迎。高流动产品的系列化和功能化将是 ABS 产品的主要发展方向之一。

二、ABS 树脂新技术发展方向

经过 70 余年的大浪淘沙和产业发展，ABS 生产工艺路线已经成熟和定型，乳液接枝—本体 SAN 掺混法和连续本体法成为目前世界上最具生命力的 ABS 树脂生产工艺路线。

1. 乳液接枝—本体 SAN 掺混法

乳液接枝—本体 SAN 掺混工艺产品占世界 ABS 产量 85% 以上，未来该工艺主要具有如下发展趋势[61-65]：

（1）核心工艺技术升级。当前，ABS 树脂高性能化、高功能化是主导方向。采用高分子附聚技术获得大粒径（300nm±50nm）或超大粒径（400~1000nm）的 PBL 合成技术，是提高 ABS 树脂冲击强度的主流技术。此外，小粒径（50~100nm）PBL 聚合技术、高胶 ABS 接枝技术、ABS 清洁生产技术等核心技术的研发仍受到广泛重视。

（2）聚合设备向大型化发展。设备大型化，可减少设备台数，减少投资，提高单线产能和生产效率，如聚合釜由 50m^3 发展为 200m^3。

（3）发展新型增韧橡胶。增韧橡胶种类由丁腈橡胶、丁苯橡胶向聚丁二烯橡胶发展后，再向丁二烯/异戊二烯共聚橡胶、丁二烯/苯乙烯/异戊二烯集成橡胶发展，以改变橡胶的增韧性能；增韧橡胶粒径由粒径单一分布向粒径双峰分布、多峰分布发展，以发挥不同粒径橡胶粒子的协同增韧作用。

（4）聚合技术向提高聚合转化率和聚合稳定性、减少单体损失和降低清胶频次方面发展；凝聚技术由单一酸凝聚向酸/盐复合凝聚发展，以提高凝聚效果及减少 COD 排量。

（5）混炼挤出机向大型化、高扭矩、快转速方向发展，以降低挤出机台数及提高生产效率。

（6）聚合所用助剂向可聚合型助剂发展，以减少凝聚后损失及降低污水 COD；加工助剂向高效、多功能化发展，通过添加助剂，赋予 ABS 树脂特殊化、高性能化，适应更加广泛的应用需求。

2. 连续本体法[66]

1）橡胶原料技术

橡胶是连续本体法 ABS 生产工艺的原料，是制约连续本体法 ABS 产品质量及成本的关键因素，同时橡胶也是制约连续本体法 ABS 产能的关键因素，开发适合连续本体法 ABS 树脂使用的橡胶是国内相关企业的发展方向。

目前，国内本体 ABS 使用的橡胶原料存在两方面问题：一是供应量不足，生产装置数量少，产品牌号少、产量低；二是产品质量差，包括凝胶、分子量等技术指标不达标，无法满足高端本体 ABS 产品生产的技术要求。

可用于连续本体法 ABS 的橡胶包括高顺橡胶、低顺橡胶和嵌段橡胶，其中高顺橡胶比丁二烯原料高 5000 元/t，质量最差，不太适合本体 ABS；低顺橡胶分为线型和星型，线型橡胶适合生产低端本体 ABS 产品，成本比丁二烯高 6000 元/t，星型橡胶适合连续本体法 ABS 生产。嵌段橡胶是生产高光泽、高冲击本体 ABS 产品必需的原料，价格比丁二烯高 9000 元/t。

随着张家港盛禧奥、广西科元等连续本体法 ABS 装置的建成投产，国内连续本体法

ABS 产能已经增加到 $46.5 \times 10^4 t/a$，连续本体法 ABS 所用的橡胶原料短缺，尤其是高品质的星型橡胶和嵌段橡胶，未来国内 ABS 企业或许会联合开发或独自开发连续本体法所用的橡胶。

2）橡胶相形态控制技术

连续本体聚合中所形成的橡胶粒子的大小及其分布、橡胶粒子形态、内包容结构的多少等，都对 ABS 树脂的性能起着根本性的作用。一切的外界条件、工艺参数的改变都主要体现在橡胶粒子身上，因此，如何调控连续本体聚合中的橡胶粒子，是解决本体 ABS 树脂牌号单一、提高产品综合性能的根本途径。

通过改进连续本体 ABS 的聚合工艺、设备形式等方式，可优化橡胶形态控制手段。例如，通过改善搅拌过程提高橡胶分散效果，控制粒子大小；改变橡胶自身的黏度，控制反应中橡胶相与 SAN 相的黏度及其在反应中黏度比的变化；优化接枝，无论是内接枝还是外接枝，都会对橡胶粒子的形态和内包容结构带来变化。通过综合手段以期掌握控制本体 ABS 树脂微观结构的方法，进而影响 ABS 树脂最终的产品性能。

3）装置单线产能提升

连续本体法 ABS 通常单线产能小，最大单线产能为 $7 \times 10^4 t/a$。因此，缩短聚合反应时间等新技术的开发应用、开发尺寸更大的关键设备等，成为有效提升连续本体法 ABS 产能的关键技术。

参 考 文 献

［1］中国工程科技 2035 发展战略项目组．中国工程科技 2035 发展战略·技术预见报告［M］．北京：科学技术出版社，2020：115.

［2］中国工程科技 2035 发展战略项目组．中国工程科技 2035 发展战略·化工、冶金与材料领域报告［M］．北京：科学技术出版社，2020：250-257.

［3］高春雨．生产消费持续稳定增长，应用领域不断拓宽——中国塑料产业发展现状及趋势［J］．中国石油和化工经济分析，2018（2）：48-52.

［4］杨延飞，王殿铭，杨桂英．中国合成树脂产业面临的机遇与挑战［J］．当代石油化工，2018，26（2）：1-4.

［5］Saeid T，Rob D，Sanjay R，et al. Molar mass and molecular weight distribution determination of UHMWPE synthesized using a living homogeneous catalyst［J］．Macromolecules，2010，43（6）：2780-2788.

［6］Wada T，Funako T，Chammingkwan P，et al. Structure－performance relationship of Mg（OEt）$_2$－based Ziegler-Natta catalysts［J］．Journal of Cata lysis，2020，389：525-532.

［7］Homepens G K. Polyolefins production technology advance［J］．Chemical Week，2009，164（13）：35-36.

［8］Moriyama H，Wang Q. A stable electroactive monolayer comeposed of soluble single-walled carbon nanotubes on ITO［J］．Bulletin of the Chemical Society of Japan，2009，82：743-749.

［9］Hongmanee G，Chammingkwan P，Taniike T，et al. Probing into morphology evolution of magnesium ethoxide particles as precursor of Ziegler-Natta catalysts［J］．Polyolefins Journal，2016，3（1）：47-57.

［10］Ahmad Mirzaci，Ali Kiashemashaki，Mehrsa Emami. Fluidized bed polyethylene reactor modeling in condensed mode operation［J］．Macromolecular Symposia，2007，259：135-144.

［11］Naundorf C，Matsui S，Saito J，et al. Ultrahigh molecular weight polyethylene produced by a bis（phenoy-imine）titanium complex supported on latex particles［J］．Journal of Polymer Science Part A：Polymer

Chemistry, 2006, 44(9): 3103-3113

[12] Johnson L K, Killan C M, Brookhart M. New Pd(Ⅱ)-and Ni(Ⅱ)-based catalysts for polymerization of Ethylene and a-olefins[J]. Journal of the American Chemical Society, 1995, 117: 6414-6415.

[13] Raghu A V, Lee Y R, Jeong H M. Preparation and physical properties of waterborne polyurethane/functionalized grapheme sheet nanocompositesl[J]. Macromolecular Chemistry and Physics, 2010, 209 (24): 2487-2493.

[14] Cho H S, Choi Y H, Lee W. Y. Characteristics of ethylene polymerization over Ziegler-Natta/metallocene catalysts: Comparison between hybrid and mixed catalysts[J]. Catalysis Today, 2000, 63(24): 523-530.

[15] Moreno J, Grieken R V, Carrero A, et al. Development of novel chromium oxide metallocene hybrid catalysts for bimodal polyethy-lene[J]. Polymer, 2011, 52(9): 1891-1899.

[16] Cheng Ruihua, Xue Xin, Liu Weiwei, et al. Novel SiO₂-supported chromium oxide(Cr)/vanadium oxide(V) bimetallic catalysts for production of bimodal polyethylene[J]. Macromolecular Reaction Engineering, 2015, 9 (5): 462-472.

[17] 金栋, 李明. 世界聚丙烯工业生产现状及技术进展[J]. 中国石油和化工经济分析, 2007(17): 60-65.

[18] 张建民. Basell 公司聚丙烯用 Z-N 催化剂开发进展[J]. 齐鲁石油化工, 2007, 35(2): 141-144.

[19] 赵燕, 胡清, 李德旭. 国内外聚丙烯催化剂开发进展[J]. 合成树脂及塑料, 2003, 20(5): 67-71.

[20] 李刚, 赵唤群, 于建, 等. NG 催化剂在气相法聚丙烯装置上的工业化应用[J]. 石油化工, 2004, 33 (3): 252-257.

[21] 赵瑾, 刘月祥, 王新生, 等. NDQ 催化剂在单环管聚丙烯工业装置上的应用[J]. 合成树脂及塑料, 2009, 26(4): 10-12.

[22] Weng Yuhong, Jiang Baiyu, Fu Zhisheng, et al. Mechanism of internal and external electron donor effects on propylene polymerization with MgCl₂-supported Ziegler-Nattacatalyst: New evidences based on active center counting[J]. Journal of Applied Polymer Science, 2018, 135(32): 1-10.

[23] Merijn Blaakmeer E S, Giuseppe Antinucci, Ernst R H, et al. Probing Interactions between Electron Donors and the Supportin MgCl₂-Supported Ziegler-Natta Catalysts[J]. The Journal of Physical Chemistry C, 2018, 122(31): 17865-17881

[24] 崔小明. 国外聚丙烯生产工艺及催化剂技术进展[J]. 中国石油和化工, 2005(1): 37-41.

[25] 钱伯章. Novolen 向北欧化工转让茂金 PP 催化剂[J]. 精细石油化工进展, 2006, 7(1): 23.

[26] Boreials 与纳瓦伦合作开发茂金属 PP 催化剂[J]. 工业催化, 2006, 14(3): 20.

[27] Makio Haruyuki, Kashiwa Norio, Fujita Terunori. FI catalysts: a new family of high performance catalysts for olefin polymerization[J]. Advanced Synthesis & Catalysis, 2002, 344(5): 477-493.

[28] Tian Jun, Coates G W. Development of a diversity-based approach for the discovery of stereoselective polymerization catalysts: identification of a catalyst for the synthesis of syndiotactic polypropylene[J]. Angewandte Chemie, 2000, 112(20): 3772-3775.

[29] Diamond G M, LaPointe A M, Leclerc M K, et al. Heterocycle-amine ligands, compositions, complexes, and catalysts: US7256296[P]. 2007-08-14.

[30] Boussie T R, Brümmer O, Diamond G M, et al. Bridged bi-aromatic ligands, catalysts, processes for polymerizing and polymers therefrom: US7241715[P]. 2007-07-10.

[31] Busico V, Cipullo R, Ronca S, et al. Mimicking Ziegler-Natta catalysts in homogeneous phase, 1-C-2-symmetric octahedral Zr (Ⅳ) complexes with tetradentate [ONNO]-type ligands[J]. Macromolecular Rapid Communications, 2001, 22(17): 1405-1410.

［32］Boussie T R, Diamond G M, Goh C, et al. Nonconventional catalysts for isotactic propene polymerization in solution developed by using high－throughput－screening technologies［J］. Angewandte Chemie, 2006, 118 （20）: 3356－3361.

［33］Wang X, Han X Y, Xu R W. Versatile propylene－based polyolefins with tunable molecular structure through tailor－made catalysts and polymerization process, polypropylene－polymerization and characterization of mechanical and thermal properties［M］. IntechOpen, London, UK, 2019.

［34］中国石油和化学工业联合会化工新材料专委会. 中国化工新材料产业发展报告(2018)［M］. 北京: 中国石化出版社, 2018: 10.

［35］张师军, 乔金樑. 聚乙烯树脂及其应用［M］. 北京: 化学工业出版社, 2016: 5.

［36］张友根. 我国塑料医药瓶成型设备的现状及发展方向［J］. 上海包装, 2009(5): 38-40.

［37］李忠德, 夏庆. 塑料瓶大输液生产车间设计［J］. 医药工程设计杂志, 2003, 24(2): 7-10.

［38］杨挺. 汽车工业中塑料材料应用的现状及展望［J］. 化工新型材料, 2013, 41(5): 1-4.

［39］高春雨. 我国车用改性塑料的发展趋势［J］. 上海塑料, 2017(2): 1-7.

［40］胡徐腾. 聚丙烯釜内合金技术的研究进展［J］. 石油化工, 2006, 35(5): 405-410.

［41］刘小燕, 陈旭, 姜明, 等. 具有长序列乙丙嵌段结构的聚丙烯釜内合金的制备［J］. 合成树脂及塑料, 2013, 30(1): 10-13.

［42］刘小燕, 陈旭, 冯颜博, 等. 抗冲共聚聚丙烯的组成、结构与性能［J］. 石油化工, 2013, 42(1): 30-33.

［43］刘小燕, 陈旭, 朱博超, 等. 聚合釜内制备聚丙烯合金的工艺、组成及性能［J］. 合成树脂及塑料, 2015(2): 28-30.

［44］刘小燕, 侯景涛, 王海, 等. 气相比及氢气用量对聚丙烯合金性能的影响［J］. 合成树脂及塑料, 2017, 34(3): 56-60.

［45］赵东波, 熊华伟. 车用抗冲聚丙烯产品气味控制［J］. 石化技术与应用, 2018, 36(1): 58-61.

［46］吕立新. 反应器聚合方法制备聚烯烃类热塑性弹性体技术进展［J］. 中国塑料, 2006, 20(12): 1-9.

［47］白玉光, 关颖, 李树丰. 新型弹性体 POE 及其应用技术进展［J］. 弹性体, 2011, 21(2): 85-90.

［48］Jerzy Klosin, Philip P Fontaine, Ruth Figueroa. Development of group Ⅳ molecular catalysts for high temperature ethylene－α－olefifin copolymerization reactions［J］. Accounts of Chemical Research, 2015 (48): 2004-2016.

［49］James M Eagan, JunXu, Rocco Di Girolamo, et al. Combining polyethylene and polypropylene: Enhanced performance with PE/iPP multiblock polymers［J］. Science, 2017, 355(6327): 814-816.

［50］Martin R Machat, Dominik Lanzinger, Markus Drees, et al. High－melting, elastic polypropylene: A one－pot, one－catalyst strategy toward propylene－based thermoplastic elastomers［J］. Macromolecules, 2018 (51): 914-929.

［51］Arriola D J, Carnahan E M, Hustad P D, et al. Catalytic production of olefin block copolymers via chains huttling polymerization［J］. Science, 2006, 312(5774): 714-719.

［52］Li Rongbo, Xing Qian, Zhao Ying, et al. Correlation between chain microstructure and mechanical properties of two polypropylene/poly(ethylene-co-propylene) in-reactor alloys［J］. Colloid and Polymer Science, 2015, 293: 1011-1021.

［53］Muza U L, Pasch H. Thermal field-flow fractionation with quintuple detection for the comprehensive analysis of complex polymers［J］. Analytical Chemistry, 2019, 91(10): 6926-6933.

［54］杜斌, 陈商涛, 张凤波, 等. 长链支化聚丙烯的非线性流变行为［J］. 高等学校化学学报, 2021, 42 (6): 2034-2040.

［55］Chammingkwan P，Yamaguchi F，Minoru Terano，et al. Influence of isotacticity and its distribution on degradation behavior of polypropylene［J］. Polymer Degradation and Stability，2017，143：253-258.

［56］小雅. 英力士苯领最新 ABS 合成材料助三星电子实现金属外观［J］. 电器，2018，18(2)：11.

［57］陆超华. 用于制造医疗模型的多材料打印技术［D］. 杭州：浙江大学，2018.

［58］佚名. 盛禧奥发布食品级 ABS［J］. 汽车与配件，2019(11)：22.

［59］李炜. 低气味 ABS 树脂制备工艺研究［J］. 化工生产与技术，2019，25(3)：26-29.

［60］王萍. 耐热 ABS 树脂的制备及性能研究［D］. 长春：长春工业大学，2018.

［61］孙春福，陆书来，宋振彪，等. ABS 树脂现状与发展趋势［J］. 塑料工业，2018，49(2)：1-5.

［62］黄金霞，朱海林，陈兴郁，等. 2018 年国内外 ABS 树脂生产技术与市场［J］. 化学工业，2019，35(4)：33-41.

［63］赵国震. 浅谈 ABS 树脂制备技术现状及发展趋势［J］. 中国化工贸易，2018，10(26)：87.

［64］张彩凤，付辉，李丹苹. 浅谈 ABS 树脂生产工艺与发展方向［J］. 精细石油化工进展，2019，20(5)：42-45.

［65］陆书来. 科技创新支撑 ABS 树脂产业高质量发展实践与思考［J］. 石油科技论坛，2019，38(4)：18-23.

［66］徐璐，王一业，张金辉，等. 本体聚合 ABS 树脂研究进展［J］. 工程塑料应用，2019，47(3)：134-139，143.